CONTRA LA SIMPLEZA

CONTRA LA SIMPLEZA

Ciencia
y pseudociencia

Daniel Roberto Altschuler

Antoni Bosch editor

Antoni Bosch editor, S.A.U.
Manacor, 3, 08023, Barcelona
Tel. (+34) 93 206 07 30
info@antonibosch.com
www.antonibosch.com

ISBN: 978-84-944880-0-9
Depósito legal: B. 10.604-2017

Diseño de la cubierta: Compañía
Maquetación: JesMart
Corrección: Raquel Sayas y Andreu Navarro
Impresión: Prodigitalk

Impreso en España
Printed in Spain

Índice

Prólogo. Un viaje de la razón 13

1. A quien pueda interesar 17
   Una advertencia y un apunte sobre las citas y las notas 22

2. El problema 23

3. La visión del mundo 31
   Leyes naturales y teorías 41
   Causas 50
   La verdad del mundo 54
   Anomalías 59
   La navaja de Ockham y la espada láser de Newton 62

4. Ciencia y sociedad 65

5. Una masa gelatinosa 77
   El cerebro y la mente 79
   Percepción 83
   Memoria 92

6. Palabras 103
   Falacia naturalista 110

7. Racional, razonable y racionalización 113

8. Creer y saber 119
   Creer 119
   Saber 126
   Tolerancia ante lo que otros creen 137

9. Inducciones y analogías ... 143
Inducciones ... 143
Analogías ... 151

10. Números ... 157
La velocidad de la luz y el número de Avogadro ... 159
Exponenciales ... 162

11. Azar, contingencia y necesidad ... 167
Probabilidad y estadística ... 169
La ley de grandes números ... 177
La equivocación de los expertos ... 180
Probabilidad condicionada y la tasa base ... 183
Encuestas (datos) ... 198

12. Secuelas ... 205
El reloj del reverendo Paley ... 205
Coincidencias ... 219

13. Asimetrías mentales ... 225
Existencia-inexistencia y el *onus probandi* ... 226
Confirmación-refutación ... 229
Sesgo confirmatorio ... 231
Correlación-causación ... 236
El error del fiscal ... 245
Conocimiento-información ... 247
A favor y en contra ... 248
La asimetría trágica ... 250

14. El otro yo ... 251
Representatividad ... 256
Accesibilidad ... 257
Efecto de halo ... 261
La «ley» de pequeños números ... 263
Efectos de anclaje y ajuste ... 266
Pareidolia ... 268
Aversión a la pérdida y coste irrecuperable ... 270
Validación subjetiva (Forer) ... 273
Efectos de marco ... 275
Sugestibilidad ... 278
Disonancia cognitiva ... 279

Obediencia y conformidad ... 280
El sesgo fundamental de atribución ... 287

15. La naturaleza de lo sobrenatural ... 295
Los milagros ... 308
Con alma y vida ... 311
Los espíritus ... 316

16. La normalidad de lo paranormal ... 317
Videntes ... 321
Auras y energía ... 330

17. Ciencia y pseudociencia ... 333
La ciencia no lo sabe todo ... 339
Placebos ... 341
Pseudomedicina ... 345
Ceguera para ver bien ... 348

18. Casos ejemplares ... 359
Ut supra, sic infra ... 360
Astrología con agujas ... 368
Ilusión de dilución ... 371

19. Propagación del virus ... 381

20. ¿Qué es lo que pasa? ... 393
Amimefuncionismo ... 394
Consuelo ... 395
Gratificación inmediata y simplicidad ... 396
Identidad ... 398
Esperanza ... 398

21. El más allá a modo de resumen ... 401

22. Perdone los inconvenientes ... 407

Apéndice 1: Máximas ... 415

Apéndice 2: Guía para detectar pseudocientíficos y sus artificios ... 419

Agradezco a la reina hechicera de la tribu ñang ñang los infinitos momentos de felicidad que me regaló.

También doy las gracias a los estudiantes de mi curso en la UPR, quienes con sus dudas y comentarios contribuyeron a mejorar el texto.

Prólogo
Un viaje de la razón

Recientemente (me refiero al momento en que escribía este prólogo, a finales de 2016) me llamó la atención que los comentarios editoriales de dos revistas profesionales del sector de la física[1] tocaban directamente temas relacionados con pseudociencias que se cuelan incluso en algo tan sólido como saben serlo las ciencias físicas. Hay terapias que acuden al marchamo de lo «cuántico» para engañar, utilizando palabras sonoras y complejas y vender lo mismo. O bien abordando la cuestión espinosa de un sector de la población que niega las bondades de la ciencia y las coloca en una especie de chocolate del loro que esconde realmente manipulación y conspiración de ocultos poderes. Hace unos años era imposible imaginar que los mismos físicos pensaran que ese mundo de vendemilagros o de increíbles y alambicadas teorías de la conspiración pudiera llegar a ser un enemigo digno de algo más que volver la mirada y decir: «paparruchas».

Pero los tiempos han cambiado. Podemos echarle la culpa a las redes sociales, a la falta de memoria colectiva o al déficit cultural consustancial a lo instantáneo y lo global frente al poso lento que acompañaba al saber en la era Gutenberg de las bibliotecas. Pero lo cierto es que los errores, las ficciones, las supercherías, están aquí,

[1] Las dos revistas son: *Revista de Física*, editada por la Real Sociedad Española de Física, que en su número 30(4) de 2016 incluye el texto de José Adolfo de AzcárragaSEF, titulado «De terapias 'cuánticas' y otras calamidades»; y en segundo lugar, *Europhysics News*, órgano de la European Physical Society, que en su número 47(5&6) de 2016, incluye el texto «Science denial», escrito por el presidente de la institución, Christophe Rossel.

nos rodean y son legión. Y estamos desasistidos porque hasta el mismo buscador que nos permite una referencia seria sobre a la última afirmación desmelenada nos proporciona también decenas de contrarréplicas, cada vez más complejas y elaboradas, en las que desbridar la falacia nos llevará demasiado tiempo. Hasta le hemos puesto nombre, en esta era de internet, al fenómeno: la ley de Brandolini[2]. Cada vez que caigo en el error (o morbo) de ponerme a leer la última fantasía paranoide de un conspiracionista, sea un negacionista del cambio climático o un conspiranoico del nuevo orden mundial o del viejo de los illuminati, acabo preocupado porque realmente en el trabajo del Sísifo que intenta desmontarlo caerá día tras día ante la avalancha de basura aparentemente cuerda. No tiene uno tanto tiempo, ni tantas manos, ni siquiera un colectivo puede crear un documento que desmonte esas mentiras. ¡Parece física cuántica!, podríamos concluir con espanto...

Por eso hace falta un antídoto, como este libro escrito por un físico que sabe no serlo más allá de lo necesario, convirtiéndose en pedagogo, en maestro, en guía... no en gurú, afortunadamente. El tiempo que no tendremos ya para leer y rebuscar, para argumentar y estructurar discursos capaces no de epatar, sino de convencer con la profundidad de la comprensión racional, lo ha ido invirtiendo ese mago que es Daniel Altschuler y ahora nos lo brinda repleto de citas, de máximas, de lemas, de impecables silogismos e inferencias. Nos habla de ciencia, en definitiva, contra la ignorancia, tan maliciosa a veces. Una ciencia que, como aprenderemos de la mano de quienes han reflexionado sobre el tema, tiene valor cuando es patrimonio de la humanidad, cuando se convierte en herramienta que cambia el mundo. Siempre que la dimensión social y ética del conocimiento científico se diseñe de manera que podamos decir que se trata de un bien, que redunde en beneficio de todos los habitantes del planeta. Por esta razón se hace preciso ser crítico también con el uso de las tecnologías, el imperio complaciente que construimos y que a veces parece la imagen del mundo de la ciencia. No ha de ser así, y ha de ser de otra manera con un empeño que ha de partir, ante todo, de la sociedad, de quienes la dirigen (demasiado ignorantes, sin embargo,

---

[2] La Wikipedia propone esta definición: «La cantidad de energía que se necesita para refutar una estupidez es un orden de magnitud superior a la que se necesita para producirla». https://en.wikipedia.org/wiki/Bullshit

de las necesidades de precisión de la ciencia) y de quienes realmente construyen ese conocimiento cierto del mundo. Altschuler lo califica en algún momento, de manera certera, de rompecabezas *comunitario*. Una dimensión fundamental.

Es este un libro en cierto sentido similar a esos menús estructurados de la alta cocina, que van estimulando puntos desconocidos del placer (en este caso cultural, intelectual, estético, social), mezclando elementos inesperados y sorprendentes. Porque el libro es un viaje, o un menú, apasionante. En él espacio y tiempo que se curvan como solamente un astrofísico puede atreverse a hacer. Y aun así me atrevo a mencionar otro aspecto funcional y terapéutico que he encontrado en este libro, y que espero que el lector encuentre también: la capacidad de que cambiemos nuestros preconceptos o creencias y de que abramos la mente. Se suele transmitir una idea casi mística de la ciencia como interrogación, curiosidad ante el mundo, esa manzana que al caer del árbol hizo construir la teoría de la gravitación universal y cosas así. Es una idea bella, pero no toda ensoñación se convertirá en avance científico, ni toda curiosidad acaba siendo una teoría sólida. Por eso hay que saber valorar el azar, entender que más allá de lo que podríamos intuir está la medida, descubrir las variables, descifrar la matemática a veces endiablada que subyace a los hechos. Gran parte de los errores y los engaños en los que caemos está, como nos explicará el autor, mediada por una mala comprensión de las matemáticas con que queremos expresarnos.

Pero no es suficiente un lenguaje preciso, sino que también es necesario desarrollar contenidos teóricos que se deriven adecuadamente y se sometan al contraste y la experimentación siempre que se pueda. En este camino que nos propone el autor, tendremos así como aliada a la razón. Y a menudo, proporcionando unos matices picantes deliciosos, también la ironía, que en el fondo es un modo de reducción al absurdo tan potente en la lógica como en la vida diaria. Leía recientemente que se había realizado un estudio en Hungría con 813 voluntarios, a los quienes se les intentaba mostrar la falta de fundamento de su creencia en diversas teorías de la conspiración[3]. Se comprobó la eficiencia de tres formas de acercarse a esa creencia: la

[3] «Changing Conspiracy Beliefs through Rationality and Ridiculing», Gabor Oeosz *et al.*, *Front. Psychol.*, 13 October 2016 (DOI: 10.3389/fpsyg.2016.01525).

racional, aportando argumentos contrarios; la ridiculizante, poniendo de manifiesto el absurdo de la creencia; y la empática, queriendo al creyente, intentando entender el porqué de su creencia. La última no funcionaba, las dos primeras sí. Me inclino a pensar que precisamente este hecho hace tan necesario un texto como el que ahora comienza.

Finalizo: este libro me divierte y me instruye a partes iguales. Y muchas veces ha conseguido provocarme. Pero eso no se lo voy a contar en el prólogo, porque no quiero quitarles la emoción de sentirse llevados de la mano de una mente muy sagaz hasta el fondo de muchos asuntos: temas que nos ocupan quizá desde que somos humanos en más de una ocasión y otras veces nuevos desafíos. Quizá antes de tirar la toalla y concluir que para la humanidad no hay un futuro posible, que la simpleza generalizada ha calado ya demasiado hondo, conviene empezar el viaje con el *loco* Altschuler, y entrar un universo que está esperando de nuestra razón y nuestra ciencia para ser leído más allá de las afirmaciones de moda. Comiencen ya este apasionante viaje de la razón.

Javier Armentia,
astrofísico

1
A quien pueda interesar

Máxima: *Demasiada gente muere por fe y mata por dogma.*
Máxima: *Nada es más horrible que una ignorancia activista*[1].

... gente a cui si fa notte innanzi sera.

FRANCESCO PETRARCA[2]

Les suplico, por las entrañas de Cristo, que piensen en la posibilidad de que estén equivocados.

OLIVER CROMWELL[3]

¿Qué quimera es, pues, el hombre? ¿Qué novedad, qué monstruo, qué caos, qué montón de contradicciones, qué prodigio? Juez de todas las cosas, indefenso gusano, depositario de la verdad, cloaca de incertidumbre y de error, gloria y desecho del universo...

BLAISE PASCAL

No dudo de que en algún momento de su vida se puso a pensar en lo que creía, o quizá, y con mayor probabilidad, se puso a pensar en lo que creían otros, especialmente cuando lo que creían otros parecía totalmente desatinado y contrario a lo que usted creía. La cuestión es importante, ya que se han cometido salvajadas por creer algo, generalmente relacionado con la superioridad de un pueblo sobre otro o de una religión sobre otra. Nos preguntamos cómo es que los otros no en-

---

[1] Johann Wolfgang von Goethe (1749-1832). «Es ist nichts schrecklicher als eine tätige Unwissenheit». *Goethe's World View Presented in His Reflections and Maxims*, ed. Frederick Ungar, págs. 58-59 (1963).

[2] Francesco Petrarca. *Canzoniere, Trionfi, Rime varie*, editado por Carlo Muscetta y Daniele Ponchiroli, ed. Einaudi, 1958. («Gente a quien se le hace la noche antes del atardecer.»)

[3] En una carta de 1650 a la asamblea general de la Iglesia de Escocia.

tienden, no son sensatos, no razonan, no conocen la verdad; las mismas preguntas que se hacen los otros.

Pero ¿qué es la verdad? Difícil cuestión, aunque hay formas de acercarse a ella. Lo que importa es adquirir destrezas que le faciliten una discriminación entre lo cierto y lo falso, lo posible y lo imposible, aquello bien fundamentado y aquello que no lo está, y de ese modo defenderse de los enredos propuestos por quienes quieren su voto, su dinero o su devoción.

Podremos acercarnos a la verdad si consideramos algunos factores que afectan a nuestras creencias, y la forma en que conocemos el mundo. Esto, además, tiene un gran valor práctico: es una vacuna contra el virus del pseudoconocimiento que afecta a aquellos que no distinguen entre realidad y ficción y no se dan cuenta de cómo los engañan, o, más bien, cómo se engañan a sí mismos. Si no conocemos los procesos que nos llevan a creer ciertas cosas, no seremos capaces de evitar creer ciertas cosas que en realidad son ficciones sin fundamento[4]. Son cosas que aprisionan la mente con una soporífera y pesada tela de araña, y no le permiten cobrar altura. Son cosas que si usted las cree pueden llevarlo a la muerte prematura, y no querrá usted morir antes de tiempo, ¿verdad?

Ya Galileo, ante la ofuscación de sus contemporáneos, le escribía a Kepler[5]: «Mi querido Kepler, ¿qué diríais de los sabios de aquí, que se han negado rotundamente a echar una mirada por mi telescopio? ¿Debemos reír o debemos llorar?». Pienso que ante estas opciones es preferible reír. Pienso que mi lector tiene sentido del humor y notará que acudo a esto ocasionalmente. Por ello, a pesar de la seriedad del tema, es provechoso para mantener la cordura poder reír, especialmente de uno mismo. Además, muchas veces la risa es el mejor antídoto para lo ridículo. El célebre crítico y escritor Henry L. Mencken (1880-1956)[6] dice: «Una carcajada vale por diez mil silogismos. No solo es más eficaz, sino que también es mucho más inteligente».

Todos necesitamos de un «temperamento científico» basado en la idea de que vivimos en un mundo ordenado en el cual se cumplen ciertas leyes naturales que no pueden ser alteradas ni por la magia ni

[4] *****Luis Alfonso Gámez (2015). *El peligro de creer.* Léeme Editores, Madrid.

[5] Carta a Johannes Kepler (1610), citada en *The Crime of Galileo* (1955) por Giorgio de Santillana.

[6] Henry Louis Mencken (1949). *A Mencken Chrestomathy.* Alfred A. Knopf.

por los milagros. Dotar la mente de este temperamento es parte del entrenamiento de un investigador, pero es de igual importancia en la vida cotidiana en la cual nos enfrentamos al constante bombardeo de argumentos falaces formulados por demagogos y estafadores materiales o intelectuales.

Sin un temperamento científico el ciudadano es vulnerable a la tentación de lo mágico, a la seducción de la pasión y a la tiranía del dogmatismo. Demasiada gente muere por fe y mata por dogma. Al no tener los medios para defenderse, muchos son presa fácil de aquellos que venden agua por medicina, predicen el futuro incluido el fin del mundo, y pretenden convencerlo de las curaciones milagrosas o lo que les espera en el «más allá» (luego del fracaso de las curaciones milagrosas). Al final les contaré dónde queda el más allá.

A pesar de todas las amenazas físicas a las cuales se expone la vida sobre este planeta, la mayor amenaza es el pensar equivocado, que se nutre de la ignorancia. Como decía Johann Wolfgang von Goethe (1749-1832): «Nada es más horrible que una ignorancia activista». Necesitamos encontrar nuevas formas de pensar para resolver los problemas causados por las viejas formas de pensar.

Nuestra concepción de la realidad, en su sentido más amplio, determinará nuestro futuro, y depende de las respuestas que podamos formular a las siguientes preguntas: ¿cómo es que sabemos lo que sabemos? ¿Cómo justificamos aquello que creemos? ¿Cuáles son los criterios que debemos utilizar al evaluar lo que conocemos del mundo y de la experiencia humana? Se trata de sobrevivir de una forma justa y decorosa, de lograr transformar el valle de lamentos que es este mundo en uno en el cual no tengamos nada (o al menos mucho menos) que lamentar. Son, además, temas fundamentales de la filosofía, aunque este texto no pretende ser uno de filosofía ni lo escribe un filósofo. Eso no me exime de la sentencia formulada por Leszek Kolakowski[7]: «Un filósofo moderno que jamás ha sospechado que es un charlatán debe de ser una mente tan superficial que probablemente no valga la pena leer su obra». Espero que al terminar la lectura piense que mereció la pena.

Es imprescindible el temperamento científico para contribuir a la resolución de los problemas sociales, éticos y políticos, y para eso es

---

[7] Leszek Kolakowski (1988). *Metaphysical Horror*. Blackwell.

necesario que todos (no solamente los científicos) entiendan algo de la forma de proceder de la ciencia. Digo «contribuir», ya que queda claro que existen otros factores no accesibles a un análisis científico que son de gran importancia en el momento de resolver nuestros cada vez más abrumadores problemas –pienso en particular en factores éticos–. Pero lo que no es aceptable es rechazar la visión científica.

Los últimos cien años han sido los más crueles, violentos y salvajes en términos de lo que somos capaces de hacer los unos a los otros, y, al mismo tiempo, han supuesto un despertar de la conciencia a un nuevo y maravilloso mundo descubierto por la ciencia. Muchos conocen la triste historia del pasado, pero pocos conocen lo que hemos aprendido del mundo, posiblemente porque no se les ha enseñado de forma adecuada.

De allí surge una fuerte disonancia entre lo que nos dice la ciencia sobre cómo es el mundo, y cómo quisiéramos que fuera. Ocurrió en el caso de Galileo y continúa con el caso de Darwin. La gran mayoría de los humanos ni se han enterado y otros prefieren no saber. Esta ignorancia relega a la mayoría a un *proletariado intelectual*, inmerso en antiguas supersticiones y creencias sin fundamento (por las cuales están dispuestos a matar o morir), mientras que una pequeña oligarquía conoce, disfruta y se aprovecha del conocimiento. A la explotación material del pasado se acopla la explotación intelectual de la futura distopía[8].

Es saludable analizar críticamente nuestra «visión del mundo», el «tejido de creencias» que constituye el marco de referencia desde el cual evaluamos nuestro entorno. Es una hiedra espinosa enraizada en nuestra mente, que se adhiere a nuestro ser interceptando la luz, y que necesita de un jardinero que sepa dónde cortar. Ha crecido alimentada por el continuo proceso de educación formal e informal que determina nuestra forma de pensar y actuar.

Aunque somos capaces de razonar, somos también simultáneamente irracionales, como sin duda habrá notado al observar nuestro comportamiento. Si bien es cierto que somos los seres más racionales del planeta, esto no dice mucho si piensa que los que nos siguen son los chimpancés. Y eso a pesar de que la distancia genética entre nosotros y ellos es muy pequeña, menos del cinco por ciento del genoma. Imagí-

[8] Opuesto de una utopía.

nese unos seres superiores con esa misma diferencia entre ellos y nosotros. Bueno, no puede, pero quizá lograran vivir en paz.

Parecería que la esquizofrenia básica es producto de la pugna interna entre dos cerebros que son parte de la quimera que somos, como lo señaló Pascal: el antiguo reptiliano y el moderno de la corteza cerebral. La razón del cerebro moderno compite dentro de nosotros con los deseos, las emociones y las reacciones del cerebro primitivo, que muchas veces sale airoso de esta confrontación. La pugna es casi cotidiana, en ocasiones tan trivial como querer mandar al jefe al carajo (reptiliano) y entender que perder el empleo como consecuencia no vale la pena (corteza). Pero deja de ser trivial cuando grupos de reptilianos organizados, que hacen buen uso de la corteza, son capaces de actos de barbarie que los bárbaros fueron incapaces de realizar. Nuestra historia no deja duda de que nuestra tendencia a matar al otro está a flor de piel, resumida en la breve historia de la barbarie de Morín[9]. Son ejemplos de lo que puede ocurrir cuando mentes tenebrosas asumen el poder, y que no debemos olvidar.

Colectivamente sabemos mucho más acerca de la vida, el universo y todo lo demás, que lo que sabían Aristóteles o Arquímedes hace un par de miles de años, y más de lo que sabían Newton o Darwin hace un par de cientos de años. Sin embargo, una gran fracción del público sabe mucho menos que lo que ellos sabían, y mantiene creencias dignas de un cavernícola, con la salvedad de que los cavernícolas no tenían opción.

Surge una tragedia por la situación paradójica en la cual nos encontramos: luego de lo que es un instante cósmico, aunque para nosotros sea un período largo de nuestra historia, después de notables vicisitudes materiales y mentales, nos encontramos al albor de comprender de qué trata todo esto. Pero ese mismo conocimiento también nos ha llevado al borde del precipicio, amenazados por nuestras propias mentes, frente a problemas que podrían apagar la luz por falta de ojos para ver y mentes para pensar con claridad. Es como si una mano siniestra activara el interruptor, un instante después de que se iluminara la mente, y nos permitiera apenas una visión fugaz de bellas obras de arte, solo con tiempo para expresar admirados: «¡Ah, eso era!», antes de sumergirnos en la eterna oscuridad.

---

[9] Edgar Morin (2005). *Breve historia de la barbarie en Occidente.* Paidós.

Lo que expongo a continuación no resolverá el problema, pero me daré por satisfecho si contribuye a cortar algunas de las ramas más espinosas de la hiedra que nos arropa. Las limitaciones de espacio solamente me permiten presentarle algunas cosas sin mucho desarrollo, la intención es que aprecie que son cosas a considerar, y la ilusión es que se interese y profundice con alguna de las referencias que le ofrezco en las notas.

Una advertencia y un apunte sobre las citas y las notas

El célebre matemático y filósofo William Clifford (1845-1879)[10] dijo: «Si una persona, al sostener una creencia que le fue enseñada en la niñez o de la que fue persuadida más tarde, rebaja y echa a un lado todas las dudas sobre ella que brotan en su mente, evita a propósito la lectura de libros y la compañía de hombres que la cuestionen o la discutan, y ve como impías aquellas preguntas que no puedan contestarse fácilmente sin perturbarla, entonces la vida de esa persona es un único y largo pecado contra la humanidad».

Las citas tratan de ilustrar el pensamiento de otros, que han dicho lo que yo quisiera decir de una forma muy acertada y más elocuente de lo que yo podría. Algunas citas, por sus fechas, nos demuestran que las preocupaciones aquí expresadas no son algo nuevo. En cuanto a las notas, tenga en cuenta lo indicado aquí[11].

---

[10] *****William Clifford. *The Ethics of Belief* (1877). *The Ethics of Belief and Other Essays*. Prometheus Books (1999). *La voluntad de creer: Un debate sobre la ética de la creencia*. Tecnos (2003).

[11] He tratado de documentar todo lo dicho como se debe, indicando las fuentes originales y los libros que tratan los distintos temas en más detalle. He preferido, de haber alternativas, no citar fuentes cibernéticas por su volatilidad. Por cada libro citado hay decenas que tratan aproximadamente lo mismo. No los conozco todos, pero los que cito los he leído (al menos en parte) y los puedo recomendar. Más que una documentación de fuentes, lo considero una lista de lecturas recomendadas para profundizar en algunos de los temas tratados. Como guía para el lector, precedo la cita de un libro con uno a cinco asteriscos (*) con lo cual quiero indicar una recomendación (subjetiva), siendo cinco asteriscos las que señalan un libro que pienso que es importante y le gustará leer.

2
El problema

Máxima: *Contra principia negantem disputari non potest.*
Máxima: *Sin la duda no hay espacio para el progreso.*

No es suficiente con cambiar el mundo. Eso lo hacemos de todos modos. Y en gran medida ocurre sin nuestro esfuerzo. Es necesario interpretar ese cambio. Para entonces cambiarlo. Para que el mundo no continúe cambiando sin nosotros y, finalmente, no cambie a un mundo sin nosotros.

GÜNTHER ANDERS[1]

Probablemente el problema más desafiante al que nos enfrentamos como animales con glándulas adrenales demasiado grandes y lóbulos prefrontales demasiado pequeños es la contemplación de nuestra importancia relativa en el esquema de las cosas. Nuestro lugar en el cosmos es tan inimaginablemente pequeño que no somos capaces, con nuestra mísera dote de materia craneal, de contemplarlo durante un buen rato.

CHRISTOPHER HITCHENS[2]

El problema de nuestra relación con el mundo radica en que muchos no la entienden, y prefieren un cuento, una ficción que es más fácil y placentera de aceptar que la realidad cruda y desnuda. Para bien o para mal habitamos una era científico-tecnológica, una era que se rige y depende de forma creciente de las aplicaciones del co-

[1] ***Günther Anders (1980). *Die Antiquiertheit des Menschen II.* Verlag C. H. Beck, München.

[2] *****Christopher Hitchens (2007). *God is not Great.* Twelve, Hachette, pág. 90. *Dios no es bueno.* Debate.

nocimiento científico. La humanidad se encuentra amenazada por lo que nuestras actividades le hacen a la biosfera, y también por potenciales daños, por error o terror, a nuestro cada vez más globalizado sistema de apoyo (sistema informático-financiero, redes de comunicación, comercio internacional), agregando al problema la amenaza de armas nucleares y biológicas existentes. Es una «verdad incómoda» para aquellos que no desean que cambie nada, ya que ellos –esa minoría que controla a la mayoría– están bien.

Es alarmante que un amplio sector del público no conozca la ciencia, es decir, no conozca de qué se trata la empresa científica y no sepa distinguir entre algo científico y algo que no lo es[3]. No se trata de que entienda los difíciles detalles del contenido de la ciencia en sus distintas disciplinas, por ejemplo de la mecánica cuántica o de la relatividad[4], que incorporan conceptos abstractos cada vez más difíciles de contemplar –cuerdas en muchas dimensiones, el bosón de Higgs o patrones de polarización en la radiación universal.

Tampoco se trata de considerar los espinosos y en ocasiones bizantinos problemas relacionados con entender cómo sabemos lo que sabemos (problemas de la *epistemología*[5]) ni de especular sobre la naturaleza del mundo (problemas de la *ontología*[6]), cuestiones que pueden ser entretenidas para pasar la tarde de un domingo lluvioso; aunque abordaremos el tema para aclarar algunas cosas. En definitiva, se trata de que pueda distinguir entre lo que es cierto y lo que es falso.

Nos hemos vuelto obsoletos, como bien lo observó ya hace algún tiempo el filósofo alemán Günther Anders. Se refería a que nuestras formas de pensar, ante el acelerado progreso de nuestro conocimiento del mundo y de nuestras capacidades tecnológicas de comunicar y actuar, se han quedado atrás; se han tornado obsoletas. El acelerado progreso del conocimiento científico nos ha hecho capaces de exter-

---

[3] TED Michael Specter. http://www.ted.com/talks/michael_specter_the_danger_of_science_denial?language=en Michael Specter. (2009) *Denialism. How Irrational Thinking Hinders Scientific Progress, Harms the Planet and Threatens Our Lives.* The Penguin Press.

[4] *****Fritz Rohrlich (1987). *From Paradox to Reality. Our Basic Concepts of the Physical World.* Cambridge.

[5] Del griego, ἐιστήμη o episteme, 'conocimiento'; λόγος o logos, 'teoría'; es decir, teoría del conocimiento científico.

[6] Del griego οντος, genitivo del participio del verbo εἰ μί, 'el ser'; y λόγος, 'ciencia', 'estudio', 'teoría'); es una parte de la metafísica que trata del ser en general y de sus propiedades trascendentales.

minarnos con nuestras propias armas, y, agregaría yo, exterminarnos por nuestro desconocimiento de las consecuencias de nuestros actos (por ejemplo, el caso del ozono estratosférico). No estamos preparados para habitar este mundo globalizado, informático y complejo. Estamos a la merced de corrientes que no conocemos ni controlamos, a la deriva con el timón averiado.

Síntoma de esta obsolescencia es que a pesar de las muchas cosas que sabemos acerca del mundo, la mayoría mantiene un conjunto de ideas incoherentes y desprovistas de fundamento que parecerían formar parte del *zeitgeist* presente. Tienen el potencial de llevarnos otra vez a una era de noche y tinieblas *(nacht und nebel)*, en la cual el alma se tornó densa y oscura como el plomo. (Ya veremos qué es eso del «alma».)

Es alarmante la sustitución de conocimiento por «pseudoconocimiento», que como si fuera un virus se transmite a la velocidad de la luz por las redes cibernéticas y se esparce por instituciones y personas de dudosa reputación. Buscan protagonismo y lucro, y confunden a un público crédulo y mal preparado. Los vemos diariamente por la televisión: desde los astrólogos y videntes, hasta los «gurús» de las terapias alternativas, pasando por «expertos» que demasiadas veces no saben de lo que hablan y balbucean puerilidades. El pseudoconocimiento es respaldado por diversos medios de comunicación de masas que difunden una cultura *light* y frívola que ha contaminado la mente de la gente y nos «divierten hasta la muerte»[7]. Con meritorias excepciones, los medios han perdido la distinción de ser el «cuarto poder» para pasar a ser meramente portavoces del sistema de poder, reporteros del palacio e instrumentos de manipulación.

Edward Louis Bernays (1891-1995), reconocido como el fundador del campo de las relaciones públicas y autor del importante libro *Propaganda*[8], manifestaba lo siguiente: «La manipulación consciente e inteligente de los hábitos y opiniones organizados de las masas es un elemento de importancia en la sociedad democrática. Quienes manipulan este mecanismo oculto de la sociedad constituyen el gobierno invisible que detenta el verdadero poder que rige el destino de nues-

[7] ***Neil Postman (2001). *Divertirse hasta morir: El discurso público en la era del «show business»*. Ediciones de la Tempestad, Barcelona.

[8] Edward Louis Bernays (1928). *Propaganda*, Ig Publishing (2004). *Propaganda*. Melusina (2008).

tro país. En casi cualquier acto de nuestras vidas, sea en la esfera de la política, de los negocios, en nuestra conducta social, o en nuestro pensamiento ético, estamos dominados por un número relativamente pequeño de personas que entienden los procesos mentales y los patrones sociales de las masas. Son ellos quienes manejan los hilos que controlan la opinión pública». Da miedo, ¿verdad?

El antídoto contra este mecanismo invisible es el **pensamiento crítico**, el cual consiste en **cuestionar sistemáticamente las premisas sobre las cuales se apoya nuestro tejido de creencias, muchas veces implícitas y difíciles de reconocer, evitar los sesgos emocionales y cognitivos, analizar la validez de la información obtenida y de los razonamientos empleados, y contrastarlo en lo posible con la prueba empírica.**

Cualquier idea que tengamos del mundo y de nosotros se basará en algunas premisas (o prejuicios). Algunos son conscientes de estas premisas y tratan de que las diferentes ideas que mantienen sean congruentes con estas premisas; otros se mantienen con ideas incongruentes y viven felizmente sin preocuparse por ello; pero también hay otros que ni siquiera saben que hay premisas.

Por ejemplo, la dualidad mente-cerebro, una antigua premisa apoyada por Descartes, queda descartada (nunca mejor dicho) por las fascinantes investigaciones en neurociencia y psicología cognitiva que llevan a la conclusión cada vez mejor fundamentada de que lo que pensamos y percibimos son el resultado de patrones neuronales que ocurren en el cerebro, *y nada más.* Su célebre «pienso luego existo» se transforma en «existo luego pienso». La neurociencia está pisando los talones a la generalizada idea de la supervivencia de «algo» después de la muerte. Las consecuencias serán mucho más difíciles de aceptar que las de la evolución biológica, rechazada por un amplio sector del público.

La ciencia es una implementación del pensamiento crítico, un intento de estudiar y entender los patrones que observamos en la naturaleza. El truco reside en distinguir entre los patrones causales y los casuales (¿lo ha leído bien?). Encontramos eventos que van juntos o siguen a otros eventos –correlaciones– y buscamos si acaso existen causas que expliquen la correlación, ya que este conocimiento permite predecir y controlar. Por ejemplo, el estudio de la correlación entre la presencia de bacterias y enfermedades por el médico alemán Robert Koch (1843-1910, premio Nobel 1905), estableció que estas *causaban* enfermedades infecciosas, y abrió la puerta para combatirlas.

El conocimiento científico es la razón por la cual los aviones vuelan, los antibióticos curan (por ahora, ya que su abuso pone en peligro su efectividad), los teléfonos móviles sirven para comunicarse (cada vez más para decir cada vez menos), las vacunas salvan a millones (mientras las utilicemos), y las armas nucleares explotan (por desgracia). Si comprende cómo opera la empresa científica podrá apreciar algunos aspectos relacionados con cuestiones que en cierto sentido social o individual son de vida o muerte (aunque de esta vida nadie sale vivo). Me refiero a comprender cuestiones relacionadas con el cambio climático, con la energía nuclear, con los alimentos genéticamente modificados, y con una variada gama de tratamientos y medicamentos que dicen haber comprobado «científicamente» su efectividad.

Observamos una progresión histórica en la forma de entender el mundo (determinada en parte por los medios disponibles para hacerlo) que comienza con el pensar mágico de los mitos y religiones, sigue con la filosofía especulativa y desemboca en la ciencia moderna cuando Galileo decidió estudiar la naturaleza de una forma directa, «leyendo el libro de la naturaleza» sin respetar las creencias religiosas (derivadas de los libros sagrados) ni las ideas filosóficas previas a su época (también el contenido de antiguos libros).

«Consideramos como *científico* un método basado en el análisis profundo de los hechos, las teorías y las opiniones, presuponiendo discusiones y conclusiones abiertas sin prejuicios ni temores. La complejidad y diversidad de todos los fenómenos de la vida moderna, los grandes peligros y posibilidades asociados con la revolución científica-técnica y con una variedad de tendencias sociales, requieren precisamente este enfoque.»

Con estas palabras comenzaba un memorable artículo[9] redactado en 1968 por el físico soviético (diseñador de la bomba de hidrógeno), activista político y premio Nobel de la Paz (1975), Andréi Dmítrievich Sájarov (1921-1989), defensor de los derechos humanos y perseguido por el régimen soviético. Sájarov proponía lo siguiente:

---

[9] Andréi Sájarov, «Reflections on Progress, Peaceful Coexistence, and Intellectual Freedom»: *The New York Times*, 22 July 1968, también: *Progress, Coexistence, and Intellectual Freedom* (1970). W. W. Norton.

«La división de la humanidad amenaza con su destrucción. Solo la cooperación universal bajo condiciones de libertad intelectual con los elevados ideales morales del socialismo y el trabajo, acompañados por la eliminación del dogmatismo y de las presiones de los ocultos intereses de las clases dominantes, preservará la civilización».

«La segunda tesis básica es que la libertad intelectual es esencial para la sociedad humana: libertad para obtener y distribuir información, libertad para el debate abierto y sin temores y libertad de prejuicios y presiones por la oficialidad. Tal trinidad de libertades de pensamiento es la única garantía contra una infección de la gente por mitos de masas que, en las manos de hipócritas traicioneros y demagogos, pueden transformarse en sangrientas dictaduras. La libertad de pensamiento es la única garantía de la posibilidad de un enfoque democrático-científico en la política, la economía y la cultura.»

Escribo bajo la larga sombra dejada por las palabras de Sájarov, que no han perdido vigencia con el pasar de los años: «Quería alertar a mis lectores de los graves peligros que amenazan a la humanidad: extinción termonuclear, catástrofe ecológica, hambruna, una explosión demográfica descontrolada, enajenación y una distorsión dogmática de nuestra concepción de la realidad», dijo, y yo puedo decir lo mismo. En el sentido de Sájarov, declaro que todos necesitamos una educación científica, es decir, un «temperamento científico». En muchos casos la dificultad radica, como lo expone Schleichert[10], en que es imposible argumentar con la razón acerca de algo que se mantiene sin razón: *contra principia negantem disputari non potest.*

George Polya[11] nos ofrece tres reglas que definen el temperamento científico:

Debemos estar dispuestos a revisar nuestras creencias. Para esto se necesita *audacia intelectual.*

Debemos cambiar una creencia cuando exista una razón convincente para así hacerlo. Para esto se necesita *honestidad intelectual.*

---

[10] *****Hubert Schleichert (1997). *Wie man mit Fundamentalisten diskutiert, ohne den Verstand zu Verlieren.* Verlag C.H. Beck, München. *Cómo discutir con un fundamentalista sin perder la razón.* (2004) Siglo XXI de España, Editores.

[11] G. Polya (1954). *Mathematics and Plausible Reasoning.* Vol I. Princeton University Press, pág. 6.

No debemos cambiar nuestras creencias de forma arbitraria sin una buena razón para hacerlo. Para esto se necesita *moderación sabia.*

Agreguemos a esto que el temperamento científico se manifiesta con una actitud fundamental de duda que ha sido la semilla del progreso intelectual de la humanidad[12]. Tenemos distintos grados de confianza en la veracidad de nuestras creencias, pero es imposible estar totalmente seguros. El que lo está, ha dejado de pensar, la certeza es enemiga de la verdad. Si usted está seguro de que conoce la verdad, dejará de buscar. El error y la incertidumbre habilitan el progreso, ya que nos estimulan para la investigación. Sin errores no hay progreso, tampoco en el proceso evolutivo.

Debemos asumir la *duda sistemática.*

Bertrand Russell dice[13]: «La causa fundamental del lío en el mundo es que los estúpidos están seguros de sí mismos y los inteligentes llenos de dudas». Y el mártir al pensamiento libre Giordano Bruno escribió[14]: «Aquel que desee filosofar, antes que nada, debe dudar de todas las cosas. No debe jamás asumir una posición en una discusión antes de haber escuchado varias opiniones, y considerado y comparado las razones en pro y en contra. Nunca debe juzgar o tomar una posición basada en la evidencia de lo que ha oído».

No se trata de no creer nada, sino de asumir una duda ante hechos, creencias y opiniones que no tienen un buen fundamento, por más que otros las tomen por buenas. *Sin la duda no hay espacio para el progreso.*

No podremos resolver los problemas a los que nos enfrentamos apelando a antiguas supersticiones, de igual manera que la homeopatía y la acupuntura no curan, y la astrología no predice nada, por más que muchos crean que sí, y sea un gran negocio. Quizá algunos afirmen que tras tomar un medicamento homeopático o hacerse acupuntura en la oreja luego se sintieron mejor. Y otros dirán que el astrólogo o psíquico les predijo algo que luego ocurrió. Y no lo dudo. En lo que discrepo es en que la mejoría tras el tratamiento o el cumplimiento de la profecía tengan algo que ver con el practicante, ya que tiene mucho que ver con la psicología del sujeto. A lo largo de este texto veremos cómo funciona.

---

[12] ****Jennifer Michael Hecht (2003). *Doubt, a History.* Harper.

[13] Bertrand Russell. «Christian Ethics» from *Marriage and Morals* (1950), from James A Haught, ed., *2000 Years of Disbelief.*

[14] Giordano Bruno (1591). *De triplic minimoi.*

Hubert Schleichert[15] termina su excelente libro con lo siguiente: «La razón crítica del mundo occidental no es un prejuicio totalmente accidental. Aquel a quien en nombre de alguna ideología se le deba torturar o quemar, escogerá la razón ilustrada europea por encima de todas las alternativas. Se podrá decir que es cuestión de gusto. Pero es un buen gusto».

En su singular libro, John Schumaker[16] afirma lo siguiente: «Somos únicos en el reino animal con nuestra lógica y racionalidad altamente especializadas que nos llevan a nuevas verdades. Sin embargo, mostramos otra cara, una letrina de irracionalidad, prontos a defender y hasta morir por algo que desafía esa misma lógica y racionalidad. Por un lado, somos capaces de procesar de manera altamente sensitiva información de alto nivel; y, por otro, somos capaces de la más grotesca distorsión de hechos indiscutibles. Nosotros, criaturas gloriosas, podemos ser indescriptiblemente tiernos y amables, y arriesgar nuestras propias vidas por una solitaria alma en peligro. Sin embargo, en otro momento o lugar, somos también capaces de un acto igualmente indescriptible de salvajería y de un total desprecio por la vida».

Otra forma elocuente de describir la quimera que somos.

---

[15] *****Hubert Schleichert (1997). *Wie man mit Fundamentalisten diskutiert, ohne den Verstand zu verlieren, Anleitung zum subversiven Denken*. CH Beck. [*Cómo discutir con un fundamentalista sin perder la razón. Introducción al pensamiento subversivo* (2004), Siglo XXI de España Editores].

[16] *****John F. Schumaker (1990). *Wings of Illusion. The Nature and Future of Paranormal Belief*. Prometheus Books.

3
La visión del mundo

Máxima: *El mundo es como es y no como quisiéramos que fuera.*

*Las cosas nos son dadas como objetos de nuestros sentidos, objetos situados fuera de nosotros; pero de lo que puedan ser en sí mismas (*das Ding an sich*) nada sabemos, sino que conocemos solamente sus apariencias (*Erscheinungen*), esto es, las representaciones que producen en nosotros al afectar nuestros sentidos.*

IMMANUEL KANT[1]

Toda nuestra ciencia, medida en relación con la realidad, es primitiva e infantil, y, sin embargo, es la cosa más valiosa que tenemos.

ALBERT EINSTEIN[2]

Alfred North Whitehead (1861-1947), célebre filósofo y matemático. afirmó[3]: «La caracterización más segura de la tradición filosófica europea es que consiste en una serie de notas a pie de página de Platón»; yo añadiría a Sócrates (su maestro) y a Aristóteles (su discípulo). Es cierto, en el sentido de que las preguntas que ocupaban la mente de estos singulares pensadores de hace dos mil años son las preguntas que aún nos ocupan: la naturaleza del ser y del universo, del espacio y del tiempo: preguntas de ontología; y la posibilidad de conocer, la fuente y los límites del conocimiento y la relación de la mente con el resto del mundo: preguntas de epistemología. El pensamiento griego

---

[1] Immanuel Kant (1869). *Prolegomena zu einer Jeden Kuenftigen Metaphysik.* Felix Meiner Verlag, Hamburg.

[2] En una carta a Hans Muehsam de 1951. Alice Calaprice (2010). *The Ultimate Quotable Einstein.* Princeton.

[3] Alfred North Whitehead (1979). *Process and Reality.* Free Press, pág. 39.

se caracteriza en primera instancia por su carácter reflexivo, por la preocupación no solo por la naturaleza del mundo, sino por la naturaleza del conocimiento, siguiendo el socrático «conócete a ti mismo», lo cual implica un pensar sobre el pensar[4]. Podemos mutar el socrático *una vida no examinada no merece ser vivida*, a *un pensamiento no examinado no merece ser sostenido.*

Lo que ha cambiado son las respuestas. Podemos pensar que las respuestas sugeridas por los pensadores griegos –Tales opinaba que lo fundamental era agua; su discípulo Anaximandro que era aire; para Empédocles, los cuatro célebres: aire, fuego, tierra, agua; para Leucipo y Demócrito, átomos– son ingenuas, pero lo que importa no son las respuestas, difíciles de obtener con los medios entonces disponibles. Lo que importa es darse cuenta de que cada uno de estos pensadores criticaba y modificaba las respuestas propuestas por sus antecesores, y no se aferraban a un dogma. Eso es lo importante: un dogma presenta las respuestas, la ciencia presenta las preguntas. El otro factor que resaltar es que, independientemente de la respuesta, se buscaban buenas razones que fueran de carácter natural. Buscar la verdad del mundo, es un problema que sigue y seguirá con nosotros para siempre. Lo más que podemos hacer es buscar el camino y ver cuál es la forma de acercarnos a ese punto, o al menos decidir cuáles son los caminos que nos alejan, cuáles son los obstáculos que debemos evitar para no tropezar. Ya no aceptamos el antiguo mito de la Tierra apoyada sobre una gigantesca tortuga. A la pregunta de los escépticos: «¿En qué se apoya la tortuga?», la respuesta era: «Son tortugas hasta el fondo».

Los científicos (y la mayoría de las personas) suponen que hay un mundo allí afuera que se puede estudiar y que aquello que hemos aprendido del mundo es pertinente, y a diferencia de los filósofos ni se les ocurre cuestionarlo. Podría uno asumir la postura solipsista y decir que no hay tal cosa y que todo es simplemente un invento de una mente (la mía, claro). Aunque no podemos probar la existencia de otras mentes, aceptamos por defecto que las hay.

Al respecto, Bertrand Russell relata[5] lo siguiente: «Contra el solipsismo debe decirse, en primer lugar, que es psicológicamente

[4] Jacques Brunschwig y Geoffrey Lloyd (eds.) (2000). *Greek Thought. A Guide to Classical Knowledge.* Belknap Press, Harvard.

[5] Bertrand Russell (1948). *Human Knowledge: Its Scope and Limits.* George Allen & Unwin, London, pág. 180.

imposible de creer, y, de hecho, es rechazado incluso por quienes pretenden aceptarlo. Una vez recibí una carta de una eminente especialista en lógica, Christine Ladd-Franklin, en la que me decía que era solipsista y estaba sorprendida de que no hubiese otros. Viniendo de una solipsista especialista en lógica, su sorpresa me sorprendió».

El mundo es como es y no como quisiéramos que fuera. Y es así porque las propiedades de las partículas fundamentales que lo componen causan que sea como es. Este hilo de pensamiento conduce a la idea de una estructura jerárquica del mundo y de una «teoría del todo», compuesta por principios y objetos fundamentales (como el agua de Tales), a partir de la cual, *en principio*, todo sigue. Llevamos 2500 años en este empeño, y aunque en el camino perdimos mil años (por un sueño[6]), hemos progresado de forma acelerada comenzando con Galileo[7].

El camino que va del mundo a nuestro conocimiento del mundo es a través de la percepción minada por procesos cognitivos que están influidos por nuestras necesidades emocionales y ciertos conceptos, creencias y principios que forman parte de nuestro equipaje mental. El equipaje mental es a su vez un producto evolutivo para sobrevivir en el «mundo del medio»[8] –experiencia de tiempos entre segundos y años, distancias de centímetros a kilómetros y cantidades entre decenas y centenas– y no para resolver problemas de cosmología, del mundo atómico, o para considerar pruebas estadísticas.

Nuestros sentidos han sido optimizados evolutivamente para sobrevivir en un mundo iluminado por luz solar, y en el cual los ruidos ambientales naturales se centran dentro de cierto rango de frecuencias auditivas. Nuestra mente fue moldeada por la naturaleza para operar y sobrevivir en otro planeta –la Tierra del pleistoceno, que culminó hace unos 12.000 años, cuando comenzó el holoceno– muy distinto en su realidad social y física al planeta que habitamos.

En algún momento de la prehistoria, ocurrió una revolución cognitiva que forjó al *Homo sapiens* moderno –nosotros–, que, con el len-

---

6 *** Paul Veyne (2007). *El sueño de Constantino.* Paidós.

7 *****Charles Freeman (2003). *The Closing of the Western Mind: The Rise of Faith and the Fall of Reason.* , Alfred A. Knopf, New York.

8 TED Richard Dawkins. «Why the Universe seems so strange». http://www.ted.com/talks/richard_dawkins_on_our_queer_universe

guaje y el pensar simbólico, lo cambió todo[9] [10]. Heredamos una fuerte disposición a percibir «agentes» invisibles, que poseen estados mentales y pueden actuar, y que con el tiempo se transformaron en dioses[11].

Distinguimos entre el mundo *privado* interior de nuestra mente (nuestras ideas, sensaciones, deseos y sentimientos) y el mundo *pú-*

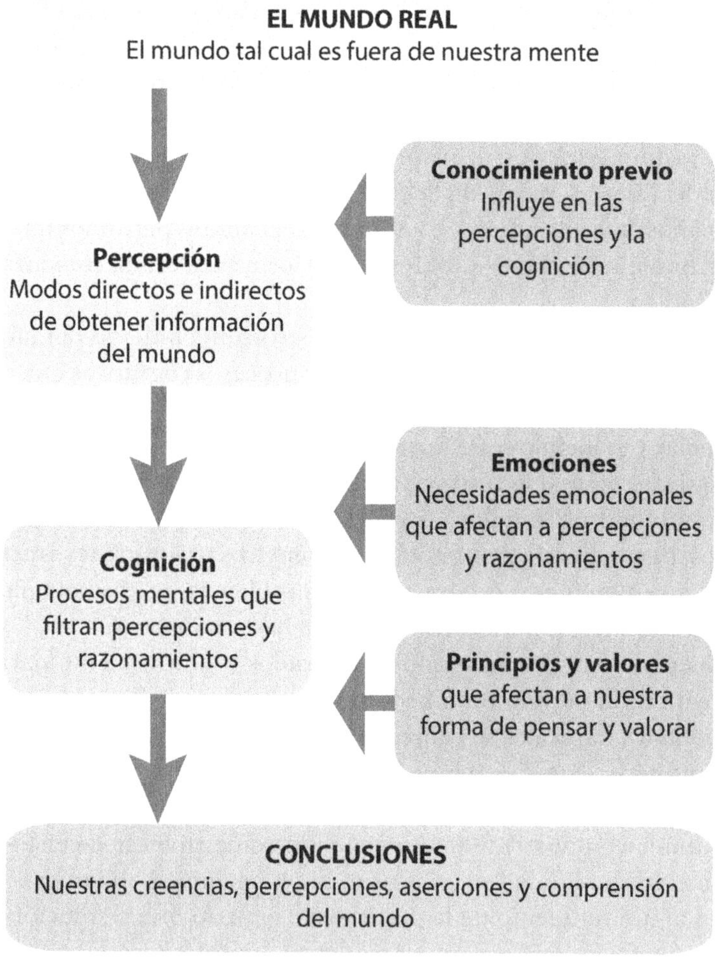

Figura 1. Del mundo tal cual es a nuestra percepción del mundo.

---

9 *****Michael Cook (2012). *Una breve historia de la humanidad.* Antoni Bosch.

10 *****Yuval Noah Harari (2015). *Sapiens. De animales a dioses.* Debate.

11 ****Justin L. Barrett (2004). *Why Would Anyone Believe in God?* Altamira Press.

blico físico compuesto por todo lo que existe fuera de nuestra mente, aunque en ocasiones la frontera se difumina, ya que la mente es producto de un cerebro físico. Una manzana es obviamente una entidad física, pero su sabor pertenece al mundo privado mental.

Separamos además lo real de lo ficticio. Lo real tiene propiedades que son objetivas e independientes de lo que pensamos y observamos, mientras que lo ficticio tiene propiedades subjetivas que son en función de nuestros pensamientos y deseos.

Advierta que no tenemos forma de obtener información del mundo que no sea por medio de nuestras observaciones (incluyendo nuestros instrumentos). No existe una plataforma *independiente* desde la cual mirar al mundo, y decidir si nuestras ideas acerca del mundo coinciden con «la realidad» (*das Ding an sich*). No podemos «correr el velo» y concluir: «Cierto, esta idea corresponde a la realidad que estoy observando». Contraste esto con la situación en la cual no estamos seguros de si una calculadora está funcionando correctamente, si el resultado de cierta operación corresponde a la realidad matemática. En este caso es posible recurrir a otro instrumento o realizar el cómputo «a mano» y verificar si la calculadora nos da un resultado correcto.

Podemos aspirar a alejarnos de nuestra subjetividad, pero no podemos abandonarla, ya que en última instancia también somos parte del mundo que queremos conocer. Salirse de la subjetividad es equivalente a salirse del universo –no es posible–, aunque debemos aspirar a una visión desde ningún lugar (en palabras de Nagel[12]). Es también por esto que toda aspiración de *imparcialidad*, definida por el DRAE[13] como «falta de designio anticipado o de prevención en favor o en contra de alguien o algo, que permite juzgar o proceder con rectitud», es ilusoria. No podemos evitar la influencia del pasado cultural sobre lo que pensamos. Es imposible sustraerse de todo lo que nos ha formado, del «designio anticipado», y, por lo tanto, nos resulta imposible ser imparciales.

Pero al menos podemos analizar y entender los factores que propician a que pensemos de una forma y no de otra. En una democracia en la cual cada voto cuenta por igual, si la mayoría no tiene los elementos necesarios para realizar un juicio crítico y tomar la

[12] ****Thomas Nagel (1986). *The View from Nowhere*. Oxford University Press. *Una visión de ningún lugar*, Fondo de Cultura Económica de España.

[13] DRAE: Diccionario de la Real Academia Española.

mejor decisión, el resultado puede ser un desastre. O, como dijo Facundo Cabral: «Hay que temerles a los pendejos, que son peligrosos porque al ser mayoría eligen hasta al presidente». Es esta la mayor debilidad de un sistema en el cual la mayoría manda.

Nuestra tradición intelectual, con sus raíces griegas, se apoya en una serie de principios fundamentales. Con el correr de los siglos han evolucionado, y han cambiado los cánones de lo que consideramos fuentes legítimas de conocimiento –ha cambiado el papel de las escrituras sagradas, el peso que damos a visiones místicas y el sentido de lo «sobrenatural» (decreciendo su relevancia)–, pero no ha cambiado la esencia de los principios. Los enumero siguiendo a Searle[14]:

- La realidad existe de forma independiente a la representación humana. Aunque tenemos representaciones (teorías o modelos) mentales y lingüísticas del mundo en la forma de creencias, experiencias y teorías, existe un mundo «allá afuera» que es independiente de estas representaciones, por más que pueda resultar imposible separar la realidad de su representación. Esto no quiere decir que no hay cosas que son meramente construcciones sociales (dinero, matrimonio, propiedades, etc.) que son reales, pero pierden su realidad si desaparece el ser humano, contrario a la órbita elíptica de un planeta, que seguirá siendo así con o sin nosotros. Este principio lo podemos resumir como uno de ***modestia metafísica***.
- Una de las funciones del lenguaje es la de comunicar significado (la semántica), que permite comunicar ideas que se refieren al estado de las cosas y a los objetos que existen independientemente del lenguaje. El lenguaje permite representar el mundo, permite elaborar teorías para describir y explicar la realidad de una forma coherente. Somos capaces de formular teorías correctas de cómo es el mundo observable (si lo hemos logrado es una cuestión diferente) a pesar de su independencia, lo cual podemos resumir como una ***arrogancia epistémica*** que choca con la modestia metafísica.

[14] John R. Searle (1993). *Rationality and Realism, What is at Stake?* Journal of the American Academy of Arts and Science Fall.

- La *verdad* es cuestión de la fidelidad de la representación. Una proposición será cierta o falsa dependiendo de si las cosas del mundo son realmente como lo expresa. Es decir, que la proposición «el Sol se encuentra a 150 millones de km de la Tierra» será cierta si realmente el Sol se encuentra a 150 millones de km de la Tierra (aunque sabemos que se trata de una aproximación). Lo que acabamos de esbozar es la idea de verdad como correspondencia, donde definimos «verdad» de la siguiente forma: ***una proposición es verdadera si y solo si corresponde a los hechos.***
- El conocimiento es objetivo. Con esto se quiere decir que como lo que conocemos es cierto, por definición de conocimiento, no depende del conocedor, ni del tiempo o lugar. Como la verdad es fidelidad de representación de una realidad independiente, no puede depender del carácter, motivación, género y circunstancias del conocedor.
- La lógica y la racionalidad son formales, es decir, que lo que importa es la forma de los argumentos y no su contenido. La racionalidad implementada por la lógica provee procedimientos, normas y métodos que permiten la evaluación de distintas afirmaciones que están en competencia, pero no propone nada acerca del mundo. No indica, *por sí sola,* lo que hay que creer o hacer. La lógica es necesaria, pero no suficiente para entender el mundo, ya que este consta de cosas concretas y materiales, y no de conceptos. Como la racionalidad es formal, no se puede refutar, ya que no afirma nada refutable.

Se obtiene conocimiento respetando las cotas impuestas por la razón y la lógica. Pero en todo momento se ejerce el juicio crítico, y se acepta que nuestras representaciones de la realidad se hacen forzosamente desde un cierto marco de referencia. Pero la autocrítica no puede lógicamente llegar a cuestionar la razón misma, ya que esto significaría una *contradicción performativa,* que ocurre cuando una proposición contradice los supuestos para poderla expresar, similar a la que se incurre al decir lo siguiente: «Estoy muerto».

Distinguimos dos tipos de observaciones, las que son *activas* y las que son *pasivas.* Ambas resultan en *datos.* Las observaciones activas son aquellas en las cuales es posible controlar la situación, por medio de medidas destinadas a eliminar ambigüedades y efectos instrumentales y aislar ciertas variables. Las llamamos *experimentos* que se realizan en ambientes controlados, como lo son los laboratorios. En cambio, para las observaciones pasivas no es posible controlar la situación, como ocurre con las observaciones astronómicas, paleontológicas o epidemiológicas. En la medicina se realizan pruebas clínicas en las cuales se observan los efectos de medicamentos o terapias en grupos de animales (incluido el humano), utilizando grupos de control que no han sido tratados, y se instituyen medidas para paliar los efectos subjetivos que puedan influir en los resultados.

Hay un cambio histórico importante cuando el instrumento utilizado para obtener los datos se desacopla del cerebro, cuando la información del mundo no es procesada en primera instancia y de forma directa por nuestros sentidos, sino que es procesada por el mismo instrumento: por una computadora asociada. Los instrumentos no están sujetos a las limitaciones sensoriales de nuestros sensores biológicos y permiten analizar la información obtenida de una forma que es independiente de la acción mental directa. Hay una diferencia importante entre ver un fantasma y detectar un fantasma con un instrumento (lo primero ocurre con facilidad, lo segundo no ocurre por buenas razones que presentaré más adelante).

Los datos obtenidos por un instrumento pueden ser analizados por distintas mentes utilizando métodos estadísticos y de análisis que no estaban disponibles cuando Galileo, usando su telescopio, y Anton van Leeuwenhoek (1632-1723), usando su microscopio, descubrieron nuevos mundos.

Considere el electrón[15]. Ya a mediados del siglo XIX, Richard Laming[16] (1798-1879) especulaba sobre la estructura eléctrica de los átomos y consideraba la posibilidad de la existencia de partículas invisibles subatómicas que se podían agregar o sustraer de los átomos, cambiándoles así su carga eléctrica. El físico irlandés George Johnstone Stoney (1826-1911) acuñó el término *electrón*[17] en 1891 para referirse a la unidad de carga eléctrica en experimentos relaciona-

[15] Jed Z. Buchwald, Andrew Warwick (2004). *Histories of the Electron: The Birth of Microphysics.* MIT Press.

[16] W. V. Farrar (1969). «Richard Laming and the coal-gas industry, with his views on the structure of matter». *Annals of Science* 25, 243-253.

[17] G. Johnstone Stoney (1894). «Of the Electron, or Atom of Electricity». *Philosophical Magazine,* Series 5, Vol. 38, págs. 418-420, Oct.

dos con electrólisis. Con las mejoradas técnicas para crear vacíos se comenzó a estudiar las descargas eléctricas que se observaban en tubos evacuados, los «rayos catódicos», que tenían la propiedad de que eran afectados por imanes, eran independientes del material del cátodo, transferían energía y podían ser bloqueados por objetos que se interponían en su paso. Para finales del siglo se pensaba que los rayos catódicos o eran corrientes de partículas o una forma extraña de onda electromagnética. Los experimentos realizados por Joseph John Thompson (1856-1940) en el laboratorio Cavendish de la Universidad de Cambridge (Inglaterra), lo llevaron a postular en 1897 que los rayos catódicos estaban compuestos por partículas de carga eléctrica negativa. J. J. Thompson recibió el Premio Nobel de Física en 1906 por su descubrimiento del electrón.

Más tarde, en 1909, en un famoso experimento, los físicos norteamericanos Robert Millikan (1868-1953) y Harvey Fletcher (1884-1981) determinaron el valor de la carga eléctrica del electrón. En un acuerdo secreto entre Millikan y Fletcher (quien era su estudiante), resolvieron que el trabajo sobre el valor de la carga del electrón sería publicado con solamente Millikan como autor, quien recibió el Premio Nobel de Física en 1923, en parte por ese trabajo. Nadie duda de la realidad del electrón, porque además es parte integral de la moderna teoría de la materia y de toda la tecnología electrónica.

El invento de la cámara de burbujas por Donald Glaser (1926-2013, premio Nobel de Física 1960), en 1952, permitió visualizar las trayectorias de partículas con carga eléctrica. Un líquido a presión y sobrecalentado (en el caso de la figura siguiente es hidrógeno líquido) llena un tanque que se encuentra en un intenso campo magnético. Una partícula cargada que pasa por el tanque deja una estela de ionización que forma pequeñas burbujas en el momento en el cual un pistón expande el volumen del líquido que comienza a hervir. Varias cámaras fotográficas obtienen la imagen tridimensional, a partir de la cual se estudia la dinámica de los eventos observados.

En la figura, un haz de partículas producido por un acelerador penetra la cámara desde la izquierda. Al chocar con los átomos de hidrógeno (protones) se producen nuevas partículas. Las espirales son generadas por electrones que han sido liberados de los átomos de hidrógeno por colisiones y que pierden energía mientras atraviesan el líquido.

Una partícula neutral se ha formado (y no deja estela), pero en la mitad de la imagen se observa que decae en dos partículas (una positiva y otra negativa, conservando la carga total) formando la trayectoria en V (<) que se puede observar.

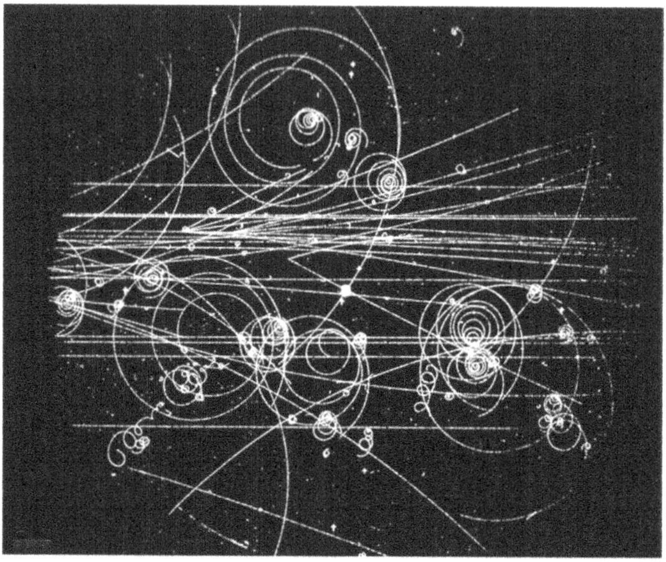

Figura 2. Trayectoria de partículas en la cámara de burbujas. CERN.

En todos los casos, observar algo es percatarse del efecto que tiene sobre su entorno constituido por otros objetos afectados, o sobre nuestros sentidos (que como veremos son muy poco fiables), o preferentemente por un instrumento que interactúa con lo observado, «un detector». Detectamos un objeto lejano del universo por el efecto que tienen las ondas electromagnéticas que emite sobre una cámara CCD, y detectamos que en el universo hay masa oscura de naturaleza «misteriosa» por el efecto que tiene esta masa sobre otros objetos y sobre la luz (lentes gravitatorias) que actúan como el «instrumento» para detectar esta masa oscura. Pero mucho de lo que observamos resulta ser erróneo, ya sea por errores de observación o experimentales, o por la errónea interpretación de lo observado.

La validez de un resultado es comprobada por la *replicabilidad* de las observaciones realizadas en instancias independientes para eliminar elementos locales, particulares y subjetivos. Muchas «terapias alternativas» y pseudociencias no pasan este filtro.

Peter Godfrey-Smith[18] escribió lo siguiente: «A menos que hayamos cometido algunos errores sorprendentes en la ciencia del presente, el mundo en el que vivimos es uno de electrones, elementos químicos y genes, entre otras cosas».

Leyes naturales y teorías

Máxima: *Las leyes naturales dicen cómo es el mundo, no cómo tiene que ser.*

Máxima: *Hay una abismal diferencia entre* podría ser *y* es.

Una ley de la naturaleza no es (y me pregunto cuántas veces esta falacia ha sido expuesta solamente para aparecer al día siguiente) una ley de la naturaleza, no es algo revelado, no es algo absoluto, no es algo impuesto sobre los fenómenos desde afuera o desde arriba, no es más ni menos que un resumen, de una forma generalizada, de nuestras observaciones de fenómenos, es un compendio de hechos, del cual podemos obtener varias conclusiones.

Julian Huxley[19]

El mundo podría haber sido un sitio caótico incomprensible sin orden alguno. Pero dado que sin orden y organización no es posible la vida (que es orden y organización), concluimos que un mundo con vida es ordenado y, por lo tanto, comprensible. Ya los antiguos observaban regularidades (el movimiento de los cuerpos celestes, día y noche, las mareas) que hacían pensar que estos patrones siempre se daban bajo ciertas condiciones. Los llamamos *leyes naturales*, un concepto que surge de la astronomía y de la física.

Distingamos entre las leyes naturales y las leyes humanas que rigen nuestra vida social. Estas últimas, en el fondo arbitrarias, no son necesarias ni universales, y podemos decidir no obedecerlas. En cam-

[18] ***Peter Godfrey-Smith (2003). *Theory and Reality*. University of Chicago Press, pág. 176.

[19] Julian Huxley (1923). *Essays of a Biologist*. A. A. Knopf, New York, pág.12.

bio, es imposible no obedecer una ley natural. Estas leyes no fueron escritas por alguien, no *gobiernan* el universo, no son responsables de los patrones observados: *son los patrones.* Ir más allá implica una concretización metafísica injustificada, inspirada por una falsa analogía entre estas leyes naturales y las humanas. Las leyes humanas son *prescriptivas,* mientras que las leyes naturales son *descriptivas.* Las observaciones y experimentos que inspiran las leyes naturales solamente nos indican *cómo es el mundo* y no *cómo tiene que ser.*

Un ejemplo histórico servirá para resaltar algunas características de una ley natural. Isaac Newton (1643-1727) formuló la ley universal de gravitación que da la magnitud de la fuerza de atracción F entre dos puntos de masa M y m respectivamente, que se encuentran separados por una distancia d como:

$$F = G\frac{Mm}{d^2}$$

donde G es una constante universal cuyo valor se puede determinar experimentalmente ($6{,}67429 \times 10^{-11}\,m^3 \cdot kg^{-1} \cdot s^{-2}$, experimento de Cavendish). En palabras: la fuerza gravitacional entre dos masas M y m es proporcional al producto del valor de las masas (medidas en unidades adecuadas) e inversamente proporcional al cuadrado de la distancia d que las separa. La fuerza es en la dirección de la línea que une los centros de las dos masas, donde se ha simplificado considerando objetos uniformes cuya masa se puede suponer que se encuentra en un punto central. (Sumando puntos se puede calcular esta fuerza para cualquier distribución de masas.)

Newton obtuvo esta ley a partir de las leyes de Johannes Kepler (1571-1630) sobre el movimiento de los planetas y las de Galileo Galilei (1564-1642) sobre la caída de los cuerpos. También necesitó el *principio de inercia* inspirado por Galileo, que Newton formuló como una ley: *Todo cuerpo continúa en su estado de reposo (es decir, velocidad nula) o de movimiento uniforme en línea recta a menos que sea forzado a cambiar su estado por fuerzas externas.*

Dado que los planetas y la Luna no se mueven en línea recta, sobre ellos debe entonces actuar una fuerza. Newton se dio cuenta de que si la fuerza gravitacional entre el Sol y los planetas, o entre la Tierra y la Luna, fuera inversamente proporcional al cuadrado de la distancia, podría deducir las leyes de Kepler a partir de su ley.

También se dio cuenta de que las leyes de caída libre y el movimiento orbital eran consecuencia del mismo proceso (gravitación), como lo ilustra un diagrama de su obra. Dejemos que Newton lo explique en sus propias palabras[20]:

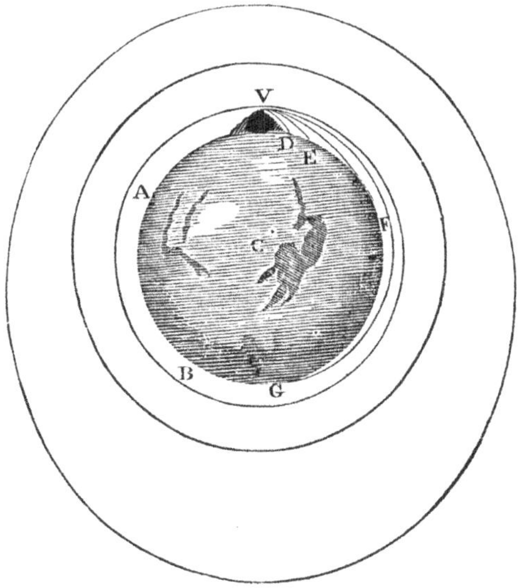

Figura 3. Diagrama realizado por Newton.

«Si consideramos el movimiento de los proyectiles, podemos entender fácilmente que los planetas pueden ser retenidos en ciertas órbitas por medio de fuerzas centrípetas; que una bala proyectada por un cañón se va apartando de su trayectoria rectilínea por la acción de su peso y es obligada a describir una curva en el aire. Cuanto más grande es la velocidad con la que es proyectada, más lejos llega antes de caer. Podemos por eso suponer que la velocidad se incrementa de tal forma, que describiría un arco de 1, 2, 5, 10, 100, 1.000 millas antes de caer, de forma que al final, excediendo los límites de la Tierra, pasará al espacio sin tocarla. [...]

»Pero si ahora imaginamos cuerpos que se lanzan en direcciones de líneas paralelas al horizonte desde alturas mayores, como 5, 10, 100, 1.000 o más millas, o más bien tantos semidiámetros de la Tierra,

[20] Isaac Newton (1728). *A Treatise of the System of the World.*

esos cuerpos de acuerdo con sus diferentes velocidades, y la diferente fuerza gravitatoria en diferentes alturas, describirán arcos concéntricos con la Tierra o de diversas excentricidades, y seguirán orbitando por el cielo en esas trayectorias, justo como los planetas lo hacen en sus órbitas.» ¡Y hoy tenemos satélites artificiales!

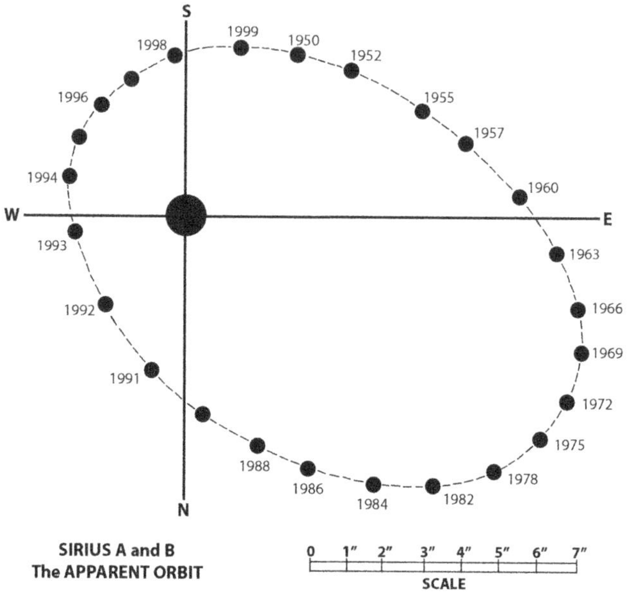

Figura 4. Órbita de Sirio.

Con su ley, expresada de una forma matemática que permite cálculos precisos, Newton provee una relación que se aplica a todo cuerpo con masa y es, por lo tanto, universal. La universalidad de esta ley se hace patente cuando se observan estrellas binarias que se mueven en órbitas elípticas, como lo es el caso del sistema binario compuesto por las estrellas Sirio A (la estrella más brillante del cielo) y Sirio B (una estrella «enana blanca»), que se encuentran a unos 8,6 años luz de nosotros. El estudio de estos sistemas permite obtener las masas de las estrellas, un dato muy importante para la astrofísica. Newton explica lo ya conocido por Kepler y por Galileo, y lo unifica. El movimiento de un proyectil, el de la Luna y el de un planeta responden a la misma ley. Pero además de explicar lo conocido, la ley de Newton explica otros fenómenos hasta entonces inexplicables, como la aparición de dos mareas diarias, razón por la cual la Tierra (y los planetas) es esférica, y llevó a nuevos descubrimientos.

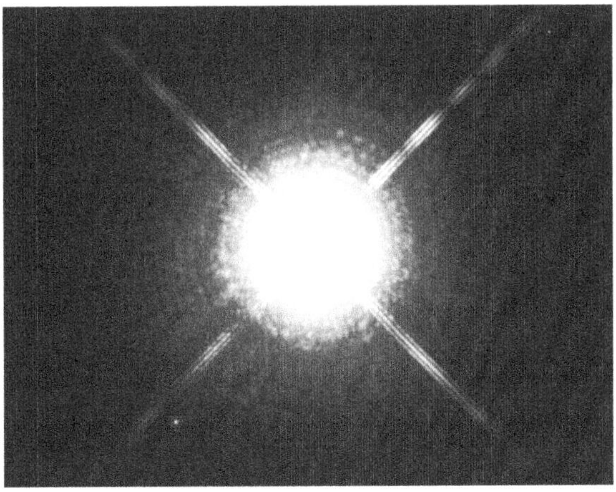

Figura 5. Imagen de Sirio A y B obtenida por el telescopio espacial Hubble. La imagen de Sirio A está sobreexpuesta para poder obtener la imagen mucho menos brillante de Sirio B, que es el punto que se ve debajo y a la izquierda de Sirio A. Las líneas luminosas en forma de cruz y los círculos concéntricos con la imagen de Siro A son artefactos que se deben a efectos de difracción del telescopio.

Neptuno se descubrió en 1846, porque los cálculos de la órbita de Urano (descubierto accidentalmente por William Herschel en 1781), utilizando la ley de Newton, no se correspondían con las observaciones, y cuando algo así ocurre indica que hay un problema.

La «gran síntesis de Newton» tuvo un impacto metafísico importante al demostrar que el mundo terrestre no era distinto al mundo celeste, como muchos pensaban. Esta unificación conecta diversos hechos de tal forma que pasan a ser consecuencia de algo más fundamental y general. Este proceso de reducción nos permite entender el mundo de una forma cada vez más coherente.

Una de las leyes naturales más importantes es la ley de conservación de la energía. El concepto científico de energía y sus transformaciones es fundamental y si se utiliza sin cuidado puede llevar a todo tipo de desatinos. Surgió como resultado de las investigaciones de científicos del siglo XIX en el contexto de la Revolución Industrial. La ciencia de la termodinámica comenzó por el interés de estudiar la transformación de calor en trabajo mecánico enfocando en la máquina de vapor. Sentó la base que generó el concepto teórico y abstracto de energía, que facilitó el análisis de los cambios en procesos físicos y culminó con la ley de *la conservación de la energía* (conservación de masa-energía, en la física moderna en la cual la masa se puede transformar en energía y viceversa: la famosa $E = mc^2$). También se conoce como la primera ley de la termodinámica.

El físico Richard Feynman (1918-1988) lo expresa de la siguiente forma[21]: «Hay un hecho, o si quiere una ley, que gobierna los fenómenos naturales que conocemos. No hay excepción a esta ley; hasta lo que conocemos es exacta. Esta ley es la conservación de energía; dice que existe una cantidad, que llamamos *energía*, que no cambia en el sinnúmero de cambios que ocurren en la naturaleza. Es una idea muy abstracta, ya que es un principio matemático que dice que hay una cantidad numérica que no cambia cuando algo ocurre. No es una descripción de un mecanismo o algo concreto, es simplemente un curioso hecho que podemos calcular un número, y cuando terminamos de observar a la naturaleza mientras hace sus triquiñuelas y calculamos este número nuevamente, resulta ser el mismo».

Distinguimos entre energía cinética (asociada al movimiento de una masa), energía gravitatoria (asociada a la posición de una masa en un campo gravitatorio; la altura sobre la superficie de la Tierra), energía nuclear (relacionada con cambios que ocurren en el núcleo atómico), energía química (relacionada con cambios que ocurren en el ámbito de los enlaces eléctricos entre los electrones en un átomo), y calor (relacionada con el movimiento de átomos o moléculas de un material). Es importante entender que *la energía no es una sustancia*, no es algo que podemos almacenar en un frasco de laboratorio, sino que es una *cantidad asociada a un proceso de cambio.* En este sentido una batería no almacena «energía eléctrica», sino que se trata de un sistema cuyas reacciones químicas internas que se inician al conectar la batería producen un efecto (mover un motor, generar luz, etc.). Nunca medimos la energía directamente, la calculamos a partir de otras medidas como la velocidad de una

---

[21] **** Richard Feynman (1964). *The Feynman Lectures on Physics.* Vol. 1. Addison Wesley.

partícula o la temperatura de un gas. Por esto, si alguien dice que «somos energía» o que «estamos rodeados de un campo de energía», se equivoca.

Nuestra tradición intelectual incluye como parte medular la idea de *teoría* –un esquema sistemático lógico–, que permite describir y explicar gran parte de la realidad, que ya figura como parte del pensamiento griego. A esto se le agrega mucho más tarde con Galileo (sin menospreciar a Arquímedes y sus contemporáneos[22]) la idea de examinar la correspondencia entre la teoría y los datos de experimentos y observaciones, de interrogar a la naturaleza para aceptar o rechazar nuestras teorías. La teoría contiene leyes naturales y definiciones precisas de los términos utilizados, que componen un resumen de aquello que hemos aprendido sobre el mundo natural gracias al esfuerzo de muchos durante los últimos siglos.

La palabra *teoría* se utiliza en la ciencia con un significado diferente al cotidiano. Cuando alguien dice: «Mi teoría es que lo que pasó fue...», se refiere a una hipótesis o una conjetura, muchas veces una especulación basada en poca evidencia. En ocasiones (particularmente con la teoría de selección natural) algunos dicen que «es *meramente* una teoría». Pero la teoría de la evolución, la teoría de la relatividad o la teoría cuántica, son mucho más que «meramente una teoría».

El valor de una teoría es, en primera instancia, su poder de unificación y constituye el mejor mapa o modelo de la realidad que disponemos para explicar los hechos. La unificación constituye una meta importante de la ciencia básica, que busca conectar un conjunto amplio y diverso de hechos como consecuencia de un número mínimo de leyes y principios fundamentales.

Cuando ciertos datos discrepan con lo esperado, y si no se encuentra explicación para el hecho (como ocurrió con la órbita de Urano), obligan a abandonar la teoría, que queda «falsada». Esto ocurrió cuando se observaron discrepancias entre los cálculos y las observaciones de la órbita del planeta Mercurio (primero se trató de ver si un posible planeta interior a la órbita de Mercurio, Vulcano, resolvería el problema, como con el caso de Urano). Estas discrepancias llevaron

[22] Lucio Russo (2003). *La rivoluzione dimenticata: il pensiero scientifico greco e la scienza moderna*. Feltrinelli, Milano.

a la teoría general de la relatividad de Einstein (que es una teoría de gravitación).

Cuando se comenzó a estudiar el mundo atómico y subatómico, y se consideraron altas velocidades, fue necesario descartar la mecánica clásica de Newton y el electromagnetismo de Maxwell (James Clerk Maxwell [1831-1879]) y sustituirlas por las nuevas teorías de la mecánica cuántica y relatividad especial (también de Einstein).

Estas nuevas teorías incorporan conceptos nuevos (la equivalencia de masa y energía, la curvatura del espacio, la dualidad onda-partícula, etc.), por lo cual, desde un punto de vista filosófico, las teorías «clásicas» quedan falsadas. Esto no quiere decir que pierdan utilidad, ya que dentro de su dominio de aplicabilidad dan resultados útiles y sus leyes se cumplen. Ningún ingeniero utiliza la mecánica cuántica o relativista para hacer cálculos relacionados con la construcción de un puente o de un transmisor para una estación de televisión, y los cálculos para mandar una nave a la Luna utilizan gravitación de Newton. Sin embargo, para construir un acelerador de partículas de altas velocidades es necesario utilizar la relatividad especial y para construir un microscopio electrónico o un teléfono móvil se necesita de la mecánica cuántica. El GPS que le indica dónde se encuentra usted o que guía una bomba «inteligente» utiliza relatividad general.

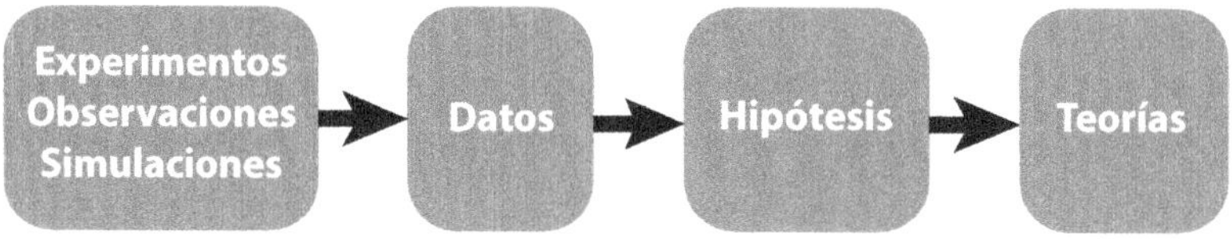

Figura 6. El ciclo empírico 1.

Podemos definir un ciclo empírico que comienza con experimentos, observaciones y simulaciones que resultan en datos. A partir de estos datos verificados y analizados con métodos estadísticos se formulan hipótesis, leyes y teorías (en orden creciente de generalidad) de las cuales se deducen predicciones novedosas. La correspondencia de nuevos datos con las predicciones de la teoría pone a prueba la teoría (pero no la prueba).

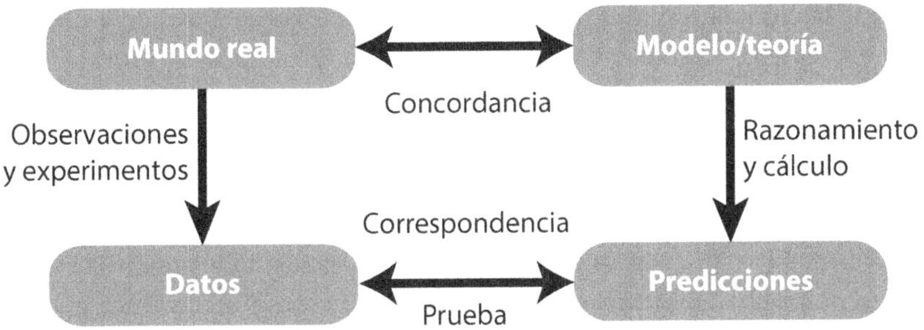

Figura 7. El ciclo empírico 2.

La discrepancia lleva, a menos que se pueda explicar (como en el caso de Urano), a falsar la teoría (como en el caso de Mercurio). No está de más decir (pero igual lo digo) que si los datos no están contrastados, todo el edificio se derrumba.

La imperfección de la ciencia es la clave de su progreso. Sin lugar para nuevas ideas, la ciencia de hoy sería la misma que la ciencia de ayer.

Hay cosas que son imposibles en nuestro universo, a pesar del eslogan publicitario que dice: «Hacemos que lo imposible se torne posible». Y de igual forma no siempre vale decir: «Todo es posible si le ponemos suficiente empeño». Suena bien, pero no es cierto.

Hay imposibilidades lógicas (como solteros casados) e imposibilidades matemáticas (como la existencia de un número racional cuyo cuadrado sea igual a 2). Tampoco existen cerdos voladores ni unicornios azules, esta vez por ser imposibilidades biológicas.

Las leyes de la naturaleza que hemos descubierto nos dicen aquello que no es posible, como la tantas veces mencionada «levitación». Este enfoque de prohibición nos permite descartar de plano muchas ideas equivocadas que se presentan, muchas veces precedidas con «podría ser» cuando *no* podría ser. Hay una diferencia abismal entre *podría ser* y *es*. Al que no entiende esto le parece una actitud «arrogante» por parte de los científicos que no tienen «la mente abierta» a ciertas posibilidades. En ocasiones se cita a alguna persona conocida del pasado que dijo que algo era «imposible» y que después se ha demostrado que se equivocaba. Esto conduce a razonar de forma falaz: *Fulano (persona conocedora) dijo que X era imposible y ahora tenemos X. Por lo tanto, cualquier cosa que pensemos que es imposible se puede dar en el futuro.*

En la ciencia nada es absoluto, pero hasta nuevo aviso aceptamos aquello que con tanto esfuerzo hemos aprendido. Aceptamos la ley de conservación de masa-energía que dice que en un sistema aislado es imposible que se genere masa-energía. No se trata de una imposibilidad circunstancial, es imposible, y por eso la perpetua búsqueda de la máquina de movimiento perpetuo o diversos esquemas para obtener energía de la nada son una fantasía. Es justo por esta ley que necesitamos comer para mantenernos vivos. Si usted cree que hay unos gurús en la India que pueden vivir años sin beber o comer, entonces no ha entendido lo que significa la ley de la conservación de la energía.

Al mencionar «nuestra tradición intelectual» me refería a la cosmovisión de una pequeña fracción de la población del planeta, concentrada en la civilización occidental. La forma de pensar y esquemas mentales de grandes sectores de la población mundial no necesariamente concuerdan con esta tradición.

Causas

Máxima: *Antes de buscar una causa es necesario establecer que hay un efecto.*

Ninguna cosa nace de la nada;
no puede hacerlo la divina esencia:
aunque reprime a todos los mortales
el miedo de manera que se inclinan
a creer producidas por los dioses
muchas cosas del cielo y de la tierra,
por no llegar a comprender sus causas.
Por lo que cuando hubiéremos probado
que de la nada nada puede hacerse,
entonces quedaremos convencidos
del origen que tiene cada cosa;
y sin la ayuda de los inmortales
de qué modo los seres son formados.

Lucrecio[23]

[23] Tito Lucrecio Caro. *De la naturaleza de las cosas.* Traducido por José Marchena. Edición de Agustín García Calvo. Ediciones Cátedra (Libro I, v 210).

Parecés una flaca de exactas, explicando lo que no hay que explicar.

Fito Páez

Aborrecemos el vacío explicativo y la incertidumbre. Explicar los fenómenos, es decir, formular una razón por la cual ocurren –la causa–, es una constante del cerebro del *Homo sapiens*. Lo inexplicado nos deja perplejos y la incertidumbre nos causa inseguridad. Quine y Ullian lo expresan[24] así: «En general tendemos a creer que no solo existen explicaciones, sino que son explicaciones que nos iluminan [...] a menudo ocurre que cuando buscamos una explicación creemos que la encontraremos dentro de ciertos límites [...]. En esta situación, la eliminación de algunas de las posibilidades aumenta la plausibilidad de las que quedan. En ocasiones, hasta una explicación que al principio se consideraba poco plausible se acepta porque explica algo que no se puede explicar de otra manera. Se han colgado hombres por falta de alternativas plausibles. [...] En ocasiones, una explicación no tiene evidencia alguna que la apoye, más allá del hecho de que si fuera cierta explicaría algo que deseamos explicar, y obtiene alta credibilidad meramente por esta situación». La última alternativa nos lleva al pensar sobrenatural, paranormal y conspiranoico. Tratamos de explicar nuestras experiencias, incluido el comportamiento de otros, y cuando no encontramos una explicación, en un curioso trastoque lógico inventamos una que sirva de muleta psicológica, en vez de decir simplemente que no lo sabemos.

Una explicación se basa en algo previo que a su vez necesita una explicación. En algún punto esta recursión termina con ciertos hechos que se aceptan sin explicación, análogos a los axiomas matemáticos. Podemos explicar que los planetas se mueven de acuerdo con la teoría gravitatoria de Einstein, porque la masa del Sol y la de los planetas curvan al espacio de modo que determina el movimiento de cualquiera de ellos. Pero en última instancia no podemos explicar por qué el espacio se deforma con la presencia de una masa. Son simplemente premisas básicas de la teoría; así es el mundo.

---

[24] ****W. V. Quine and J. S. Ullian (1978). *The Web of Belief.* Mc. Graw Hill, págs. 119-120.

Aunque pensamos que nada surge sin antecedentes ni desaparece sin consecuencias, algo ya propuesto por Lucrecio (lea el epígrafe si aún no lo ha hecho), hay eventos aleatorios que no son causados, y la noción de causa se desvanece en la mecánica cuántica. No hay una causa discernible por la cual al lanzar un dado sale el número dos (por más que usted se concentre), y menos una causa por la cual un átomo radiactivo decae en cierto momento. También puede haber un evento sin antecedentes, si se da el caso de una existencia infinita en el tiempo. Antes de buscar una causa *es necesario establecer que hay un efecto.*

Distinguimos dos condiciones que son muy distintas entre causa y efecto:

- *Condición suficiente*: Un evento A es suficiente para que ocurra otro evento B, si y solo si cuando ocurre A, ocurre B. Cuando se da el evento suficiente A, el evento B *tiene* que ocurrir. Si conocemos una condición suficiente podemos inferir el efecto a partir de la causa. Tomar un vaso de arsénico es suficiente para morir, pero no es necesario –cuando alguien se toma un vaso de arsénico se muere, pero no todo el que muere se tomó un vaso de arsénico.
- *Condición necesaria*: Un evento A es necesario para que ocurra otro evento B, si y solo si cuando ocurre B, ocurre A. Cuando no se da el evento necesario A, el evento B *no puede* ocurrir. Si conocemos una condición necesaria podemos inferir la causa a partir del efecto. Es necesario el oxígeno para que haya combustión, pero por suerte no es suficiente, no siempre que hay oxígeno hay combustión. Es necesaria una bacteria para que haya una infección, y al eliminar la causa necesaria eliminamos la infección.

La causa no es en general suficiente para generar su consecuencia, ya que existen otros factores que condicionan la relación causa-efecto. Aunque la exposición a un agente patógeno causa una enfermedad, esta no siempre ocurre porque hay gran número de condiciones adicionales (la inmunidad de la persona, su estado general de salud, la dosis a la que fue expuesta, etc.). Por lo tanto, para que una causa genere su efecto se deben cumplir ciertas condiciones adicionales, que juntas son suficientes para que se dé el efecto. La determinación de condiciones adicionales y pertinentes se obtiene en experimentos controlados en los cuales es posible eliminar factores que no son pertinentes a la relación causa-efecto (por ejemplo, las fases de la Luna). Normalmente, cuando decimos que un patógeno causó una enfermedad estamos ante un *resumen causal*, ya que hay toda una red bioquímica que lleva del patógeno al padecimiento que no siempre entendemos en todos sus detalles.

No todas las inferencias causales son similares. Algunas son inmediatas y evidentes y hasta un niño infiere rápidamente que la causa de las quemaduras es el objeto caliente que tocó. Otras son más tenues y difíciles de determinar, como para los casos de pruebas clínicas. No fue evidente para nuestros antepasados la relación causal entre sexo y tener hijos. No siempre que se tenía sexo la mujer quedaba embarazada y en los meses que separaban la causa y la conciencia del embarazo ocurrían un sinnúmero de otras cosas que podrían haberse tomado como causa.

Si nos interesa *producir* un efecto, entonces es razonable buscar causas suficientes. Si por otro lado nos interesa *evitar* un efecto, entonces debemos buscar las causas necesarias, ya que, si logramos evitar una causa necesaria, entonces no se producirá el efecto. Hay muchos casos para los cuales las causas son *necesarias y suficientes*: es condición necesaria y suficiente para que un objeto cambie su velocidad aplicarle una fuerza, y la presencia de la espiroqueta *Treponema pallidum* es una condición necesaria y suficiente para tener sífilis. El VIH es causa necesaria y suficiente de sida, es decir, que si tiene el virus desarrollará sida; y si tiene sida entonces tiene el virus (por más que el efecto pueda tardar mucho tiempo en aparecer y unos pocos nieguen esta relación).

Utilizamos causa cuando entendemos que algo ha sido el factor inmediato de un efecto. Ante un incendio, no es una respuesta pertinente decir que había oxígeno, por más que sin oxígeno no hay incendio. En este caso buscamos la causa inmediata: un cortocircuito o un pirómano.

Establecer que A causa B no significa que sepamos cómo lo hace, eso es otro problema. Es decir, que podemos establecer que fumar causa cáncer sin saber cuál es el mecanismo que opera. Por otro lado, una relación de causa será más aceptable si conocemos el mecanismo.

El primer paso para determinar una relación de causa es que se formulen hipótesis pertinentes para los casos estudiados, y que una de las hipótesis *sea* la causa. Por ejemplo, antes de que se entendiera el mecanismo de transmisión de enfermedades infecciosas, la hipótesis de que lavarse las manos era importante para evitarlas no se había propuesto. Fue el médico húngaro Ignac Philipp Semmelweis (1818-1865) quien instituyó en 1847 el lavado de las manos por los médicos y el personal de un hospital en Viena y como consecuencia causó una gran disminución (de 18% a 3%) en la tasa de mortandad en las mujeres recién paridas[25]. Pasaron muchos años antes de que se entendiera y aceptara la idea de que las infecciones eran causadas por gérmenes invisibles, como resultado de los trabajos de Robert Koch y Louis Pasteur.

En la investigación médica, y más generalmente en la que se basa en el estudio de muestras, es posible en muchos casos controlar las circunstancias para determinar la causa con una probabilidad muy alta. Los resultados serán fiables si se realizan estudios aleatorizados doblemente ciegos con control de placebo, que considere los posibles errores metodológicos y de interpretación que puedan invalidar los resultados. (Consideraremos esto, que es de gran importancia más adelante.)

La verdad del mundo

Máxima: *No confunda la verdad con su conocimiento de la verdad.*

En la búsqueda de la verdad, el mejor plan podría ser comenzar por la crítica de nuestras más preciadas creencias. Puede parecer un plan perverso, pero no será considerado así por quienes desean hallar la verdad y no la temen.

Karl Popper[26]

Cuando se insiste en hacerle preguntas a la naturaleza y la naturaleza responde con «no», es razonable suponer que, en algún sitio, entre las cosas que usted cree, hay algo que no es cierto.

Jerry Fodor[27]

---

[25] **Sherwin B. Nuland (2003). *The Doctors' Plague: Germs, Childbed Fever, and the Strange Story of Ignac Semmelweis.* W. W. Norton. *El enigma del doctor Ignac Semmelweis.* Antoni Bosch.

[26] Karl Popper (1963). *Conjectures and Refutations.* Routledge. P8.

[27] Jerry Fodor (1981). *Representations: Philosophical Essays on the Foundations of Cognitive Science* (Bradford Books). MIT Press, pág. 316.

Existen hechos bien fundamentados cuya verdad es tan difícil de poner en duda como que dos más 2 + 2 = 4, o que en estos momentos usted está leyendo esto. La verdad es una meta meritoria, aunque el camino a ella esté plagado de duda, pero es muy superior al mito y a la mentira.

En el catecismo de la Iglesia católica podemos leer (párrafo 2486): «La mentira, por ser una violación de la virtud de la veracidad, es una verdadera violencia hecha a los demás. Atenta contra ellos en su capacidad de conocer, que es la condición de todo juicio y de toda decisión. Contiene en germen la división de los espíritus y todos los males que esta suscita. La mentira es funesta para toda la sociedad: socava la confianza entre las personas y rompe el tejido de las relaciones sociales». Me parece muy acertado.

Lo que no se entiende entonces es cómo el Vaticano mantiene un archivo secreto –quizá tema la verdad– y no permite el acceso a una de las épocas más controvertidas de su historia moderna: el papado de Pío XII (Eugenio Pacelli [1876-1958]). El encierro de la verdad es cómplice de la mentira.

El DRAE define *verdad* de las siguientes formas:

- 'Conformidad de las cosas con el concepto que de ellas forma la mente'.
- 'Conformidad de lo que se dice con lo que se siente o se piensa'.

Y *mentira* así:

- 'Expresión o manifestación contraria a lo que se sabe, se cree o se piensa'.

El significado de *verdad* va desde la honestidad y sinceridad en general («conformidad de lo que se dice con lo que se siente o se piensa») hasta el acuerdo de los conceptos con las cosas, los hechos o la realidad en particular («conformidad de las cosas con el concepto que de ellas forma la mente»). El término no tiene una única definición en la que estén de acuerdo la mayoría de aquellos que se ocupan de estas cuestiones. Hay posiciones diferentes acerca de cuestiones como qué es lo que constituye la verdad, cómo definirla e identificarla, el papel que ejerce el conocimiento «revelado» por los libros «sagrados» y el adquirido por medio del estudio del «libro de la naturaleza», y si la verdad es subjetiva, objetiva, relativa o absoluta. Pero por otro lado no debemos complicarlo hasta el punto de cumplir con lo que dice Bertrand Russell: «El punto de la filosofía es comenzar con algo tan simple que parecería no valer la pena decirlo, y terminar con algo tan paradójico que nadie lo creerá».

Cuando un biólogo propone que cierto virus es la causa de una enfermedad, lo que quiere decir es que *es verdad* que ese virus es la causa de la enfermedad. Para determinar si en efecto es la verdad, recurriremos a la prueba empírica, a ensayos clínicos. Como ejemplo de falsedad, hay personas que ocupan cargos importantes que niegan que el sida sea causado por un virus[28]. Un pasado presidente de la República de Sudáfrica y algunos miembros de su gobierno adoptaron posturas negacionistas sobre el origen viral del sida, con consecuencias trágicas para el pueblo, afectado severamente por la epidemia que ha costado gran sufrimiento[29]. Más recientemente, en el gobierno estadounidense hay personas, incluyendo al nuevo presidente, que niegan que el calentamiento global tenga algo que ver con nuestras actividades. El problema, entonces, no es meramente filosófico.

Entendemos que algo es verdad si corresponde a los hechos, como en el caso del biólogo arriba mencionado. Los hechos no son verdaderos o falsos, *son las proposiciones que se refieren a los hechos las que son verdaderas o falsas.* Los hechos y nuestro conocimiento de los hechos son dos cosas muy distintas. Si digo «hoy es viernes», la proposición será verdadera o falsa dependiendo de si en efecto hoy es viernes. El problema es que no siempre los hechos se pueden determinar con facilidad, y es ahí donde ocurren los problemas. En demasiados casos se elaboran ideas y se toman decisiones a partir de hechos no comprobados o, peor aún, inventados. Nuestro conocimiento de la verdad también puede ser modulado por un factor probabilístico, es decir, que, por ejemplo, una prueba de paternidad podría resultar en que hay un 98% de probabilidad de que sea verdad que fulano sea

---

[28] Nicoli Nattras. *AIDS Denialism vs. Science. Skeptical Inquirer.* Vol. 31, No 5, septiembre-octubre, 2007.

[29] El informe más reciente de UNAIDS presenta treinta y cinco millones de personas infectadas (67% en África subsahariana). En el Caribe hay unas 250.000 personas infectadas, la mayoría en Haití y la Republica Dominicana.

http://data.unaids.org/pub/GlobalReport/2008/JC1511_GR08_ExecutiveSummary_en.pdf

el padre. Esto lo que significa es que en 100 casos idénticos habría 98 en los cuales efectivamente fulano es el padre (y 2 en los cuales resulta que no lo es: un falso positivo). Esto se refiere a nuestro conocimiento de la verdad en contraste con la verdad objetiva, es decir, que alguien, sin duda, es el padre. **No confunda la verdad con su *conocimiento* de la verdad**

No todas las verdades tienen el mismo carácter. La verdad *absoluta* opera en el mundo matemático y lógico, en el sentido de que es verdad que 2 + 2 = 4 (y es falso que 2 + 2 = 5), y que para un triángulo rectángulo euclidiano se cumple que el cuadrado de la hipotenusa es igual a la suma de los cuadrados de los catetos: $a^2 + b^2 = c^2$.

La verdad *asintótica* es la del mundo, en el sentido de que nuestras investigaciones nos acercan con el tiempo a la verdad del mundo, pero nunca llegan a ella. Así, se creía que las órbitas de los planetas eran circulares hasta que Kepler descubrió que eran elipses de baja excentricidad, y en realidad ni siquiera son elipses fijas, ya que efectos de la interacción gravitatoria entre los planetas hace que vayan cambiando su geometría.

Finalmente, una verdad *relativa* opera en el mundo privado mental de nuestros sentimientos, nuestras ideas éticas y juicios morales. Así, si proponemos que matar es malo, su valor de verdad depende de circunstancias particulares (guerra, pena capital, defensa propia) y ciertamente ha habido una gran cantidad de matanzas históricas durante las cuales matar era bueno para los grupos participantes. Aunque uno de los mandamientos bíblicos dice «no matarás», la misma Biblia está repleta de asesinatos y genocidios.

Si sentimos miedo, amor, hambre o dolor, el hecho no necesita de confrontación adicional. Podemos tratar de entender (y en algunos casos remediar) la causa de lo que sentimos, pero no dudaremos de lo que sentimos. Los sueños y alucinaciones son muy reales como experiencia mental, pero significan poco en relación con el mundo externo.

La ciencia establece una serie de metodologías que permiten acercarnos a la verdad (por eso «asintótica»), que son tan importantes como el contenido mismo de la ciencia, y no diferentes (aunque más depuradas y más sistematizadas) que las que utilizamos para averiguar la verdad en general. Se trata de métodos para separar lo que es demostrablemente falso de lo que es probablemente cierto.

Enfrentado con el caso, nadie cuestiona que es necesario pensar con claridad, respetar la evidencia y la lógica; no podría ser de otra forma. No obstante, existe una gran cantidad de creencias que no tienen fundamento en ninguna evidencia aceptable, o peor aún, van en contra de la evidencia. En otros casos, la evidencia no es tan clara como se pretende, es estadística y sujeta a interpretaciones. Algunos profesan un relativismo radical que postula que no hay tal cosa como «la verdad». Pero no dudo de que ante el rumor de que les han sido infieles, se darían a la tarea de querer saber «la verdad», desenmascarándolos como impostores intelectuales[30].

Clifford, en su famoso ensayo *The Ethics of Belief*[31], manifiesta con elocuencia: «La creencia, esa facultad sagrada que motiva las decisiones de nuestra voluntad y teje en un engranaje armónico toda la energía de nuestro ser, es nuestra no para nosotros, sino para la humanidad. Es utilizada con toda razón sobre verdades que han sido establecidas por larga experiencia y dura labor, y que han sobrevivido bajo la implacable luz de la libre e intrépida inquisición. Entonces contribuye a la unión de los hombres y a fortalecer y dirigir sus actos comunes. Es profanada cuando se entrega a proposiciones no probadas ni cuestionadas, para el consuelo y placer privado del creyente, para agregar una baratija de esplendor al sencillo y derecho camino de nuestra vida y exponer un espejismo brillante más allá de ella, y aun para ahogar nuestras penas comunes con un autoengaño que nos degrada. Quien merezca el respeto de sus pares en este asunto custodiará la pureza de sus creencias con un cuidado fanático y celoso, para que en ningún momento descanse sobre un objeto indigno y coja una mancha que nunca se pueda limpiar».

Lo que se acepta como buena evidencia, aunque pueda haber diferencias entre disciplinas, cumple con ciertos criterios generales comenzando con que la mejor evidencia es *objetiva* y *reproducible.*

La evidencia *objetiva* no depende del observador ni de sus circunstancias y sentimientos particulares. El subjetivismo de nuestros sentidos es obvio, pero de ningún modo implica un subjetivismo del mun-

30 ***Alan Sokal y Jean Bricmont (1999). *Fashionable Nonsense: Postmodern Intellectuals' Abuse of Science.* Picador (versión cast.: *Imposturas intelectuales*, Paidós, Barcelona, 2008.

31 *****Clifford (1877). *The Ethics of Belief and Other Essays.* Prometheus Books (1999). *La voluntad de creer: Un debate sobre la ética de la creencia.* Tecnos (2003).

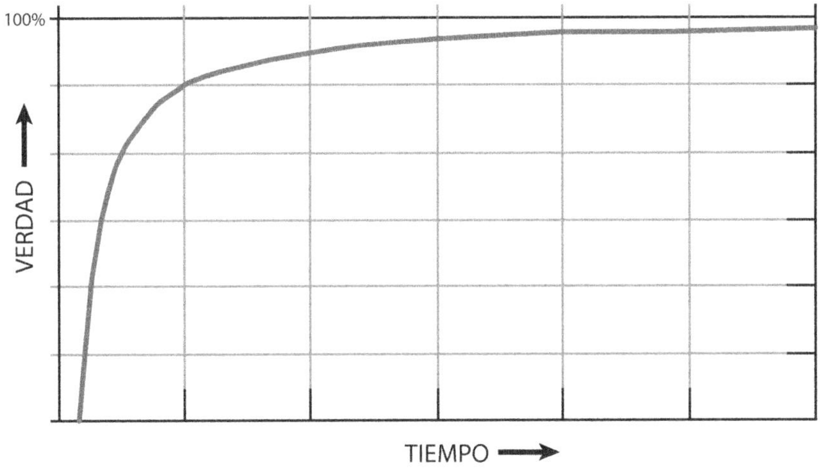

Figura 8. La verdad asintótica.

do. Por eso se utilizan instrumentos de medida que extienden y son más fiables que nuestros sentidos, y se recopilan datos por distintos medios. *Reproducible* quiere decir que es posible obtener la evidencia por diferentes observadores, con instrumentos distintos y en distintos sitios. Cuando la evidencia es controvertida, se buscan formas independientes de reproducirla, repitiendo el experimento o la observación por investigadores independientes.

Es útil tener en cuenta las tres alternativas de Bertrand Russell[32] en relación con las actitudes a tomar ante alguna aseveración: «O la cosa es cierta o no lo es. Si es cierta, debe creerla; y si no es cierta, no debe creerla. Y si no puede averiguar si es cierta o no, debe suspender el juicio». En muchos casos nos cuesta mucho responder con lo más adecuado: «No sé».

Anomalías

Cuando esté estudiando cualquier cosa, o considerando cualquier filosofía, solamente pregúntese a sí mismo cuáles son los hechos y cuáles son las verdades que fundamentan estos hechos. Nunca se deje desviar, ya sea por lo que

[32] Bertrand Russell (1941). *Let the People Think.* Spokesman Books.

desea creer o por lo que crea que le traería beneficio si así fuera creído. Observe única e indudablemente cuáles son los hechos.

Bertrand Russell

Muchas controversias y descubrimientos comienzan con alguna anomalía: un fenómeno o dato que no parece estar de acuerdo con lo esperado. La historia de la ciencia es una historia de anomalías que llevaron, luego de un cuidadoso examen, a modificar una teoría, o, en casos importantes, a revoluciones en nuestra concepción del mundo. El comportamiento «anómalo» en uno de los cultivos de bacterias en el laboratorio de Alexander Fleming (1881-1955) le llevó a descubrir el primer antibiótico: la penicilina. La precesión del perihelio de Mercurio (anómala en la física de Newton) llevó a la teoría gravitatoria de Einstein, y el comportamiento anómalo de la radiación en el efecto fotoeléctrico cambió nuestra concepción del carácter de la radiación (los fotones) y condujo a la mecánica cuántica. Cuando algo no cuadra con lo que sabemos existen dos posibilidades: hay un error en lo que sabemos o hay un error en la determinación de lo que no cuadra. La probabilidad de que sea lo primero es pequeña, la de lo segundo es alta.

El primer paso importante para descubrir algo interesante del mundo es establecer si la anomalía es real. Hay que investigar si los datos anómalos persisten con nuevas observaciones o experimentos y determinar si los datos justifican pensar que se está ante algo que necesite de una explicación. En muchos casos investigados se trata nada más que de una trampa del azar, o peor aún, consecuencia de errores de observación, interpretación o experimentación.

El popular caso del Triángulo de las Bermudas es típico. Un cuidadoso examen de los casos concluye que no hay hechos anómalos relacionados con desapariciones de barcos y aviones en la zona, por lo cual toda la historia no tiene fundamento y no hay nada que necesite de una explicación[33]. En muchos casos, los datos son ambiguos o seleccionados con el propósito de demostrar aquello que se desea demostrar, sin observar los debidos cuidados en términos de control experimental o estadístico.

[33] Lawrence Kusche (1975). *The Bermuda Triangle Mystery Solved*. Harper and Row.

En una disputa *real* se discute sobre la verdad de una proposición que se puede resolver con referencia a los hechos. Una *cuestión de hecho* es una para la cual existe una manera establecida de averiguar si es cierta o falsa. Si dos personas no están de acuerdo sobre una cuestión de hecho, entonces una, o ambas, está equivocada. Decir que el presidente de EE.UU. es un extraterrestre, es una cuestión de hecho (en este caso falsa). No es una cuestión de hecho que el chocolate sea más sabroso que las fresas; no existe una manera establecida para dirimir esto ya que «sabroso» es subjetivo. Es una cuestión de hecho que a mí me gusta más el chocolate que las fresas.

La ciencia no puede estudiar fenómenos anómalos, que no sean reproducibles, que sean únicos o muy poco frecuentes, ya que la replicación de resultados empíricos es fundamental. Sería imposible estudiar el evento supernova (la destrucción cataclísmica de una estrella de alta masa al final de su vida) si este evento fuera observable solamente cada mil años.

Observaríamos una «nueva y brillante estrella en el cielo» como lo hizo Tycho Brahe (1546-1601), célebre astrónomo danés en noviembre de 1572. Tycho, el mejor conocedor del cielo en aquella época, apenas podía creer lo que veía, y relata: «Asombrado, y como si estuviera aturdido y pasmado, me quedé quieto por un buen rato con los ojos fijos en ella, viendo esta estrella próxima a las estrellas que la antigüedad atribuye a Casiopea. Cuando me convencí de que ninguna estrella como esta había brillado en ese lugar con anterioridad, me quedé tan perplejo ante este hecho increíble, que comencé a dudar de mi vista, de modo que, volviéndome hacia los sirvientes que me acompañaban, les pregunté si también ellos divisaban aquella estrella brillante en la dirección que yo les indicaba».

La razón de su incredulidad y asombro se debía a que la observación de una estrella nueva no era compatible con la idea de que la octava esfera celeste, la que contenía las estrellas, era perfecta e inmutable. La observación de esta importante anomalía contribuyó a la falsación de las ideas cosmológicas de la época.

Pero si hubiese sido imposible observar otros eventos similares (en el presente, por medio de potentes telescopios se pueden observar muchas supernovas cada año), habría resultado imposible entender y estudiar lo que había visto Tycho, y también es posible que más tarde se hubiera pensado que se trató de un error, una alucinación (como él mismo pensó inicialmente) o un fraude.

La navaja de Ockham y la espada láser de Newton

Máxima: *Entia non sunt multiplicanda praeter necessitatem.*

(GUILLERMO DE OCKHAM)

El principio de la navaja de Ockham es un principio de frugalidad formulado por el fraile franciscano inglés Guillermo de Ockham (*c.* 1285-1349). Es una *guía* frente a varias opciones explicativas. Según Ockham, no debemos suponer la existencia de más cosas que las necesarias. **Siempre que se encuentren varias hipótesis que pretenden explicar un fenómeno, es preferible escoger la más sencilla que lo explique por completo; la que tenga un número mínimo de premisas, causas y variables.**

La coherencia con lo que sabemos y la integración conceptual es parte de la frugalidad. Una explicación que no sea coherente con lo que ya sabemos y utilice conceptos discordantes no es sencilla. Entre las distintas disciplinas científicas existe una coherencia importante, en el sentido de que ninguna supone algo que contradiga lo que se conoce en otra; es decir que, por ejemplo, no se aceptaría la explicación de un proceso biológico que violara las leyes de la termodinámica. La pseudociencia es incoherente con lo que sabemos del mundo, con las bien establecidas leyes naturales descubiertas por la ciencia, apelando a conceptos como «fuerza vital» o «telepatía» que son discordantes. La astrología no es coherente con la astronomía ni con la física, la homeopatía no es coherente con lo que sabemos de biología y química, la reencarnación no es coherente con lo que sabemos de la vida, y ni la visión del futuro ni los fantasmas son coherentes con la lógica y la física.

Ante los alegados fenómenos paranormales podemos proponer ideas que van en contra de todo lo que sabemos, o podemos pensar que se trata de error, fraude o truco. Si encontramos un animal muerto y disecado en el campo es más sencillo y coherente comenzar con la hipótesis de que murió de alguna enfermedad, que suponer que un ser misterioso, «el chupacabras», fue el causante.

Entendemos que este principio es una guía, y que en ocasiones la explicación más sencilla puede no ser la más adecuada. Como lo expresó H. L. Mencken: «Para cada problema complejo existe una respuesta que es simple, pulcra y equivocada». En ocasiones sobre-simplificamos, ya que es lo más fácil, pero el mundo puede ser más complicado que lo que usted cree.

Relacionado con lo anterior tenemos la «escoba de Ockham», que inventó el biólogo Sidney Brenner. Se refiere al proceso mediante el cual hechos incómodos se esconden «bajo la alfombra». La escoba es utilizada comúnmente por pseudocientíficos, creacionistas y por los adeptos a teorías de conspiración. En ocasiones también algún científico la ha utilizado. Pregúntele a uno que habla del Arca de Noé como si fuera historia de dónde salió toda el agua, o cómo llegaron los pingüinos al arca para ver qué le cuenta.

El matemático Mike Alder[34] ofrece una versión moderna y más filosófica que bautizó como la espada láser de Newton: «No debemos disputar proposiciones a menos que se pueda demostrar mediante lógica precisa y matemática que tengan consecuencias empíricas observables».

---

[34] Mike Alder (2004). https://philosophynow.org/issues/46/Newtons_Flaming_Laser_Sword.

4
Ciencia y sociedad

Máxima: *El conocimiento es patrimonio de la humanidad.*
Máxima: *El conocimiento es neutral, la tecnología no lo es.*

Creo que a pesar de la enorme desventaja que existe, una determinación intelectual inquebrantable, firme y feroz, para definir la verdad de nuestras vidas y nuestras sociedades, es una obligación crucial que nos incumbe a todos los ciudadanos. De hecho, es mandatorio. Si tal determinación no se incorpora a nuestra visión política no tenemos esperanza de restaurar lo que ya casi se ha perdido: la dignidad del ser humano.

HAROLD PINTER[1]

Hemos preparado una civilización global en la cual la mayoría de los elementos cruciales [...] dependen profundamente de la ciencia y la tecnología. También hemos dispuesto las cosas de tal forma que casi nadie comprende la ciencia y la tecnología. Esto es la receta para el desastre. Puede que podamos seguir así por un tiempo, pero tarde o temprano esta mezcla explosiva de ignorancia y poder nos explotará en la cara.

CARL SAGAN[2]

El rol de los científicos es el de proveer un trasfondo a la civilización.
SEBASTIAN VON HOERNER[3]

La ciencia, con su conformación metodológica y social, provee un sistema para obtener conocimiento que aspira a ser universal (que no depende del espacio ni del tiempo), objetivo (que no depende del

[1] Harold Pinter. *Art, Truth & Politics.* Nobel Lecture, Dec. 7, 2005.
[2] *****Carl Sagan (2005). *El mundo y sus demonios: la ciencia como una luz en la oscuridad.* Planeta.
[3] Tony Rothman (2016). *Outpost on the edge.* American Scientist, pág. 27.

organismo que lo posea), y cierto (que es una verdad del mundo). Es una actividad social estructurada de tal forma que luego de un proceso de aceptación por consenso, sus resultados se incorporan al «conocimiento público»[4].

La ciencia es una empresa que ha establecido una prioridad cognitiva, que desemboca en conocimiento de «la vida, el universo y todo», por utilizar una frase de Douglas Adams[5]. Es un intento de sobreponernos a todas las idiosincrasias de nuestra cognición[6]. Una razón del privilegio reside en todas las cosas que hemos aprendido sobre el mundo y que lo han transformado a tal punto que nadie en su sano juicio puede dudar de su importancia. Pero la cosa trasciende estas consecuencias prácticas: sin entender lo que es ciencia, es imposible entender lo que *no* es ciencia.

Hay dos dimensiones de la ciencia que son importantes para su apreciación: *la dimensión intelectual,* la ciencia como cuerpo de conocimientos, y *la dimensión social,* la ciencia como empresa social, constituida por los miembros de la comunidad científica, que influye sobre la sociedad (con ideas y tecnologías novedosas) y está influida por la sociedad. Las decisiones de qué es importante investigar y qué no, son determinadas en gran medida por la disponibilidad de fondos para sufragar investigaciones de alto costo, y también por ideas políticas, económicas o religiosas.

En el caso de investigación sufragada por el sector privado, se buscan resultados prácticos a corto plazo que puedan resultar en beneficios para los inversionistas por medio de patentes y nuevos productos. Inclina la balanza a favor de investigaciones que resulten en nuevos medicamentos para enfermedades particulares de países desarrollados y no de otros; por ejemplo, vacunas contra la gripe, pero no contra el ébola (hasta que no se perciba como amenaza global).

La ciencia organizada ha sido primordialmente una institución de los países industrializados y su desarrollo ha sido en respuesta a sus necesidades y prioridades. En estos países se han resuelto muchos

---

[4] John Ziman (1968). *Public Knowledge.* Cambridge University Press.

[5] Douglas Adams (2004). *The Hitchhiker's Guide to the Galaxy.* 25th Anniversary Edition. Harmony.

[6] *****Jesús Purroy i Vázquez (2008). *Todo lo que hay que saber para saberlo todo.* Universidad de Valencia. José Manuel Sánchez Ron (2007). *El poder de la ciencia.* Crítica, Barcelona. Alan F. Chalmers (2006). *¿Qué es esa cosa llamada ciencia?* Siglo XXI.

de los problemas básicos de supervivencia y el desarrollo científico y tecnológico se encamina a problemas que podrían calificarse «de lujo», como por ejemplo nuevas tecnologías biomédicas de costo alto, nuevas tecnologías de computación y de exploración espacial, y nuevos armamentos.

Figura 9. Ciencia y Sociedad.

Pero en los países en los cuales los problemas básicos y particulares no han sido resueltos (la mayoría), la investigación científica debe tener metas diferentes para resolver apremiantes problemas locales relacionados con la salud pública y la alimentación y conducir al desarrollo de tecnologías autóctonas particulares que son de poco interés en los países desarrollados. Para lograr esta meta es necesario promover instituciones científicas locales, por más costoso que esto parezca, ya que de lo contrario siempre se dependerá de la ciencia y la tecnología de los países industrializados, en lo que se podría denominar «imperialismo científico».

La ciencia habilita nuevas tecnologías que a su vez permiten nuevos estudios científicos. Los descubrimientos de la ciencia afectan a cómo vemos al mundo y a nosotros en relación con el mundo (evolución biológica, evolución cósmica, neurociencia) y también generan por medio de sus aplicaciones situaciones sociales novedosas (armas nucleares, antibióticos, perfil genético, células madre) que presentan difíciles problemas prácticos y éticos. Las nuevas tecnologías siempre han causado suspicacia y temor en algunos sectores de la población y no está mal que causen una actitud de cautela. Para finales del siglo XIX muchos cuartos de hotel en EE.UU. exponían el siguiente anuncio: «Este cuarto está equipado con luz eléctrica Edison. No intente encender con un fósforo. Simplemente encienda con el interruptor de la pared». El anuncio seguía así: «El uso de la electricidad para iluminar en ningún modo afecta a su salud ni a su sueño». Quizá esto nos causa gracia hoy, pero no es muy diferente a las preocupaciones del presente relacionadas a los efectos sobre la salud de los cables de alta tensión, los teléfonos celulares o los transgénicos.

Lamentablemente, la representación de científicos en la política es casi nula y una elevada fracción de los que gobiernan tiene trasfondo legal y muy poco conocimiento de la ciencia. Están mal preparados para enfrentar los gravísimos problemas que se vislumbran, ya que no son problemas relacionados con leyes humanas, sino con leyes naturales.

En el caso de apoyo por agencias del gobierno, la dirección de la investigación depende cada vez más de lo que se consideran intereses nacionales y necesidades militares. El científico ya no sigue exclusivamente sus intereses propios, sino que persigue los fondos. Hay una decisión ética que debe adoptar (si acaso) no distinta de la que toma el que acepta un empleo en una fábrica de armamentos.

Preocupa la influencia que puedan ejercer intereses opuestos al resultado de algún estudio, y son conocidos los casos de ataques a un investigador o de censura por medio de influencia en las juntas editoriales de revistas profesionales. Son notorios los casos motivados por resultados opuestos a los intereses de la industria del tabaco (cáncer pulmonar), industria petroquímica (cambio climático), industria agroquímica (pesticidas, ingeniería genética y salud), y la industria farmacéutica (efectividad de medicamentos).

Distingamos esta indiscutible influencia social sobre la empresa científica, del conocimiento científico propio. El conocimiento científico nos provee, por medio de la tecnología, un creciente poder, que nos ha permitido llegar a la Luna, comunicarnos instantáneamente con todo el mundo, generar energía nuclear, combatir enfermedades y modificar plantas para fines que se pueden debatir. **Pero el debate no puede ser sobre si la ciencia es buena o mala, sino más bien al servicio de quién debe estar, aceptando que el conocimiento es patrimonio de la humanidad.** El conocimiento obtenido por la ciencia es de un valor ético neutral, pero no así la tecnología, ya que su utilización puede hacerse con fines moralmente aceptables o reprobables.

Aunque muchos valoramos la ciencia sobre todo por su contenido intelectual –el saber por saber–, desde un punto de vista social siempre ha habido un fin pragmático. Un motivador de la investigación científica cada vez más importante es la tecnología que pueda fecundar. Aunque en muchos casos la tecnología ha redundado en grandes beneficios para la humanidad (o al menos para ciertos sectores de la humanidad), no es menos cierto que también ha causado serios problemas imprevistos. La tecnología es un arma de doble filo, y su adopción implica ganadores y perdedores. Pero el filo que usemos depende de los humanos y no de la ciencia. Es necesario un balance entre la tecnofilia y la tecnofobia.

Albert Einstein descubrió una relación muy sencilla, consecuencia de su teoría de la relatividad, que expresa la equivalencia entre masa y energía: $E = mc^2$. Esta relación se cumple independientemente de fronteras, culturas o sistemas políticos, y no posee un valor ético. El vasto campo de energía nuclear que conduce, ya sea al diseño y fabricación de aterradores armamentos o al uso pacífico de la energía nuclear, es consecuencia de este descubrimiento.

Las decisiones con respecto a la utilización de energía nuclear (que por fuerza deberemos adoptar a medio plazo si deseamos mitigar el calentamiento global; Francia, con 59 reactores nucleares produce, un 80% de su necesidad) tienen claramente un enorme peso ético, y son cruciales para el futuro de la humanidad, especialmente de cara a la crisis energética y ambiental que nos abraza. De igual manera, la modificación genética de alimentos (un transgénico es un organismo al cual se le han insertado genes de otro organismo) es causa de preocupación. Se incurre en este caso en una generalización que se apoya más en una culpa por asociación con importantes corporaciones cuyas actividades dejan mucho que desear, que en un estudio cuidadoso de cada caso en sus méritos. Pero es necesario considerar cómo se alimentarán los nueve mil millones de humanos que esperamos dentro de poco.

En décadas recientes, la investigación de la Tierra desde el espacio con poderosas tecnologías de percepción remota nos han alertado de varios problemas, consecuencia del desarrollo tecnológico. En particular, el reciente problema del ozono estratosférico y el presente problema de la creciente concentración de dióxido de carbono atmosférico, que sin duda es la causa principal del calentamiento global. Ya la pregunta no es si causamos el calentamiento con nuestras actividades, la pregunta difícil y urgente es qué hacer al respecto. El mensaje se ha repetido miles de veces, los científicos alertan, el público no entiende o se entretiene con puerilidades, y los políticos solo piensan en el corto plazo de las próximas elecciones, y no se atreven a hacer lo necesario, por miedo a que las altas esferas del complejo industrial-militar-financiero se molesten.

Hay además un factor psicológico que contribuye a la indolencia. Algunos de los más apremiantes problemas a los que nos enfrentamos son consecuencia de procesos lentos imperceptibles (como el calentamiento global o la creciente resistencia de las bacterias a los antibióticos), o de potenciales eventos catastróficos de baja probabilidad, pero alto impacto (como una guerra nuclear) y es difícil para el público comprender esta realidad. La complacencia nos hundirá como lo hizo el *Titanic* en 1912 al compás de su orquesta. En una entrevista de 1907, su capitán, E. J. Smith (1850-1912) declaraba[7]: «En

[7] *New York Times*. «Disaster at last befalls». Capt. Smith. Tuesday, 16 April 1912.

toda mi experiencia, de cuarenta años, nunca he tenido un accidente de tipo alguno que merezca la pena mencionar [...]. Digo que no puedo imaginar condición alguna que pudiera ocasionar a un navío luchar por mantenerse a flote. No puedo concebir un desastre vital que le ocurriera a esta nave. La construcción moderna de barcos ha trascendido esta posibilidad». Hay muchos Smith en este mundo.

Una tecnología implica una ideología, ya que afecta a la forma en que pensamos y actuamos y nos obliga a escoger entre varias formas de proceder. Nuevos artefactos generan su propia dinámica con consecuencias difíciles de predecir. Los inventores del automóvil no se imaginaban las consecuencias, y tampoco el inventor del World Wide Web (Tim Berners Lee) podía imaginar la transformación social y cultural que está causando.

La empresa científica es una red de científicos que compiten y a la vez colaboran, generando una sana tensión creativa. Es regulada por instituciones científicas (sociedades científicas, comunidades universitarias, instituciones de gobierno, laboratorios industriales) que juntas velan por la salud de la empresa y le dan dirección, apoyada en cánones que han sido desarrollados con el paso del tiempo. El colectivo de científicos son los jueces de la ciencia, un juicio que tiene dos aspectos: la coherencia de lo nuevo con lo ya conocido (en todas las disciplinas y entre disciplinas) y los resultados de la confrontación empírica. De acuerdo con estos criterios, la comunidad determina la validez de su contenido, y establece un cuerpo de conocimientos aceptados por consenso.

Una de las sociedades científicas más antiguas que todavía existe, la Royal Society of London, fundada en 1660 con su consigna *Nullius in verba* ('en palabras de nadie'), tenía entre sus funciones resolver conflictos de prioridad y servir como conducto de un libre intercambio de ideas y resultados. Su consigna es una clara alusión al rechazo de los libros sagrados o filosóficos como fuente de conocimiento, buscando respuestas en el «libro de la naturaleza».

El proceso de revisión por pares (*peer review*) fue introducido por su primer secretario y editor fundador de las *Philosophical Transactions of the Royal Society*[8], Heinrich Oldenburg (1619-1677), filósofo natural

[8] *Philosophical Transactions of the Royal Society* se comenzó a publicar en 1665 y es la publicación científica más antigua del mundo.

y teólogo alemán. Consiste en enviar el trabajo sometido para publicación a expertos (anónimos) en el campo para su evaluación. Pretende controlar la calidad y certificar la validez del contenido de un artículo publicado, o la viabilidad y promesa de una propuesta de investigación. Pero los revisores, por más expertos que sean, no pueden determinar si hubo errores de procedimiento, si algún instrumento no funcionó correctamente o si hubo manipulación de los datos. Esto se descubre en el momento en el cual otros investigadores independientes tratan de repetir el estudio.

Ni el consenso, ni la publicación en una revista revisada por pares *garantiza* la veracidad de un resultado científico, nada lo garantiza, simplemente certifica que es un resultado aceptado por la comunidad de científicos que han estudiado el caso. Cuando la comunidad científica concluye que el «diseño inteligente» no es una teoría científica, de poco vale que algunos insistan que lo es, especialmente cuando sus credenciales científicas son dudosas o inexistentes. Lo mismo se aplica a las pseudociencias, incluidas las muchas terapias de la mal llamada medicina *alternativa* que no son efectivas más allá del efecto placebo. En última instancia, la naturaleza misma es la que decide. Digo «mal llamada», ya que algo es efectivo o no lo es, y si lo es, entonces *es* medicina. En palabras del periodista John Diamond[9] (que se negó a cualquier alternativa para tratar su cáncer): «Hay intervenciones que se pueden realizar que tienen algún efecto sobre una enfermedad y hay intervenciones que se pueden realizar que no tienen afecto alguno. Las primeras son medicina, las segundas no lo son».

El crecimiento de los medios electrónicos de publicación y diseminación afecta a la manera en que se publica el conocimiento científico (en realidad todo el conocimiento). La mayor preocupación es el mantenimiento del control de calidad. El sistema también sufre por la proliferación de revistas –se publican miles de revistas con más de un millón de artículos cada año–, algunas de muy dudosa reputación, cuyo objetivo primario es el lucro, y que aceptan trabajos inaceptables. Así lo descubrió John Bohannon, quien hizo el experimento de presentar más de trescientas versiones diferentes entre sí de un artículo ficticio sobre la inhibición del crecimiento de células cancerosas

[9] John Diamond (2001). *Sanke Oil and Other Preocupations*. Random House, pág. 13.

por un extracto de liquen. Más de la mitad de las revistas no llevaron a cabo ningún filtro y aceptaron su publicación[10].

El consenso logrado por la ciencia se refiere a los resultados de la ciencia, pero no a la dirección en la cual se encamina la investigación científica ni a sus aplicaciones. El carácter de la empresa científica ha cambiado en aspectos importantes comenzando en la segunda mitad del siglo pasado con el proyecto Manhattan para la construcción de la bomba atómica (consecuencia del descubrimiento de la fisión nuclear por Lise Meitner y Otto Hahn en 1938). En parte se debe a que el costo de modernos instrumentos (aceleradores de partículas, gigantescos telescopios, etc.) y la organización de diversos consorcios multinacionales de investigación es multimillonario, y fuera del alcance de investigadores individuales. La era en la cual un monje en un aislado monasterio podía hacer una contribución experimental importante a la ciencia es cosa del pasado (salvo en el caso de los teóricos). Inevitablemente, la competencia por fondos del Estado ha cambiado el carácter de la ciencia, y también ha cambiado la relación entre la ciencia y otras disciplinas académicas como las humanidades y las ciencias sociales.

La actividad científica se asemeja a la construcción de un rompecabezas comunitario. Todos los científicos tienen acceso a las partes del rompecabezas que ya está armado, es público y pueden ver el panorama y contribuir con nuevas piezas si las encuentran. Conocen lo que otros han contribuido, dónde se desarrolla mucha actividad quizá causada por una nueva pieza que sirve para aclarar el panorama, y están dispuestos a probar si una pieza encaja perfectamente en un sitio particular del rompecabezas. Son los científicos expertos en esa área del rompecabezas quienes examinan la nueva pieza en detalle para determinar si es o no aceptable. Cada uno trabaja por su cuenta de forma autónoma o en equipos de investigación, y el mismo rompecabezas actúa como coordinador de sus actividades.

Aunque la profesionalización de la ciencia y su financiamiento por fondos públicos y privados provoca que se especifiquen prioridades en términos de qué parte del rompecabezas interesa ampliar, dentro de estos confines que son dinámicos, el proceso es el mismo. Las nuevas piezas tienen que conectar con el resto. Es en este punto que lo pseudocientífico se diferencia, ya que pretende ser parte sin tener en

---

[10] John Bohannon (2013). «Who's Afraid of Peer Review» *Science*, Vol. 342, pág. 60.

cuenta el rompecabezas y construir un fragmento sin tener relación alguna con el panorama.

En el caso de resultados novedosos o controvertidos, la replicación de los resultados por otros científicos independientes es de crucial importancia para incorporar los resultados al consenso, es decir, la pieza al rompecabezas. Este proceso de crítica interna formalizada, más que cualquier otro aspecto, es particular de la empresa científica y la ennoblece. Un experimento o una observación particular no sirven para determinar un hecho y abundan los ejemplos históricos de observaciones que luego resultaron no ser lo que aparentaban. El experimento *repetible* es la prueba necesaria para convencer al que duda o para demostrar que se cometió un error o un fraude.

El anuncio de que dos científicos de la Universidad de Utah habían logrado la fusión fría en 1989 causó enorme interés en la comunidad científica. Poco después, al fracasar los intentos de otros por reproducir los resultados, se concluyó que la fusión fría no ocurría. Recientemente ha surgido gran preocupación porque una alta fracción de los resultados en psicología experimental no son replicables[11].

El progreso científico muchas veces significa una rotura con el consenso (o parte del consenso) por parte de una minoría de científicos que elaboran nuevas ideas y obtienen resultados que van en contra del consenso, y se enfrentan muchas veces al marcado escepticismo del resto de la comunidad. La ciencia es conservadora, y no acepta sin oposición ideas o resultados contrarios al consenso, actitud prudente que protege a la empresa de cambios prematuros. Por ello, por cada idea o resultado novedoso y válido que significaría una ruptura con lo establecido, hay centenares que no lo son, que resultan, luego de un examen, ser erróneos, por lo cual es prudente esta actitud de cautela. Si al final lo nuevo se impone, en ocasiones luego de un largo período de controversia, pasa a formar parte de un nuevo consenso. Así ha ocurrido con todas las ideas nuevas que han cambiado el consenso en general, cambios que se pueden catalogar de revolucionarios.

Las ideas que generan controversia entre científicos han sido propuestas por miembros acreditados de la comunidad científica que

[11] «Estimating the reproducibility of psychological science». Open Science Collaboration. *Science*, Aug. 2015, 349 (6251).

han observado los cánones de la colectividad. Estas controversias internas fueron llamadas «endoherejías» por Isaac Asimov para distinguirlas de las «exoherejías» propuestas por personas ajenas a la ciencia que pretenden dar explicaciones «científicas» sin atenerse a los cánones de la ciencia, y muchas veces sin una formación científica. Estas en general no generan controversia dentro de la ciencia y si no fuera por su impacto social las exoherejías no merecerían la atención que muchas veces obtienen.

Muchos, al no entender las limitaciones de la ciencia, al ver que no estamos triunfando en la lucha contra los males que nos afectan, al observar que los problemas a los cuales se enfrenta la humanidad parecen consecuencia directa o indirecta de avances científicos, han perdido aprecio por la ciencia. Buscan soluciones en el mundo mágico-religioso de la pseudociencia y frecuentemente encuentran la esperanza y el consuelo que buscan, aunque sea falso. Una mentira piadosa más aceptable que la realidad.

La ciencia es «privilegiada» en el *plano epistemológico* especialmente por la estructura, las normas y la organización de la empresa científica y la naturaleza del campo de estudio. Es privilegiada porque puede explicar ciertos aspectos del mundo mejor que nadie.

Lo maravilloso de la ciencia, algo que nos deja perplejos, es que a pesar de todas las limitaciones que nos afectan –temporales, espaciales, cognitivas– hemos sido capaces de comprender bastante bien cómo es el mundo de una forma profunda y significativa. El saber cómo es nuestro mundo, cuál es nuestro lugar en él, tanto en el espacio como en el tiempo, cómo llegamos al presente y hacia dónde posiblemente nos dirigimos es la historia más fascinante que conocemos y un triunfo de nuestras limitadas mentes. La ciencia ha descubierto la inmensidad del universo, la inimaginable extensión del tiempo, la fraternidad de todos los seres vivos del planeta (la evolución biológica), y la unidad de todas las cosas (la teoría atómica de la materia).

Por otro lado, en un plano más esencial, la ciencia descubre una belleza profunda en la naturaleza y nos permite comprender lo que en el pasado parecía inexplicable. Junto a otras expresiones culturales que enaltecen nuestra existencia, la literatura, la música, y otras artes expresivas, la ciencia es parte de nuestra cultura y nos brinda una forma muy especial de conocer.

La ciencia nos ofrece una nueva visión del mundo que ha liberado el espíritu humano, o al menos tiene el potencial de hacerlo. **Lo más importante de la ciencia es la ciencia misma, es decir, la forma de proceder que nos ha acercado a un profundo entendimiento de cómo es el mundo.**

Cómo no sentir asombro cuando constatamos que una ecuación matemática que describe con alta precisión la radiación que emite un cuerpo incandescente en un laboratorio (radiación de cuerpo negro), desarrollada en 1900 por Max Planck, resulta describir también la radiación remanente del Big Bang con la cual comenzó nuestro universo hace unos catorce mil millones de años. Fue detectada por Arno Penzias y Robert Wilson en 1964. Sobre nuestro diminuto planeta, en un punto infinitesimal del universo tanto en el espacio como en el tiempo, hemos sido capaces de entender a grandes rasgos la historia de cómo llegamos hasta aquí, luego de una inimaginablemente larga historia universal, y esa historia es mucho más fascinante y emocionante que todos los mitos juntos que inventaron nuestros antepasados para explicar el mundo, justo porque no tenían la ciencia[12].

[12] Daniel R.Altschuler (2015). *Hijos de las estrellas.* Akal.

5
Una masa gelatinosa

La mayoría de los humanos han vivido sus vidas sin saber que poseían un cerebro, ni que hablar del saber podría ser útil.

BURCE HOOD[1]

Credo che in certi momenti il cervello non sa più pensare e corre in rifugi da pazzi e non vuole tornare.

PIERANGELO BERTOLI[2]

Comencemos con una breve mirada al maravilloso instrumento con el cual conocemos el mundo. Cada día de su vida usted respira, ingiere alimentos, elimina desperdicios, escucha y oye, mira y ve, y en general utiliza la información que obtiene de sus sentidos para interactuar con el mundo que le rodea y con otros seres. Sentirá dolor, tendrá miedo o hambre, nada distinto de lo que hacen otros animales para sobrevivir.

Pero también, sentado en un cómodo sillón sin hacer nada, piensa, es decir, combina ciertas ideas con otras en *procesos mentales* de los cuales surgirán nuevas ideas, y posiblemente teorías de cómo es que algo funciona (incluida la mente) y podrá imaginarse acciones y predecir sus consecuencias, muy distinto de lo que son capaces otros animales. Y está *consciente* de que está pensando. Sabemos intuitivamente lo que es pensar y podemos decir que **pensar es la creación de una representación mental de lo que *no* está presente en nuestro entorno inmediato.**

---

[1] *****Bruce M. Hood (2008). *Supersense. Why we believe in the unbelievable.* Harper Collins, N. Y., pág.130.

[2] Letra de la canción: *Certi Momenti.* «Creo que en ciertos momentos el cerebro no sabe pensar más, y corre al manicomio y no quiere volver».

Ver una pelota de fútbol no es pensar, imaginar que hacemos un gol en un partido importante, lo es. Constatar que una persona tiene fiebre alta no es pensar, conjeturar que posiblemente tenga una infección, lo es[3]. Con eso es suficiente para nuestros propósitos.

Pensar cómo pensamos (metapensar) no se puede abstraer de lo que sabemos acerca del funcionamiento del cerebro, tanto a nivel cognitivo como a nivel neuronal.

La conciencia, ese concepto tan difícil de captar de forma objetiva, es un reducto que comienza a ser accesible al estudio científico. En palabras de David Chalmers[4]: «Conocemos la conciencia de una forma mucho más íntima que al resto del mundo, pero entendemos al resto del mundo mucho mejor de lo que comprendemos la conciencia». Pensar es una actividad de la mente, producto del cerebro, una masa gelatinosa que usted tiene dentro de su cráneo, de aproximadamente un kilo y medio. Contiene unos 86.000 millones[5] de neuronas (aproximadamente cien mil neuronas en el volumen de un grano de arroz) y células gliales que apoyan a las neuronas y que intervienen activamente en procesos cerebrales. Es el objeto más complejo que conocemos. Cada neurona se conecta con miles de otras en una compleja y vasta red –el conectoma[6]– en la cual se manipula y almacena información, se forman conceptos, se producen ideas e imágenes, y se formulan razonamientos. Lo mental *emerge* de un conjunto complejo de neuronas que no tienen mente. Las neuronas no piensan, es la mente la que piensa; al igual que las moléculas de agua no son líquidas, pero el agua es líquida. La liquidez emerge en un sistema complejo de moléculas como consecuencia de sus interacciones. Lo mental no es más misterioso que lo líquido, por más que aún no entendamos cómo es que emerge.

Aunque el cerebro humano solo representa un 2% de la masa del cuerpo, consume un 25% de la energía cuando estamos sentados en el cómodo sillón, mucho más que cualquier otro animal. Es lo que nos hace especiales.

---

[3] Reid Hastie and Robyn M. Dawes (2001). *Rational Choice in an Uncertain World.* Sage, pág. 3.

[4] David J. Chalmers (1996). *The Conscious Mind.* Oxford.

[5] Suzana Herculano-Houzel, The remarkable, yet not extraordinary, human brain as a scaled-up primate brain and its associated cost. *Proc Natl Acad Sci U S A.* Jun 26, 2012; 109 (Suppl 1): 10661.

[6] TED Sebastián Seung http://www.ted.com/talks/sebastian_seung#t-1136932

En la mente se produce un modelo del mundo (una teoría), se resuelven problemas y se toman decisiones. Si pretendemos comprender nuestra relación con el mundo es necesario entender, al menos en rasgos generales, cómo funciona el instrumento que percibe y concibe el mundo.

El cerebro y la mente

Máxima: *La mente y el mundo juntos hacen la mente y el mundo.*

Llueve otra vez detrás de mis frontales, entre oreja y oreja nubes bajas, oscuras como caras, se disfrazan de fieros animales, de fieros animales.

Silvio Rodríguez[7]

El estudio científico de la mente entra en una interesante dimensión, ya que se trata de la mente que se estudia a sí misma, y es, al mismo tiempo, sujeto y objeto. Es un misterio cómo surge la mente de los materiales constitutivos de un organismo. Muchos misterios del pasado se redujeron a problemas que fueron resueltos una vez que fuimos capaces de forjar las herramientas conceptuales, instrumentales y matemáticas para tratarlos. Es un error suponer que a esta altura de la historia dispongamos de los métodos y conceptos necesarios para transformar todos los misterios del presente en problemas que sean tratables.

La neurociencia deja claro que la anticuada idea de una separación ontológica entre mente y cerebro (y entre alma y cuerpo) es falsa[8]. La actividad cerebral y la actividad mental son la misma cosa, causada por patrones neuronales, regulados por estados internos y externos al cerebro, por un conducto de señales de naturaleza electroquímica entre neuronas.

John Searle lo describe muy bien[9]: «Toda la gran variedad de insumos que recibe el cerebro –los fotones que inciden en la retina, las

[7] Letra de *Llueve otra vez.*

[8] Antonio R. Damasio (1994). *Descarte's Error, Emotion, Reason and the Human Brain.* Grosset-Putnam.

[9] ***John Searle (1984). *Minds, Brains, and Science.* The 1984 Reith Lectures. BBC.

ondas de sonido que estimulan el tímpano, la presión sobre la piel que activa terminales nerviosas para detectar presión, calor, frío, dolor, etc.– se transforma a un medio común: frecuencias variables de impulsos nerviosos. Asimismo, igual de sorprendente, esta frecuencia variable de actividad neuronal en diferentes circuitos neuronales y distintas condiciones locales en el cerebro produce toda la variedad de la vida mental».

Cuando pienso en levantar el brazo y, como consecuencia, lo levanto, podría concluir que el pensamiento movió el brazo. Pero esto es consecuencia de una separación injustificada de mente y cerebro. La actividad cerebral que causa el movimiento de mi brazo por medio de procesos fisiológicos es la misma que causa el pensamiento de querer mover el brazo.

El problema mente-cerebro ha ocupado a muchos pensadores. Examina si el cuerpo y la mente pertenecen a esferas distintas y separadas (una material y otra no material) que se acoplan de alguna forma entre sí (el dualismo de Descartes y otros) o si, por el contrario, todos los fenómenos pertenecen a una misma esfera (monismo) y que la mente es manifestación del cerebro como ente físico.

Pero se trata de un problema mal conceptualizado porque **una entidad no material (como la quiera definir) no puede interactuar con una entidad material.** Similar error se cometió con la idea de una misteriosa «fuerza vital» necesaria para darle vida a un organismo. El progreso en nuestro conocimiento de la biología nos ha permitido descartar esta idea. La vida es simplemente consecuencia de interacciones bioquímicas que se producen en el organismo vivo. La vida es una propiedad que «emerge» de estas interacciones.

El cerebro se compone de dos mitades, los hemisferios, de estructura similar pero no idéntica, conectados por un sistema de millones de fibras nerviosas (el cuerpo calloso) por el cual cada mitad se comunica con la otra. Los hemisferios realizan funciones distintas y complementarias. El hemisferio derecho controla funciones del cuerpo izquierdo, y viceversa (contralateral). Cuando usted mueve el brazo izquierdo, opera el hemisferio derecho, y cuando usted patea la pelota con el pie derecho, opera el hemisferio izquierdo. El hemisferio derecho se relaciona con la expresión no verbal, el reconocimiento de patrones y relaciones espaciales y la imaginación. En él se ubican la percepción y orientación espacial, la conducta emocional, la facultad para controlar los aspectos no verbales de la comunicación, la intuición, el reconocimiento y recuerdo de caras, voces y melodías. El hemisferio derecho piensa y recuerda en imágenes. El hemisferio izquierdo es el dominante en la mayoría de las personas (por eso los zurdos son minoría). Se relaciona con las funciones verbales y contiene áreas especializadas en el lenguaje únicas del cerebro humano, el área de Broca (área que produce el habla) y el área de Wernicke (dedicada a la comprensión del lenguaje). Los daños ocasionados en estas áreas producen efectos correspondientes.

Los estudios en el campo de la neuroanatomía funcional del cerebro permiten relacionar funciones cognitivas y sensoriales de la mente con estructuras especializadas del cerebro, por medio de PET (Positron Emision Tomography) o FMRI (Functional Magnetic Resonance Imaging). Estas tecnologías permiten determinar las regiones del cerebro que se activan al realizar funciones cognitivas y recibir estímulos sensoriales y cómo estas regiones interactúan entre sí. También, el estudio de personas con lesiones cerebrales permite determinar funciones de ciertas áreas que han dejado de funcionar normalmente[10].

El giro (también convolución) fusiforme, una pequeña parte del lóbulo temporal, es un área que se activa en el proceso de reconocer caras[11], ciertamente de gran importancia en la evolución y vida social del humano. Cuando se daña, las personas pierden la habilidad de reconocer caras, condición que se conoce como prosopagnosia (las «agnosias» de varios tipos se refieren a «ausencia de reconocimiento»). Al ver a una persona no la reconocen, aunque la pueden reconocer por la voz o por otros indicadores.

El síndrome de Capgras es un raro trastorno mental que afecta a la capacidad emocional del paciente. Estos pacientes, al ver una cara familiar, piensan que es un impostor idéntico a la persona que conocen; le dirán al médico: «Esta persona es idéntica a mi madre, pero es una impostora», o «este perro es idéntico a mi perro salchicha, pero no es *Pelusa*». Ocurre cuando hay una desconexión entre el giro

---

[10] *****Patricia Smith Churchland (2013). *Touching a Nerve. The self as Brain.* W. W. Norton.

[11] Nancy Kanwisher, Josh McDermott, and Marvin M. Chun. «The Fusiform Face Area: A Module in Human Extrastriate Cortex Specialized for Face Perception». *The Journal of Neuroscience*, Jun 1, 1997, 17(11): 4302-4311.

fusiforme y la amígdala, que es el sitio que controla reacciones emocionales. Al ver una cara, dependiendo de su significado emocional, reaccionaremos apropiadamente, pero si se corta la conexión con la amígdala no hay reacción emocional. En este caso el paciente decide que la persona o perro no puede ser su madre o querida mascota, ya que esperaría una reacción emocional que no siente. Por otro lado, si la madre llama al paciente por teléfono, la reconocerá y se alegrará de escucharla. Esto se entiende, ya que no se ha desconectado el área auditiva de la amígdala y la reacción es normal.

Por el contrario, el síndrome de Frégoli (llamado así por el actor italiano Leopoldo Frégoli (1867-1936), famoso por sus cambios de apariencia) es un trastorno raro que lleva a una persona a creer ver caras conocidas en personas distintas, pudiendo concluir que ha visto a su novio en la calle en varias ocasiones con distintas mujeres. Por fortuna, es un trastorno raro.

Considere ahora el cerebro como objeto, con cualidades como su masa, su volumen y su estructura neuronal. ¿En qué parte del cerebro residen los colores, los sonidos y los olores y todo aquello que percibimos? No hay en la mente un «teatro cartesiano» (como lo llamó Daniel Dennett[12]) en el cual, como si fuera un cine, se proyecta el mundo con sus escenas, sonidos y aromas. Tendríamos además la insostenible situación de tener que postular que «alguien» (el yo) sentado en ese teatro es quien mira la escena, generando una recursión infinita.

Nuestro conocimiento del mundo y nuestras creencias se generan por la interacción sincronizada de varias partes del cerebro que se especializan en distintas formas de procesamiento, y surge de estas interacciones la percepción que obtenemos del mundo. La modularidad especializada del cerebro es de gran importancia para entender su funcionamiento. Muchos de estos módulos operan en el subconsciente, permitiéndonos un rápido y eficaz desempeño en el mundo (para reconocer caras, distinguir objetos, generar temor a las alturas, establecer si un objeto es animado, etc.).

Si nuestro organismo fuera diseñado de otra forma, las construcciones que realizaríamos para ordenar y comprender el mundo también serían distintas. Es de suponer que un pájaro no teme a las alturas. Aunque hace tiempo que muchos pensadores han entendido

[12] Daniel C. Dennett (1991). *Consciousness Explained*. Little. Brown & Co.

esto, es solamente con la ciencia moderna que cada vez queda menos espacio para pensar de otra forma. Ya en 1847 decía el científico alemán Carl Vogt (1817-1895)[13]: «Todo investigador de la naturaleza que piense consecuentemente llegará a la opinión de que todas esas habilidades que incluimos bajo el nombre de actividades del alma son solamente funciones de la sustancia del cerebro, o, para expresarme de una forma cruda, que los pensamientos guardan la misma relación con el cerebro como la bilis al hígado o la orina a los riñones. Suponer un alma, que utiliza el cerebro como un instrumento, con el cual puede trabajar como le plazca, es pura estupidez».

Según el filósofo Hilary Putnam[14]: «La mente y el mundo juntos hacen la mente y el mundo».

De lo único que podemos estar seguros es del efecto que los eventos del mundo tienen sobre nuestra mente, las impresiones subjetivas que son el resultado del proceso de percepción, que llamamos «perceptos». También estamos seguros de nuestra propia existencia en el sentido del «pienso luego existo» de Descartes, ya que no se puede dudar del pensamiento. Pero si hemos de ir más allá de estos perceptos y pretendemos decir algo de un mundo externo que los causa (a menos que seamos *solipsistas*), entonces necesitamos analizar el proceso de percepción y las cosas que afectan a la percepción.

Percepción

Máxima: *Nuestras percepciones son falibles y limitadas.*
Máxima: *No se puede ir de la* experiencia *de un unicornio azul a la* existencia *de un unicornio azul.*

Todas las percepciones, tanto las de los sentidos como las de la mente, son de acuerdo con la medida del individuo y no de acuerdo con la medida del universo. El entendimiento humano es como un espejo falso, que, al recibir los rayos irregularmente, distorsiona y descolora la naturaleza de las cosas, mezclando su propia naturaleza con ellas.

Francis Bacon[15]

[13] Carl Christoph Vogt (1847). *Physiologische Briefe für Gebildete aller Stände.* J. G. Cotta. Stuttgart, pág. 323.

[14] Hilary Putnam (1987). *The Many Faces of Realism.* Open Court.

[15] Francis Bacon (1620). *Novum Organum* (aforismo XLI).

La percepción es el proceso de adquirir información por medio de nuestros sentidos, que son el primer canal hacia el conocimiento del mundo, y nos brinda una justificación de nuestras creencias, como bien dice el proverbio popular: «Ver para creer».

El sistema nervioso es un sistema físico con limitaciones que restringen lo que es posible percibir directamente de nuestro entorno (así, no vemos en el infrarrojo ni en el ultravioleta, ni vemos luces muy tenues, y tampoco oímos sonidos de frecuencias muy altas o muy bajas). Podemos sobreponernos a algunas de estas limitaciones por medio de instrumentos (prótesis tecnológicas en palabras de Savater), que nos permiten «ver» en el ultravioleta o en el infrarrojo, o ver objetos «invisibles» (como los telescopios y los microscopios).

Considere una manzana. Es de color rojo y tiene un aroma y gusto deliciosos. ¿Si nosotros no existiéramos, la manzana seguiría teniendo estas cualidades? Considere su color. El rojo se produce porque la superficie de la manzana tiene pigmentos que absorben y reflejan la luz del sol selectivamente, y reflejan la luz a frecuencias que nuestra mente percibe como rojo. Podemos concluir que la pregunta anterior está mal formulada, que se confunde la emisión de ondas de luz en un cierto rango de frecuencias con la percepción de estas ondas por un organismo. Si por «rojo» queremos decir lo primero, entonces la manzana será roja, aunque nosotros no existamos; si se quiere decir lo segundo, entonces no hay «rojo» si no existimos para percibirlo. Esto lleva a una natural bifurcación de la realidad, una división entre cualidades «primarias» de un objeto, es decir, aquellas que son independientes de un organismo que las perciba (masa, movimiento, composición química, etc.) y cualidades «secundarias» (color, sabor, aroma, etc.) que no son propiedades del mundo externo, sino que reflejan nuestra experiencia privada y subjetiva de la realidad, que ocurre en el mundo interno del cerebro, como ya lo entendía Galileo.

Es posible cambiar la composición de la luz que incide sobre la manzana, pero exceptuando casos extremos, estos cambios no afectan a cómo un sujeto ve la manzana. La sigue viendo roja ya que *sabe* que es una manzana roja. Esto se constata al colocar la manzana en una caja de modo que se vea solo una pequeña parte de su superficie y el sujeto que mira por un pequeño orificio no vea que se trata de una manzana. En este caso los mismos cambios de luz que previamente no afectaban al color que percibía, ahora sí lo afectan. Este fenómeno de «constancia del color» es la habilidad de nuestro cerebro de percibir el mismo color al cambiar la iluminación (por ejemplo, entre un día soleado y uno nublado), una ventaja adaptativa que permite reconocer algo como lo mismo a pesar de cambios en la iluminación, muy útil cuando nuestros antepasados buscaban frutas rojas al atardecer[16].

Lo que percibimos del mundo no es independiente de nuestros procesos mentales y requiere conceptos previos. Es decir, que si percibo que mi taza de café es verde (no el café, sino la taza) necesito poseer los conceptos de taza, café, verde, etc. El problema fundamental de la epistemología es la relación entre la percepción y la realidad, o, de forma más general, la relación entre nuestras teorías del mundo (inspiradas en lo que observamos) y el mundo tal cual es (*das ding an sich*), ya que en realidad no tenemos acceso directo a él, como ya indiqué.

Algo que a primera vista parece tan trivial como la visión es un proceso sumamente complejo[17]. Vemos un objeto de cierto color y forma cuando ondas electromagnéticas (la luz) se reflejan de la superficie del objeto y penetran en nuestros ojos. Allí son absorbidas por pigmentos en células fotorreceptoras especializadas de la retina que son de dos tipos. Los «conos» son células para la visión a color que se encuentran mayormente en la parte central de la retina, directamente detrás de la pupila. Existen tres tipos diferentes de conos, cada uno de ellos sensible de forma selectiva a la luz de una longitud de onda determinada, azul, verde y roja. Esta información luego se utiliza para reconstruir los colores en el cerebro. Los conos se activan con luz intensa por lo cual no funcionan bien en la noche. Los «bastones» son el otro tipo de células fotorreceptoras, localizada mayormente en la periferia de la retina. No distinguen el color (contienen solamente un pigmento, la rodopsina), pero son sensibles a baja intensidad lumínica, por lo cual son las que se utilizan para la visión nocturna. La retina tiene aproximadamente 120 millones de bastones (con una densidad de unos 100.000 bastones/mm^2) y 7 millones de conos.

[16] TED Beau Lotto. http://www.ted.com/talks/beau_lotto_optical_illusions_show_how_we_see.

[17] ***Richard L. Gregory (1997). *Eye and Brain, the Psychology of Seeing*. Princeton University Press.

Las células fotorreceptoras reaccionan a la luz con impulsos electroquímicos, que se propagan por fibras nerviosas hasta las partes especializadas para la visión de la corteza cerebral ubicadas en la parte posterior del cerebro, y conducen a nuestra percepción de la imagen. La señal nerviosa se distingue por la cantidad de pulsos por segundo, que correlacionan con la intensidad del estímulo. Una luz intensa produce más pulsos por segundo que una luz débil. Sin embargo, la amplitud de los pulsos transmitidos por el nervio no cambia.

De lo anterior queda claro que la visión no funciona como si se tratara de una cámara fotográfica. No es como quizá muchos piensan, que se forma una imagen en la retina y luego esa imagen se presenta *como imagen* al cerebro, en analogía con lo que ocurre en el proceso de la transmisión de una imagen televisiva, la cual es fielmente reproducida en el televisor. No hay tal imagen en el cerebro.

El percepto, aunque causado por la información recibida, puede ser muy distinto a la realidad, y puede no tener relación alguna con la información recibida, como en el caso de los sueños o las alucinaciones, por más reales que parezcan. Para la mayoría, los sueños son menos convincentes que la realidad, pero para algunos que padecen de ciertos problemas mentales (como la esquizofrenia) es cierto lo opuesto. En general, no se puede ir de la *experiencia* de un unicornio azul a la *existencia* de un unicornio azul.

Resumo con un poema de Ramón de Campoamor y Campoosorio (1817-1901): «En este mundo traidor / nada es verdad ni mentira / todo es según el color / del cristal con que se mira».

Mire las dos mesas de la figura. ¿Cuál diría usted que es más estrecha? Opinará que es la mesa de la izquierda, y se equivocará como todo el mundo. Se trata de la ilusión de Shepard[18], y lo puede constatar si calca en un papel la superficie de una de las mesas y luego la coloca sobre la otra mesa. (Pruébelo, se asombrará.) Aunque usted, luego de realizar el experimento, sabe que los topes son idénticos, el modulo mental que se ocupa de ver estas figuras no tiene acceso a esta información y usted los seguirá viendo distintos.

Ocurre algo similar con otros procesos cognitivos. Si usted tiene una fobia, por ejemplo, algo tan común como el miedo a las arañas

[18] Roger N. Shepard (1990). *Mind Sights: Original Visual Illusions, Ambiguities, and Other Anomalies.* W. H. Freeman.

(aracnofobia), de nada le sirve saber que una araña en particular es inofensiva, ya que su miedo seguirá.

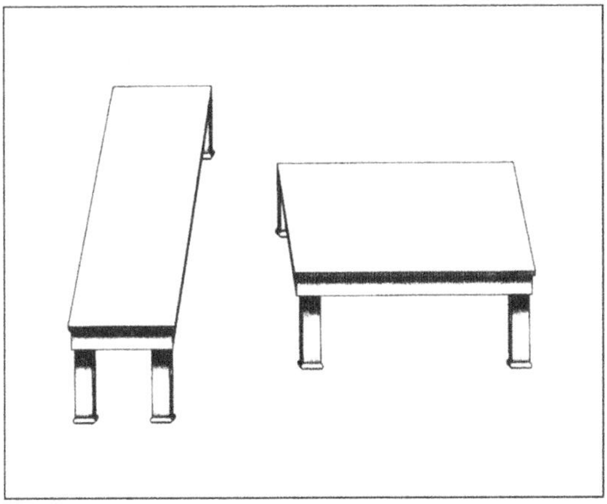

Figura 10. Las mesas de Shepard.

Si mira a la Luna cerca del horizonte, y más tarde la ve alta en el cielo se da cuenta de que su tamaño ha cambiado. Se ve mucho más grande cuando está cerca del horizonte y muchos piensan (si acaso) que se trata de un fenómeno atmosférico.

Pero es una ilusión, como se puede fácilmente comprobar si mide el tamaño angular de la Luna con un instrumento en su trayectoria por el cielo. Posiblemente tiene que ver con que vemos objetos junto a la Luna cuando está cerca del horizonte (vemos edificios, accidentes geográficos y árboles), mientras que arriba en el cielo no hay objetos para comparar. Esta ilusión óptica se llama ilusión de Ebbinghaus (debe su nombre al psicólogo alemán Ebbinghaus, 1850-1909), y se ilustra en la figura 11. Si se fija, verá que el círculo central que representa la Luna se percibe de mayor tamaño cuando está rodeado de círculos más pequeños (objetos de referencia en nuestra línea visual), pero puede verificar fácilmente que ambos círculos centrales miden lo mismo.

Nuestras percepciones están influidas por nuestro conocimiento previo, por factores inherentes de nuestros procesos cognitivos y por nuestras expectativas, y por eso se busca conocer y evitar estos errores innatos.

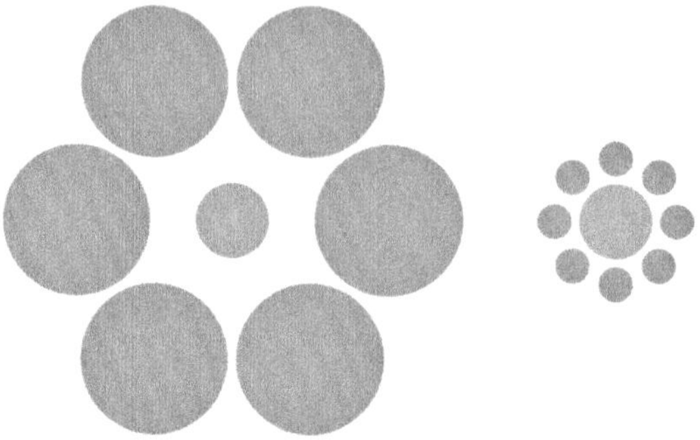

Figura 11. La ilusión de Ebbinghaus.

Nuestros sentidos son sensitivos al cambio. Un estímulo constante deja de ser percibido. Usted no nota su reloj o sus zapatos después que se los pone (ahora que se lo dije sí que los nota), ni el sabor de su boca. Pero también somos insensibles al cambio, si el cambio es leve y continuo. Percibimos lo que esperamos percibir y no percibimos lo que no esperamos percibir, algo de gran importancia al considerar las declaraciones de testigos «oculares» de algún hecho[19].

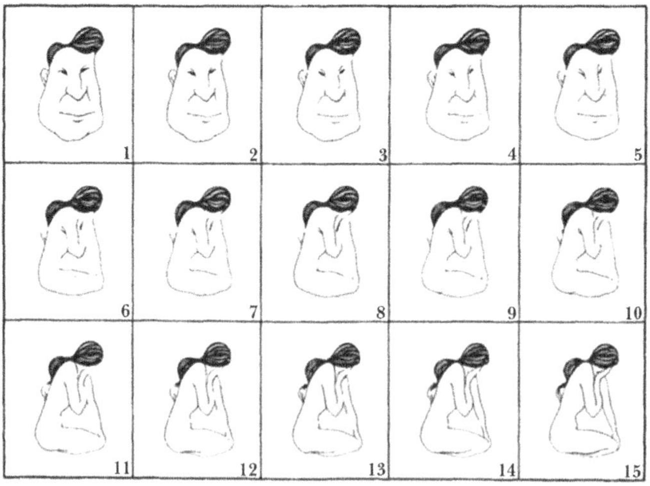

Figura 12. Demostración de la persistencia perceptiva.

[19] Elizabeth F. Loftus (1979). *Eyewitness Testimony*. Harvard University Press.

En la figura[20], si usted comienza por la imagen superior izquierda, las siguientes imágenes hasta la octava central le parecerán caras. Por otro lado, si comienza por la imagen inferior derecha y considera las imágenes previas seguirá viendo mujeres hasta la octava. La primera percepción determina lo que percibe en la octava, en lo que se conoce como *persistencia perceptual.*

Figura 13. El «conepato».

En la imagen del «conepato», ¿qué ve? Piense «pato», ¿lo ve? Ahora piense «conejo», ¿lo ve? (en sentido contrario). Pero hay algo que no puede hacer, ver al conejo y al pato simultáneamente.

Existen a nivel mental ilusiones similares a las ilusiones ópticas, especialmente cuando tratamos de establecer probabilidades en situaciones inciertas –ilusiones cognitivas– caracterizadas como *sesgos cognitivos*, que veremos más adelante. En ocasiones nuestra intuición probabilística errónea nos lleva fácilmente a la superstición: un joven trabaja en el tercer piso de un edificio de veinte pisos. Su novia trabaja en el piso 19 y siempre que puede sube a visitarla. Dice que tiene un «karma», ya que casi siempre que espera el ascensor, el primero que llega baja en vez de subir.[21] Ya que estamos en el tema, sabrá que muchos hoteles y edificios no tienen un piso «13» por la

[20] G. H. Fisher (1967). *Preparation of ambiguous stimuli materials.* Perception & Psychophysics, 2, 421.

[21] Se dará cuenta de que el efecto resulta de la simple consideración de que hay muchos más pisos por encima del tercer piso que por debajo, por lo cual en promedio los ascensores tienden a estar por encima del tercer piso, con el resultado de que llegarán con preferencia al tercero bajando.

idea de que este número trae mala suerte. Lo interesante del caso es que lo que no tienen es un piso *marcado con el* 13, lo cual no quiere decir que no haya un piso decimotercero (que se denota con 14). Debemos suponer que los demonios son idiotas.

Lo que percibimos es una *construcción* de la mente, siempre incompleta y que en ocasiones puede ser equivocada. Podríamos decir que el popular «ver para creer» es más bien «creer para ver», y por eso cuando vemos algo lo «vemos *cómo*». Marshall McLuhan (1911-1980) dijo: «No lo habría visto si no lo hubiese creído». Sería también más adecuado, en vez de decir: «Lo vi con mis propios ojos», decir: «Lo vi con mi propio cerebro», como ya lo entiende el proverbio chino que dice: «Dos tercios de lo que vemos se encuentra detrás de los ojos».

Figura 14. El triángulo de Kanizsa.

En la figura, ideada por el psicólogo Gaetano Kanizsa (1913-1993)[22], usted ve un triángulo blanco con su interior más luminoso. Un instrumento sensitivo a la luz (un fotómetro) no lo detectará, y si usted tapa los tres discos negros (comecocos) con los dedos o con un circulito de papel recortado, el triángulo desaparece. (Pruébelo.) Del mismo modo que usted ve un triángulo, otros vieron canales y caras en Marte que tampoco estaban allí. «Ver para creer» no parece ser una regla infalible.

Las ilusiones perceptuales no ocurren solamente en estos casos preparados para demostrarlas, ocurren todo el tiempo sin que nos demos cuenta, y nos confunden. Piense en la siguiente situación que

[22] G. Kanizsa (1955). «Margini quasi-percettivi in campi con stimolazione omogenea». *Rivista di Psicologia*, 49 (1): 7-30.

posiblemente le haya ocurrido: sentado en su automóvil se asusta al ver que de golpe se mueve, para luego darse cuenta de que era el automóvil de al lado el que se movía en dirección contraria.

Se trata de un caso normal de una confusión entre uno y el mundo. Nuestra mente cuenta con un proceso de retroalimentación para distinguir entre aquello que uno hace y aquello que ocurre fuera de uno. Al girar la cabeza, entiendo que soy yo el que me muevo y no es el mundo que gira repentinamente en sentido contrario. Un sentido subconsciente nos permite saber la postura y el movimiento de todas las partes del cuerpo, un sexto sentido interno que se conoce como *propiocepción,* que se suma a los cinco sentidos de la *exterocepción.* Este sentido permite que camine sin observar los pies y que sepa dónde exactamente tiene la mano. Cuando este sentido falla, las consecuencias son graves, con casos de personas que habitan un cuerpo «muerto» o una mente desencarnada. Oliver Sacks (1933-2015)[23] describe el caso de un paciente que, cuando se le pidió que moviera las piernas, respondió: «Cómo no, doctor, tan pronto como las encuentre».

La confusión causada por la pérdida de propiocepción, y más generalmente una confusión entre lo interno y lo externo, tiene consecuencias interesantes. Puede llevar a no saber que el que habla es uno mismo, interpretando lo que oye como dicho por otra persona (invisible) y hasta puede lanzar un objeto, verlo volar, y no saber por qué vuela, o escribir algo pensando que otra mente dirige la mano (escritura automática). Estos trastornos neurológicos pueden explicar algunas de las cosas paranormales que se relatan[24]. Estímulos eléctricos de partes del cerebro que median en la propiocepción provocan que un sujeto sienta que otra persona que no percibe está cerca, posiblemente relacionado con condiciones de paranoia, persecución y control alienígeno[25].

Las ilusiones ópticas son las herramientas del artista –la perspectiva– y las que utilizan los magos (ilusionistas). Cuando los estímulos

[23] ***Oliver Sacks (1985). *The Man who mistook his Wife for a Hat.* Summit Books. *El hombre que confundió a su mujer con un sombrero.* Anagrama.

[24] ***James Houran, Rense Lange (2007). *Hauntings and Poltergeists: Multidisciplinary Perspectives.* McFarland.

[25] Shahar Arzy, Margitta Seeck, Stephanie Ortigue, Laurent Spinelli and Olaf Blanke, «Induction of an illusory shadow person». *Nature,* 21 septiembre (2006), 443, 287.

son inciertos, es más fácil confundirnos (y ver platillos voladores o fantasmas), incluso pilotos de avión que son entrenados para no confundirse. La ilusión fundamental la encontramos en el acto de ver. A pesar de que la retina recibe una imagen en dos dimensiones, usted percibe un mundo tridimensional. Esto puede causar ilusiones, especialmente cuando no tenemos las referencias acostumbradas para reconstruir la tercera dimensión (como en la noche). Le recomiendo ver la serie *Brain Games* para conocer muchas cosas relacionadas con nuestras percepciones.

Memoria

Máxima: *Nuestras memorias son falibles y maleables.*

Abogado. *¿Qué fue lo primero que le dijo su esposo cuando despertó esa mañana?*
Testigo. *Dijo: «¿Dónde estoy, Cathy?».*
Abogado. *¿Y por qué le molestó eso?*
Testigo. *Mi nombre es Susan.*

Del registro de un juicio

A continuación, escoja una de las siguientes opciones:

- Todo lo que aprendemos se almacena permanentemente en nuestra mente, aunque a veces detalles particulares no son accesibles. Técnicas especiales (como la hipnosis) permiten recuperar estos detalles inaccesibles.
- Muchos detalles de lo que aprendemos se pueden perder de forma permanente de la memoria. Estos detalles no pueden ser recuperados con técnicas especiales (como la hipnosis) porque estos detalles no existen en la memoria.

Si usted respondió como el 75% de las personas, habrá escogido la primera opción y se habrá equivocado.

Trate ahora mismo de dibujar un billete de un dólar o uno de diez euros, o el billete más común en su país, que seguramente usted ha visto cientos de veces y se dará cuenta de que no tiene todos los detalles. Tendemos a reproducir lo aprendido de una forma incompleta y cargada de inexactitudes y sesgos de todo tipo, ya que solo recordamos retazos de nuestras experiencias que luego utilizamos para reconstruirlas. Muchos estudios han demostrado el carácter *reconstructivo* de la memoria y la distorsión inducida (por factores externos al evento recordado.) Cierre los ojos y recuerde ahora mismo alguna escena placentera que le haya ocurrido recientemente. (Espero que esto no sea difícil). ¿Está usted en la escena? Es probable, pero si es así entonces usted tiene que haber *reconstruido* la escena, ya que originariamente usted no se veía a sí mismo.

El 4 de octubre de 1992 un avión de carga Boeing 747 de El Al se estrelló en Ámsterdam contra un edificio de apartamentos poco después de despegar, y perecieron sus cuatro tripulantes y treinta y nueve residentes del edificio. La tragedia fue motivo de amplia cobertura mediática y tema de conversación entre la población. Diez meses más tarde un grupo de psicólogos administraron un cuestionario a personas de la comunidad con la siguiente pregunta: ¿vio el vídeo televisivo del momento en el cual el avión chocó con el edificio de apartamentos? 55% de los encuestados respondieron que sí y dieron además detalles sobre el accidente[26] (si el avión estaba en llamas antes del choque, con qué ángulo chocó, el estado del avión luego del impacto). Lo interesante del caso es que no existe tal vídeo. Las respuestas de los sujetos fueron producto de informes de prensa y especulaciones de lo que podría haber ocurrido en el accidente. Los sujetos atribuyeron esta información a un vídeo que nunca vieron.

Los notorios casos de memorias inducidas en casos de abuso sexual, que han llevado a más de un inocente a la cárcel[27], demuestran que los problemas de la memoria no son de mero interés académico. Ciertamente, la memoria no es un proceso análogo a la memoria de un ordenador, en la cual al buscar una imagen o un archivo obtenemos el original inalterado (casi siempre). Aunque no se conocen los detalles físicos de lo que es la memoria, se sabe que la memoria es un proceso

[26] H. F. M. Crombag, W. A. Wagenaar and P. J. van Koppen (1996). «Crashing memories and the problem of source monitoring». *Applied Cognitive Psychology*, 10; 95-104.

[27] Elizabeth Loftus and Katherine Ketcham (1994). *The Myth of Repressed Memory: False Memories and Allegations of Sexual Abuse.* St. Martin's Press.

de reconstrucción de lo que se quiere recordar, basado en una serie de datos guardados en la configuración neuronal del cerebro.

Ya que estamos considerando la analogía del cerebro con un ordenador, es oportuno señalar que no parece ser una buena analogía. Como ha señalado John Searle[28], un programa, por más complejo que sea, por más que pueda simular un proceso mental (una simulación no *es* el proceso), siempre será una estructura formal sintáctica (que considera la forma como se combinan los símbolos que componen una instrucción de un programa o palabras –gramática– en un lenguaje) y no puede tener contenido semántico (que se refiere al significado de los signos lingüísticos y de sus combinaciones). Según Searle, un ordenador nunca podrá ser una mente; otros difieren.

Los experimentos pioneros de Elisabeth Loftus han sido importantes para entender ciertas particularidades de la memoria y los serios problemas con los testimonios. Lo que recordamos se puede dividir en tres etapas, cada una correspondiente a un filtro selectivo de la experiencia[29]:

1 **Adquisición**: durante esta etapa una persona determina (subconscientemente) aquello que considera importante y lo selecciona de entre toda la información disponible. Varios factores influyen sobre lo que se percibe, comenzando por el tiempo disponible, la carga emocional de lo percibido, el estado anímico del que percibe, las expectativas, prejuicios y conocimiento previos acerca del evento. Algunos experimentos han demostrado que cuando un sujeto escucha o lee una historia, almacena en la memoria solamente aquello que es necesario para extraer el significado, de modo que se retiene en la memoria solo la esencia de la historia y se olvida la forma original y las palabras exactas. Luego, al recordar, se reconstruye la historia y se agrega información de acuerdo con prejuicios y creencias e información nueva que distorsiona la historia original. Importante hecho al considerar el contenido de los Evangelios.

---

[28] *****John Searle (2004). *Mind, A Brief Introduction*. Oxford.

[29] Elizabeth F. Loftus (1979). *Eyewitness Testimony*. Harvard University Press.

2 **Retención**: es el período de tiempo que pasa entre el evento y el recuerdo de este. La longitud de este período afecta a lo que recordamos (a medida que pasa el tiempo recordamos menos). Eventos que ocurren durante este período (por ejemplo, leemos un informe periodístico sobre algo que hemos presenciado) afectan a lo que recordamos. Sin embargo, información falsa, especialmente si es provista luego de un tiempo, puede inducir a personas a creer que vieron detalles que les fueron sugeridos. *Esta memoria falsa se expresa con total certeza.* Esto causa un serio problema con los testimonios.

3 **Recuperación**: acto mediante el cual la persona recuerda los hechos. El trabajo de Loftus y otros ha demostrado cómo se puede ver afectado el recuerdo con información obtenida después de los hechos, y que el recuerdo de estos se puede ver afectado incluso por una sola palabra en una pregunta sobre los hechos. En un experimento[30] se presentó a un grupo de sujetos una breve película de un accidente automovilístico. Luego, como parte de un cuestionario, a un subgrupo se le solicitó que estimara la velocidad de los automóviles cuando *chocaron*; y, a otro, que estimara la velocidad de los automóviles cuando se *estrellaron*. El segundo subgrupo dio una velocidad estimada mucho más alta que la que facilitó el primer subgrupo.

Nuestros recuerdos no representan hechos objetivos, sino que son realidades interpretativas, subjetivas y reconstruidas, por más que estemos «seguros» de lo que recordamos. Por esta razón, bien documentada, los testimonios se deben considerar como información secundaria de baja fidelidad entendiendo que pueden ser erróneos por más que la persona jure sobre una Biblia que dirá «la verdad, toda la verdad y nada más que la verdad». Tener esto en mente le hará menos seguro de aquello que «recuerda claramente» y evitará muchas discusiones referentes a lo que recordamos de algún evento. En la mayoría de los casos, la falibilidad de nuestra memoria no tiene consecuencias importantes (más que perder una hora buscando las llaves, o pasando vergüenza por no recordar el nombre que va junto

[30] E.F. Loftus (1975). «Leading questions and the eyewitness report». *Cognitive Psychology*, 7: 560-572.

a una cara), pero en ocasiones las consecuencias pueden ser importantes y hasta trágicas. (Piense en la persona que se olvidó que lleva el bebé en la parte trasera del automóvil.)

Elisabeth Loftus[31] concluye: «En el mundo real, la desinformación se presenta de muchas formas. Cuando los testigos de un suceso hablan entre sí, cuando se les interroga con preguntas capciosas o técnicas insinuantes, cuando ven la cobertura de un evento en los medios, la desinformación puede entrar en el consciente y contaminar la memoria». Cuando recuperamos y reconstruimos memorias, pueden incorporarse distorsiones sin una influencia externa explícita, y estas pueden convertirse en desinformación. Esto podría ser el resultado de procesos basados en una inferencia automática (veremos esto más adelante)[32]. Loftus dice: «Porque una persona le cuente algo y lo diga con confianza, porque lo diga con muchos detalles, porque lo exprese con emociones, no quiere decir que ocurrió realmente».

La memoria inducida es también un factor importante en los eventos «paranormales» que algunas personas recuerdan y en las historias de secuestros por alienígenas. A pesar de lo insólito de los casos, aquellos que dicen haber sido secuestrados por alienígenas realmente lo creen y sufren cuando «recuerdan» el traumático evento. Como lo ha analizado Susan Clancy[33], se trata de memorias falsas de eventos imaginados.

En muchos casos parece que se trata de personas que han sufrido un episodio de *parálisis del sueño*, una incapacidad transitoria para realizar cualquier tipo de movimiento voluntario que tiene lugar durante el período de transición entre el estado de sueño y el de vigilia. Para evitar accidentes cuando soñamos, la mente dormida inhibe impulsos motores, ya que no sería beneficioso salir corriendo cuando soñamos que alguien nos persigue. (Han ocurrido lesiones en casos de personas que tienen este mecanismo dañado.) Cuando esa desconexión se realiza con cierto desfase ocurre la parálisis. Se conocen como estados de *hipnagogia* (al dormirse) e *hipnopompia* (al desper-

---

[31] Elizabeth Loftus (2005). «Planting misinformation in the human mind: A 30-year investigation of the malleability of memory». *Learning and Memory*, 12: 361-366. Cold Spring Harbor Laboratory Press.

[32] TED Elisabeth Loftus. http://www.ted.com/talks/elizabeth_loftus_the_fiction_of_memory

[33] Susan A. Clancy (2005). *Abducted: How people come to believe they were kidnapped by aliens*. Harvard University Press.

tar). Durante el episodio, que puede durar unos pocos minutos, la persona, plenamente consciente, es incapaz de moverse o hablar, se siente aprisionada, angustiada, en peligro, y puede experimentar fuertes alucinaciones visuales, táctiles y sonoras. Muchas veces se perciben caras fantásticas y «visiones de otros mundos». También se acompaña con la sensación de que un intruso está presente, «la vieja bruja» o en inglés *old hag*[34]. En la Edad Media se creía en la existencia de íncubos y súcubos que en la noche tenían relaciones sexuales con la persona dormida, causaban un peso sobre el cuerpo y, por lo tanto, «pesadillas». Algunos (que no conocen lo que es) la única explicación que encuentran para esta experiencia muy fuerte es la visita de un demonio, o más modernamente un secuestro por alienígenas. Las fuertes emociones que sienten los sujetos al «recordar» validan la realidad de lo recordado. (No piensan en las fuertes emociones que han sentido al ver alguna película o al leer una novela.)

Muchas cosas que forman parte de nuestras creencias, ya sean asuntos relacionados con lo paranormal o con una religión, pueden tener su origen en alucinaciones (visiones), ya sea por estados alterados de conciencia pasajeros, o por ciertas condiciones que afectan el cerebro (en particular, epilepsia)[35]. Un estudio de las visiones religiosas de Hildegard von Bingen (1098-1180), quien las dejó muy bien documentadas en sus manuscritos, sugiere que se trata de un caso de alucinaciones causadas por migraña crónica[36]. Lo mismo podemos pensar del autor del libro del Apocalipsis, o, que *algo* se había fumado.

Oliver Sacks[37], en su fascinante libro sobre alucinaciones, dice lo siguiente: «Cuando se deja de creer en las figuras tradicionales –demonios, brujas–, nuevas figuras –alienígenas, visitas de una «vida previa»– toman su lugar. Más allá de cualquier otra experiencia en estado de vigilia, las alucinaciones pueden espantar, provocar, inspirar y desconcertar, dando paso al folclore y a los mitos (sublimes, horribles, creativos, y traviesos) de los cuales no pueden prescindir enteramente ni los individuos ni las culturas».

---

[34] David J. Hufford (1982). *The Terror that Comes in the Night*. University of Pennsylvania Press.

[35] *****Diego Golombek (2014). *Las neuronas de Dios*. Siglo XXI.

[36] ***Oliver Sacks (1985). *The Man who mistook his Wife for a Hat*. Summit Books.

[37] *****Oliver Sacks (2012). *Hallucinations*. Knopf. *Alucinaciones*. Anagrama.

Amnesia de fuente y de verdad

Una amnesia significa algún tipo de pérdida de memoria, muchas veces producto de un trauma o una patología, algunas veces permanente y otras veces transitoria. Perder la memoria puede considerarse como una muerte prematura aun cuando el cuerpo siga vivo. Hay dos casos ubicuos no patológicos que no podemos evitar. Piense en algo que usted cree saber: que Madrid es la capital de España, que Galileo tiró dos bolas desde la Torre de Pisa, o que utilizamos el 10% del cerebro. Lo sabe, pero no sabe de dónde lo obtuvo. Pero en muchos casos la fuente del conocimiento es importante para evaluar su veracidad, por lo cual esta *amnesia de la fuente* es pertinente. En las profesiones puede ser más importante saber dónde buscar cierta información que la información misma. Cada vez más recurrimos a Internet, por ejemplo a Wikipedia, para buscar alguna información, pero Wikipedia no es la fuente original de la información, y es esa la que se necesita para una evaluación rigurosa. También damos credibilidad a alguna noticia por haberla visto en varios sitios, publicada en la prensa, vista en la televisión y relatada por un amigo, sin darnos cuenta de que todas son la misma noticia, copia de una original, y lo que aparenta ser corroboración es mera repetición. Se trata de «periodismo de fotocopia». Peor aún, muchas cosas se repiten sin tan siquiera saber si son ciertas o falsas.

Decimos algo como «había algo, si mal no recuerdo, que vinculaba las vacunas con el autismo», pero no recordamos si esa proposición es cierta o falsa, en lo que es *amnesia de verdad*. Se ha repetido muchas veces la historia de Galileo y la Torre de Pisa, pero no existe evidencia alguna de su veracidad[38]. Tenga en cuenta que «solamente utilizamos el 10% del cerebro». ¿Lo recuerda? Casi seguramente no se acuerda de dónde lo sabe, pero peor es que no sepa que esa proposición es falsa[39]. Alguien dijo que los que creen que solamente utilizamos el 10% del cerebro solamente usan el 10% del cerebro. (Algunos utilizan este mito para explicar poderes paranormales que surgen cuando se logra utilizar el restante 90%).

---

[38] Alberto A. Martínez (2011). *Science Secrets.* University of Pittsburgh.

[39] Sandra Aamodt and Sam Wang (2008). *Welcome to Your Brain. Why you Lose Your Car Keyes but Never Forget How to Drive and Other Puzzles of Everyday Life.* Bloomsbury.

Sinestesia

La modularidad funcional del cerebro permite entender un fenómeno intrigante. La *sinestesia*[40] (con la misma raíz que anestesia: 'sin sensación'; sinestesia: 'unión de sensación') es una condición poco común que tienen algunas personas, que consiste en experimentar involuntariamente sensaciones de una modalidad sensorial a partir de estímulos de otra modalidad distinta. Una persona sinestésica, por ejemplo, ve un color cuando oye un tono musical, oye un tono cuando ve un color, ve un número de un cierto color, y percibe sensaciones gustativas con una textura determinada[41]. Las personas con sinestesia perciben el mundo de una forma diferente a la mayoría. La condición ya era conocida por Francis Galton[42] (1822-1911), primo de Charles Darwin, quien también observó que la condición era hereditaria. Galton lo describe así: «Una reciente visita personal a la casa de campo de Sibelius, cerca de Helsinki, reveló que el famoso compositor oía en su mente el sonido de fa mayor cuando miraba su chimenea verde, re mayor cuando miraba una figura adyacente mayormente amarilla y la mayor cuando veía un objeto azul».

Ekman[43], en su biografía de Jean Sibelius, cuenta lo siguiente: «Para él existía una extraña y misteriosa conexión entre los sonidos y los colores, entre las más secretas percepciones del ojo y las del oído. Todo lo que veía producía una impresión correspondiente en su oído; cada impresión de sonido era transferida y fijada como un color en la retina de su ojo y de allí a su memoria. Esto le parecía natural, con tanta razón como la de aquellos que no poseían esta facultad y lo catalogaban de loco o afectadamente original. Por esta razón solo hablaba de esto bajo la más estricta confidencialidad y promesa de silencio "porque si no se mofarían de mí"».

Durante mucho tiempo, se consideró como una curiosidad y también como un posible fraude, por lo que el fenómeno se descartó por su subjetividad. Se pensaba que no se trataba de una experiencia sen-

[40] V. S. Ramachandran, and E. M. Hubbard (2001). «Synaesthesia: A window into perception, thought and language», *Journal of Consciousness Studies*, 8 (12): 3-34.

[41] ***Richard Cytowic (2003). *The Man Who Tasted Shapes*. MIT Press.

[42] Galton, F. (1880), *Statistics of mental imagery*. Mind, 5:301-318.

[43] Karl Ekman (1938). *Jean Sibelius. His Life and Personality*. Knopf, New York, págs. 41-42.

sorial genuina, sino de casos de memoria y asociaciones generadas en la infancia (quizá los números en un cubo de jugar tenían ciertos colores). Quizá se trataba del uso de metáforas, como cuando alguien dice «me las vi negras» ante algún evento traumático o cuando se habla de un «sabor áspero» o de un «recuerdo amargo». Pero una cosa es pensar en el color verde al ver el número 5 y otra cosa es «ver» como verde un número 5 incoloro.

Uno de los tipos más comunes de sinestesia es ver letras y números (grafemas) con cierta coloración (el color no es el mismo para todas las personas). De modo que antes de continuar mire si algún número tiene un color. De ser así, ¡usted es sinestésico!

1 2 3 4 5 6 7 8 9 0

El siguiente experimento[44] de segregación visual demuestra la realidad de la sinestesia grafema-color. Al cuadro con números 5 se le incorpora un triángulo formado por números 2. A una persona sin sinestesia le resulta difícil distinguir el triángulo sin un estudio minucioso de la figura de la izquierda.

Si a los sujetos se les muestra la figura brevemente, aquellos que tienen sinestesia ven el triángulo en un 90% de los casos, resultado igual al que se obtiene cuando se le presenta de la misma forma la figura con colores (reproducida en tonos de gris) de la derecha a personas sin sinestesia. Esto demuestra que las personas con sinestesia realmente distinguen el número 2 del 5 por sus colores.

El área del cerebro que procesa el color es cercana al área que procesa los números o las letras, y generalmente están aisladas una de la otra. En personas con sinestesia grafema-color las áreas interactúan creando una activación mutua que provoca la sensación de color al ver números o letras.

Entre las varias formas de sinestesia que se han documentado, llama la atención la sinestesia mediada por las emociones. Jamie Ward[45] documenta el caso de una mujer (G. W.) que ve colores (púrpura y azul) al ver personas que conoce o cuando se le mencionan sus

[44] V.S. Ramachandran and E.M. Hubbard (2001). *Psychophysical investigations into the neural basis of Synaesthesia, Proceedings of the Royal Society of London*, B. 268, págs. 979-983.

[45] Jamie Ward. *Emotionally mediated synaesthesia.* Cognitive Neuropsychology, Vol 21, Oct 2004: 761-772.

Figura 15. Experimento para detectar sinestesia.

nombres, en lo que se ha definido como sinestesia de emoción-color. Ward lo escribe así: «La habilidad de algunas personas de ver auras de color en otras personas tiene un sitio importante en el folclore y en el misticismo a través de la historia. Aunque muchas personas que dicen tener esta habilidad podrían ser meros charlatanes, es también concebible que otras nazcan con el don de la sinestesia. G. W. no cree que posea poderes místicos y no tiene interés en el ocultismo, pero no es difícil de imaginar cómo en una cultura o época distinta, una interpretación mística podría haber surgido».

El conocido «psíquico» estadounidense Edgar Cayce (1877-1945) escribió[46]: «Desde que tengo memoria he visto colores conectados con personas. No recuerdo un tiempo en el cual las personas con las que me encontraba no se registraran en mi retina con colores, azules, verdes y rojos, que emanaban de sus cabezas y hombros. Pasó mucho tiempo antes de que me diera cuenta de que otras personas no veían estos colores, pasó mucho tiempo antes de que yo escuchara la palabra *aura*, y aprendiera a emplearla para este fenómeno que era común para mí».

[46] Edgar Cayce (1945; no, no lo escribió después de su muerte). *Auras: An Essay on the Meaning of Colors*. Panfleto de ARE Press.

6
Palabras

Máxima: *No se puede argumentar sobre lo indefinido.*
Máxima: *Que tengamos una palabra para algo, no quiere decir que exista.*

Cuando hables, procura que tus palabras sean mejores que el silencio.

Proverbio de la India

Se le preguntó si creía en Dios y respondió que sí. Se le pregunto qué significaba creer en Dios y respondió que significaba comer bien, beber bien y levantarse a las diez de la mañana.

Un obrero textil de Cataluña en 1632[1]

¿Hay dragones?, preguntó. Dije que no había. ¿Hubo en algún momento? Dije que toda evidencia indicaba lo contrario. Pero si hay una palabra para dragón, dijo, entonces alguna vez debe de haber habido dragones[2].

PENELOPE LIVELY, *Moon Tiger*

Imagínese que nosotros no pudiéramos comunicar, no fuéramos capaces de hablar o de escribir. En ese caso, cada uno aprendería de nuevo por su cuenta todo lo que se puede aprender durante una vida y sería imposible una evolución cultural. Una transición de gran importancia para convertirnos en *Homo sapiens* fue el lenguaje, la facultad de comunicar, incluyendo aquello que es ficción, aquello que imaginamos, algo que ningún otro animal puede hacer[3]. Es

[1] Archivo Histórico Nacional, Madrid, sección «Inquisición», lib. 733, f 352.

[2] Penelope Lively (1997). *Moon Tiger.* Grove Press, pág. 11.

[3] TED Yuval Noah Harari (2015). http://www.ted.com/talks/yuval_noah_harari_what_explains_the_rise_of_humans. Yuval Noah Harari (2015). *Sapiens. Una breve historia de la humanidad. Debate Sapiens. A Brief History of Humankind.* Harper.

esta facultad la que permitió una herencia cultural, la acumulación de conocimiento y de creencias comunicadas inicialmente por medio oral y más adelante por la escritura, precondición para el progreso histórico de las sociedades. El arte rupestre (del latín *rupes,* 'roca') en cuevas, que tiene unos 40.000 años de antigüedad, marca el comienzo documentado del pensar simbólico, con representaciones de animales y posiblemente algunos símbolos que podrían ser los rudimentos de una escritura[4]. Luego escribimos sobre tabletas de arcilla, pieles de animales y papiro.

Cuando Johannes Gutenberg (1400-1468) inventó la imprenta alrededor del año 1440, se inició un proceso que afectó al transcurso de la historia de una forma revolucionaria. Lo que era hasta entonces el reducto de unos pocos y un archivo histórico frágil (de una gran cantidad de obras antiguas solo conocemos algún fragmento, ya que los manuscritos originales se han perdido para siempre) pasó a ser accesible para todos, con la importante salvedad de que era necesario saber leer. (En la actualidad se estima que un 15% de la población mundial es analfabeta, la mayoría en África, pero ha mejorado significativamente del 30% que era en 1980.) Antes de Gutenberg los libros se copiaban, y cada copia era una oportunidad para agregar y modificar su contenido con las ideas y las intenciones de quien copiaba. Una vez impreso, un libro se «congelaba», es decir, cada copia era idéntica, un efecto colateral del invento.

La comunicación simbólica es una característica esencial de *Homo sapiens,* y es la base de nuestro desarrollo y vida social. Nos permitió salir de la prisión de las experiencias y reacciones inmediatas en la cual se encuentra el resto de los seres vivos del planeta y representar cómo es el mundo. Pero como «daño colateral» también nos permitió inventar dioses y dinero.

El hombre león (*Löwenmensch*) fue hallado en la cueva de Hohlenstein-Stadel, en Alemania, en 1939. Se trata de una escultura en marfil de mamut de 30 cm de altura, con un cuerpo humano y cabeza de león. ¡La edad, calculada mediante la prueba de carbono 14, es de 40.000 años! Se trata de la escultura más antigua de la que tenemos conocimiento. Nos muestra que nuestros antepasados ya poseían la facultad de imaginar seres ficticios.

---

[4] «Messages from the Stone Age». *New Scientist* (2010) Feb 20: 30.

Nos resulta muy difícil pensar sin palabras, pensar con solamente imágenes, o razonar sin formular el pensamiento mediante palabras. Un alto porcentaje de nuestra vida mental es verbal (en vez de visual o emocional) –palabras que no hablamos, pero pensamos–, un monólogo interior constante. Con las palabras definimos conceptos abstractos y categorizamos y nombramos los objetos del mundo. Por su medio establecemos asociaciones y razonamientos que son la esencia del pensar.

Las reglas y principios que establecen el uso de las oraciones dentro del lenguaje son dadas por la *gramática,* mientras que la *sintaxis* estudia las formas en que se combinan las palabras para obtener significados distintos gramaticalmente correctos, como al decir: «Beneficia el estudio a la memoria» o «beneficia al estudio la memoria». En ocasiones un pequeño cambio en puntuación causa un importante cambio de significado: «perdón imposible, que cumpla la condena» y «perdón, imposible que cumpla la condena». También hay frases que son ambiguas, es decir, que no es posible determinar qué significan exactamente, como el siguiente anuncio: «Vendo perro grande, come de todo, le gustan los niños».

Una *proposición* es el *significado* de una oración declarativa (o enunciativa), es decir, una que afirma o niega algo categóricamente. Observe que dos oraciones distintas pueden ser la misma proposición al tener el mismo significado. Así las dos oraciones: «River le ganó a Boca» y «Boca perdió ante River» son oraciones distintas, pero representan la misma proposición.

Cuando comunicamos nuestros pensamientos de forma oral o escrita es de gran importancia considerar el uso que damos a las palabras y en particular definirlas sin ambigüedad, ya que de lo contrario es imposible formular un pensamiento claro y preciso.

Muchas controversias desembocan en alguien que dice: «Bueno, eso depende de lo que quieras decir con...». Ambos lados esbozarán argumentos a favor o en contra de alguna cuestión, pero se pasan de lado sin encontrarse, como barcos en la noche. He presenciado muchas discusiones respecto a la existencia de Dios, sin que ninguna de las partes tratara de definir el término (nada fácil, por cierto), generando mucho calor y poca luz. Algunos dicen algo como: «Dios es amor», con lo cual todo argumento previo sobre su existencia cambia, ya que hasta los ateos se enamoran.

Tengamos claro que primero vino el *Homo sapiens* y luego la palabra. Que poseamos una palabra para algo, no quiere decir que exista como algo concreto, y muchas palabras se refieren a poderosas ficciones que hemos inventado y que definen y dominan la cultura.

Cuando el uso cotidiano de una palabra le confiere a lo que supuestamente se refiere una realidad que es injustificada, cometemos la falacia de concretización desubicada o de «cosificación». Esta falacia ocurre también como *antropomorfización* cuando se les atribuye cualidades humanas e intenciones a cosas materiales que en realidad no tienen estos atributos. «El universo no permitirá que el ser humano desaparezca» atribuye al universo la capacidad de una intención, y «EE.UU. ha decidido no participar en el acuerdo de Kyoto» atribuye a un país la capacidad de decidir (cuando los que toman decisiones son personas, generalmente pocas).

Como recurso retórico puede funcionar bien: «Luego de dos horas de perogrulladas políticas, todo el mundo comenzó a aburrirse. Los legisladores se aburrían, los huéspedes se aburrían y el orador se aburría. Hasta las sillas estaban aburridas».

Por otro lado, nuestra cognición permite que creamos conceptos que son «mínimamente antiintuitivos» en palabras de Barrett[5], y así nos resulta fácil creer en seres no-humanos –fantasmas, alienígenas, brujas, espíritus y dioses– porque poseen características humanas con un poco más: son inmortales, pueden comunicar sin palabras, no son localizables, y otros atributos que no causan una molestia a menos que se les someta a un análisis crítico.

En la pseudociencia y la pseudomedicina es común utilizar de forma errónea palabras que han sido definidas con mucho cuidado por la ciencia. Se recurre al *tecnobalbuceo* (del inglés: *technobabble*) y se habla fácilmente de «campo electromagnético», «vibraciones», «quinta dimensión», «energía», o «efecto cuántico», sin respetar la definición.

Ya lo había comentado James Clerk Maxwell en 1871 en su lección inaugural en el King's College: «Tal es el respeto acordado a la ciencia, que las opiniones más absurdas pueden imponerse, siempre y cuando se expresen en un lenguaje cuyo sonido recuerde a alguna frase científica bien conocida».

---

[5] ****Justin L. Barrett (2004). *Why Would Anyone Believe in God?* Altamira Press, pág. 122.

Cuanto más se utiliza la palabra y más antigua es la idea, más parece ser real. Así se habla de «fantasmas» y de «precognición». No existe prueba alguna ni mecanismo verosímil para indicar que estas y muchas otras ideas representen algo concreto, pero se utiliza el término como si esto no importara. No hace tanto concedimos realidad a las «brujas» y torturamos y matamos a decenas de miles de mujeres. Nos preguntamos por el «significado» o el «sentido» de nuestras vidas, sin reparar en el significado de la palabra *significado.*

Cuando se parte de una proposición que por su forma gramática es ambigua, se habla de una *anfibología.* Una anfibología puede ser cierta en una interpretación y falsa en otra, por lo cual puede fácilmente llevar a una conclusión errónea: «¿Cómo quieres que vaya de noche a verte si el perro de tu padre sale a atacarme?».

Debemos separar el valor cognitivo del valor emotivo del lenguaje. En muchos casos la intención es persuadir por el contenido emotivo en vez de probar con el contenido cognitivo, recurso ubicuo en la propaganda comercial. En el comercio se utilizan nombres que buscan evocar sentimientos positivos. Viagra sugiere vigor y Lunesta (para el insomnio) evoca a la luna. La industria automotriz utiliza nombres de animales (Impala, Cougar, Tiburón) que evocan la imagen que se desea dar al vehículo. El Mitsubishi Montero (en EE.UU.) evoca un vehículo para internarse en la naturaleza, aunque el mismo modelo se llama Pajero en Europa, lo cual en algunos países latinoamericanos evocaría algo muy distinto.

Se evita (en algunos países se prohíbe) el uso de palabras en los medios cuyo significado emotivo se considera fuerte y ofensivo. Cuando se necesita se suplantan con eufemismos.

Un *eufemismo* (del griego *eu* (εὖ), 'bueno/bien' y *pheme* (φήμί) 'hablar') es una palabra o expresión suave con la que se sustituye otra que se considera violenta, grosera o malsonante. Son términos considerados «tabú»[6], prohibidos por prejuicios sociales relacionados con el sexo, partes de nuestra anatomía, o necesidades corporales. Es la

[6] La palabra *tabú* fue introducida en el mundo occidental por los diarios del capitán James Cook, quien, en sus exploraciones de las islas del Mar del Sur, encontró que los nativos utilizaban el término «tabú» o «tafú» para referirse a cosas que era prohibido tocar, para lugares prohibidos y personas con actividades limitadas.

patética herencia de una moral tergiversada por tradiciones religiosas instituidas por eunucos por el reino de los cielos[7].

En política se utilizan para camuflar la crasa realidad y para desinformar. En ocasiones la alternativa suena similar a la palabra prohibida (distorsión fonética) como cuando decimos «miércoles» en vez de «mierda», o simplemente se sustituye la expresión tabú por otra como «trasero» por «culo». Recuerdo que en mi juventud cuando decía «carajo» mis padres se escandalizaban y me decían que usar «malas palabras» no era propio de gente educada, y me amenazaban con lavarme la boca con jabón Bao.

Si lo piensa un poco, no existen malas palabras, quizá malos pensamientos y las acciones que los acompañan. El carajo no era más que el canasto ubicado en la punta del mástil más alto de una carabela donde el vigía podía ver más lejos, avisar de naves enemigas y gritar «tierra» si la avistaba, como cuando llegó Colón. Estando ahí, el carajo era el lugar más inestable de la nave, era fácil marearse, enfriarse, mojarse y padecer de insolación.

Me imagino que aquellos que subían allí y luego de su guardia bajaban como si nada, eran admirados por los otros que le dirían que «estaba del carajo». Por otro lado, si alguien molestaba mucho, me imagino que le dirían que «se fuera al carajo». Y así hasta nuestros días. Algunos ejemplos más: daño colateral (víctimas inocentes), métodos intensos de interrogatorio (tortura), pasar a mejor vida (morir).

En muchas ocasiones, particularmente en la política y en la propaganda, se utilizan frases que dan la impresión de significar algo que, después de un análisis crítico resulta no ser exactamente cierto. Debemos estar alertas en el uso de expresiones numéricas vagas, el uso de la voz pasiva, y adverbios debilitantes (posiblemente, puede ser, casi, etc.), así como palabras ambiguas o mal definidas, palabras «resbalosas».

Las muy utilizadas «algunos», «la mayoría» y «todos» pueden resultar resbaladizas cuando se utilizan sin la necesaria precisión. Considere el siguiente enunciado: «Algunos científicos piensan que el calentamiento global es consecuencia de cambios naturales». Es cierto,

---

[7] ****Uta Ranke-Heinemann (1988). *Eunuchen für das Himmelreich – Katholische Kirche und Sexualität.* Hoffman und Campe, Hamburg. P 538. *Eunucos por el reino de los cielos: Iglesia católica y sexualidad.* Trotta, Madrid (1994), pág. 305.

algunos piensan así. El problema es que «algunos» es algo como uno en mil (quizá a sueldo de las compañías petroleras), pero en toda profesión siempre hay algunos disidentes o corruptos y en la mayoría de los casos están equivocados. Otro ejemplo es el uso de «sin duda» para esconder el hecho de que posiblemente hay duda. Cada vez que en una proposición vea o escuche estas palabras no se olvide de averiguar datos cuantitativos, para poder evaluar si realmente significan algo.

La voz pasiva brinda otra oportunidad de ser ambiguo. Se recurre al: «se dice», «es sabido que» o «estudios demuestran» sin especificar quién dice o cómo es que se sabe, o cuáles estudios demuestran. Se admite que «se cometieron algunos errores» sin decir quién los cometió. Los adverbios debilitantes aparecen frecuentemente cuando se dice que «a menudo causa una condición» o «probablemente sea beneficioso», sin dar datos numéricos que definan «a menudo» o «probablemente». «Reduce» o «aumenta» no dicen mucho si no se especifica por cuánto.

Una *tautología* es una proposición que es cierta por definición, aunque se presenta como un argumento como cuando se dice: «La ley es la ley». Un uso común de tautología consiste en justificar algo con las reglas. Ante el cuestionamiento de una regla, se responde con la regla, lo cual no explica ni justifica nada. Si a la pregunta «¿por qué está prohibido fumar?» se responde con «esa es la regla», no se dice nada. Se trata de la falacia de *petitio principii* o petición de principio, es decir, «suponiendo el punto inicial». En cambio, si se dice que está prohibido fumar porque se ha determinado que fumar en sitios cerrados afecta también a la salud de los otros, entonces se ha dado una explicación.

El problema con los argumentos tautológicos reside en que no siempre son obvios. En una conferencia sobre astronomía se me preguntó qué era lo que mantenía a las estrellas en una galaxia de modo que no se dispersaran por el universo. La respuesta fue que las estrellas se mantenían en una galaxia por la gravitación. A la pregunta de qué era la gravitación la respuesta fue «la misma fuerza que usted siente como el peso aquí sobre la Tierra». Suena bien, pero es tautológico, ya que solamente dice que la gravitación es la gravitación y no responde a la pregunta de qué es la gravitación. Y no responde por un hecho básico: en realidad no sabemos lo que «es» (la ontología) la gravitación.

Relacionado con la tautología encontramos el *pleonasmo*, que es una construcción redundante, pero que se utiliza en ocasiones para enfatizar y en otras como resultado de poca habilidad lingüística, como decir: «Lo que no puede ser no puede ser, y además es imposible». Otros ejemplos comunes: *subí para arriba, accidente fortuito, sorpresa inesperada*, y *error involuntario.*

Por otro lado, el *oxímoron* toma dos palabras de significado opuesto para construir una expresión cuyo significado es distinto y metafórico, en ocasiones burlesco y, en otras, absurdo: *fuego amigo, única opción* y *sustancia inmaterial.* Desde cierto punto de vista los siguientes resultan burlescos: *inteligencia militar* y *ética corporativa.*

Hay palabras que adquieren una connotación mucho más abarcadora que su significado original, palabras que pasan a ser sinónimas de toda una forma de pensar. Un buen ejemplo es la palabra *natural.* Lleva a una falacia ubicua.

Falacia naturalista[8]

Máxima: *El curare y el virus del Ébola son naturales.*

Es muy común en la medicina alternativa y entre nutricionistas. Se origina en la ambigüedad de la palabra *natural*, donde se confunde natural (y orgánico) con bueno. Pero los terremotos son naturales, el curare es un veneno natural y orgánico, así como el virus del Ébola, y no son buenos, del mismo modo que muchos antibióticos y otros fármacos son artificiales y no son malos (si se utilizan adecuadamente). El tabaco es un producto natural, y aunque durante muchos años la industria del tabaco argumentaba que no causaba daño, al final tuvieron que aceptar los hechos. La cajita de las patatas fritas de Wendy's dice: *Natural-cut Fries with Sea Salt.* Las patatas con un corte artificial y con sal que no es del mar seguramente son peores. No hay nada natural en inyectarle unos litros de café por un tubo al intestino grueso de una persona, por más que el café sea natural.

---

[8] J. M. Mulet. *Los productos naturales ¡vaya timo!* Colección ¡Vaya timo!, 15. Laetoli.

Como señala Whyte[9], esta falacia se cuela también en algunas discusiones morales o legales. Así, algunos argumentan que la homosexualidad no se debe aceptar ya que no es natural, con lo cual deben rechazar *todo* lo que no es natural. Los que desean refutar este argumento muchas veces tratan de demostrar que es natural (apuntando al comportamiento animal), con lo cual admiten que si no fuera natural se debería rechazar, lo cual es falaz.

Relacionado con esto encontramos la *quimiofobia*, y podemos leer en algún envase la frase: «No contiene químicos», lo cual es una doble falsedad ya que todas las cosas, ya sean naturales o artificiales (proviene del latín *arte factus*, 'hecho con arte'), contienen químicos. Mejor dicho, contienen *productos químicos*, ya que los químicos son los profesionales que hacen química (por eso *doble*). Agua es el compuesto químico H_2O, ya sea que la obtenga de la lluvia o combinando hidrógeno y oxígeno (combustión de hidrógeno), y una vez obtenida es imposible distinguirla.

En relación con la muy abusada *orgánico*, posiblemente no sepa que en los cultivos orgánicos se utilizan pesticidas y fungicidas[10]. Para ser *orgánico* solo se requiere que estos productos sean derivados naturales y no productos sintéticos, pero esto no los hace menos tóxicos ni necesariamente mejores.

---

[9] ***Jamie Whyte (2004). *Crimes against Logic*. McGraw Hill, pág. 148.

[10] http://blogs.scientificamerican.com/science-sushi/2011/07/18/mythbusting-101-organic-farming-conventional-agriculture/

7
Racional, razonable y racionalización

Somos capaces de creer cosas que sabemos que no son ciertas, y luego, cuando se nos prueba el error, cambiamos los hechos descaradamente para mostrar que estábamos en lo cierto. Es posible hacer esto por un tiempo indefinido, y solo se frena porque tarde o temprano las creencias falsas se topan con la realidad sólida, comúnmente en un campo de batalla.

George Orwell[1]

Parece que tenemos la notable capacidad de encontrar argumentos que apoyan las posturas que tenemos con anterioridad.

Robert McKim[2]

La razón es el primer fundamento asombroso con autoridad universal. Asombroso, ya que desde una perspectiva evolutiva es asombroso que en el transcurso de lo que es en realidad muy poco tiempo (unos 150.000 años para el *Homo sapiens*) este ser se haya separado de manera revolucionaria de sus antepasados y de sus primos, y seamos los únicos que poseamos esta capacidad que llamamos «razón» y que nos distingue de otros organismos.

Pretendemos ser racionales y razonables y en muchos casos racionalizamos. *Racional* se refiere al uso de la facultad de la razón, mientras que *razonable* se refiere al *buen* uso de la facultad de la razón. Mientras que racional es un concepto teórico, la razonabilidad es un concepto práctico. Puedo decir que compré un artículo a un precio

---

[1] George Orwell. «In Front of Your Nose», publicado en *Tribune*, GB, London. March 22, 1946.

[2] Robert McKim (2001). *Religious Ambiguity and Religious Diversity*. Oxford University Press, pág. ix.

razonable, pero no a un precio racional. Puedo opinar que es razonable esperar que mi compañero me prepare una comida, pero no que es racional. Razonable es un comportamiento o actitud con respecto a otros. Una conducta irrazonable no es necesariamente irracional. Considere al señor que ama a los animales (excluyendo a los humanos), especialmente a los perros. En su testamento deja toda su fortuna a un refugio de perros abandonados y nada a sus dos hijos. Podrá pensar que no fue razonable, pero no que no fue racional.

Racional es aquello que es producto de un proceso mental que obedece a ciertas leyes de inferencia que se apoyan en la lógica. Empleamos la razón para resolver problemas que se nos presentan y para tomar decisiones. Considere el siguiente argumento deductivo:

Todos los estrubonichios son vernantes.
Petruno es un estrubonichio.
Por lo tanto: Petruno es un vernante.

Cuando razonamos utilizamos ciertos procedimientos que son *a priori* (con anterioridad, independiente de la experiencia) y que forman parte de nuestra estructura mental adquirida en el proceso de millones de años de evolución biológica y herencia cultural. Todo ser humano normal posee esta facultad lógica tan congénita como otras facultades sensoriales. No nos cuesta un esfuerzo ni un entrenamiento especial entender y aceptar que Petruno es un vernante, aunque no sepamos de qué se trata. La *forma* de este silogismo, como ya lo había estudiado Aristóteles, garantiza que el razonamiento es válido.

Por otro lado, no somos muy cuidadosos al pensar y podemos equivocarnos fácilmente y pensar que el siguiente razonamiento también es válido, cuando se trata de una falacia que se conoce como la *afirmación del consecuente*:

Todos los seres vivos necesitan agua.
Las rosas necesitan agua. (Se afirma el consecuente.)
Por lo tanto, las rosas son seres vivos.

Sustituya «rosas» por «motores» y se dará cuenta.

Distinguimos dos formas de racionalidad:

- *Racionalidad epistémica:* (nos provee un sistema de creencias que son coherentes con la evidencia). Se trata de una racionalidad que se ocupa de construir un mapa o modelo (una teoría) del mundo que refleje de la forma más adecuada posible la estructura real del mundo (aceptando que hay tal cosa). El *argumento racional* conduce a conclusiones que tienen una alta probabilidad de ser ciertas, si disponemos de suficiente tiempo para elaborar tal argumento.
- *Racionalidad instrumental* (nos permite tomar una acción coherente con nuestros deseos y objetivos). Las *decisiones racionales* son dependientes del objetivo y las creencias que se tengan. Es racional una decisión que, dados los conocimientos y la información disponibles, conduzca al objetivo deseado (por poco razonable que este sea). Para tomar decisiones racionales es necesario tener un buen mapa del mundo, por lo cual la racionalidad instrumental presupone una racionalidad epistémica.

Por otro lado, una *racionalización* es un mecanismo de defensa que intenta una justificación psicológica de una acción o creencia que se obtuvo de forma irracional, quizá por motivos emocionales, para que aparente ser racional.

Al razonar partimos de ciertos datos y premisas tales que por medio de un razonamiento llegamos a una conclusión. Al racionalizar partimos de una creencia o conclusión buscando datos y premisas que nos permitan luego formular un argumento que aparentemente la apoye. Es una característica ubicua de la pseudociencia y del *pensar motivado* por nuestros deseos y necesidades.

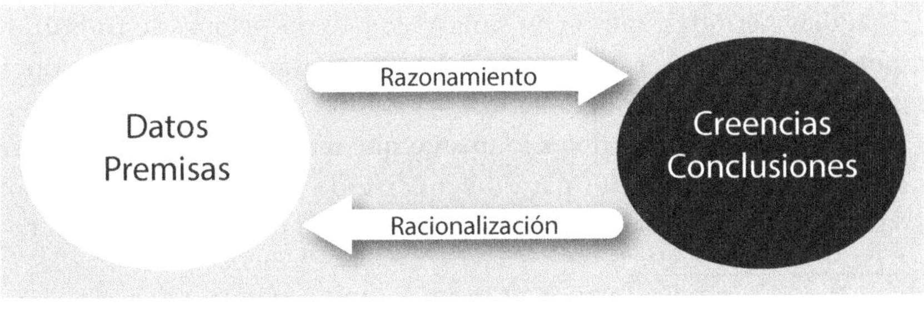

Figura 16. Racionalismo y racionalización como procesos opuestos.

Por ejemplo, luego de que Avogadro nos diera su número (véase más adelante), los homeópatas no tuvieron más remedio que aceptar que sus remedios no contienen elemento activo alguno, pero lo racionalizaron de la siguiente forma: *Cierto, ya no queda ni tan solo una molécula del ingrediente activo, pero el agua «recuerda» que estuvo allí.* Así cualquiera.

Hablar y escribir (como lo estoy haciendo) tienen motivaciones y propósitos que es saludable tener en cuenta al escuchar y leer. Los propulsores del holocausto europeo argumentaban que tenían que eliminar a los judíos porque los judíos querían dominar el mundo y eliminarlos a ellos (la teoría de la gran conspiración). Además, los judíos (de acuerdo con todas las tradiciones antisemitas fomentadas por el cristianismo[3]) eran aliados del demonio y, en palabras de Himmler, «la materia prima de todo lo negativo». Lo que nadie razonó (al menos en público) era cómo, si los judíos estaban tan organizados y eran tan poderosos, fue posible matar a millones de ellos sin problema. Constituye un ejemplo trágico de una contradicción performativa.

Michael Shermer dice[4]: «Formamos nuestras creencias por una variedad de razones subjetivas personales, emocionales y psicológicas, en el contexto del ambiente creado por la familia, los amigos, los colegas, la cultura y la sociedad. Después de formar estas creencias, las defendemos, las justificamos y las racionalizamos con una variedad de razones intelectuales, argumentos pertinentes y explicaciones racionales. Las creencias vienen primero, luego le siguen las explicaciones».

La racionalización opera de forma perversa en nuestra visión histórica. Partimos de los hechos y buscamos en la infinitud de antecedentes alguno que pueda ser tomado como la razón de los hechos (batallas perdidas, tanto con sangre como con pelotas de fútbol), y perdemos de vista el gran efecto del azar, ignorando aquello que opera a la sombra del conocimiento.

La racionalización no es lo mismo que mentir o brindar excusas. Cuando alguien miente para defenderse de una acusación y evitar las consecuencias, sabe que miente y sabe que no tiene razón. La ra-

---

[3] Rosemary Ruether (1974). *Faith and Fratricide. The Theological Roots of Anti-semitism.* Seabury.

[4] Michael Shermer (2011). *The Believing Brain.* Times Books, pág. 5.

cionalización opera como un engaño a uno mismo, el individuo se convence de que tiene razón a pesar de los hechos. Cuando una profecía (por ejemplo, sobre el fin del mundo) no se cumple, se busca racionalizar argumentando, por ejemplo, que por las oraciones de los creyentes antes del apocalipsis, fueron perdonados. Entre estos dos extremos existe un área gris en la cual se pasa gradualmente de la mentira como justificación pública y la distorsión consciente, al autoengaño creyendo lo que inicialmente fue mentira y reconstruyendo los hechos con memorias distorsionadas.

8
Creer y saber

Máxima: *El que no sabe nada tiene que creerlo todo.*
Máxima: *Creer es subjetivo, saber es objetivo.*
Máxima: *Es indeseable creer una proposición cuando no hay fundamento alguno para suponer que sea cierta.*

BERTRAND RUSSELL[1]

Creer

Creo en Dios, Padre todopoderoso, Creador del cielo y de la tierra. Creo en Jesucristo, su único Hijo, Nuestro Señor, que fue concebido por obra y gracia del Espíritu Santo, nació de Santa María Virgen, padeció bajo el poder de Poncio Pilato, fue crucificado, muerto y sepultado, descendió a los infiernos, al tercer día resucitó de entre los muertos, subió a los cielos y está sentado a la derecha de Dios, Padre todopoderoso. Desde allí ha de venir a juzgar a vivos y muertos. Creo en el Espíritu Santo, la santa Iglesia católica, la comunión de los santos, el perdón de los pecados, la resurrección de la carne y la vida eterna. Amén.

Credo de la Iglesia católica

No dudo de que estará de acuerdo con la máxima de Bertrand Russell. El problema reside en qué es lo que aceptamos como «fundamento» o como «evidencia». Una creencia es una verdad que se supone, sin importar necesariamente su fundamento o justificación. Hay personas tan crédulas que se lo creen todo, y otras tan escépticas que no creen

[1] Bertrand Russell (1928). *Sceptical Essays.* Routledge, London (2001), pág. 11.

ni en la luz eléctrica. Ambas posturas no son saludables. Muchas personas creen algo sin fundamento alguno, y esto, como dice Russell, es indeseable. No es que esté prohibido, sino que es indeseable, ya que puede llevar a consecuencias indeseables. No hay fundamento para creer que las vacunas causan autismo, pero si usted lo cree, no vacunará a sus hijos, y pondrá en riesgo no solo a ellos, sino también a la salud pública. Nuestro grado de confianza en algo que creemos es variable, algunas cosas las creemos con seguridad (como que el Sol saldrá mañana) y de otras estamos menos seguros (como que el café es bueno para la salud).

Dice Christopher Hitchens[2]: «Puede que la credulidad sea una forma de inocencia, y hasta en sí misma inocua, pero provee una invitación continua para los malvados y los listos a explotar a sus hermanos y hermanas, y es por tanto una de las grandes vulnerabilidades de la humanidad».

Existe una sutil distinción psicológica entre «creer *en*» y «creer *que*», que en ocasiones lleva a argumentos inútiles. H. H. Price propone la diferencia[3]. Cuando decimos que creemos *que* –el cielo es azul, Ghana está en África, Russell fue un gran filósofo, etc.–, nos referimos a nuestra creencia de que alguna proposición es cierta sujeta a una contrastación empírica. Por otro lado, cuando creemos *en* –Dios, santa Claus, fantasmas– no se trata de un hecho empírico. Las creencias *en* son de carácter intuitivo y tienen un valor emotivo mucho más alto que las creencias *que*. Se sostienen por *fe*, y no por evidencia. Utilizamos la palabra *fe* cuando no tenemos suficiente fundamento para mantener una creencia, pero la mantenemos igual.

Distinto es creer *en* Dios que creer *que* Dios existe. La primera no es analizable, con la primera no se puede hacer mucho, con la segunda se puede argumentar. La persona que cree *en* la «fuerza vital» (en la forma que sea), simplemente cree en esto sin más y no le importa que no exista evidencia de tal fuerza. Pero cuando esta misma persona cree que es posible sanar a una persona manipulando su fuerza vital (como sea que se haga), expresa una creencia sujeta a contrastación empírica. Una creencia *en,* sin más, tiene poco valor

---

[2] *****Christopher Hitchens (2007). *God is not Great.* Twelve, Hachette, pág. 161. *Dios no es bueno.* Debate.

[3] H. H. Price (1969). *Belief. Muirhead Library of Philosophy.* George Allen and Unwin, London.

ontológico, ya que solamente señala un estado psicológico interno, de modo que pasa a ser igual creer *en* Dios que creer *en* el hada madrina. Cuando las personas repiten el credo de la Iglesia católica (véase el epígrafe) no proponen que creen que todas esas proposiciones son ciertas y sujetas a una verificación empírica (saben más que eso, supongo), simplemente creen *en*.

Normalmente no sometemos nuestras creencias, muchas de ellas adquiridas a temprana edad y otras, parte de nuestra naturaleza humana, a una evaluación crítica. Hacemos un gran esfuerzo por mantener nuestras creencias, las defendemos racionalizando y descartamos las refutaciones. Muchas veces, ante una refutación la fe se torna más profunda. Son pocos los casos en los cuales alguien cambia su creencia sobre un tema de política o religión, por más buenos argumentos que se presenten.

El ejercicio más importante que uno puede hacer para descubrir y analizar sus creencias es el de la verbalización, es decir, examinar mediante un enunciado explícito alguna creencia que sostiene, pero que nunca cuestionó porque creía *en* y no creía *que*. En muchos casos tememos realizar este ejercicio porque sospechamos que encontraremos cosas desagradables que nos enfrentarán a una disonancia cognitiva. No es difícil creer *en* «nació de Santa María Virgen», pero es bastante difícil creer *que* «nació de Santa María Virgen». Para aclarar esto: la «inmaculada concepción» se refiere a que María, madre de Jesús, no lleva el peso del pecado original, distinto esto a la maternidad virginal de María, que permaneció virgen antes durante y después del embarazo. Note de paso que, si fuera cierto, Jesús tendría que haber sido mujer.

Entre 1450 y 1650, con la caza de brujas se ajusticiaron a cientos de miles de personas, principalmente mujeres, y, según las estimaciones[4], más de 60.000 brujas fueron cruelmente ejecutadas (ahorcadas, ahogadas o quemadas) por supuesto culto y adoración del demonio. El *Malleus maleficarum*[5] ('Martillo de las maléficas') fue escrito en 1487 para fundamentar la brujería y adiestrar a aquellos que trabajaban en este campo. En él podemos leer: «La manera de comenzar un interrogatorio es como sigue: los carceleros preparan

[4] Brian P. Levack (1995). *La caza de brujas en la Europa moderna*. Alianza, Madrid.

[5] Heinrich Institoris (Kraemer) y Johann Sprenger (1487), *Maellus maleficarum*, (*Martillo de las maléficas*), Area Verlag, Köln, pág. 402.

los instrumentos de tortura y luego desnudan al prisionero. O, si es una mujer, la desvestirán otras de buen nombre con el propósito de descubrir si acaso ha cosido algún instrumento de brujería a los vestidos, como a menudo lo hacen siguiendo las instrucciones de los demonios, con los miembros de un niño que no ha sido bautizado. Mientras se preparan los instrumentos, el juez en persona y a través de otros buenos hombres celosos de su fe, intentarán que el acusado confiese libremente la verdad. Pero si no quiere confesar se le entrega a los carceleros para que lo aten al *strappado* o a otro instrumento de tortura. Los asistentes obedecen inmediatamente, pero no con alegría, sino igualmente asustados. Luego, por las peticiones de algunos presentes, se le suelta y pone a un lado donde se intenta persuadirlo a confesar, haciéndole creer que en ese caso no se le matará».

Sobre las brujas (que conformaban una conspiración satánica) se creían cosas increíbles. De las acusaciones y juicios se destacan los siguientes eventos que supuestamente ocurrían en las reuniones con el diablo (*sabbat*, aquelarre o sinagoga) en la noche iluminada por «una gran hoguera, siniestra y espantosa».

- El vuelo nocturno como forma de traslado (sobre un palo, una silla o animales).
- El asesinato de niños y el canibalismo.
- La presencia real del demonio en la forma de algún animal, en particular, el macho cabrío.
- La adoración del demonio, que incluye el ósculo o beso infame (beso en el culo).
- El coito indiscriminado de los asistentes del aquelarre entre sí y con el demonio (una orgía).
- La entrega de polvos o venenos que permitirían a los asistentes continuar realizando maleficios.

Hoy nos parece increíble, digno de una mala película de terror y sexo, pero muchos creían estas historias de orgías incestuosas, infanticidio y canibalismo, y muchos en el presente creen cosas que solamente permiten un «¿en serio?».

Según Norman Cohn[6], esta fantasía tiene orígenes antiguos y ya en el primer siglo los paganos acusaban a los cristianos de estas cosas. Minucio Félix, primer siglo, relata estos horribles cultos secretos y luego indica: «Justamente el secretismo de esta religión perversa prueba que todas estas cosas, o casi todas, son ciertas». Es un buen ejemplo de una falacia a la cual aún hoy día acuden los adeptos a las conspiraciones. Norman Cohn explica el fenómeno: «El impulso de purificar el mundo por medio de la aniquilación de alguna categoría de seres humanos imaginados como agentes de la corrupción y la encarnación del mal». Similar cuento formó parte de los mitos esgrimidos por los antisemitas europeos del siglo xix. Norman Cohn[7] resume: «Puede tomarse la gran cacería de brujas como ejemplo supremo del asesinato en masa de gente inocente por una burocracia actuando de acuerdo con creencias que, desconocidas o rechazadas en siglos anteriores, fueron aceptadas como verdades evidentes. Ilustra claramente el poder de la imaginación humana de construir un estereotipo y su renuencia de cuestionar la validez de un estereotipo una vez que es aceptado generalmente».

Dice Ortega y Gasset[8]: «Las creencias constituyen la base de nuestra vida, el terreno sobre el que acontece. Porque ellas nos ponen delante lo que para nosotros es la realidad misma. Toda nuestra conducta, incluso la intelectual, depende de cuál sea el sistema de nuestras creencias auténticas. En ellas «vivimos, nos movemos y somos». Por lo mismo, no solemos tener conciencia expresa de ellas, no las pensamos, sino que actúan latentes, como implicaciones de cuanto expresamente hacemos o pensamos. Cuando creemos de verdad en una cosa no tenemos la «idea» de esa cosa, sino que simplemente contamos con ella».

Muchas investigaciones[9] demuestran que las personas se resisten a cambiar sus creencias a la luz de la evidencia que las refuta y racionalizan con evidencia que las confirme (sesgo confirmatorio). Leon Festinger[10] dice: «Un hombre con una convicción es una persona difícil de cambiar. Dígale que no está de acuerdo y se alejará. Muéstrele los

---

[6] ***Norman Cohn (1993). *Europe's Inner Demons.* Chicago.

[7] *Ibid*, pág. 233.

[8] José Ortega y Gasset (1940). *Ideas y creencias.* Alianza Editorial (1999).

[9] D. Kahneman, P. Slovic and A. Tversky (Eds.) (1982). *Judgment under uncertainty: Heuristics and biases* (págs. 249-267). Cambridge University Press, New York.

[10] Leon Festinger, Henry Riecken and Stanley Schachter (1956). *When Profecy Fails.* Pinter and Martin (2008), pág. 3.

hechos y las evidencias y él cuestionará sus fuentes. Apele entonces a la lógica y él no alcanzará a ver su punto».

Nuestro tejido de creencias se entrelaza íntimamente con el lenguaje que lo contiene de forma implícita. Así, cuando nos despedimos con un adiós (que se origina en la expresión: *A Dios encomiendo tu alma*) no somos conscientes de que implica la aceptación de todo un sistema de creencias religiosas. Menos cuando decimos «ojalá», que proviene del árabe[11] *law sha'a Allah,* que significa: *si Dios quisiera.*

Aunque creer algo sin fundamento alguno, como lo reclama Russell, puede a primera vista ser inofensivo, no lo es. En primera instancia porque la mente que así opera se predispone a creer otras cosas sin fundamento si se las presentan de forma adecuada, o si se las repiten muchas veces. Es la base de la propaganda y parte integral de lo que se llama «relaciones públicas». La repetición durante siglos y siglos de que los judíos eran los que mataron a Cristo fue la motivación primordial del holocausto[12] europeo, en el cual participó una fracción significativa del pueblo alemán (y no solo un pequeño grupo de sádicos asesinos)[13].

La falta de conocimiento coherente, en particular conocimiento científico, permite que sea posible creer muchas cosas, por la sencilla razón de que no tenemos buenas razones para no creerlas, o al menos ponerlas en duda. *El que no sabe nada tiene que creerlo todo.*

La lista de cosas increíbles en las que cree la gente es muy larga. Algunas son tan obviamente falsas que es difícil entender cómo es posible creerlas (por ejemplo, la combustión espontánea de humanos), pero otras son falsas por razones menos obvias (como los alienígenas que nos visitan de otros mundos). Pero no pierda de vista que nuestro cerebro es una máquina de creencias porque así fue construido, creemos por defecto (que en otro sentido es un defecto). Hay muchos a los cuales la pregunta «¿usted cree en fantasmas?» les parece tan desacertada como «¿usted cree en comer?».

---

[11] Federico Corriente (2008). *Dictionary of Arabic and allied loanwords.* Leiden, Brill.

[12] ***Daniel Goldhagen (2002). *A Moral Reckoning. The Role of the Catholic Church in the Holocaust and its Unfulfilled Duty of Repair.* A. Knopf. *La iglesia católica y el holocausto: una deuda pendiente.* Taurus.

[13] ****Daniel Goldhagen (1996). *Hitler's Willing Executioners: Ordinary Germans and the Holocaust.* A. Knopf. *Los verdugos voluntarios de Hitler.* Taurus.

Por otro lado, es posible tener buenas razones para creer algo que es falso. Así, la creencia pasada de que la Tierra no se movía se fundamentaba en que de moverse se debería sentir un efecto en la atmósfera, que un objeto debería caer en otro lado al ser lanzado verticalmente, y que las estrellas deberían mostrar un desplazamiento angular aparente al observarse desde distintos puntos de la órbita terrestre alrededor del Sol (el paralaje) que no se observaba. Hoy entendemos que esas objeciones no eran válidas. Las observaciones de la aberración de la luz de las estrellas por James Bradley (1693-1762) en 1728 demostraron el movimiento orbital de la Tierra. No fue hasta 1838 que Friedrich Bessell (1784-1846) publicó los resultados de la primera medida del ángulo de paralaje (0,3 segundos de arco) para la estrella 61 Cygni, y el péndulo de Léon Foucault (1819-1868) (que hoy puede observar en muchos museos de ciencia), erigido inicialmente en el Observatorio de París en 1851, no dejó duda acerca de la rotación de la Tierra. Tenga en cuenta algo importante: estos hechos (el movimiento de la Tierra) se establecen como consecuencia de varias observaciones distintas e independientes, que constituyen una red de observaciones (o experimentos) que juntos fundamentan la noción de la Tierra móvil. Es decir, que nuestro conocimiento del mundo no se basa en nada más que en una observación o experimento aislado (aunque así se descubra inicialmente).

William Clifford señala que lo que importa de una creencia no es la convicción ni sinceridad con la cual se acepta, ni tan siquiera si es cierta o falsa, sino el origen de la creencia y el esmero con el cual el creyente buscó fundamentar su creencia, es decir, si hay justificación en creer dada la evidencia disponible. Aunque sea cierta, es erróneo mantener una creencia si se basa en evidencias que en realidad no las sostiene, y no sirve decir: «Ah, pero tenía razón»; ya que no la tenía.

La creencia en la superioridad de un grupo sobre otro es la base del genocidio que encontró su máxima expresión en la tragedia causada por los nazis. La creencia en un ser supremo, sea terrenal o celestial, ha causado sufrimiento a muchos, desde las «brujas» torturadas, quemadas o ahogadas sin piedad bajo supervisión eclesiástica (actos por los cuales la Iglesia no ha pedido perdón), hasta los que no pudieron escapar del infierno terrenal de las Torres Gemelas en llamas. La máxima de Russell no es entonces meramente un principio filosófico.

Clifford lo dice de esta forma[14]: «Es equivocado, siempre, en todo sitio y para cualquiera, creer algo sin suficiente evidencia».

El artículo 10 de la Declaration des Droits de l'Homme et du Citoyen de 1789, uno de los documentos trascendentales de la Ilustración, dice: «Nadie debe temer por sus opiniones, incluidas las religiosas, siempre que sus manifestaciones no alteren el orden público establecido por la ley».

Mientras tanto, el invento del doctor Joseph-Ignace Guillotin (1738-1814) subía y bajaba sin consideración, y fue un mecanismo de «justicia» utilizado en Francia hasta 1977. Queda una pregunta inquietante en el aire: Tras la decapitación, ¿tenía la víctima algunos segundos de conciencia sobre lo ocurrido?

La intromisión de líderes religiosos en asuntos civiles impulsando ideas que se basan en dogma religioso, perturba el orden público. Oponerse a la contracepción por motivos religiosos perturba el orden público. Oponerse a la enseñanza de la evolución biológica por motivos religiosos perturba el orden público, y poner bombas en nombre de Dios perturba el orden público. Y así hay para largo.

Dice Gruber[15]: «Cada religión, sin importar si es vudú, cristianismo o islamismo, o la que sea, se basa en esencia en la superstición, en seres fantasmales invisibles, y en aseveraciones que contradicen el conocimiento científico. Si las personas religiosas quieren creer todo esto, es asunto suyo siempre y cuando lo mantengan en privado. Pero en el momento en el que las religiones se manifiestan en la vida pública, influyen en las leyes y afectan a los códigos morales, deben aceptar que se examine sus aseveraciones a la luz del mundo moderno, y que se pongan a prueba con los medios de la ciencia».

Saber

Máxima: *Puedo creer algo falso, pero no puedo saber algo falso.*
Máxima: *Las razones para creer algo y las razones para que sea cierto no son lo mismo.*

---

[14] *****William K. Clifford (1877). *The Ethics of Belief and Other Essays.* Prometheus Books (1999), pág. 77.

[15] Werner Gruber, Heinz Oberhummer und Martin Puntigam (2010). *Wer nichts weiß, muss alles glauben.* Ecowin Verlag, pág.114.

Máxima: *Creer por fe es pretender saber algo que no se sabe.*

Todos los hombres tienen por naturaleza el deseo de saber.

ARISTÓTELES[16]

Un hecho sorprendente de los seres humanos es que una creencia no tiene que ser cierta para ser creída. De hecho, la mayoría de los sistemas de creencias propagados por generaciones de humanos, bajo los cuales han vivido y muerto, son patentemente falsos.

PAUL KURTZ[17]

Creer no es lo mismo que saber. Creemos muchas cosas que no son ciertas, pero no podemos *saber* algo que no es cierto. Todo lo que sabemos es en última instancia una creencia expresada por medio de una proposición que responde a un criterio –el de ser cierta o falsa– de modo que ante una proposición la pregunta obligada es: ¿Es cierto?

Creo que veo un árbol, pero podría estar alucinando, y del mismo modo afirmo haber visto un fantasma. Lo importante es el grado de confirmación independiente de una creencia, su fundamento. Todos hemos tenido la experiencia de creer algo para descubrir más tarde que era falso. Es decir que, aunque lo *creíamos,* en realidad no lo *sabíamos,* ya que no es posible «saber» algo que no es cierto. Creer algo no lo hace cierto, creer es subjetivo, mientras que saber es objetivo.

Toulmin[18] lo resume de la siguiente forma: «Conocemos algo (en el sentido completo y estricto del término) si y solo si tenemos una creencia bien justificada; nuestra creencia es bien justificada si y solo si podemos producir buenas razones en su apoyo; y nuestras razones son realmente *buenas* (en las más estrictas normas filosóficas) si y solo si podemos producir un argumento concluyente o formalmente válido, que relaciona la creencia con un punto de partida que no es cuestionado (y preferentemente es incuestionable)».

[16] Así comienza la *Metafísica* de Aristóteles.

[17] ****Paul Kurtz (1992). *The New Skepticism.* Prometheus.

[18] Stephen E. Toulmin (1976). *Knowing and Acting. An Invitation to Philosophy.* Macmillan, New York, pág. 89.

No podemos decir que sabemos que llueve cuando no llueve, pero podemos decir que creemos que llueve cuando no llueve. La prueba sobre la cual baso mi creencia admite grados (seguro, probable) y mi convicción admite grados (fuerte, débil).

Luego de un hecho alguien puede decir: «Yo sabía que iba a ocurrir», y puede muy bien haberlo indicado antes del hecho, como si fuera una profecía. Pero *no* lo sabía, no había forma de saberlo o comprobarlo antes del hecho, se trata de una opinión, posiblemente apoyada en experiencias anteriores.

Pero muchas cosas que pensamos que sucederán no ocurren y no decimos: «Sabía que iba a suceder, pero no ocurrió». Puede que pensemos: «Este matrimonio no va a durar». Cuando venga el divorcio al poco tiempo, diremos: «Sabía que no iba a durar». Pero suponga que a pesar de todo duran hasta que la muerte los separa. Entonces no tiene sentido decir: «Sabía que no iba a durar, pero me equivoqué». Lo más que puede decir es: «Creía que no iba a durar, pero me equivoqué».

Cuando digo que sé que el ser humano fue a la Luna (hay algunos lunáticos que no lo creen), esto implica que creo que el ser humano fue a la Luna, que es verdad que el ser humano fue a la Luna, y que tengo buen fundamento para saber este hecho (documentos históricos, fotografías, rocas lunares, restos de artefactos sobre la Luna, resultados de investigaciones científicas de las rocas lunares, etc.). La justificación de una creencia tiene que poder responder con buenos argumentos a todos los críticos que piensen que la creencia no es justificada. Una creencia sin justificación, sin evidencia, una creencia *en*, se mantiene por fe, *pretendiendo que sabemos algo que no sabemos.*

Antes de considerar la justificación de una creencia, esta nos debe parecer pertinente y creíble. Será pertinente si su valor de verdad impacta en lo que pensamos o como actuamos. Será creíble si nos parece que a partir de lo que ya conocemos no la podemos descartar de plano. Para muchos es pertinente la proposición: «Hay vida en otro planeta»; en este caso por su implicación filosófica con relación a quienes somos. Pero la proposición «los alienígenas nos visitan todas las noches» no es creíble y para la mayoría se puede descartar de plano.

La meta del pensador crítico es adquirir conocimiento –*creencia verdadera justificada*–, aumentar la cantidad de conocimiento que tiene, aumentar la razón (en el sentido matemático) de creencias verdaderas a creencias falsas. Una buena receta para poner a prueba una creencia es responder a la siguiente pregunta: ¿el fundamento de la creencia es suficiente para justificarla si quitamos todos los posibles motivos para *desear* que la creencia sea cierta? (Nada fácil de hacer.)

Podemos tener razones para creer que algo es cierto o falso, sin saber las razones por las cuales es cierto o falso. Puedo tener buenas razones para creer que se cumple el teorema de Pitágoras (lo aprendí en la escuela, me lo enseñó mi madre), pero puedo no conocer la demostración matemática del teorema de Pitágoras, que es la razón por la cual el teorema es cierto. Cuando las razones para creer algo se utilizan como si fueran las razones por las cuales es cierto, cometemos la *falacia genética.*

Tradiciones y testimonios

Máxima: *Nacemos sin nuestras creencias.*

Máxima: *Preferimos historias a estadísticas y testimonios a observaciones controladas.*

Papiro, blanca medula de verdes hierbas, cara sobre la que se puede escribir y que recibe la negrura en orden a la belleza: semilla fecundísima en elevadas umbelas y germinadora de palabras, ofrece inmediatamente a las inteligencias un fruto suavísimo, cuantas veces cuenta con el favor del lector, conservadora del fiel testimonio de los actos humanos, elocuente de los pretéritos, hostil al olvido. Nuestra memoria, aunque retiene los asuntos, cambia las palabras, allí, empero, con seguridad se deposita lo que siempre se oirá del mismo modo

Casiodoro[19]

La tradición de todas las generaciones muertas oprime como una pesadilla el cerebro de los vivos.

Karl Marx[20]

Un asunto es el fundamento de nuestras creencias y la distinción entre creer y saber que hemos considerado. Por otro lado, es oportuno

[19] Casiodoro: *Epistularum Variarum* XI 38, ML 69 849C-D.

[20] Karl Marx (1852). *El dieciocho brumario de Luis Bonaparte*. Alianza editorial, pág.1.

entender las razones por las cuales mantenemos ciertas creencias. En el fondo está nuestra comprobada predisposición cognitiva a creer, apoyada luego por elementos sociales que refuerzan y afirman las creencias. Barrett[21] dice: «La generalizada creencia en un dios, surge de procesos naturales que operan en la mente humana en ambientes humanos ordinarios. Creer en dios no es algo extraño o peculiar, todo lo contrario, tal creencia es casi inevitable.»

Las tradiciones tienen su función social y cultural. Son un buen punto de partida para mantener una coherencia social en el transcurso del tiempo y contribuyen al sentido de pertenencia social. Hay tradiciones milenarias que mantenemos por su valor artístico y cultural y no tienen nada de malo. Pero como fundamento del conocimiento no tienen validez meramente por el hecho de ser tradiciones. No es válido fundamentar un argumento o una decisión porque «es la tradición», y no es una buena estrategia hacer algo de cierta forma «porque siempre se hizo de esa forma». Los «sabios» de la antigüedad, que muchas veces se citan para apoyar alguna idea, eran sabios en su época, pero no en la nuestra.

Cuando pensamos en un «testimonio» pensamos en una declaración personal dada por un testigo o un experto en una corte de justicia, audiencia o acto religioso. Se da también de manera informal, cada vez que alguien asevera algo. Si alguien dice: «Vi un pájaro con plumas azules y pico anaranjado» propone no solamente que lo vio, sino que es cierto y que existen tales pájaros. En la propaganda comercial es común el uso de testimonios: «Usé el nuevo detergente y mi ropa salió más blanca que antes». Claro que los testimonios de aquellos que opinaron que la ropa salió menos blanca que antes no se dan a conocer, ni tampoco se especifica qué es o cómo se mide «más blanco». Es común que en la contracubierta de un libro salgan testimonios de gente reconocida. Dudo que encuentre un libro en el cual en la contracubierta lea algo como: «Este libro es una reverenda porquería y le recomiendo que no lo compre» (aunque pensándolo bien podría ser efectivo). En ocasiones vale la pena recordar que los muertos no dan testimonio, como lo señaló Francis Bacon.

---

[21] ****Justin L. Barrett (2004). *Why Would Anyone Believe in God?* Altamira Press, pág. 122.

Un testimonio (y como ya vimos, la memoria no es fiable) de por sí no justifica una creencia. Podemos tener buenas razones para aceptar (aunque sea de modo provisional) un testimonio, quizá porque tenemos un juicio previo de la credibilidad y sinceridad del que ofrece el testimonio (los medios hablan de «fuentes fidedignas»), pero estas razones serán independientes del contenido del testimonio en sí. Muchas creencias se mantienen por replicación de una misma fuente. En algún momento surge una opinión, o una idea, y luego se repite sin crítica (especialmente si quien la propone es eminente) y se convierte en un (pseudo)hecho. Cuando aceptamos un argumento por autoridad, y no por la evidencia que lo fundamenta cometemos la falacia conocida como *ad verecundiam.*

La aseveración de que altas dosis de vitamina C servían para curar todo tipo de males, desde los resfriados hasta el cáncer, fue propulsada vigorosamente por Linus Pauling (1901-1994). Así se argumentó: *Linus Pauling, prestigiosos científico dos veces galardonado con el Premio Nobel dice que la vitamina C en mega dosis tiene valor terapéutico.* Por lo tanto: *mega dosis de vitamina C tiene valor terapéutico.* Pero Pauling no era experto en medicina y no existe prueba de la efectividad terapéutica de altas dosis de vitamina C (aunque usted no lo crea).

Aceptamos la autoridad de un experto (donde por «experto» entendemos una persona que posee destrezas y conocimientos especiales adquiridos por educación y experiencia) porque en la mayoría de los casos un experto brinda testimonio fiable, *pero puede equivocarse*[22]. Un ejemplo es el estudio de radiólogos quienes al calificar placas de rayos X de pecho como «normal» o «anormal», se contradijeron en 20% de los casos en los que se les mostró la misma placa en dos ocasiones diferentes[23]. Hay una tendencia a creer por la autoridad de los medios (cada vez más cuestionable), o la (falsa) autoridad de una celebridad que no sabe de qué habla.

El experto auténtico nos ofrece la prueba, o nos indica cómo se obtuvo. No dice: «estas infectado con el virus de VIH porque yo lo digo», sino que fundamenta su aseveración con datos empíricos obte-

---

[22] ***David H. Freedman (2010). *Wrong: Why experts keep failing us and how to know when not to trust them.* Little Brown and CO.

[23] P. J. Hoffman, P. Slovic y L. G. Rorer (1968). «An analysis-of-variance model for the assessment of configural cue utilization in clinical judgment». *Psychological Bulletin*, 69, 338-349.

nidos de pruebas de laboratorio verificables (aunque es posible que no las interprete correctamente, como hemos visto).

Considere el caso de aquellos que niegan que el virus VIH causa SIDA[24]. Son pocos los que tienen credenciales científicas, pero entre ellos se encuentra Peter H. Duesberg (1936), profesor de bioquímica y biología molecular de la Universidad de California y miembro de la Academia Nacional de Ciencias de EE.UU. El problema es que Duesberg no es experto en la materia. Otro prominente negador es Kary Mullis (1944), quien recibió el Premio Nobel de química de 1993 por su desarrollo de la reacción en cadena de la polimerasa (PCR – Polymerase Chain Reaction), que permite la amplificación de secuencias de ADN. Mullis ha negado que el VIH cause SIDA. También ha negado que la actividad humana sea responsable del calentamiento global y que los CFC causen la disminución en la capa de ozono. Como si esto fuera poco, en su autobiografía relata su encuentro con un mapache fluorescente extraterrestre y habla de su creencia en la astrología[25]. Lo anterior solo demuestra que el hecho de que alguien tenga un Premio Nobel no es garantía para que debamos aceptar todo lo que diga, y también demuestra que las ideas pseudocientificas no son exclusivas de personas con poca educación.

Al evaluar la credibilidad de un experto (o de un testigo en general) debemos considerar su imparcialidad e independencia. Es decir que, si ante una situación el experto tiene algo que ganar o perder dependiendo del resultado del argumento o la solución al problema bajo consideración, entonces es posible que pierda credibilidad si sus expresiones van a favor de la solución que le favorecería, pero de igual manera gana credibilidad si sus expresiones van en contra de la solución que le favorecería. Por eso los «endoherejes» (aquellos que critican desde el interior del grupo) son más creíbles que los «exoherejes», y son perseguidos con más tesón ya que son «traidores» (como el sonado caso de Edward Snowden y en su momento Giordano Bruno).

Las credenciales (que acreditan) son importantes, aunque no siempre son suficientes y en ocasiones ni son necesarias, ya que se puede ser experto sin tener un título, quizá una persona autodidacta con

---

[24] Seth Kalichman (2009). *Denying AIDS: Conspiracy Theories, Seudoscience, and Human Tragedy.* Springer, New York.

[25] Kary Mullis (1998). *Dancing Naked in the Mind Field.* Pantheon, New York.

mucha experiencia. Si usted visita un médico y en la pared encuentra su diploma que dice: «expedido por la Real Academia de Ciencias del Paraguay» y luego (para obtener una segunda opinión) visita a otro cuyo diploma dice: «expedido por la Facultad de Medicina de la Universidad de Salamanca», ¿a qué opinión le dará más peso? Esto presupone que usted sepa la diferencia entre la Real Academia de Ciencias del Paraguay y la Universidad de Salamanca, comenzando por el hecho que la primera no existe. Tampoco es significativo que alguien sea «nominado al Premio Nobel» como he escuchado varias veces (mi colega y amigo puede escribir una carta a la Academia Sueca y nominarme).

Algunas instituciones que acreditan no son más que un club fundado y financiado por los miembros que desean ser acreditados, por lo cual se debe ser cauteloso al evaluar «acreditaciones».

Muchas veces aceptamos lo que dice un «experto» porque *parece* experto. La apariencia se obtiene muchas veces por medio de los símbolos aceptados socialmente como indicadores de pericia, como el título de doctor. Se ha determinado también que la vestimenta y el automóvil de lujo son vistos como símbolos de autoridad. Por eso que los vendedores de automóviles se visten con traje y corbata, y un médico vestido en uniforme blanco causa mejor impresión que uno en pantalones cortos y camiseta.

Se percibe a una persona como creíble cuando hace contacto visual y habla con seguridad y confianza. Es más persuasiva una presentación en la cual se muestran estadísticas y se utilizan palabras técnicas y científicas, aunque sean irrelevantes (como ocurre en las pseudociencias). Algunos experimentos[26] han demostrado el efecto de persuasión en simulacros de juicios: un «experto» presentado como altamente cualificado expuso su testimonio de dos formas diferentes. Se comprobó que la probabilidad de convencer al jurado era el doble si el experto utilizaba un lenguaje técnico ininteligible en vez de utilizar un lenguaje sencillo y directo. Los investigadores concluyeron que cuando el experto hablaba de modo que el jurado entendiera, estos eran capaces de evaluar la presentación en sus méritos. Pero cuando el experto era ininteligible recurrían a sus credenciales

---

[26] J. Cooper, E. Bennett y H. Subel (1996). «Complex Scientific Testimony: How do Jurors Make decisions?». *Law and Human Behavior*, 20, 379.

y reputación para tomar una decisión. Conduce a la paradoja que en ocasiones un experto es más persuasivo cuando menos se le entiende.

No es fácil, especialmente en el mundo mediático que nos bombardea con información, saber cuándo esta es confiable. Lo mejor que podemos hacer es buscar la fuente original de la información y pasar juicio crítico utilizando todos los medios que tenemos a disposición. Evite nuestra demostrada tendencia a preferir historias a estadísticas y testimonios a observaciones controladas. Las historias se refieren a casos particulares, mientras que las estadísticas, aunque más aburridas nos pueden ofrecer información más precisa y pertinente. Por ejemplo, en el caso de una enfermedad, un epidemiólogo nos ofrecerá una información estadística más pertinente y confiable que la emotiva entrevista a un miembro de la farándula afectado por la enfermedad, historia que probablemente nos presentarán los medios.

Hay también casos de testimonio potencial: todas las cartas, relatos y otros documentos que se han perdido, posiblemente para siempre, algunos destruidos para eliminar el testimonio, que podría resultar indeseable para algunos. Viene a la mente el manuscrito de Lucrecio «De Rerum Natura» descubierto en 1417 por Poggio Bracciolini en un monasterio. Gracias a Poggio conocemos la obra[27]. También pienso en Chaim Kaplan (1880-1942) quien entre 1939 y 1942 mantuvo un diario[28] en el cual narra la trágica historia de los judíos del gueto de Varsovia, a medida que morían de hambre y de frío, enfermos y asesinados por los alemanes en el mismo gueto o transportados como ganado a los campos de exterminio.

Su última entrada al diario, el 4 de agosto de 1942, dice: «Si mi vida termina, ¿qué será de mi diario?». Se presume que poco después, como ocurrió con los otros residentes del gueto (unos 300.000), fue asesinado en Treblinka junto a su esposa. Su diario sobrevivió gracias a que fue sacado de contrabando por un amigo. Fue encontrado dentro de una lata de kerosene en una finca en las afueras de Varsovia y dio testimonio. ¿Y Dios dónde estaba?

---

[27] ****Stephen Greenblatt (2011). *The Swerve: How the World Became Modern.* New York: W. W. Norton. *El giro: de como un manuscrito olvidado contribuyó a crear el mundo moderno.* Crítica.

[28] Chaim A. Kaplan (1999). *Scroll of Agony. The Warsaw Diary of Chaim A. Kaplan.* Indiana University Press, Bloomington.

Dependiendo de nuestro juicio con respecto a la fuente de información, la línea editorial de una revista o editora de libros, (no es lo mismo *Investigación y Ciencia* que *Vanidades*), ajustaremos el grado de severidad de nuestro juicio crítico. El grado de severidad será también mayor, cuanto mayor sea la importancia del testimonio. Si alguien nos dice que el día anterior cuando cruzaba una calle vio a nuestro hermano, no tendremos fuertes razones para dudarlo (a menos de que no tengamos hermano), pero si nos dice que vio al Papa, nuestro juicio crítico será más severo.

Si se estudia la distribución de las diferentes religiones en el mundo, queda claro un patrón a pesar de la movilidad del mundo moderno. Las religiones se segregan en zonas geográficas bastante bien definidas que constituyen las varias civilizaciones del mundo moderno. La mayoría de los creyentes creen en lo mismo que lo que creen sus padres, o su comunidad, es decir, que la religión que profesa un individuo particular es un accidente geográfico y social. Muchos aceptan la verdad por autoridad, en vez de la verdad como autoridad. Nuestra tendencia a conformar y obedecer motiva nuestras creencias. Aunque nos identificamos con nuestras creencias y nos ofendemos si alguien las cuestiona, no nacimos con ellas y pensaríamos muy diferente si hubiésemos nacido en otras circunstancias. ¡Todos nacimos ateos!

Estamos acostumbrados a aceptar el testimonio de otros en gran medida porque casi siempre son ciertos o al menos poco importantes, y además porque se considera poco amable dudar de lo que otro dice con total convicción. Pero le haríamos un favor si expresáramos la duda.

Falacias genéticas

Máxima: *En ocasiones un idiota puede decir algo genial y un genio decir una idiotez.*

La refutación «¡eso es lo que decía Hitler!» no refuta nada, ya que no todo lo que decía este criminal era falso. Se trata en estos casos de convertir aprobación o desaprobación de una persona en aprobación o desaprobación de lo que expresa la persona, una táctica a nivel psicológico.

Aunque desde un punto de vista lógico el ataque *ad hominem* no es correcto, es cierto que las ideas políticas, económicas, sociales y religiosas (la ideología) de una persona pueden, si no invalidar su argumento, cuestionar su imparcialidad. Un argumento en contra de un aumento de los impuestos corporativos por un miembro de una entidad corporativa puede ser correcto, pero su procedencia justifica un alto nivel de suspicacia, ya que es de suponer que no escucharíamos un argumento a favor por parte de esta fuente.

El argumento ***ad hominem circunstancial*** «esta persona es miembro de...», o equivalentes, puede ser pertinente a la hora de examinar el argumento, pero no es una razón para invalidarlo. Es falaz decir: «El argumento a favor de la guerra del Dr. Strangelove es inválido porque es dueño de una fábrica de armamentos». Un ataque a una persona porque es un depravado sexual no es argumento contra su razonamiento matemático, aunque sea pertinente si se trata de emplearlo como maestro en una escuela.

El ***ad hominem abusivo*** ataca directamente a la persona con insultos o con cuestionamientos de su carácter que no vienen al caso en términos del argumento: «Usted dice que esta persona es inocente pero no se lo puede creer, ya que usted es un ladrón convicto».

En la variante ***tu quoque*** ('tú también') se trata de refutar un argumento demostrando que la persona que lo formula ha actuado o se ha expresado de una forma discordante con el argumento, lo cual generalmente causa que la persona se ponga a la defensiva. Así, una persona critica a otra por haber mentido y la otra le responde con «tú también» (has mentido en alguna ocasión), lo cual no es pertinente. En general, se acusa a alguien de hacer o defender lo mismo que condena o de no hacer lo que aconseja a otros. «No he dejado de fumar, como me recomendó mi médico, porque él también fuma.»

En los años después del fin de la Segunda Guerra Mundial un grupo de religiosos protestantes y católicos alemanes se dieron a la tarea de evitar que los que habían sido convictos por crímenes de guerra cumplieran sus sentencias (muchas de muerte). En cartas, panfletos y discursos públicos argumentaban que a muchos de los acusados se les habían arrancado confesiones con actos de tortura (¡!) y que los presos sufrían por la encarcelación (en la prisión de

Landsberg). Se acusaba a los aliados de ser injustos con los prisioneros que solo habían acatado órdenes y que no habían sido tan malos como se decía. La princesa alemana Helene de Isenburg (1900-1974), en una carta dirigida al papa Pio XII, dice[29]: «Llevar a hombres a la horca cuyas sentencias fueron en gran medida sentencias equivocadas, cinco años después del fin de la guerra, es contra todo derecho. No podemos entender que un pueblo vencedor haga caso omiso al mandamiento de la humanidad, para propagar el odio y la venganza». (No se conoce una carta similar protestando por las horribles matanzas perpetradas por los acusados.)

En la pseudociencia se recurre al *tu quoque* cuando no queda nada más. Para explicar la terapia con cristales de cuarzo, cuando no existe una pizca de evidencia que la apoye, se argumenta que en la ciencia ha habido muchos casos cuestionables en el pasado (tú también) y que «la ciencia no lo sabe todo». Aunque sea cierto, en nada cambia la apreciación de la terapia con cristales de cuarzo, y eso es lo que no se debe perder de vista.

Tolerancia ante lo que otros creen

¡Qué fatalidad cuando el ser humano de buena fe renuncia a la violencia porque cree en la no-violencia! ¡Lo único que logra es ser superado en forma más radical por la violencia!

Karl Jaspers

Un día estaba cruzando un puente cuando vi a un hombre parado sobre la baranda, a punto de saltar. Corrí hasta él y le grité:

—Para, ¡no lo hagas!

—¿Por qué no? —indagó.

—Bueno —dije—, hay tantos motivos por los que seguir viviendo.

—¿Como cuáles? —me preguntó.

—¿Eres religioso? —pregunté.

—Sí —respondió.

—Yo también —dije.

—¿Eres cristiano o musulmán?

---

[29] Ernst Klee (2004), *Was sie taten, was sie wurden*. Fischer Verlag, pág. 231.

—Cristiano.

—Yo también. ¿Eres católico o protestante?

—Protestante.

—¡Yo también! ¿Eres episcopal o bautista?

—Bautista.

—¡Ah, yo también! ¿Eres Bautista Iglesia de Dios o Bautista Iglesia del Señor?

—Bautista Iglesia de Dios.

—¡Yo también! ¿Eres Bautista Iglesia de Dios original o reformada?

—Reformada.

—¡Vaya, yo también! ¿Eres reforma de 1879 o reforma de 1915?

—Bautista Iglesia de Dios reformada de 1915 —me respondió.

Le grité:

—¡Hereje de mierda! —Y lo empujé.

Una postura común que pretende demostrar cierta amplitud mental es que debemos ser tolerantes, que debemos tener «la mente abierta» y aceptar todas las creencias como muestra de respeto. Es cierto que debemos tener «la mente abierta», pero no tan abierta como para que se nos caiga el cerebro. También debemos respetar al prójimo, pero no por eso sus ideas. La tolerancia permite la coexistencia pacífica de grupos de personas de distintas identidades, religiones y etnias, coexistencia que es un derecho humano fundamental, ya que la intolerancia propicia la persecución, el sufrimiento y, en última instancia, la muerte. La tolerancia permite las diferencias sin las cuales no surgen las presiones necesarias de cambio y así la oportunidad de progreso. Martin Walzer[30] enumera varias formas de tolerancia que, como expresa acertadamente, «son un acto de poder, mientras que ser tolerado es una admisión de debilidad».

Una forma es la aceptación resignada de la diferencia, por mantener la paz. Una posible segunda forma es pasiva, relajada, indiferente ante la diferencia: «Son necesarios todos los tipos para hacer un mundo». Una tercera forma es el resultado de cierto tipo de estoicismo moral: reconocer por principio que los otros tienen derechos, aunque ejerciten esos derechos de forma poco atractiva. Una cuarta

[30] Martin Walzer (1999). *On Toleration* (Castle Lectures Series). Yale Univesity Press, pág. 10.

forma expresa apertura hacia los otros, curiosidad, incluso respeto, voluntad de escuchar y aprender.

Suena bien y por cierto que debemos aspirar a esa cuarta actitud, pero no puede haber tolerancia sin límites. La idea de tolerancia, plasmada en que «cada uno crea lo que quiera», debe ser tomada con pinzas, por el hecho de que nuestros actos no son independientes de nuestras ideas. Dice Voltaire[31]: «Para que un gobierno no tenga derecho a castigar los errores de los hombres, es necesario que tales errores no sean crímenes. Solo son crímenes cuando perturban la sociedad: perturban la sociedad si inspiran fanatismo; es preciso, por lo tanto, que los hombres empiecen por no ser fanáticos para merecer la tolerancia».

Es muy difícil que una creencia no tenga una consecuencia social, ya que nuestras creencias determinan nuestras acciones, razón por la cual el derecho a creer lo que nos plazca es algo resbaladizo. Clifford dijo[32]: «Pero como ninguna creencia sostenida por un hombre, por trivial que parezca la creencia, y desconocido el creyente, es en realidad insignificante o sin efecto sobre el destino de la humanidad, no tenemos más opción que extender nuestro juicio a todos los casos de creencia, sea cual sea». Y continúa: «No es solamente el líder, el hombre de Estado, el filósofo o el poeta quienes tienen esta obligación con la humanidad. Cada lugareño que en la cantina del pueblo pronuncia sus lentas y escasas frases, puede ayudar a mantener o no vivas las fatales supersticiones que obstruyen su raza. Cada esposa de un artesano que trabaja duro puede transmitir a sus hijos creencias que unificarán o despedazarán a la sociedad. Ninguna simpleza mental, ninguna oscuridad de la estación puede escapar de la obligación de cuestionar todo lo que creemos».

Resulta entonces que es falso que sea aceptable creer cualquier cosa, del mismo modo que es falso que se deba ser tolerante sin límites. Todo se puede tolerar siempre y cuando sea tolerable y ahí radica muchas veces el problema. En esta misma línea Karl Popper[33] alerta sobre lo que denomina la *paradoja de la tolerancia*: «La tolerancia sin límites debe llevar a la desaparición de la tolerancia. Si ofrecemos

[31] Voltaire (Francisco Maria Arouet), *Tratado sobre la tolerancia*. Disponible en http://www.ciudadseva.com/textos/otros/voltaire/trattole/trattole.htm

[32] *****William K. Clifford (1877). «The Ethics of Belief». *Op cit.* pág. 74.

[33] Karl Popper (1945). *The Open Society and its Enemies*. Routledge.

tolerancia sin límites, también a aquellos que son intolerantes, si no estamos dispuestos a defender una sociedad tolerante de los ataques de los intolerantes, entonces los tolerantes serán destruidos, y con ellos la tolerancia».

Ya hemos visto que para toda creencia se aplica el *onus probandi* sobre el creyente y que además opera el *contra principia negantem disputari non potest.* Si se cree porque se cree, entonces no queda espacio para argumento alguno y eso define la «fe».

Ocurre en muchos países (particularmente en EE.UU.) que padres que aman a sus hijos y son profundamente religiosos, los dejan sufrir y morir optando por oraciones en vez de por un moderno hospital[34]. Si alguien cree que las vacunas son peligrosas, o peor aún, que son parte de una conspiración genocida, no vacunará a sus hijos para perjuicio de ellos y pondrá en riesgo a la comunidad.

Son acertadas las palabras de Holbach: «En todas partes de nuestro planeta se ha visto como unos fanáticos intemperantes se degollaban mutuamente, encendían piras para quemar a la gente, cometían los mayores crímenes sin escrúpulos, e incluso como un deber, y derramaban torrentes de sangre. ¿Para qué? Para reforzar, apoyar o propagar las absurdas conjeturas de unos entusiastas o dar validez a las habladurías de algunos impostores en nombre y al servicio de un ser que solo existe en la imaginación y que se ha dado a conocer únicamente por las devastaciones, disputas y locuras que ha provocado sobre la Tierra». Escritas hace más de doscientos años, son pertinentes al presente.

Derecho a una opinión

Máxima: *Que tenga derecho a una opinión no la hace cierta.*
Máxima: *Creer y propagar algo falso no es un derecho, es un fraude.*

Lo habrá presenciado muchas veces. Durante una discusión, por ejemplo, acerca de los motivos que llevaron a EE.UU. a invadir Irak,

[34] ***Paul Offit (2015). *Bad Faith: When Religious Belief Undermines Modern Medicine.* Basic Books.

ambos lados presentan sus argumentos y, llegado a cierto punto, cuando un lado se siente acorralado y entiende que sus argumentos han sido refutados, manifiesta lo siguiente: «Como sea, tengo derecho a mi opinión».

En ocasiones se utiliza este «derecho» de forma preventiva expresando algo como: «Claro, usted tiene derecho a su opinión, pero...». Desde un punto de vista *legal*, en un contexto democrático, es cierto que cada cual tiene la libertad de pensar y opinar como quiera (aunque esto se limita con leyes que prohíben ciertas expresiones, ya sean verbales o corporales), pero ese derecho no es pertinente cuando se trata de establecer la verdad de una proposición. El «como sea, tengo derecho a mi opinión» es un cambio de foco, ya que la discusión no era acerca de tener o no este derecho legal. La equivocación se basa en dos significados distintos de la expresión «derecho a una opinión». El artículo 19 de la Declaración Universal de los Derechos Humanos, promulgada por las Naciones Unidas en 1948 dice: «Todo individuo tiene derecho a la libertad de opinión y de expresión; este derecho incluye el de no ser molestado a causa de sus opiniones, el de investigar y recibir informaciones y opiniones, y el de difundirlas, sin limitación de fronteras, por cualquier medio de expresión».

En el sentido legal relacionado con la libertad de expresión reclamamos ese derecho (escribo esto en el momento del triste evento relacionado con *Charlie Hebdo*). Pero si reclamamos ese derecho relacionado con cuestiones de hecho porque nuestra opinión está basada en un fundamento adecuado, entonces el derecho es un derecho *epistémico*, es decir, que por tener un buen fundamento tenemos derecho a la opinión. Si de lo que se trata es de la justificación y posible veracidad de una creencia, entonces la creencia debe fundamentarse con argumentos válidos y datos contrastables, nada que ver con derechos legales. Usted tiene derecho (legal) a opinar que 2 + 2 = 3, pero su opinión es falsa. Creer y propagar algo falso no es un derecho, es un fraude, o, en palabras de Clifford, «un pecado contra la humanidad». Tener derecho a una opinión no significa que todas las opiniones sean igualmente ciertas.

En ocasiones tenemos la *obligación* de expresar una opinión, como señaló acertadamente Elie Wiesel al aceptar el Premio Nobel de la Paz en 1986: «Debemos siempre tomar partido. La neutralidad ayuda al opresor, nunca a la víctima. El silencio promueve al torturador, nunca al torturado». Son pertinentes también las palabras de Christopher Hitchens[35]: «Nunca seas un espectador de la injusticia o de la estupidez. Busca la discusión y el debate por sí mismos; la tumba te dará abundante tiempo para el silencio».

[35] ****Christopher Hitchens (2001). *Letters to a young contrarian.* Basic Books. *Cartas a un joven disidente.* Anagrama.

9
Inducciones y analogías

Inducciones

Todas las generalizaciones son peligrosas, incluyendo esta.

ALEJANDRO DUMAS

Una gran proporción de nuestros razonamientos son inductivos (y no deductivos). La **inducción** parte de la premisa de que la naturaleza es uniforme y que se rige por ciertas leyes naturales. Esa premisa es justificada, ya que si no fuera cierta no podríamos entender nada del mundo. Todo indica que las leyes naturales no cambian y que podemos confiar en que la gravitación actuará en el futuro de igual forma que en el pasado y que operan de igual forma en otros sitios del universo. El razonamiento inductivo parte de datos empíricos (que constituyen una muestra) para enunciar una ley general. Podemos indicarlo de esta forma:

> X_1 X_2 X_3... X_n *son todos A que también son H por lo cual infiero que todos los A son H.* (Observo cien cisnes y todos son blancos, infiero que todos los cisnes son blancos.)

En el caso de una generalización hacia el futuro toma la siguiente forma:

> *En tiempos pasados T_1, T_2 … T_n ocurrió A junto a H, infiero que en un tiempo futuro T_f ocurrirá A junto a H.* (He observado que todos los días el Sol sale por el este. Infiero que el Sol saldrá por el este.)

En comparación con la deducción, la inducción es un razonamiento arriesgado que no garantiza la conclusión, pero ofrece un cierto grado de probabilidad de que la inferencia sea cierta. En el caso de la futura salida del Sol, el alto grado de probabilidad se obtiene del hecho de que los datos empíricos se refuerzan por la teoría física que explica por qué esperamos que salga el Sol mañana (la dinámica del sistema solar).

Podría ocurrir algo que evitara que el Sol saliera por la mañana en el este. Imagínese un cataclismo cósmico que destruyera la Tierra o al menos le cambiara su eje y modo de rotación, en cuyo caso la inferencia no se cumpliría (pero no quedaría filósofo alguno para comentar el suceso). En este caso podríamos argumentar con más cuidado y decir: he observado que todos los días el Sol sale por el este. Concluyo que, a menos que pase algo que cambie las leyes que rigen el comportamiento de la Tierra y el Sol, o un evento que cambie las condiciones del entorno (una excepción como el choque con un asteroide), mañana el Sol saldrá por el este.

Para otros casos la inducción es menos obvia. Es además cierto, según las teorías de evolución estelar, que en algún momento futuro el Sol dejará de existir como estrella (no se preocupe, será dentro de unos 4.000 millones de años), por lo cual el Sol dejará de «salir». Es decir, que toda inducción será válida solamente dentro de un perímetro de espacio tiempo, que podemos definir y en condiciones de *ceteris paribus* (que quiere decir, 'en igualdad de circunstancias').

Una característica importante de cualquier inferencia inductiva es que, aunque no es posible demostrar que la conclusión sea cierta, es posible demostrar que es falsa. Para esto es suficiente un contraejemplo. Si generalizo, luego de ver cien cisnes blancos en diferentes sitios, que «todos los cisnes son blancos» será suficiente encontrar un cisne negro para demostrar que no es cierto.

Cabe preguntarse por la validez de una inferencia inductiva, preguntarse cuándo es lícito generalizar, toda vez que la generalización inductiva no garantiza el resultado y muchas veces fallamos al generalizar. Cuando vemos la noticia de que un hispano en EE.UU. asesinó a una persona y a la semana otro hispano asesinó a otra persona puede surgir la tendencia a inferir que los hispanos son asesinos, un tipo de razonamiento inductivo que es la base de los prejuicios y ha llevado a más de una tragedia. Por otro lado, si vamos a un restaurante un día y la comida nos sienta mal, y vamos a la semana siguiente y otra vez ocurre lo mismo, dejaremos de ir, infiriendo que la higiene en la cocina deja mucho que desear. ¿Cuáles son los criterios que legitiman una inferencia inductiva? Es necesario que se cumplan tres condiciones:

- El número de datos que constituyen la base para una generalización debe ser *grande*.
- Las observaciones se deben repetir en una amplia variedad de condiciones.
- Ninguna observación debe contradecir la ley universal derivada.

Surgen varios problemas al analizar con más cuidado estas condiciones. Con respecto a la primera condición no sabemos qué quiere decir «grande», aunque existen buenas normas estadísticas para establecerlo, y hay casos en los cuales parecería válido generalizar a partir de tan solo una experiencia. Si pongo la mano sobre el hornillo caliente y me quemo, generalizaré que al hacer esto siempre me quemaré, y ningún filósofo me convencerá de que tengo que hacer el experimento varias veces con distintos hornillos y la otra mano antes de generalizar. Por otro lado, si un psíquico acierta en una predicción, consideraré muy prematuro generalizar que tiene poderes paranormales.

Salto a conclusiones

Saltar a conclusiones es el pan nuestro de cada día. Se trata de una inducción injustificada. El 7 de julio de 2005 la policía metropolitana de Londres mató a un hombre brasileño (Jean Charles de Menezes) dos días después de un atentado terrorista que costó la vida a 52 personas en el metro de Londres, pero el hombre no tenía nada que ver. La policía, al verlo salir de un edificio donde residía un sospechoso lo siguió, pensando que se trataba de uno de los terroristas, ya que, como surgió de la investigación posterior, pensaban que tenía un semblante parecido al de uno de los sospechosos, cuyas imágenes se habían grabado por las cámaras de vigilancia del metro. Lo siguieron hasta el tren, al cual se subió camino a su trabajo y, sin mediar palabra, lo asesinaron. Una víctima fatal del salto a una conclusión.

Hay distintas modalidades del salto a una conclusión.

En la **generalización precipitada** un caso particular o accidental, o una muestra que no es de un tamaño suficiente como para ser representativa se utiliza para llegar a una conclusión general. Los datos en los que se basa la inducción son meras anécdotas. Subyace a muchos prejuicios que surgen al saltar de «algunos» a «todos». Si alguien nos comenta que todos los alemanes son antipáticos deberíamos responder: ¿los conoce a todos?

En la **generalización desmesurada**, por otro lado, el error consiste en ir más lejos de lo que permiten los datos, olvidando alternativas. Un conocido ejemplo ilustra esta falacia: un sabio estudia pulgas y las ha entrenado para que a la voz de «salta» ellas salten. Luego hace un experimento y le quita las patas traseras a una pulga y a la voz de «salta» la pulga no salta. Repite esto con varias pulgas con el mismo resultado y concluye con lo siguiente: cuando se le quitan las patas traseras a una pulga, deja de oír.

Inferencia automática

> *La señora alquiló un cuarto a dos estudiantes que no conocía y por eso andaba algo preocupada. Pero después de un par de días le comentó a la vecina: «Deben de ser buenos muchachos, tienen toallas del YMCA».*

En muchas situaciones confundimos observaciones, inferencias y juicios. Muchas de las cosas que entendemos acerca del mundo son producto de una inferencia que se realiza de forma automática y acrítica (veremos más adelante los detalles del funcionamiento de dos sistemas cognitivos que operan en nuestros procesos mentales). Las observaciones se refieren a la experiencia directa de cosas, eventos y aseveraciones, mientras que todo el resto es inferido.

Podemos ordenar varios niveles de abstracción que comienzan con nuestras observaciones, siguen con nuestras inferencias y terminan con nuestros juicios y creencias. En el primer nivel encontramos las observaciones de los hechos o la información reportada por otros sobre los hechos. Estos pueden ser ciertos o falsos. Luego pasamos al nivel de inferencias, que parten de los hechos y van más allá de ellos en un proceso que puede ser espontáneo o cuidadosamente estudiado. El grado de confiabilidad de nuestras inferencias se puede especificar con una asignación de probabilidad (que puede ser objetiva o subjetiva). Hayakawa[1] dice:

> «Aun cuando ejercitamos toda precaución para evitar inferencias y reportar solamente lo que percibimos y experimentamos, somos susceptibles al error, ya que hacer inferencias es un proceso rápido y casi automático».

Finalmente realizamos juicios y formamos opiniones que son el resultado de una multitud de inferencias y que representan nuestro sentir acerca de los hechos. Tenemos entonces el siguiente cuadro:

1 El nivel objetivo de observaciones directas no-verbales de los hechos por nuestros sentidos: *Observamos o nos informan que Gervasio conduce un Porsche.*
2 Expresión verbal de los hechos. Decimos o pensamos: *Gervasio conduce un Porsche.*
3 Inferencias que van más allá de las observaciones directas. *Gervasio es rico ya que conduce un Porsche.*
4 Más inferencias y teorías: *Como Gervasio está desempleado, debe ser que heredó una gran cantidad.*
5 Juicios: *Está mal que Gervasio conduzca un Porsche cuando no tiene para darle de comer a sus hijos.*

Al avanzar por estos niveles de abstracción, cada uno agrega información que no está presente en el nivel anterior y deja de lado información de niveles anteriores. Es importante identificar estos cambios para entender y analizar el proceso cognitivo operante. En

[1] **** S. I. Hayakawa (1991). *Language in Thought and Action* 5th ed. Harvest Original.

muchas circunstancias se comete el error de confundir una observación verdadera como falsa, o viceversa, y quizá de mayor importancia, confundimos una inferencia con una observación.

Por ejemplo, si observamos que «Daniel se levantó cuando sonó el teléfono» (la observación), podemos *inferir* que «Daniel se levantó *para contestar* el teléfono», o también: «Daniel se levantó *porque* sonó el teléfono». Estas dos últimas aseveraciones son inferencias y no una observación. Muchas veces inferimos más allá de lo que realmente dice alguna persona (la observación). Si Pepe dice «me tengo que ir», podríamos inferir (sin mucho fundamento): «Pepe tenía prisa», pero esto no es una observación. Podemos caracterizar las observaciones como ciertas o falsas, pero las inferencias (a menos que sean el resultado de un argumento deductivo) no tienen ese carácter, ya que muchas veces no tenemos información suficiente, y solamente le podemos asignar algún grado de probabilidad.

En relación con la pequeña historia del epígrafe, note que nos causa gracia (supongo que así fue), ya que pensamos que no deben de ser muchachos tan buenos si es que *robaron* las toallas del YMCA. Pero esta inferencia no es necesariamente correcta. Muchos artículos vienen con la sigla de alguna organización, y no por eso son robados, pueden ser un regalo, o comprados.

Hagamos una prueba en la cual se presenta una historia y luego una serie de aseveraciones que debe catalogar:

> *Un comerciante acababa de apagar las luces de la tienda cuando apareció un hombre que exigió dinero. El propietario abrió una caja registradora. El contenido de la caja registradora fue recogido y el hombre se fue velozmente. Un miembro de la policía fue notificado inmediatamente.*

Tiene 6 minutos (es decir 30 segundos por pregunta) para contestar las preguntas que aparecen en la página siguiente con respecto a la historia con: ***Cierto, Falso, o ¿?*** (información insuficiente para responder). Una vez marcada su respuesta no puede cambiarla, pero puede referirse a la historia cuantas veces quiera. Comience ahora.

Aseveraciones sobre la historia	Cierto	Falso	¿?
1. Un hombre aparece luego de que el propietario apaga las luces.			
2. El ladrón era un hombre.			
3. El hombre no exigió dinero.			
4. El hombre que abrió la caja registradora era el dueño.			
5. El dueño recogió el contenido de la caja registradora y se fue corriendo.			
6. Alguien abrió la caja registradora.			
7. Luego de que el hombre que exigió dinero recogió el contenido de la caja registradora, se fue corriendo.			
8. Aunque la caja registradora contenía dinero, la historia no dice la cantidad.			
9. El ladrón exigió dinero al propietario.			
10. El hombre apareció en plena luz del día.			
11. La historia concierne a unos eventos en los cuales se menciona solamente a tres personas: el dueño de la tienda, alguien que exigió dinero, un miembro de la policía.			
12. Los siguientes eventos de la historia son ciertos: alguien exigió dinero, una caja registradora fue abierta, su contenido fue recogido, un hombre se fue corriendo de la tienda.			

Las respuestas: (Es más fácil si gira el libro 180 grados)
Explicación

RESPUESTAS:

3 es falso
6 es cierto
Las repuestas al resto es ¿? (No tenemos suficiente información para determinar si son ciertas o falsas)

	Enunciados sobre la historia	¿? - Comentario
1.	El hombre aparece luego de que el propietario apaga las luces.	¿? No sabemos si el comerciante o el propietario apagaron las luces. No son necesariamente la misma persona.
2.	El ladrón era un hombre.	¿? Exigir dinero no es *robar,* que se trataba de un «ladrón» es una inferencia.
3.	El hombre no exigió dinero.	**Falso**
4.	El hombre que abrió la caja registradora era el dueño.	¿? El dueño abrió una caja, pero no sabemos si se abrió otra.
5.	El dueño recogió el contenido de la caja registradora y se fue corriendo.	¿? Podría ser, no lo sabemos.
6.	Alguien abrió la caja registradora.	**Cierto**
7.	Luego de que el hombre que exigió dinero recogió el contenido de la caja registradora, se fue corriendo.	¿? No sabemos *quién* recogió el contenido (no necesariamente dinero).
8.	Aunque la caja registradora contenía dinero, la historia no dice la cantidad.	¿? En ningún lado dice que había dinero.
9.	El ladrón exigió dinero al propietario.	¿? No sabemos *a quién* le exigió, y además no sabemos si es «ladrón».
10.	El hombre apareció en plena luz del día.	¿? Las luces de la tienda están encendidas de día y de noche.
11.	La historia concierne a unos eventos en los cuales se menciona solamente a tres personas: el dueño de la tienda, alguien que exigió dinero y un miembro de la policía.	¿? En ningún sitio dice que el comerciante y el dueño son la misma persona.
12.	Los siguientes eventos de la historia son ciertos: alguien exigió dinero, una caja registradora fue abierta, su contenido fue recogido, un hombre se fue corriendo de la tienda.	¿? La historia dice se «fue velozmente», pero no sabemos si se fue «*corriendo* de la tienda».

Note como la siguiente versión ampliada de la historia inicial, no la contradice:

> *Luego de que el comerciante apagó la luz en la tienda, el propietario entró y dijo: «Deme las entradas del día y las depositaré en el banco». El comerciante le entregó al propietario una bolsa de depósito y le indicó: «Aquí están ya preparadas». El propietario dijo: «Necesito hablar con mi contable sobre los cheques sin fondos de las últimas semanas. ¿Están aún en la caja registradora?». El comerciante indicó que sí. El propietario dijo: «Esta noche cenaré en la casa del oficial Martínez, que es vecino del contable por lo cual puedo aprovechar y llevarle los cheques». El propietario abrió la caja registradora y recogió los cheques sin fondos. Mientras salía deprisa le dijo al comerciante: «Por favor, llama al oficial Martínez para decirle que me retrasaré un poco». El comerciante llamó al oficial Martínez.*

Analogías

La verdadera diferencia entre nosotros y un chimpancé es el pegamento mítico que une a grandes cantidades de individuos, familias y grupos. Este pegamento nos ha hecho los señores de la creación

Yuval Noah Harari[2]

Como el cuerpo está compuesto de 80% de agua y 20% de «tierra» o sólidos, es razonable suponer que la gravedad ejerce un efecto directo sobre la masa de agua del cuerpo, del mismo modo que lo hace sobre las masas de agua del planeta.

Arnold Lieber[3]

Es muy común argumentar por analogía, y en muchos casos el resultado es adecuado, pero en otros conduce a errores. Cuando compa-

[2] *****Yuval Noah Harari (2015). *Sapiens. Una breve historia de la humanidad.* Debate.

[3] Arnold L. Lieber (1978). *The Lunar Effect. Biological Tides and Human Emotions.* Anchor Press, Garden City.

ramos o relacionamos dos o más objetos, situaciones o experiencias diferentes y encontramos ciertos elementos comunes, formulamos una analogía. La analogía se utiliza de forma descriptiva o como una forma de argumento. La analogía se basa en la observación de que cuando dos casos o cosas son similares en algunos aspectos, se puede argumentar que también pueden ser similares en otros aspectos de interés al argumento.

Es común formular analogías entre eventos históricos, por ejemplo, la guerra de Vietnam y la de Afganistán, o el comportamiento de la bolsa de valores antes de la gran depresión económica de los años treinta con su comportamiento en otras épocas. Los argumentos por analogía son poderosos y pueden ser peligrosos. Su poder reside en que pueden esclarecer un asunto complicado por analogía a uno menos complejo y más conocido. El peligro emerge con las *falsas analogías.*

Garantizamos la analogía con la regla general de que para casos *idénticos* lo que es cierto para uno es cierto para el otro. Como los casos (o las cosas) que se comparan en una analogía no son idénticos, la inferencia no puede llevar a una conclusión necesaria, por lo cual es inductiva. Es común en una conversación acerca de alguna experiencia o problema personal encontrarse con un comentario: *«A mí también me ocurrió algo similar»*, y a partir de eso argumentar que la resolución de la situación requiere algo similar. En los casos legales se argumenta por analogía a casos precedentes, razonando que si para tal situación se tomó una decisión particular, entonces para un caso análogo se debe tomar la misma decisión. En la ciencia es común el uso de modelos analógicos para describir ciertos fenómenos. Cuando se habla del átomo con un núcleo en el centro y electrones en las órbitas, se trata de un modelo analógico al sistema solar (y que no sirve más que como metáfora).

Ante una analogía debemos examinar si las características similares son pertinentes para la aseveración que se formula y que no existan diferencias o excepciones que destruyan la analogía. Las similitudes deben ser con respecto a aspectos importantes y las diferencias con respecto a aspectos superficiales. No es difícil encontrar alguna semejanza entre dos cosas, pero esto no justifica un argumento analógico. Es cierto que tanto una vaca como un sofá tienen cuatro patas y el sofá puede estar revestido de cuero, pero no intentaríamos un argumento analógico basado en estas semejanzas. Por más que el fenotipo (y el genotipo) de un chimpancé y de un humano sean similares en muchos aspectos, no sigue que podamos argumentar que como un humano razona de cierta manera, entonces un chimpancé razona de la misma manera. La diferencia entre el cerebro del chimpancé y el del humano es excepcional y más importante que las similitudes y constituye una disanalogía que destruye la analogía. Por otro lado, la similitud bioquímica entre chimpancés y humanos permite realizar pruebas con ciertas drogas con los primeros y argumentar por analogía que los efectos serán similares sobre los segundos.

Formalmente, el razonamiento analógico se puede resumir así:

X y Z tienen semejanzas significativas y pertinentes.
X tiene propiedades a, b, c… q (premisas).
Z tiene propiedades a, b, c.

Por lo tanto: es probable que q sea cierto para Z (conclusión).

La fuerza de la analogía depende de la relación entre *q* y *a, b, c.* Si *a, b* y *c* se conectan con *q* de una forma pertinente, el argumento analógico es fuerte, de lo contrario estaremos ante una **falacia de falsa analogía,** como ya vimos para los casos de analogías entre la mente y un ordenador, o entre leyes naturales y leyes humanas.

Las analogías pueden ser literales o figurativas, es decir, que pueden ser comparaciones directas entre cosas o situaciones, o pueden ser comparaciones entre las *relaciones* entre cosas o situaciones. Si comparamos dos ciudades que tienen rasgos similares (población, extensión, características geográficas, organización) y aseveramos que una reglamentación que dio buenos resultados en una de las ciudades debería dar buenos resultados si se implantara en la otra ciudad, el argumento es el resultado de una analogía literal.

Por otro lado, si decimos que para una hormiga llevar una hoja al hormiguero es como si una persona llevara una caja de 150 kg a su casa, la analogía es figurativa. Lo que es análogo es la *relación* entre la hoja y la hormiga por un lado y entre la persona y la caja por otro. Si decimos que la escoba es a la aspiradora como el ábaco a la calculadora, hacemos una analogía de una relación histórica.

Notemos que un argumento analógico difiere de una inducción por el hecho de que en una analogía se toma como muestra un caso que no pertenece a la clase sobre la cual se va a generalizar (un cisne como análogo de un pato), mientras que en las inducciones las muestras pertenecen a la misma clase sobre la cual se generaliza (un cisne para concluir algo sobre todos los cisnes).

El conocido caso de la tumba del rey maya Pacal (603-684) en Palenque es un buen ejemplo de falsa analogía[4]. La tumba fue descubierta en 1952 por el arqueólogo mexicano de origen francés Alberto Ruz Lhuillier, en el interior de una pirámide escalonada de unos veinte metros de altura, conocida como Templo de las Inscripciones. Erich von Däniken tomó esta lápida como ejemplo para apoyar su hipótesis de que los dioses eran astronautas del pasado y, según él, lo que vemos en el bajorrelieve de la lápida que cubre la tumba es la figura de un astronauta. Se señalan analogías, como la posición de Pacal como si fuera un astronauta montado en una nave, algo similar a unas llamas se pueden observar en la parte inferior de la «nave», e incluso parece que las manos del «astronauta» estén manejando un tablero de mandos. También, dicen algunos, en la nariz de Pacal hay algo parecido a un tubo como si se tratara de un dispositivo para respirar en el vacío.

Sin embargo, los arqueólogos coinciden en que la figura de Pacal[5] aparece en otros relieves de la época con dibujos similares. En este caso las similitudes son interpretaciones bastante arbitrarias de un dibujo, pero la analogía con una nave extraterrestre no pasa un análisis serio, sin que por eso no exista una gran cantidad de personas (y sitios cibernéticos que repiten lo mismo, junto al dato erróneo de que se trata de una tumba de hace 12.000 años) que hablan del astronauta de Palenque como si fuera un hecho bien fundamentado.

La cita del epígrafe es del libro fundacional del «efecto lunar». Escribe el autor [con mis comentarios entre corchetes]: «Digamos que hay una coincidencia de ciclos cósmicos, por ejemplo, una luna llena que coincide con perigeo y un eclipse lunar. Sol, Luna y Tierra se alinean en un plano geométrico. En ese momento, la fuerza de la gravedad sobre la Tierra se incrementa por encima de la usual marea

[4] Alfonso López Borgoñoz. «¿Un astronauta en Palenque?» *El Escéptico*, N.º 5, 1999.

[5] Stuart J. Fiedel (1992). *Prehistory of the Americas*. Cambridge University Press.

gravitatoria. Además, el campo magnético de la Tierra será enormemente distorsionado por los campos magnéticos del Sol y de la Luna [la Luna no tiene un campo magnético como la Tierra] con los cuales está alineado el planeta. El ruido electromagnético resultante afecta la ionosfera y hace estragos con corrientes iónicas y electromagnéticas. [Esto es un invento.] Estas fuerzas afectan a la biosfera. El organismo humano es bombardeado súbitamente por un disturbio masivo de la gravedad y el campo electromagnético circundante. [Palabrerías sin saber de lo que habla.] El disturbio cambia el equilibrio entre el mundo interno y el externo.

»La gravitación ejerce un efecto directo sobre el cuerpo y su masa de agua y un efecto indirecto que es mediado por el campo electromagnético. [Falso] Se cree [¿Quién?] que ambos efectos actúan sobre dos sitios principales: el agua del cuerpo y el sistema nervioso. Como el cuerpo está compuesto de 80% de agua y 20% de «tierra» o sólidos, es razonable suponer que la gravedad ejerce un efecto directo sobre la masa de agua del cuerpo, del mismo modo que lo hace sobre las masas de agua del planeta». [No, no es razonable, es una falsa analogía y lo que queda es puro tecnobalbuceo.]

10
Números

Dos matemáticos toman cerveza en un bar.
–El ciudadano común no tiene noción de matemáticas –dice el primero.
Pero su amigo responde:
–Te equivocas, muchos tienen unos conocimientos básicos.
El primero se levanta para ir al baño y el segundo llama a la camarera y le dice:
–Mira, rubia, cuando regrese mi amigo te haré una pregunta y tú contesta: «Un tercio equis al cubo». –La camarera lo repite–: «un tercio equis al cubo»–, y se va.
Al regresar su amigo, le dice:
–Te demostraré que estás equivocado. Ahora mismo le preguntamos a aquella rubia cuál es la integral de equis al cuadrado.
El segundo, entre risas, le dice:
–Me juego 20 dólares a que no lo sabe.
Llaman a la rubia y le preguntan cuál es la integral de equis al cuadrado.
La rubia responde como habían acordado:
–Un tercio equis al cubo. –Y ya retirándose se da vuelta y les dice–: Más una constante.

No todo lo que se puede contar cuenta y no todo lo que cuenta se puede contar.

ALBERT EINSTEIN

Un número infinito de matemáticos entran en una taberna. El primero pide una cerveza, el segundo pide media cerveza, el tercero pide un cuarto, el cuarto pide un octavo. En ese momento el tabernero los interrumpe y dice: «Todos ustedes son idiotas», y les sirve dos cervezas.

En ocasiones alguien me dice, casi con orgullo, algo como: «Yo y los números no nos llevamos bien». No son pocas las veces que el cajero me mira estupefacto cuando le digo el total de la compra –cinco artículos de 1,20 dólares– antes que lo haya averiguado marcando cinco veces 1,20 dólares. Si la suma es menos trivial me mira como si yo fuera un genio matemático como John Nash (*A beautiful mind*). La aversión a los números es un fenómeno generalizado y conduce a lo que se ha denominado *anumerismo*; el analfabetismo matemático que ha llevado a más de uno a la ruina[1]. Distinto a esto es la *discalculia*, una condición neurológica (similar a la dislexia) que dificulta realizar operaciones matemáticas.

Es difícil entender ciertas cosas del mundo sin utilizar números y espero que este breve repaso sea útil. Las cantidades son importantes en muchas de las cosas que hacemos, desde recetas de cocina hasta dosis de medicina y, si nos equivocamos, sale mal la torta o muere el paciente. Nos hablan de promedios y de porcentajes, de descuentos y aumentos con números que muchas veces no quieren decir lo que aparentan, y nos confunden. La inhabilidad en el uso de números, el desconocimiento de estadística y probabilidades, conduce a errores que en ocasiones causan horrores.

El anumerismo del público es utilizado para engañar, muchas veces presentando estadísticas que en realidad no dicen lo que se pretende[2]. Nos bombardean con datos insondables, resultados de dudoso valor que indican que comer X hace daño o que ingerir Z es bueno, y escuchamos cifras sobre la economía, la criminalidad y el estado del planeta. Cada vez más los números rigen nuestras sociedades y el anumerismo deja al individuo a la merced de los depredadores que quieren convencerle de que mil miligramos es mucho más que un gramo. El anumerismo permite que una persona acepte un contrato que le cueste 89 céntimos al día, pero rechace uno que le cueste 325 euros al año.

El uso de números con su apariencia de objetividad y precisión es una forma de encubrir situaciones inciertas o de causar una im-

---

[1] *****John Allen Paulos (2001). *Innumeracy. Mathematical Illiteracy and its Consequences*. Hill and Wang. *El hombre anumérico: analfabetismo matemático y sus consecuencias*. Tusquets Editores.

[2] Cynthia Crossen (1994). *Tainted Truth, the Manipulation of Fact in America*. Simon and Shuster.

presión que no refleja la realidad. Muchas estadísticas sociales se pueden presentar de diferentes formas dependiendo de lo que se desee comunicar.

Es común el anuncio de que un cierto producto salió primero en un *ranking* de alguna cualidad (preferencia entre consumidores, menos grasa, mayor valor nutritivo, etc.). Pero si no sabemos la magnitud de la diferencia no es posible entender el significado. Si comparamos diez productos casi idénticos en alguna propiedad se pueden ordenar en una lista y uno será por necesidad el primero, pero es posible que entre el primero y el último la diferencia sea insignificante. En algunos deportes de invierno la diferencia entre el ganador y el tercero es una fracción de segundo, difícilmente una diferencia atribuible a la pericia del vencedor, ante los muchos factores aleatorios pertinentes (como una ráfaga de viento).

La velocidad de la luz y el número de Avogadro

Hay algunos números que son importantes para comprender ciertas cosas del mundo. Nos cuesta entender y operar con cantidades que distan de nuestra experiencia cotidiana del mundo del medio. Piense nada más en un millón, cantidad que manejamos muchas veces, generalmente para referirnos a la cantidad de dinero que tienen otros. ¿Cuánto tiempo tardaría usted en contar un millón de monedas si contara una moneda por segundo y trabajara 8 horas seguidas al día? Que tardaría aproximadamente un mes no es intuitivo. Piense ahora que un millón no es nada con respecto a presupuestos nacionales, la edad de la Tierra (en años), las distancias a las estrellas (en km), o la cantidad de moléculas de azúcar en una cucharadita.

La velocidad de la luz es una constante de la naturaleza que se denota con la letra c tal que aproximadamente $c = 300.000$ km/segundo, y que dista mucho de nuestra experiencia cotidiana. Un avión que viajara a 3.600 km/h (el avión más veloz es el Lockheed SR-71 Blackbird, que alcanzó una velocidad de 3.500 km/h) viajaría a 1 km/s y la luz es 300.000 veces más veloz. Por eso podemos hablar con alguien al otro lado del planeta (a 20.000 km) y la respuesta es casi instantánea (las señales eléctricas que comunican personas y computadoras se propagan a la velocidad de la luz). Que en nuestro universo la velocidad de la luz (que no puede ser rebasada por nadie ni nada, ni tan siquiera por una comunicación telepática si existiera) sea de 300.000 km/s es contingente, y nada impediría que en otro universo con otras leyes físicas fuera distinta. Es una posibilidad lógica, pero una imposibilidad física, un límite que se debe tener en cuenta en toda discusión sobre comunicaciones extraterrestres y visitantes alienígenos. Imagínese que en otro universo $c = 100$ km/s. A esta velocidad altísima, pero 3.000 veces menor que la de la luz, podría viajar de Madrid a Roma en 13 segundos, de San Juan de Puerto Rico a Nueva York en medio minuto, y de Ciudad de México a Buenos Aires en un minuto y medio aproximadamente. Por otro lado, sería difícil conversar con alguien al otro lado del planeta, ya que entre pregunta y respuesta pasarían unos tres minutos (mucho más si la comunicación fuera por medio de satélites geoestacionarios).

Aunque la velocidad de la luz es enorme, también lo son las distancias astronómicas. La estrella más cercana al Sol (Próxima Centauro) dista tanto que su luz tarda aproximadamente cuatro años en recorrer la distancia, y decimos que se encuentra a 4 años-luz (un año-luz = 9.460.730.472.580,8 km). La galaxia grande más cercana a la nuestra (Andrómeda) se encuentra a una distancia de 2,5 *millones* de años-luz. Es justo por esto que conversar con seres en otro planeta en órbita alrededor de alguna estrella, aunque sea una estrella «cercana», es prácticamente imposible. ¡Entre el: «Hola, aquí planeta Tierra» y la respuesta de alguien en Próxima Centauro: «Hola, no se oye bien, repita por favor», ¡pasarían 8 años! Sin entrar en el problema de traducción[3].

Nos resulta difícil intuir el número de estrellas en el universo, o el número de moléculas de agua en un vaso. Fue el italiano Amedeo Avogadro (1776-1856) quien propuso que volúmenes iguales de distintos gases a la misma temperatura y presión contienen el mismo número de moléculas. Más tarde se comprobó que una cantidad de una sustancia igual a su peso atómico (o molecular si se trata de un compuesto) en gramos contiene la misma cantidad de átomos (o moléculas) independientemente de cuál sea la sustancia. Es decir, que

[3] ****Fernando J. Ballesteros (2006). *Gramáticas extraterrestres*. Cátedra de divulgación de la Ciencia, Publicaciones de la Universidad de Valencia, Bromera.

18 gramos de agua (H_2O, con peso molecular 18) y 196,97 gramos de oro (con peso atómico 196,97) tienen el mismo número de componentes (moléculas de agua y átomos de oro) llamado un «mol». Este «número de Avogadro», el número de partículas en un mol, determinado experimentalmente es **6,022 × 10²³**, un número enorme. Se estima que en el universo visible hay aproximadamente un mol de estrellas, comparable al número de moléculas de agua en una copa de vino. Pruebe su suerte la próxima vez que se tome un vino con algún(a) amig@ y diga: «¡En mi copa hay tantas moléculas de agua como estrellas en el universo!».

Suponga que san Pedro, el primer papa, vertió un cáliz de agua bendita (de medio litro) en el mar. En el transcurso de los años, las corrientes marinas, el viento y la lluvia han mezclado completamente las aguas. Si usted llena un vaso de agua del mar, ¿cuántas moléculas de agua bendita habrá en su vaso?

Hagamos el siguiente cálculo: Medio litro de agua, 500 gramos (bendecida o no), contiene $1{,}6 \times 10^{25}$ moléculas de agua. La masa total de agua en los océanos es de aproximadamente $1{,}3 \times 10^{24}$ gramos, y esto corresponde a $4{,}35 \times 10^{46}$ moléculas. Si ahora recogemos medio litro de agua mezclada, por cada molécula de agua bendita habrá $4{,}35 \times 10^{46} / 1{,}6 \times 10^{25} = 2{,}72 \times 10^{21}$ moléculas de agua no-bendita. El nuevo vaso con $1{,}6 \times 10^{25}$ moléculas de agua contendrá entonces $1{,}6 \times 10^{25}/2{,}72 \times 10^{21} = 5.800$ moléculas de agua bendita. Es consecuencia de que hay más moléculas de agua en un vaso que vasos de agua en los océanos.

El número de Avogadro es pertinente cuando se argumenta acerca de la improbabilidad del surgimiento de la vida en la Tierra, partiendo de la improbabilidad de formar al azar algún compuesto (un aminoácido, un ácido nucleico, etc.) sin considerar que, aunque obtener un compuesto complejo parece ser extremadamente improbable, el número de posibles interacciones es vasto justo por el enorme número de átomos y moléculas, y el cuantioso tiempo disponible (centenares de millones de años) para que ocurra algo «interesante», y sin considerar además que los compuestos no se forman al azar. También es pertinente para las diluciones homeopáticas, ya que permite demostrar que en estos preparados ¡no queda ni tan siquiera una molécula del supuesto ingrediente activo! Más adelante consideraremos otro número importante para obtener algo de perspectiva: la edad de la Tierra.

Exponenciales

La mayor deficiencia de la raza humana es nuestra incapacidad para comprender la función exponencial.

Albert A. Bartlett

Intuimos fácilmente lo que son los cambios lineales, pero no es fácil vislumbrar las consecuencias de un cambio de carácter *exponencial.* Esto ocurre en situaciones en las cuales el cambio es proporcional a la cantidad ya existente, algo muy distinto al crecimiento *lineal.* Así, el crecimiento de una población con una cierta tasa de natalidad (ya sean bacterias o humanos) tiene carácter exponencial, mientras que el crecimiento de una carretera a la cual se le agrega un kilómetro por día, sin importar cuánto se haya construido ya, es lineal.

En un lago hay unos jacintos (*Eichhornia crassipes*) y cada día duplican su cobertura del lago. Si tardan 30 días en cubrir todo el lago, ¿cuántos días tardan para cubrir la mitad del lago? Responda antes de seguir leyendo.

La notación exponencial N^5 es una abreviación matemática del proceso de multiplicar N por sí mismo 5 veces y en general escribimos N^x para indicar que el número N se multiplicará por si mismo x veces. Esta notación es de gran utilidad para expresar números muy grandes o muy pequeños. Podemos escribir 1.000 que es $10 \times 10 \times 10$ como 10^3, y un millón como 10^6. El exponente nos dice el número de ceros que le siguen al uno. Un número enorme como 10^{100} es simplemente un 1 seguido de cien ceros. Lo mismo ocurre para cantidades pequeñas, donde una milésima, 0,001, se expresa con un exponente negativo 10^{-3} o una millonésima como 10^{-6}.

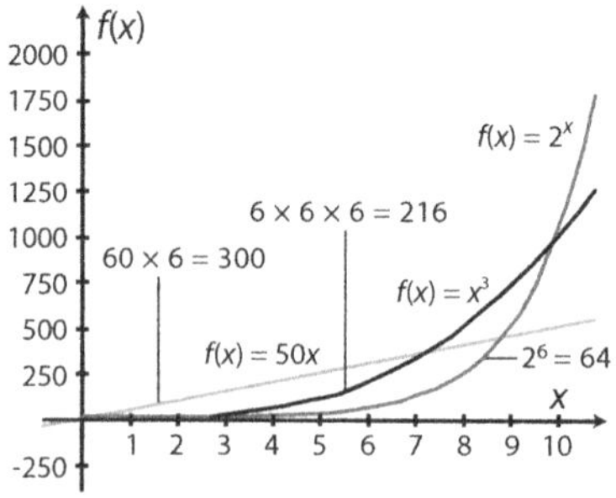

Figura 17. Cambio lineal, cambio exponencial y cambio de exponente fijo.

La gráfica contrasta estas dos formas de cambio (lineal y exponencial), agregando además un crecimiento con exponente fijo, $f(x) = x^3$ (equis cubo), distinto del exponencial $f(x) = 2^x$ (decimos: dos a la equis).

Veamos un ejemplo básico. Usted tiene 700 euros y los invierte a un interés anual del 20%. ¿Cuánto tendrá dentro de cinco años? Puede hacerlo «a mano» como sigue.

Al cabo de un año tendrá un 20% adicional, es decir, que tendrá:

$$1{,}2 \times 700$$

Al segundo año tendrá un 20% adicional, es decir:

$$1{,}2 \times (1{,}2 \times 700)$$

Y así sucesivamente, por lo cual al quinto año tendrá:

$$1{,}2 \times 1{,}2 \times 1{,}2 \times 1{,}2 \times 1{,}2 \times 700$$

Lo cual se puede escribir como:

$$1{,}2^5 \times 700 = 2{,}49 \times 700 = 1.742\ €$$

El crecimiento exponencial es tal que la cantidad se duplica cada cierto período de tiempo (*tiempo de duplicación*) y en poco tiempo el crecimiento es explosivo. Es esto lo que da miedo, característico de las epidemias que, sin control (vacunación), causan estragos. Cuando el crecimiento exponencial ocurre en un espacio limitado (y todos lo son) rápidamente y de forma inesperada se llega a un límite. Esta característica del crecimiento exponencial es poco intuitiva y fácilmente conduce a situaciones de complacencia injustificada hasta que es demasiado tarde.

Regresemos a nuestro lago, en el cual un día aparece un jacinto de agua que se duplica cada día. Al segundo día habrá dos jacintos y al tercer día cuatro y así sucesivamente, hasta que en 30 días el lago se cubre por completo. Usted no desea que esto ocurra, ya que afectará la vida del lago. Con esta tasa de crecimiento usted observa que en el día 25 el lago solamente se encuentra cubierto en el 3% de su superficie y duerme tranquilo. Pero el día 29 se da cuenta de que se ha cubierto la mitad del lago (y no al día 15) y decide pensar qué hacer, sin darse cuenta de que al día siguiente ocurrirá la catástrofe del lago totalmente cubierto. Claro, en el caso del lago puede tomar medidas y eliminar los jacintos rápidamente, pero en otras situaciones, como un brote epidémico, puede no haber tal solución.

Suponga que comienza a doblar una hoja de papel muy grande de un décimo de milímetro de grosor y la vuelve a doblar sucesivamente. Cuando termina de hacer esto cuatro veces el grosor del papel doblado será 16 veces (2^4) el grosor del papel original, aproximadamente 1,6 cm. Si lo doblara 42 veces, ¿cuál sería su grosor? Se asombrará al saber que será de 439.804 kilómetros (2^{42}), es decir, ¡más que la distancia de la Tierra a la Luna!

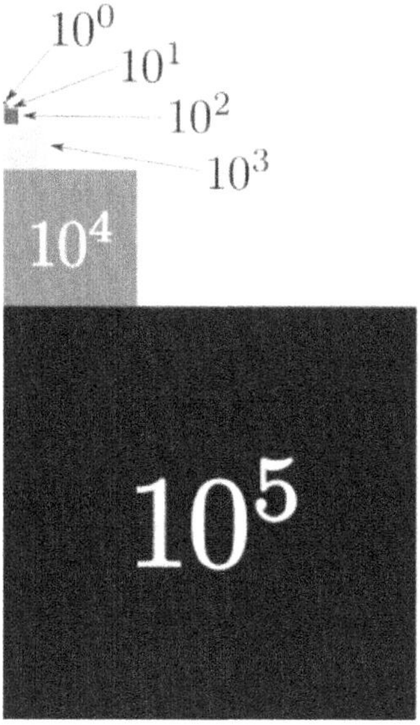

Figura 18. Cambio por factores de 10.

Conocida es la vieja fábula (que aparece en múltiples formas) de un rey que quiere recompensar a un súbdito con joyas y oro por haber inventado el juego del ajedrez (en otras versiones la recompensa es por haberle salvado la vida). El súbdito le dice que se conforma con que le dé un tablero de ajedrez con un granito de arroz en el primer cuadrado, dos en el segundo, cuatro en el tercero, ocho en el cuarto, y así duplicando cada vez hasta recorrer todos los cuadrados del tablero. Sin pensarlo mucho, el rey accede sin darse cuenta de que no hay arroz en el mundo para cubrir esta deuda. La última casilla del tablero tendría 9.223.372.036.854.780.000 granos de arroz (lo cual corresponde a 300.000 millones de toneladas métricas, o sea, unas 50 toneladas por habitante de la Tierra, suficiente para alimentar a cada uno durante unos 500 años), cifra a la que se llega calculando 2^{63} utilizando la cantidad de casilleros del tablero de ajedrez (el primero es el 0, con $2^0 = 1$). Lo interesante de este proceso exponencial es que a la mitad del proceso (en el cuadrado 31, recuerde que comenzamos con cero) hay 2^{31} granos. Estos 2.147.483.648 granos representan solamente unas 70 toneladas, una cantidad manejable.

El tiempo de duplicación de un crecimiento exponencial a una tasa constante de R% anual (con interés compuesto, es decir, que no se retira la ganancia) se puede aproximar dividiendo 70 por R. Por ejemplo, a una tasa de inflación de 3,5% anual el valor del dinero será la mitad del presente en 70/3,5, o sea, 20 años. Si usted invierte 1.000 dólares a un interés del 7% anual dentro de unos 70/7, o sea 10 años, tendrá 2.000 dólares (aunque por la inflación anterior en realidad solo valgan unos 1.400 dólares).

Cuando se trata de factores de 10, es decir, 10^x, $10^0 = 1$, $10^1 = 10$, $10^2 = 100$, $10^3 = 1.000$, $10^4 = 10.000$... también nos resulta difícil visualizar los cambios de estos órdenes de magnitud, por lo cual la figura puede ser de utilidad.

11
Azar, contingencia y necesidad

Aunque no ha sido por culpa nuestra, ni por ningún plan cósmico o propósito consciente, nos hemos convertido, por gracia de un glorioso accidente evolutivo llamado inteligencia, en los guardianes de la continuidad de la vida sobre la Tierra. No hemos solicitado ese cargo, pero no podemos renunciar a él. Puede que no sirvamos, pero aquí estamos.

STEPHEN JAY GOULD[1]

Fortuna, la diosa romana, era venerada por muchos; todos querían (y quieren) el favor de la fortuna. El azar y la necesidad se han considerado como opuestos desde la antigüedad. Hay cosas que ocurren al azar, sin razón o causa aparente; algunos tienen suerte, otros, no. En muchas representaciones, la Fortuna tiene los ojos vendados, de modo que distribuye ciegamente los eventos «prósperos y adversos», y sostiene una rueda en la cual algunos humanos ascienden y otros descienden. El intento de entender y «domar» a la Fortuna, de quitar la molesta incertidumbre del universo, culminó con la teoría de la probabilidad, la cual, aunque no nos libera de la incertidumbre, nos permite acotarla.

Un evento *aleatorio* («aleatorio» viene del latín: *alea* = 'dado') es uno que es impredecible, uno para el cual es imposible determinar el resultado (de un conjunto de resultados posibles) antes de que se produzca, ya que no hay una causa determinable o controlable para que ocurra. También decimos que ocurre *al azar*. Cuando lanzo un dado perfectamente simétrico no hay una razón por la cual salga un número y no otro; el resultado es aleatorio.

[1] Stephen Jay Gould (1987). *The Flamingo's Smile: Reflections in Natural History*. W. W. Norton & Company pág, 431.

Por otro lado, algo es *necesario* si no puede ser de otra forma, lo cual implica la operación de una causa que obliga.

Es posible que el resultado integral de comportamiento aleatorio sea predecible cuando se trata de sistemas sujetos a gran cantidad de eventos aleatorios, que en el agregado presentan regularidades. Esto es lo interesante. Comprender que en los eventos aleatorios existe un orden que subyace, descrito por la probabilidad y la estadística, fue un paso de gran importancia en el avance de nuestro conocimiento del mundo. Al lanzar una moneda no sabemos si saldrá cara o cruz, pero en un gran número de lanzamientos la razón de caras a cruces se aproximará al 50%. Esto se conoce como la *ley de los grandes números.*

La teoría cinética de los gases se fundamenta en el comportamiento aleatorio de las moléculas que lo componen. Estas se mueven con una distribución de velocidades en todas las direcciones posibles y chocan entre sí y con las paredes del recipiente. Por lo tanto, es posible explicar las propiedades termodinámicas de un gas (presión y temperatura) sin conocer el comportamiento individual de cada molécula que lo compone. Emerge un orden (descrito por las leyes de los gases) como consecuencia de los eventos aleatorios.

La *contingencia*[2], por otro lado, no se refiere a un proceso aleatorio, sino que se refiere a una secuencia impredecible de hechos antecedentes. Una cadena de sucesos tal que cada uno pudo haber sido distinto, lleva a un resultado contingente. La contingencia surge porque no sabemos qué pasos van a ocurrir en la cadena, y no porque sean necesariamente aleatorios. La contingencia histórica y evolutiva se refiere al hecho de que cada paso (del gran número de pasos) que nos ha llevado al estado presente podría haber sido distinto llevando a un presente diferente (y sin nosotros). Para eventos contingentes ignoramos el resultado y no tenemos forma de acotarlo, puede pasar cualquier cosa, mientras que para un evento aleatorio ignoramos el resultado, pero es posible saber la probabilidad de un resultado posible.

---

[2] Michael Shermer (1999). *How We Believe: The Search for God in an Age of Science.* W. H. Freeman, New York, págs. 216-224. Cap. 10.

El azar y la necesidad son compañeros constantes de nuestras vidas[3,4]. Podríamos decir que nacemos y somos producto del azar (poseemos uno de un número enorme de posibles genomas) y morimos al azar (en el sentido de que no sabemos cuándo ni cómo), aunque necesariamente moriremos. La historia de nuestras vidas es contingente; si volviera a nacer en otro entorno y en otro tiempo, su vida sería muy distinta, incluidas sus más firmes creencias. Subestimamos el azar en nuestras vidas, tratando de explicar *causalmente* cosas que se dan *casualmente.*

La dicotomía entre azar y necesidad es un tema relativamente moderno, en el sentido de que mientras se entendiera que un ser supremo dictaba las «leyes» no había espacio para el azar. Aun en el presente nos cuesta entender y en ocasiones aceptar aquello que es azaroso. Preferimos aquello que es determinado y seguro. Muchas veces pensamos: «No puede ser mero accidente», o «no puede ser coincidencia». La errónea apreciación de probabilidades de hechos que ocurren al azar es una de estas trampas.

Probabilidad y estadística

Máxima: *Es fácil mentir con estadísticas, como se repite a menudo, pero es difícil llegar a la verdad sin ellas.*

La probabilidad es la historia de éxito filosófico de la primera mitad del siglo XX.

IAN HACKING[5]

Algún día el pensar estadístico será tan necesario para una ciudadanía eficiente como lo son la habilidad de leer y escribir.

SAMUEL S. WILKS[6]

---

[3] *****Leonard Mlodinow (2008). *The Drunkards Walk. How Randomness Rules our Lives.* Pantheon Books, N. Y. *El andar del borracho: como el azar gobierna nuestras vidas.* Crítica.

[4] *****David Salsburg (2001). *The Lady Tasting Tea. How Statistics Revolutionized Science in the Twentieth Century.* Freeman.

[5] ***Ian Hacking (2012). *La domesticación del azar.* Gedisa,

[6] Samuel S. Wilks (1951). *Presidential address to the American Statistical Association.* JASA, Vol. 46, No. 253, pág. 1.

Es común que para todo tipo de cuestiones el necio sienta una certeza que le es denegada al sabio.

E. T. Jaynes[7]

La teoría de la probabilidad tuvo sus comienzos cuando dos matemáticos franceses, Blaise Pascal (1623-1662) y Pierre de Fermat (1601-1665), intercambiaron correspondencia analizando problemas relacionados con los juegos de azar, instigados por Antoine Gombaud, conocido como Chevalier de Méré (1607-1684). Méré deseaba saber si era más probable obtener un 6 en cuatro lanzamientos de un dado que obtener un doble 6 en 24 lanzamientos de dos dados.

Desde esos comienzos, algo frívolos, surgió la moderna teoría de la probabilidad y estadística, con una influencia cada vez más importante en la vida moderna. Se utilizó inicialmente para analizar los errores de medida y el comportamiento de sistemas compuestos por gran número de partículas (en la mecánica estadística) o un gran número de plantas o animales (incluido el humano) en lo que se consideraba un mundo estrictamente determinista. Con la mecánica cuántica pasó a ser parte inherente de la naturaleza en sí, por más que a Einstein no le gustara la idea[8]: «Como sea estoy convencido de que el viejo no juega a los dados» (cita que a menudo se repite para argumentar que Einstein creía en Dios, cuando se trata de una metáfora).

Vivimos bajo «el imperio del azar», como lo advierte el título de un importante libro sobre el tema[9]. Basta abrir un diario o una revista para darse cuenta de lo ubicuo de las estadísticas y las probabilidades: en el informe del tiempo, en la evaluación de terapias y medicamentos, en las páginas sobre economía y en la de los deportes. La teoría de la probabilidad provee métodos para calcular la probabilidad de un resultado en situaciones en las cuales varios resultados son posibles. La probabilidad es fundamental para interpretar los resultados

[7] ****E. T. Jaynes (2003). *Probability Theory. The Logic of Science.* Cambridge University Press, pág. 339.

[8] Albert Einstein en una carta a Max Born escribe: «Jedenfalls bin ich überzeugt, daß der Alte nicht würfelt».

[9] ***Gerd Gigerenzer et al. (1989). *The Empire of Chance. How probability changed science and everyday life.* Cambridge University Press.

de pruebas estadísticas, como veremos más adelante. Aceptando que hay un «humano promedio» las estadísticas forman parte inicial de muchas investigaciones científicas y médicas. Poderosas tecnologías utilizan datos de todo tipo para encontrar patrones y determinar cosas que no son evidentes a simple vista.

En el pasado las estadísticas sociales se consideraban secretos de Estado y el público no conocía las estadísticas pertinentes al bienestar social y económico. La palabra *estadística* tiene su raíz en *estado*, término (*statistik*) acuñado por el economista alemán Gottfried Achenwall (1719-1772). El público se enfrenta a una verdadera avalancha de estadísticas (muchas de poco valor y muchas otras adulteradas por intereses económicos o políticos), pero no tiene la capacidad de navegar este océano de números con una clara comprensión de lo que quieren decir. Muchos resultados probabilísticos no son intuitivos y su evaluación errónea contribuye en muchos casos a errores de juicio y alimenta muchas ideas pseudocientíficas. Son asuntos que hasta confunden a los expertos.

John Mauro[10] escribe: «Si usted no entiende estadísticas sencillas, puede ser engañado por historias periodísticas, anuncios publicitarios y encuentros cotidianos con otras personas. Es probable que curanderos modernos que están buscando engañar al incauto le convenzan para que sea su agente».

Bien entendidas, las estadísticas y las probabilidades nos brindan información acerca del estado de las cosas, y nos proveen las herramientas para tomar decisiones bien fundamentadas ante la incertidumbre. Mal entendidas, su uso afecta a decisiones que pueden ser de vida o muerte, y se prestan a la manipulación del incauto.

El anuncio de una compañía de seguros dice: «Las personas que se cambiaron de la compañía AAA a la nuestra se ahorraron en promedio un 20%». Antes de cambiarse piense que las personas que se cambiaron lo hicieron *porque* iban a ahorrar dinero al hacerlo, pero esto no quiere decir mucho si no sabemos algo acerca de todas las personas que no se cambiaron porque posiblemente iban a pagar más. Así como está, la estadística citada no dice mucho. También es muy común encontrarse con: «La mayoría de los médicos recomiendan el producto ZebufonX para tratar la aflicción Z». Pero la mayoría

[10] John Mauro (1992). *Statistical Deception at Work*. Lawrence Erlbaum Assoc.

puede ser el 51%, lo cual no resulta muy convincente. Por otro lado, se puede decir: «El 75% de los médicos consultados recomiendan el producto ZebufonX para tratar la aflicción Z». ¿Ahora no hay problema? Lo hay, ya que el 75% puede significar que se consultó a cuatro médicos y tres de ellos recomendaron el producto ZebufonX. La muestra de cuatro médicos no es representativa de todos los médicos. Los cuatro médicos quizá trabajen en la misma ciudad en la cual se fabrica el medicamento, o quizá fueron agasajados por el visitador médico de laboratorios que vende ZebufonX, o posiblemente fueron invitados a un crucero por el Caribe auspiciado por el fabricante. En otros casos se dice meramente «recomendado por médicos», lo cual significa menos aún.

Un anuncio dice: «El 90% de los automóviles que hemos vendido en el país en los últimos 10 años aún están circulando». Pero podría bien ser que el 90% de los automóviles vendidos se vendieron en los últimos *tres* años. Es fácil mentir con estadísticas, como se repite a menudo, pero es difícil llegar a la verdad sin ellas.

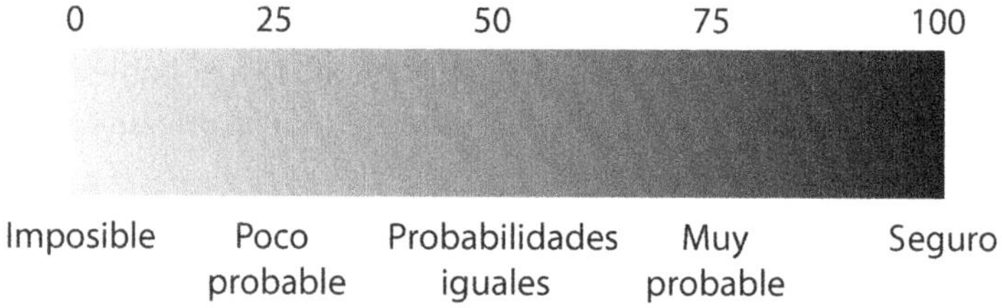

Figura 19. Probabilidades.

La probabilidad parte de un cierto modelo probabilístico (como que los seis resultados de un dado son de igual probabilidad) y obtiene deductivamente conclusiones acerca de algún resultado de interés (la probabilidad de obtener un 2). Por otro lado, la estadística estudia cómo inferir ciertas propiedades de una población a partir de datos limitados (una muestra), en un proceso inductivo. Por ejemplo, si sabemos que una caja contiene 75 bolas azules y 25 rojas podemos deducir que la probabilidad de sacar al azar una bola roja será de 25%. Pero si sacamos una muestra de 20 bolas al azar podremos inferir, a partir de los colores obtenidos, que probablemente la caja contiene 75 bolas azules y 25 rojas.

La probabilidad de un evento $P(E)$, *donde E se especifica por una proposición* (mañana lloverá, Fulano tiene VIH, el dado cae en 2), es una medida numérica tal que para un evento que ocurre necesariamente; $P(E) = 1$ o 100% y para un evento que no ocurre $P(E) = 0$. Valores entre 0 y 1 (0% y 100%) sirven entonces para especificar la probabilidad de un evento incierto. Un evento con $P(E) = 0{,}5$ (50%) tiene igual probabilidad de ocurrir como de no ocurrir.

Considere un dado perfecto. ¿Cuál es la probabilidad de que salga un 2? Para una población se ha determinado que un 5% está infectada con el virus del VIH. Si usted tiene un encuentro sexual sin protección con una persona al azar, ¿cuál es la probabilidad de que se infecte? Usted está en la final del campeonato mundial

Figura 20. Cuatro monedas lanzadas al azar.

de fútbol, entre Uruguay y España. Usted le dice a un amigo que la probabilidad de que Uruguay salga campeón es alta. Los juicios probabilísticos anteriores corresponden a tres conceptos distintos de probabilidad. La del dado es algo que conocemos a priori, es una probabilidad teórica determinada por el hecho de que la simetría del dado implica que cada uno de los seis lados tiene la misma probabilidad de salir, por lo cual la probabilidad de que salga un 2, $P(2) = 1/6$. La probabilidad de infectarse será $P(\text{VIH}) = 5\%$, pero esto lo sabemos después de haber determinado la prevalencia (la frecuencia relativa o *tasa base*) de la enfermedad en la población; es un dato empírico. Por último, la probabilidad de que Uruguay salga campeón es una estimación subjetiva; una expresión numérica de la fuerza con que algo se cree.

Aunque en muchas situaciones no es difícil expresar una probabilidad, no es tan fácil entender lo que significa. Por ejemplo, si oímos que mañana va a llover con una probabilidad de 30%, ¿quiere decir que mañana lloverá un 30% del tiempo, que lloverá en un 30% del territorio, o que en condiciones meteorológicas similares llueve en un 30% de los días? (Quiere decir esto último.)

A usted le dicen que una persona ha lanzado cuatro monedas. ¿Cuál de los tres resultados que se muestran en la imagen, entendiendo que uno de ellos *es* el que obtuvo, fue el que logró?[11] Responda antes de continuar la lectura. Si es usted como la gran mayoría de las personas ha escogido la tercera fila, la cual es más *representativa* de un proceso aleatorio.

Usted está observando la ruleta en el casino y nota que han salido nueve números rojos consecutivos. ¿A qué color apuesta, a rojo o a negro? Si es usted como la gran mayoría de las personas, habrá escogido negro.

Como veremos, en ninguno de los dos casos hay razón alguna para haber escogido esas respuestas. Veamos a continuación algunas reglas para el cómputo de probabilidades.

Regla del producto

Dos eventos son *independientes* cuando la ocurrencia de uno no afecta a la probabilidad de ocurrencia del otro. La probabilidad de que ocurran dos eventos independientes se obtiene *multiplicando* sus probabilidades. Si lanzamos cuatro monedas, cada una caerá en cara o cruz sin importar las otras. La probabilidad de cualquier configuración *específica* (como en el ejemplo anterior) es $1/2 \times 1/2 \times 1/2 \times 1/2 = 1/16 = 0{,}0625$

En general: $\boldsymbol{P(A \text{ y } B) = P(A) \times P(B)}$**.**

[11] La moneda es un penique de plata inglés del año 1000. La cara es del Rey Æthelred con la leyenda: + ÆTHELRED REX (ANG)L(O) y el reverso tiene la cruz típica de las monedas en el mundo cristiano, razón por la cual aún se dice «cara o cruz» al lanzar una moneda.

El resultado siempre es menor que la probabilidad de cada uno por separado, ya que el producto de dos números menores que uno (probabilidades) es menor que cada uno de los factores. Ignorar esto lleva a la *falacia de la conjunción*, en la cual se piensa que una situación específica es más probable que la situación general. En un experimento muy citado, se le presentó a unos sujetos la siguiente descripción[12]: «Linda, de 31 años de edad, es soltera, franca y muy inteligente. Estudió filosofía. Como estudiante se preocupó seriamente por asuntos de discriminación y justicia social y también participó en manifestaciones antinucleares».

¿Qué le parece más probable?:

- Que Linda sea cajera de un banco.
- Que Linda sea cajera de un banco y activista del movimiento feminista.

Escoja una antes de seguir.

La gran mayoría (en algunos casos sobre 85%) de las personas escogen *b* (la situación específica). Este juicio es erróneo por la sencilla razón de que hay más cajeras que cajeras feministas. El error ocurre porque la descripción de Linda es *representativa* de una feminista, de modo que se acomoda mejor a la descripción *b*. Pero la probabilidad de que Linda sea cajera y feminista se obtiene multiplicando las probabilidades individuales: $P(b) = P(c) \times P(f)$ que siempre será menor que el valor de los factores.

Cuando dos eventos *no son independientes*, multiplicar sus probabilidades conduce a un error que puede tener consecuencias importantes, como ocurrió con el sonado caso de Sally Clark, en Londres, que terminó en cadena perpetua culpable de asesinar a sus dos bebés[13]. (Tres años después su esposo y amigos lograron que se revocara la sentencia y fue puesta en libertad, en parte por los cómputos de probabilidad erróneos utilizados en su contra. Lamentablemente, cuatro años más tarde moría por los efectos de alcoholismo causado por su tragedia personal.)

---

[12] D. Kahneman, P. Slovic and A. Tversky (Eds.) (1982). *Judgment under uncertainty: Heuristics and biases* (págs. 91-93). Cambridge University Press, New York.

[13] ****Leila Schneps and Coralie Colmez (2013). *Math on Trial. How Numbers get Used and Abused in the Courtroom.* Basic Books.

Si los eventos A y B no son independientes, entonces se debe multiplicar la probabilidad del primero $P(A)$ por la probabilidad del segundo *dado* que se obtuvo A, lo cual llamamos la probabilidad condicionada de B a condición de A y escribimos $P(B|A)$ (véase más adelante).

$P(A$ y $B) = P(A) \times P(B|A)$. Suponga que tenemos 8 hombres y 8 mujeres y queremos calcular la probabilidad de escoger dos mujeres al azar. La probabilidad de escoger la primera es $P(M1) = 8/16 = 1/2$. Para la segunda, dado que la primera es mujer y quedan 7 mujeres entre 15 personas, $P(M2|M1) = 7/15$ y obtenemos:

$P(M1$ y $M2) = P(M1) \times P(M2|M1) = 1/2 \times 7/15 \sim 0{,}233 \sim 23\%$

Regla de la suma

Dos eventos son *mutuamente excluyentes* si no pueden ser ambos ciertos a la misma vez. En la ruleta, y muchos otros juegos de azar, que salga un resultado excluye que salga otro resultado. Son además eventos independientes. Por otro lado, sacar un as de una baraja francesa no excluye sacar un corazón, ya que ambos pueden ser ciertos a la misma vez sacando el as de corazones.

La probabilidad de que ocurra uno de dos *eventos mutuamente excluyentes* se obtiene sumando sus probabilidades.

$P(A$ o $B) = P(A) + P(B)$.

El significado de $P(A$ o $B)$ es que puede ocurrir A o puede ocurrir B o pueden ocurrir *ambos.*

Así, la probabilidad al lanzar un dado de obtener un 4 o un 5 (eventos excluyentes) es $P(4) + P(5) = 1/6 + 1/6 = 1/3$.

La probabilidad de obtener un 4 y un 5 en dos lanzamientos sin importar el orden es la suma de la probabilidad de obtener primero un 4 y luego un 5 $P(4, 5) = 1/36$ más la probabilidad de obtener un 5 y luego un 4 $P(5, 4) = 1/36$, ya que estos son mutuamente excluyentes, lo cual da $P(4, 5$ o $5, 4) = 1/18$.

Podemos verificarlo considerando que hay 36 formas de obtener un número seguido de otro [11, 12, 13, 14, 15, 16, 21, 22, 23, 24, 25, 26, 31, 32, 33, 34, 35, 36, 41, 42, 43, 44, <u>45</u>, 46, 51, 52, 53, <u>54</u>, 55, 56, 61, 62, 63, 64, 65, 66], y que dos de ellos dan el evento especificado

En el caso de que los eventos *no sean mutuamente excluyentes,* la regla anterior se modifica restando la probabilidad de que ocurran los dos eventos (ya que de lo contrario los contaríamos dos veces), es decir: $P(A \text{ o } B) = P(A) + P(B) - P(A \text{ y } B)$.

Tenga en cuenta que $P(A \text{ y } B) = 0$ para eventos mutuamente excluyentes.

Regresemos al problema de Méré. Para resolverlo utilizaremos otra regla muy útil que dice que la probabilidad de que un evento *no* ocurra más la probabilidad de que *sí* ocurra suma uno, ya que uno de los dos tiene que ocurrir. En símbolos: $P(\text{no-}A) = 1 - P(A)$. La probabilidad de *no* obtener un 6 al lanzar un dado es $P(\text{no-}6) = 5/6$, es decir, $(1 - 1/6)$. La regla del producto dice que en cuatro lanzadas la probabilidad de que no salga un 6 es $5/6 \times 5/6 \times 5/6 \times 5/6 = 0{,}4823$. Entonces la probabilidad de que salga al menos un 6 es $1 - 0{,}4823 = 0{,}5177$. Por otro lado la probabilidad de que *no* salga un doble 6 al lanzar dos dados, $P(\text{no-}66) = 35/36$ (hay 36 posibles pares y solo uno es doble 6), por lo cual la probabilidad que no salga un doble 6 en 24 intentos es $(35/36)^{24}$ (por la regla del producto) y la probabilidad de que salga es $1 - (35/36)^{24} = 0{,}4914$. El Chevalier de Méré sale mejor si apuesta a obtener un 6 en cuatro lanzadas de un dado.

La ley de grandes números

Máxima: *Muestras pequeñas manifiestan resultados extremos con mayor frecuencia que muestras grandes.*

La ley de los grandes números afirma que, en un experimento aleatorio, la **frecuencia relativa** de un resultado se aproxima cada vez más a su probabilidad teórica a medida que aumenta el número de pruebas que se realizan, y converge a este valor para un número *infinito* de pruebas. Por eso podemos inferir una probabilidad a partir de un número grande de pruebas.

Si lanzamos una moneda balanceada (cada lado tiene una probabilidad de 50% de salir) 100 veces y salieron 60 caras y 40 cruces, el porcentaje de caras es el 60%. Si seguimos ahora con otros 100 lanzamientos y salen 56 caras y 44 cruces, podemos ver que la tendencia en los 200 lanzamientos es acercarse al valor de su probabilidad, ahora

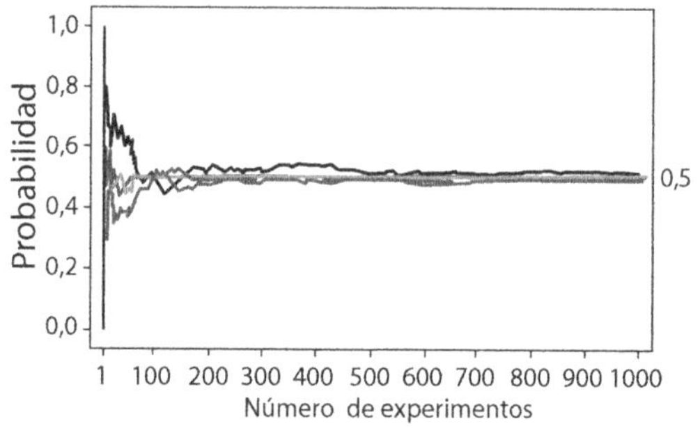

Figura 21. La ley de grandes números.

con el 58% de caras. Suponga que la tercera serie de 100 lanzamientos da 48 caras y 52 cruces. Este comportamiento no dice que después de 300 lanzamientos el número de caras es igual al de cruces, ya que ahora la fracción de caras es de 164/300 = 55%. Lo que dice la ley es que nos acercamos a la fracción esperada de 50% a medida que acumulamos experimentos, pero no dice que habrá igual número de caras y cruces. De hecho, en el primer lanzamiento de 100 había 20 caras más que cruces. Después de 300 lanzamientos hay un total de 164 caras y 136 cruces y la diferencia es de 28, mayor que la diferencia para las primeras 100. El exceso de caras sobre cruces se *diluye* al aumentar el número de experimentos.

La gráfica ilustra cómo, después de muchos experimentos (en este caso lanzando una moneda), el valor se estabiliza en el promedio. Al inicio de la gráfica, con pocos eventos, la dispersión es grande. Por eso esperamos fluctuaciones amplias del promedio para muestras pequeñas y la razón que probabilidades basadas en muestras pequeñas no son fiables.

Tome una moneda y láncela 10 veces (asegúrese de que dé unas cuantas vueltas en el aire) y anote el número de caras. Repita el ejercicio 10 veces y prepare una gráfica como la anterior. ¿Observa un comportamiento similar? Si no fuera por esta estabilidad a largo plazo, sería difícil realizar inferencias estadísticas, y más difícil vivir en este mundo de eventos aleatorios.

La falacia del jugador

La ley de los grandes números puede llevar a pensar que si por un tiempo no se ha dado un resultado, entonces aumenta la probabilidad de que se dé. Hay personas que estudian los números de la lotería y juegan a alguno que hace tiempo que no ha salido, y evitan aquellos que han salido recientemente o de forma repetida. Pero la probabilidad de ganar la lotería es la misma si juega el mismo número cada vez, que si lo cambia. La ley de los grandes números implica que *a largo plazo* hay un equilibrio, pero esto se cumple estrictamente para un número infinito de pruebas (a largo plazo todos estamos muertos). Estos eventos aleatorios son *independientes* (no todos lo son); es decir, cada vez que se lanza una moneda al aire la probabilidad de que salga cara es la misma (50%) sin importar lo que haya ocurrido antes. Si se lanzó una moneda 10 veces y salió cara todas las veces (la probabilidad de que esto ocurra es extremadamente baja, ½ multiplicado 10 veces, pero no es cero), muchos piensan que en el próximo lanzamiento tiene que salir cruz (y si sale cruz confirman su idea), pero la probabilidad de cruz en la próxima lanzada sigue siendo del 50%. Si en la ruleta no ha salido el 13 durante mucho tiempo, piensan que «ya es hora de que salga» (por más que se considere número de mala suerte). Los dados, las monedas, la genética y la ruleta no tienen memoria de lo que ha ocurrido. La probabilidad de tener un hijo no aumenta para la familia que ya tiene tres hijas. En ocasiones observo a personas dictando una serie de números para jugar a la lotería, combinación de fechas importantes o números soñados, y aprieto los dientes para no decir que su probabilidad de ganar es la misma que si juega de forma automática.

Puede que el ejemplo de las cuatro monedas le haya causado confusión y vale la pena hacer alguna aclaración. Cada uno de los resultados *específicos* tiene la misma probabilidad de ocurrir: $P(\text{específico}) = 0{,}0625$. Pero el resultado más probable (antes de lanzar) es que salgan dos caras y dos cruces (sin importar el orden), y el menos probable es que salgan todas iguales, ya que hay más formas del total de 16 configuraciones de obtener dos caras y dos cruces. $P(\text{dos caras y dos cruces}) = 6/16$, $(\text{todas iguales}) = 2/16$

La equivocación de los expertos

El «problema de Monty Hall» es un ejemplo que ilustra que también los expertos tienen dificultad con las probabilidades. Se refiere al juego de televisión (entre 1964 hasta 1991) *Lets Make a Deal* ('hagamos un trato'). Un concursante debe escoger una de tres puertas A, B o C. Detrás de una de ellas hay un premio (un automóvil) y detrás de las otras dos nada (una cabra).

Antes de ver qué hay detrás de la puerta escogida por el concursante, el moderador Monty Hall (Monte Halparin, nacido en 1921) abre una de las puertas detrás de la cual hay una cabra (quedan ahora dos puertas) y le pregunta al concursante si se queda con su elección inicial o si desea cambiar de puerta. ¿Es mejor cambiar o no tiene efecto?

Esta pregunta fue contestada en la columna «Ask Marilyn» publicada en más de 300 diarios en EE.UU. y leída por muchos millones de personas. La autora, Marylin Voss Savant, en su columna, en septiembre de 1990, respondió que era ventajoso cambiar.

Esto causó un nutrido flujo de cartas de los lectores, incluyendo cartas de matemáticos indignados (firmadas ostensiblemente con su «doctor en») que decían cosas como las siguientes[14]: «Como matemático profesional, me preocupa mucho la falta de destrezas matemáticas en el público. Por favor, ayude confesando su error y sea más cautelosa en el futuro». Otro: «Usted está totalmente equivocada acerca de la pregunta del juego, y espero que esta controversia llame la atención del público sobre la seria crisis nacional en educación matemática. Si puede admitir su error, habrá contribuido constructivamente a la solución de una situación deplorable. ¿Cuántos matemáticos enfurecidos se necesitan para que usted cambie de opinión?». Otro: «He sido un fiel lector de su columna, y no he tenido, hasta ahora, razón para dudar de usted. Pero, en este caso (para el cual tengo experiencia), su respuesta claramente difiere de la verdad».

Nuestra intuición nos dice que parecería que da lo mismo, ya que el premio o está detrás de la puerta escogida o está detrás de la otra que queda, por lo cual concluimos que su probabilidad de ganar es 1/2. Analicemos el asunto con más cuidado.

---

[14] ***Marilyn Voss Savant (1996). *The Power of Logical Thinking.* St. Martin's Press.

Suponga que usted escogió inicialmente una puerta sin premio. La probabilidad de esto es dos de tres, es decir, 2/3. Monty ahora le muestra la otra puerta sin premio y le pregunta si quiere cambiar. Si usted cambia gana seguro, ya que allí está el premio. Es decir, que basta escoger la puerta sin premio (probabilidad 2/3) y cambiar para ganar seguro. Por otro lado, la probabilidad de escoger la puerta con premio inicialmente es 1/3 y si no cambiamos esa es la probabilidad de ganar. Concluimos, contra nuestra intuición, que en este juego la probabilidad de ganar cambiando es el doble. En otras palabras, si usted juega repetidas veces, la probabilidad de que gane es dos de cada tres juegos si cambia siempre, y solamente uno de cada tres juegos si no cambia (esto ha sido además verifica-

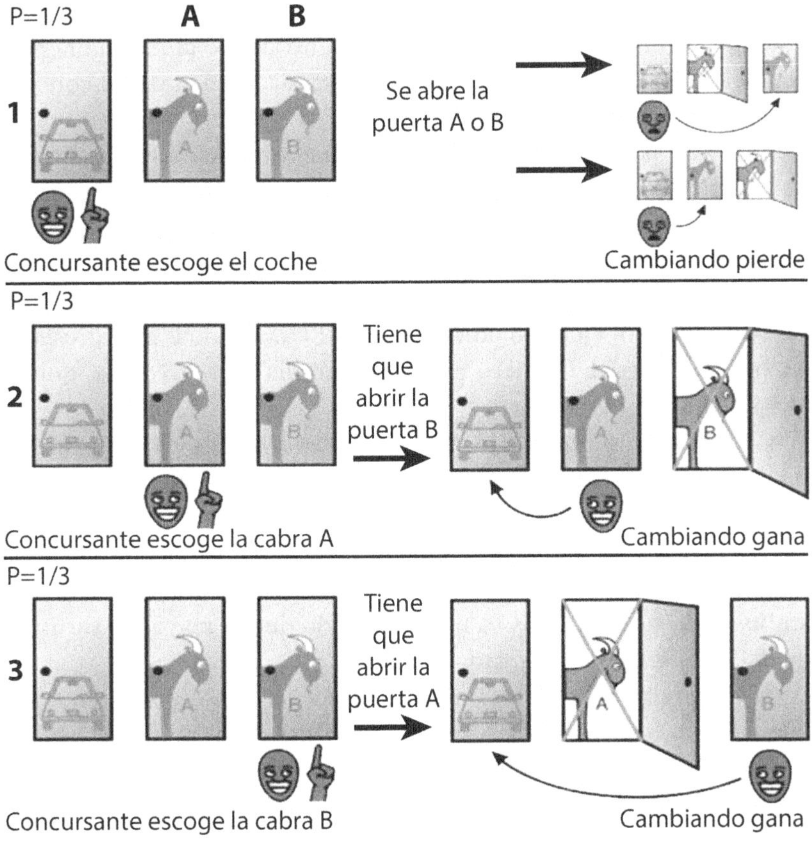

Figura 22. Las tres puertas.

do por simulacros efectuados en un ordenador, por si hiciera falta). Las probabilidades en este problema cambian porque se obtiene información nueva durante el proceso, suministrada por la acción del moderador.

Suponga que una vez abierta la puerta sin el premio, llega una nave extraterrestre al escenario y el moderador le pide a la pequeña mujer verde que señale la puerta que desea abrir. La probabilidad de que ella escoja la puerta con el premio es 1/2, pero esto se debe a que no tiene la ventaja que el concursante original tenía: la ayuda del moderador. Lo paradójico del caso es que la misma configuración de las dos puertas tiene probabilidades distintas para distintas personas como función de su distinta experiencia y conocimiento. El concursante original sabe qué puerta escogió originalmente y qué puerta fue eliminada por el moderador y esto le da una probabilidad de ganar de 2/3 (si cambia), mientras que la marciana que llegó cuando quedaban dos puertas sin saber lo que sabe el concursante tiene probabilidad 1/2 de ganar.

También podemos razonar de la siguiente manera: la probabilidad inicial de ganar es 1/3. Al quedar dos puertas luego de abrir una con la cabra, si no hace nada no cambia nada. Pero ahora solo hay dos puertas y una tiene el premio. Por lo tanto, la probabilidad de ganar cambiando es 2/3.

Veamos otro ejemplo antiintuitivo. El diagrama nos presenta las posibilidades del género para una familia con dos hijos, donde M = macho y H = hembra.

Conoce a un señor que le cuenta que tiene dos niños, y que el *mayor* es un varón. ¿Cuál es la probabilidad de que el otro niño también sea un varón?

Para este caso en el cual sabemos que el *mayor* es varón, podemos eliminar la rama con la primera hembra, y la probabilidad de que ambos hijos sean varones (o machos) dado que el mayor es varón es del 50%. El segundo diagrama lo ilustra.

Si en vez de eso, solo le cuenta que tiene un niño varón (sin decir que es el mayor), entonces solamente se puede eliminar la opción HH, por lo cual la probabilidad de que ambos niños sean varones dado que uno es varón es del 33% y no del 50% como lo ilustra el tercer diagrama.

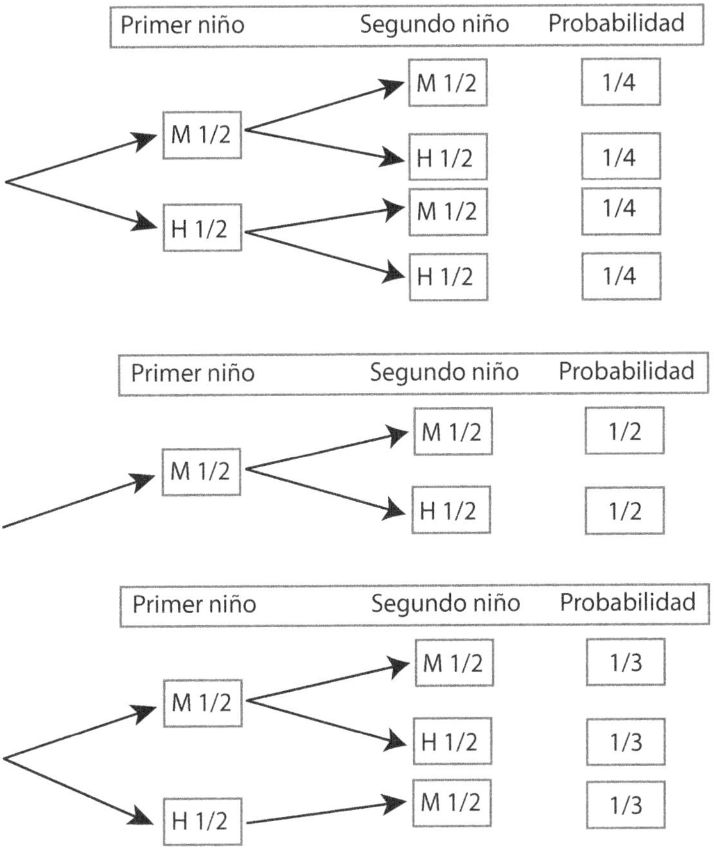

Figuras 23. Distintos resultados para la familia con dos hijos.

Probabilidad condicionada y la tasa base

Máxima: $P(A|B)$ no es igual a $P(B|A)$.

Máxima: *Cuando no se considera la tasa base se cometen errores importantes.*

La probabilidad condicionada es un concepto muy importante en la teoría de probabilidad.

Suponga que selecciona una carta al azar de una baraja de 52 cartas. La probabilidad de que sea diamante, por ejemplo, es $P(D) = 1/4$ (ya que hay cuatro palos en iguales cantidades: picas, corazones, diamantes y tréboles).

Si por otro lado usted ve que la carta es roja, entonces la probabilidad de que sea diamante es 1/2 (ya que solo dos palos son rojos) y esta probabilidad se llama *probabilidad condicionada*, la probabilidad de que sea un diamante a condición de que es roja y se escribe $P(D|\text{rojo}) = 1/2$. Observe, por otro lado, que la probabilidad de que la carta sea roja dado que es un diamante es $P(\text{rojo}|D) = 1$, ya que todos los diamantes son rojos. Note que $P(D|\text{rojo})$ no es igual ($\neq$) $P(\text{rojo}|D)$. **Cuando se trata de probabilidades condicionadas $P(A|B)$ no es igual a $P(B|A)$.** Esta confusión causa errores importantes.

Considere la estadística que dice lo siguiente: «Ocurren más accidentes en el hogar que en cualquier otro lado». ¿Debo entonces tratar de evitar estar en casa? La estadística es correcta, pero solo ocurre porque pasamos la gran mayoría del tiempo en nuestra casa. La probabilidad de estar en casa cuando tengo un accidente es alta, pero esto es muy distinto a la probabilidad de tener un accidente estando en casa [simbólicamente: $P(A|C) \neq P(C|A)$].

En contra de la legalización de la marihuana he escuchado como argumento que, como la mayoría de los consumidores de drogas comenzaron con la marihuana, legalizarla tendrá como consecuencia más drogadictos. Pero, aunque sea cierto que la mayoría de los adictos a una droga consumieron marihuana (hecho establecido mediante una encuesta de adictos), no se puede concluir que la mayoría de los que usan marihuana serán adictos a las drogas. (De paso, probablemente la mayoría de los que usan drogas también fumaron tabaco y tomaron leche.)

Si el resultado de un estudio indica que un alto porcentaje de los que usan drogas fumaron marihuana en el pasado, esto lo que establece es la probabilidad de haber fumado marihuana en el pasado *dado* que se es usuario de drogas. Escribimos esto como $P(M|D)$ (que es la probabilidad de M a condición de que se cumpla D). Esto no dice nada acerca de la probabilidad inversa, es decir, la probabilidad de ser usuario de drogas dado que se fumó marihuana $P(D|M)$, que es en realidad la cantidad que interesa. El hecho de que $P(M|D)$ sea alta no significa que la probabilidad inversa $P(D|M)$ lo sea. Es un ejemplo

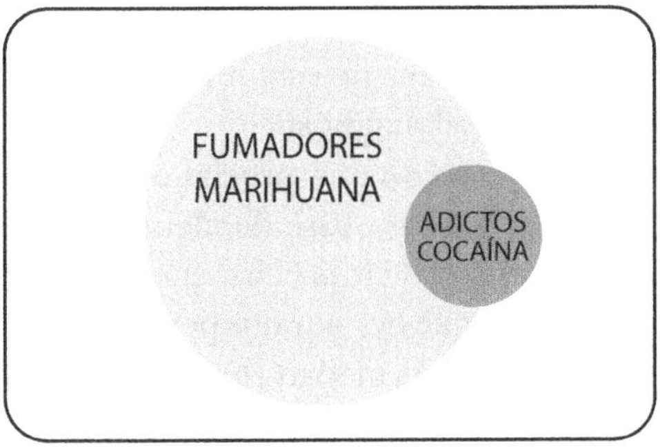

Figura 24. Ilustración de probabilidades condicionadas.

de la falacia de la reversibilidad. El esquema demuestra por qué este razonamiento es falso. Lo mismo se aplica a $P(T|M) \neq P(M|T)$. No es lo mismo «la mayoría de los terroristas son musulmanes» que «la mayoría de los musulmanes son terroristas», razonamiento falso que lamentablemente muchos no parecen entender.

Esta confusión es importante en la medicina, donde en ocasiones se confunde la probabilidad de tener una enfermedad dados ciertos síntomas (o resultado de una prueba diagnóstica) $P(E|S)$ con la probabilidad de ciertos síntomas dada la enfermedad, $P(S|E)$, lo cual no es lo mismo. Claramente, si se padece meningitis la probabilidad de fiebre es alta, pero (por fortuna) si se tiene fiebre no se tiene probabilidad alta de meningitis.

En muchos casos un médico puede establecer un diagnóstico basado en su experiencia previa, considerando los síntomas y el historial médico del paciente y su familia. Este diagnóstico será incierto y dependerá para su confirmación de estudios adicionales a los cuales someterá al paciente.

Una prueba diagnóstica se caracteriza por su *sensibilidad*, que es la probabilidad de un positivo dada la enfermedad: P(pos|enfermedad) –se dice que una prueba da positivo si se tiene la enfermedad o si se está embarazada–, y por su *especificidad*, que es la probabilidad de dar negativo cuando la persona *no* tiene la enfermedad: P(neg|no-enfermedad). Los resultados de estos estudios también tienen incertidumbre, generalmente bien conocida y cuantificable en términos de *falsos positivos* –la probabilidad que dé positivo en una persona sana o que no está embarazada: P(pos|no-enfermedad), y *falsos negativos*– la probabilidad de que dé negativo en una persona con la enfermedad: P(neg|enfermedad). Es a la luz de esta información que el médico y el paciente deben evaluar el diagnóstico.

Ante el resultado *positivo* de una prueba es necesario evaluar dos cantidades: la prevalencia o tasa base de alguna enfermedad de baja probabilidad y la sensibilidad de la prueba, que es alta para una prueba buena. Tenemos entonces que evaluar dos posibilidades:

La persona no tiene la enfermedad (*p* alta) y la prueba se equivocó (falso positivo – *p* baja).

La persona tiene la enfermedad (*p* baja) y la prueba la detectó (*p* alta).

No se debe confundir entre *P*(pos|enfermedad) y *P*(enfermedad|pos), en otras palabras, confundir la probabilidad de dar positivo si se tiene la enfermedad con la probabilidad de tener la enfermedad si se da positivo (que es lo que le interesa al paciente). *No son lo mismo.*

Varios estudios[15] han señalado que los médicos (cuyo entrenamiento estadístico no es particularmente notable) cometen los mismos errores que la población. Así, en un estudio realizado en Alemania, se observó que en los centros de salud pública la mayoría de los consejeros informaban de que en las pruebas de VIH los falsos positivos no ocurren y la mitad de ellos decían a los pacientes que si daban positivo era 100% seguro que estaban infectados. La realidad es que para personas que no pertenecen a grupos de alto riesgo, un examen positivo puede no significar lo que fácilmente se intuye. (Véase «Prueba de laboratorio» más adelante.)

En un estudio[16] se le preguntó a un grupo de médicos cuál era la probabilidad de que un tumor fuera maligno si una prueba daba positivo, dada una tasa base de 1% en la población, [*P*(maligno) = 0,01] y que la prueba diagnóstica utilizada tiene una sensibilidad de 80% [detecta el tumor en 80% de aquellos que lo tienen: *P*(pos|maligno) = 80%] y tiene una tasa de falsos positivos de 10% [indica un tumor en 10% de los que no lo tienen: *P*(pos|benigno) = 10%]. Un alto porcentaje (95%) de los médicos respondieron que la probabilidad de un tumor

---

[15] G. Gigerenzer; U. Hoffrage; A. Ebert. «AIDS counseling for low-risk clients». *AIDS Care*, Vol. 10, No 2, 1 Apr. 1998: 197-211.

[16] David M. Eddy (1982). *Probabilistic reasoning in clinical medicine: Problems and opportunities.* En D. Kahneman, P. Slovic and A. Tversky (eds.) *Judgment under uncertainty: Heuristics and biases* (págs. 249-267). Cambridge University Press, New York.

maligno ante una prueba positiva era de aproximadamente 75%, aparentemente porque pensaban que el resultado positivo era aproximadamente el mismo que el resultado positivo *dado* el tumor maligno. Confundieron *P*(pos|maligno) con *P*(maligno|pos).

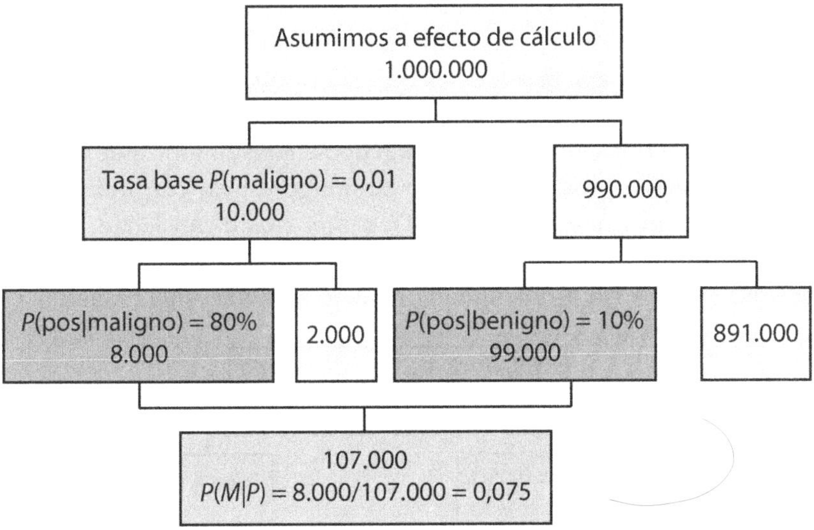

Figura 25. Análisis de la prueba de tumor positiva.

El diagrama, que se puede utilizar para analizar diversas situaciones, permite analizar el problema de la probabilidad de un tumor maligno, y obtener *P*(maligno|pos) = 8.000/107.000 = 0,075 = 7, 5%, un error en un factor 10 de los estimados. Comenzamos con un número arbitrario de personas (un millón) y desglosamos las cantidades pertinentes de personas con el tumor (10.000), los resultados positivos (falsos y verdaderos) y luego por división se obtiene *P*(*M*|*P*). Del diagrama, tenga en cuenta que hay 2.000 personas con el tumor que dieron falso negativo junto a 891.000 negativos verdaderos. Esto quiere decir que la probabilidad de tener el tumor habiendo dado negativo es *P*(maligno|negativo) = 2.000/893.000 = 0,0022, es decir, un 0,22%.

Prueba de laboratorio

Después de una imprudencia, un amigo, preocupado porque no se protegió, se hace una prueba del VIH. Esta prueba es fiable en un 99,9% (es decir, que su sensibilidad: la probabilidad de dar positivo si se tiene VIH *P*(pos|VIH) = 99,9%), y, además, solamente en un 0,03 por ciento de los casos da un falso positivo *P*(pos|no-VIH) = 0,03%. La prevalencia (tasa base) del VIH en la población general es de 0,05%, es decir, que entre 100.000 personas hay 50 infectados. La prevalencia es más alta entre otros grupos (consumidores de droga, homosexuales o prostitutas), pero su amigo estuvo con una mujer que no pertenece a estos grupos. Tras unos días de ansiedad, el médico le informó a su amigo con cara sombría de que la prueba dio positiva. ¿Cuál es la probabilidad de que realmente esté infectado?

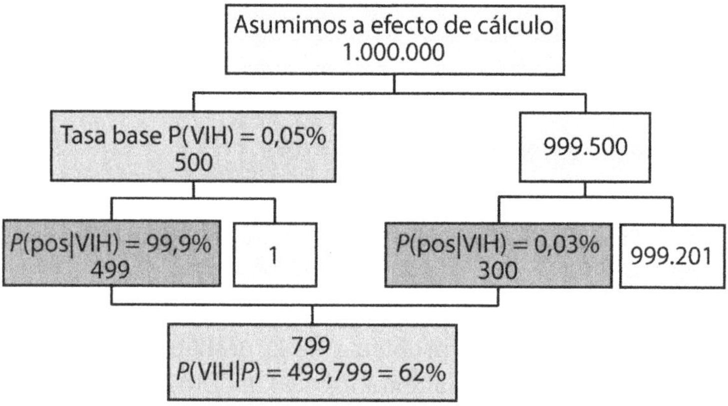

Figura 26. Análisis de la prueba de tumor positiva.

El resultado ilustrado en la figura indica que, dados los falsos positivos y la prevalencia, habrá en la población 799 positivos, de los cuales solamente 499 están infectados. La razón de estos números da la probabilidad de que su amigo esté infectado, *P*(VIH|pos) = 499/799 = 62% y aunque su amigo debe preocuparse no tiene por qué suicidarse, como ha sucedido en varias ocasiones.

Lo que debe hacerse es una segunda prueba. Si la probabilidad de un falso positivo para una prueba es *P*(pos|no-VIH) = 0,03%, entonces la probabilidad de dos falsos positivos en dos pruebas independientes es el producto de las probabilidades, en este caso 3/10.000 × 3/10.000 = 9/100.000.000 ~ 1/10.000.000 ~ 0,00001%.

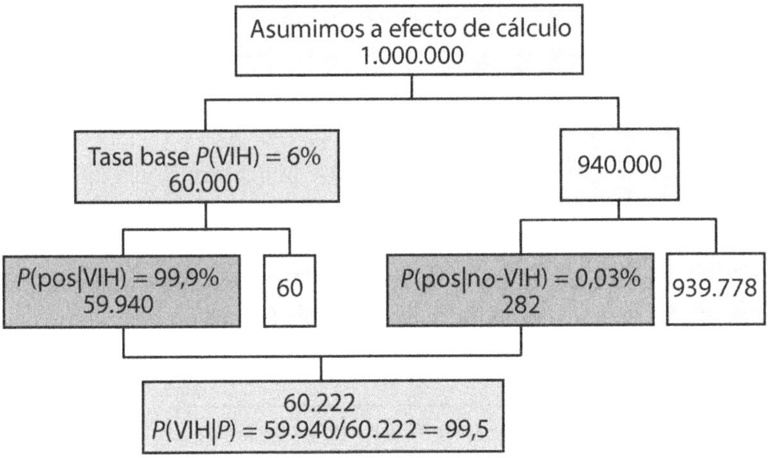

Figura 27. Resultado distinto al cambiar tasa base.

Estos resultados son muy sensibles a la tasa base y cambian si cambia la clase de referencia Es decir, que si la imprudencia la cometió con una mujer de Haití (tasa base 6%) entonces la situación cambia, como se ilustra en la figura. Ahora P(VIH|pos) = 59.940/6 0.222 = 99,5%.

El problema del taxi

Un taxi se dio a la fuga después de un accidente al atardecer. En la ciudad operan dos compañías, la verde con un 85% de los taxis y la azul, con el restante 15%. Una testigo dice que el taxi era azul y en una prueba bajo condiciones similares a las del accidente pudo identificar el color correctamente en un 80% de los casos. Usted es miembro del jurado en el juicio contra la compañía de taxis azul. Con la información anterior concluye lo siguiente:

La probabilidad de que el taxi culpable era azul es de un 80%

Es más probable que el culpable sea azul, pero la probabilidad es menor que el 80%

Es más probable que el culpable sea verde.

La mayoría de las personas escogen las opciones 1 o 2, y muy pocas escogen la 3, que es la correcta, ya que se concentran en la probabilidad de que el juicio del testigo sea representativo del color del taxi, es decir, calculan $P(\mathrm{id}_{\mathrm{Azul}}|_{\mathrm{Azul}})$ (la probabilidad de identificación azul dada la condición de que es azul) en vez de $P(_{\mathrm{Azul}}|\mathrm{id}_{\mathrm{Azul}})$ (la probabilidad de que es azul dada la condición de una identificación azul).

No consideran la tasa base, es decir, que la gran mayoría de los taxis son verdes. Tenga en cuenta que $P(\mathrm{id}_{\mathrm{Azul}}|_{\mathrm{Azul}}) = 80\%$ es una característica de la confiabilidad de la testigo, mientras que $P(_{\mathrm{Azul}}|\mathrm{id}_{\mathrm{Azul}})$ es una cuestión de la confiabilidad de la inferencia que depende tanto de la testigo como de la tasa base. Del diagrama vemos que $P(_{\mathrm{Azul}}|\mathrm{id}_{\mathrm{Azul}}) = 41\%$.

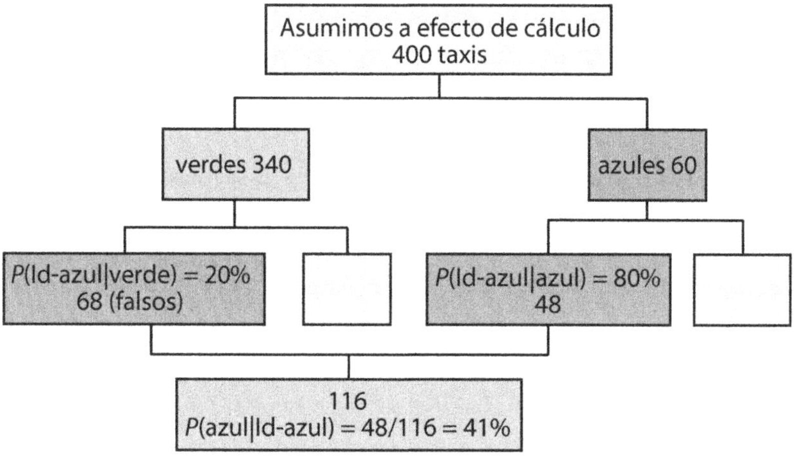

Figura 28. El problema del taxi.

Cuando el problema se presenta añadiendo la información de que las estadísticas de la policía indican que el taxi era azul en el 15% de los accidentes con un taxi (una indicación de la tasa base), las personas tienden a ajustar la estimación a menos de un 80% (pero sin llegar al 41%). Observe la evidente pertinencia de este problema al caso en el cual se trata de identificar a un criminal y un testigo declara que pertenecía a una cierta etnia.

Porcentajes y promedios

Máxima: *¿De cuántos?*

Tres obreros toman cerveza en un bar cuando entra Bill Gates. Los obreros se alborotan, piden más cerveza y lo saludan efusivamente. Bill Gates, sorprendido, les pregunta qué pasa. «¿No se da cuenta –le responde uno– de lo que acaba de ocurrir con nuestro ingreso promedio?»

Una de las estadísticas más usadas y abusadas es el promedio. Se habla del promedio de ingreso, del promedio de consumo de calorías, del ciudadano promedio entre un sinnúmero de otros promedios. El promedio es una aplanadora social que pretende resumir con tan solo un número una situación que puede ser bastante compleja.

¿Se alarmaría usted ante la noticia de que en su ciudad de un millón de habitantes los homicidios se habían duplicado en un año? ¿O se alarmaría si la noticia fuera que en los últimos cinco años se habían triplicado los accidentes aéreos? Si esto es todo lo que sabe, entonces no tiene suficiente información para un juicio adecuado, pues faltan las magnitudes absolutas. Si los homicidios se duplicaron de dos a cuatro es muy distinto de si fueron de 200 a 400. Si los accidentes aéreos se triplicaron, pero al mismo tiempo el número de vuelos aumentó en un factor de diez, puedo concluir que la seguridad aumentó, pero si el número de vuelos no ha aumentado, entonces no queda claro y puede haber un problema (otra vez no es lo mismo ir de uno a tres que de 10 a 30).

El valor absoluto de una variable es una medida de su cantidad en relación con una unidad bien definida y calibrada (kg, metro, segundo, etc.), mientras que el valor relativo es la medida de su cantidad en relación con otra variable. Por ejemplo, el número de personas con VIH/SIDA en Sudáfrica se estima en seis millones (número absoluto en 2007). En relación con su población total de 48 millones esto representa el 12,5% (valor relativo). Cuando deseamos evaluar un cambio, debemos conocer las magnitudes relativas y absolutas del cambio. Recuerde (supongo que lo aprendió alguna vez) que el cambio porcentual (relativo) de una cantidad inicial X_i a una cantidad final X_f se calcula como $(X_f - X_i)/X_i \times 100$ (%) (Cantidad inicial menos cantidad final dividido por cantidad inicial, multiplicado por 100.)

Otro efecto a tener en cuenta al considerar cambios porcentuales es la *asimetría* entre aumento y disminución. Si algo aumenta de $X_i = 50$ a $X_f = 90$ hubo un aumento del 80%, pero si algo disminuye de $X_i = 90$ a $X_f = 50$, entonces hubo una disminución del 44%.

Los aumentos relativos se exageran cuando estamos ante proporciones pequeñas. Si algo aumenta en dos puntos porcentuales, si es de un 2% al 4% el aumento es del 100% mientras que si es del 50% al 52% el aumento es de solamente un 4%.

Si se observa un aumento de una enfermedad del 2% al 3%, los optimistas dirán que solamente aumentó en un 1% (absoluto) y los pesimistas dirán que aumentó en un 50% (relativo). Para evitar la manipulación es necesario considerar ambas medidas de cambio, relativo y absoluto. Considere lo siguiente: «La tasa de homicidios se ha reducido en un 3%, de 1.020 por 10.000 del año pasado a 990 este año, lo que demuestra la efectividad de nuestras medidas de prevención». Pero para una población de un millón, esto significa ir de 102 a 99 homicidios, y difícilmente evidencia una gran mejora.

Otra particularidad de los porcentajes es que no suman. Es decir que, si el 20% de las mujeres de un club y el 40% de los hombres fuman, esto no quiere decir que el 30% de todos los miembros fuman (porque esto solo se cumple en el caso de igual número de hombres y mujeres). La tabla siguiente se lo muestra.

	Número	**Fumadores**	**Porcentaje**
Hombres	400	160	40
Mujeres	100	20	20
Totales	500	180	36

Figura 29. Porcentaje de fumadores (ejemplo).

Los porcentajes siempre transforman los números a una base de cien. Cuando se decide algo, argumentando que, por ejemplo, afecta al 10% de una población, es importante considerar el tamaño absoluto de la población. El 10% de 10 es 1 y el 10% de un millón es 100.000. Algo afecta al 10% de una población, pero hay una gran diferencia si se trata de uno o de 100.000. **Ante muchos resultados estadísticos y probabilísticos es necesario preguntar: ¿de cuántos?**

La palabra *promedio* es ambigua, ya que puede referirse a tres cosas diferentes. El promedio, bien entendido, sirve para resumir una característica de un conjunto de datos (es una medida estadística de tendencia central). Examine los 10 números en la tabla.

El ***promedio aritmético o media*** se obtiene sumando los 10 números y dividiendo por 10, es el promedio más común. El promedio aritmético de *N* números: $\bar{x}$ (decimos equis barra) se obtiene sumando todos los números y dividiendo por *N*.

La ***mediana*** es el valor central, para lo cual es necesario primero ordenar los números como se hace en la tercera columna y calcular el valor que se encuentra entre el quinto y sexto número, en este caso el promedio de 55 y 70. Hay una cantidad igual de números que se encuentran por debajo y por encima de la mediana.

x		x	
10		10	
25		15	
40		25	
$\bar{x}$	Media = 52,5	40	
55		55	
70			Mediana = 62,5
70		70	
90		70	Moda = 70
80		70	
70		80	
15		90	

Figura 30. Media, mediana y moda.

La ***moda*** es la cantidad que ocurre con mayor frecuencia, en este caso 70.

Si, por ejemplo, estos números representan el sueldo anual en miles de euros, se podría indicar que el ingreso promedio es de 52.500 €,

62.500 € o de 70.000 €. **Es importante saber a qué tipo de promedio se refiere un número presentado como «promedio» para interpretar un resultado.**

En el caso de muchas encuestas informales de opinión, cuando se informa sobre la opinión de los encuestados, muchas veces clasificados como el «ciudadano promedio», sobre algún asunto, generalmente se refiere a la moda, es decir, a la respuesta dada con mayor frecuencia, que no necesariamente corresponde con la mayoría (si hay varias opciones). Es decir, si hay 4 opciones y 20 encuestados, y 4 escogieron la opción A, 5 la B, 8 la C y 3 la D, la moda fue la opción C, pero no representa la mayoría (8 de 20). Aunque el promedio aritmético es el más común, se ve afectado por valores extremos, en cuyo caso no es representativo. Así, el promedio de 2, 2, 2, y 100 es 26, lo cual no es representativo de los datos del conjunto. En este caso la moda o la mediana serían más representativas. Si no sabe nadar, usted puede ahogarse en dos metros de profundidad en una playa cuya profundidad promedio es de un metro. Para tener una idea del significado del promedio es útil conocer los valores extremos (o mejor aún conocer la *distribución* de todos los datos).

Se piensa comúnmente que la mitad de los valores se encuentran sobre el promedio y la otra mitad por debajo, pero esto no es siempre así, como vemos para el caso de la tabla (se cumple para distribuciones simétricas, para las cuales la mediana es igual al promedio aritmético).

Un concepto muy importante y muchas veces ignorado al mencionar un promedio es el de *distribución* del valor de una variable. La distribución de una variable es simplemente una especificación de los valores que toma esta variable y la frecuencia con la cual ocurre cada valor. La figura 31 muestra la distribución de ingresos para EE.UU., en forma de un *histograma* donde en el eje horizontal se marcan intervalos iguales de ingreso y en el eje vertical se marca el porcentaje del total que cae en este intervalo (se podrían haber utilizado números absolutos). Es una forma muy útil de visualizar datos, y se cumple que una imagen significa más que mil datos.

Tenga en cuenta que la distribución no es simétrica y que en particular hay un segundo pico con hogares que reportan ingresos por encima de los 200.000 dólares al año que representan un 4% del total. Observe también que al presentar una estadística *por hogar* se pierde el ingreso *per cápita*. (El censo establece que hay en promedio 2,6 personas por hogar.)

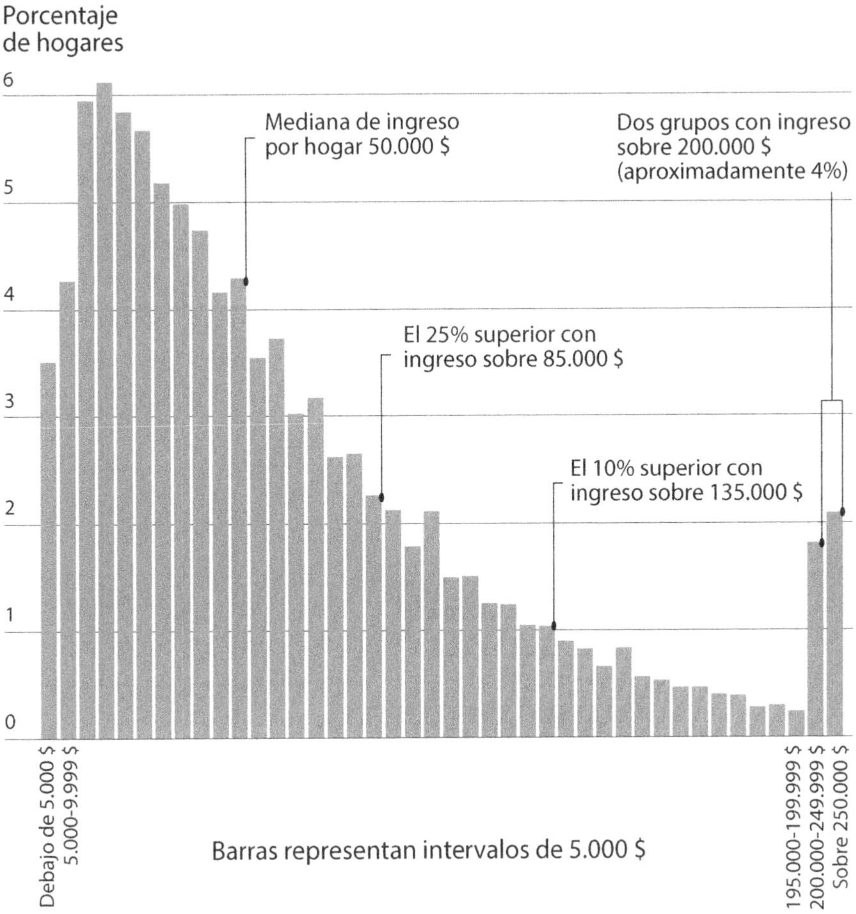

Figura 31. Distribución de ingresos por hogar en EE.UU. en 2010.[17]

Una segunda gráfica (figura 32) muestra que por debajo de 50.000 dólares hay más individuos por hogar que por encima de este valor, por lo cual la gráfica anterior tendría un pico más acentuado hacia

[17] https://commons.wikimedia.org/wiki/File:Distribution_of_Annual_Household_Income_in_the_United_States_2010.png

ingresos bajos si se hubiera tomado como base el ingreso *per cápita.* Para esta distribución la mediana (mitad de los hogares se encuentran por debajo) es ~50.000 dólares. (El ingreso promedio per cápita para personas mayores de 15 años en EE.UU. es de 27.000 dólares). Por tanto, *el promedio del ingreso de los ciudadanos no es igual al ingreso del ciudadano promedio.*

Muchos de los problemas del mundo son de distribución y no de promedio. La siguiente grafica (figura 33) ilustra la distribución global de riqueza. Resulta que 67 billonarios (miles de millones) tienen juntos más que 3.500 millones de personas, la mitad de la humanidad. ¡No puede haber paz en un mundo así!

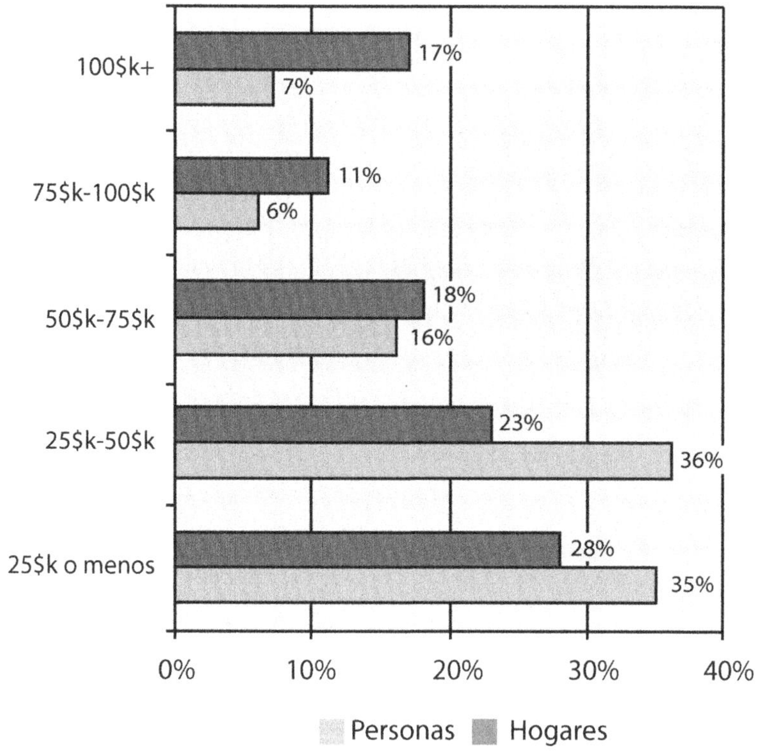

Figura 32. Diferencias en las estadísticas por hogar o por persona.

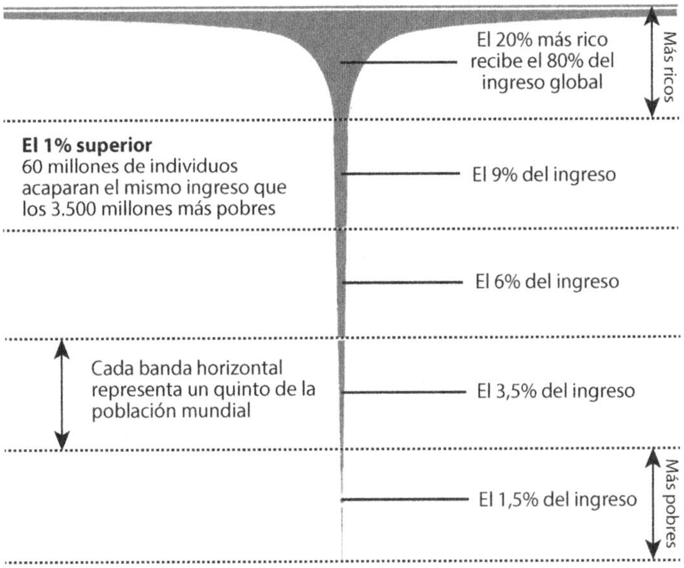

Figura 33. Distribución de ingresos global.

Regresión a la media

La regresión a la media es la tendencia de una medición extrema de una variable con un componente aleatorio a presentarse más cercana al promedio en una segunda medición. Cuanto mayor sea su desviación, mayor es la probabilidad de que la próxima medida de esta variable se desvíe menos del promedio (es decir, «regrese» a la media). Este fenómeno estadístico fue descubierto por Francis Galton, que investigó la distribución de la estatura de padres e hijos. De una muestra de 205 parejas de padres y sus 928 hijos, Galton comprobó que cuando la altura promedio (padre y madre) de los padres era mayor que la del promedio de la población, los hijos tendían a ser más bajos que sus padres. De igual forma, cuando la altura promedio de los padres era menor que el promedio de la población, los hijos tendían a ser más altos[18].

La regresión a la media asegura que ciertos procesos no se salgan fuera de control; actúa como un termostato. Suponga, por ejemplo,

[18] Francis Galton (1886). «Regression Towards Mediocrity in Hereditary Stature», *Journal of the Anthropological Institute*, 15: 246-263.

que las alturas de los hijos no se vieran afectadas por la regresión. Esto causaría que en promedio los hijos fueran igual de altos que los padres y algunos más altos aún. Los hijos de estos últimos, igualmente, tendrían algunos hijos más altos y así sucesivamente, lo cual llevaría con el tiempo a una situación insostenible.

En círculos deportivos algunos creen que cuando un deportista sale en la portada de una revista deportiva le trae mala suerte y baja su rendimiento. Lo que ocurre es que, para aparecer en la portada, un deportista habrá tenido una temporada excepcional, probablemente ha superado no solamente la media histórica de rendimiento, sino también su propia media. Ubicado a un extremo del rendimiento (que siempre estará sujeto a algunos factores aleatorios), no tiene más que regresar a la media, y esto produce la impresión del efecto negativo de haber aparecido en la portada de la revista (*post hoc*).

Una persona enferma tenderá a buscar algún tipo de tratamiento no convencional («medicina alternativa») cuando se encuentra en el extremo de la aflicción. Luego, si mejora como consecuencia de la regresión, concluirá erróneamente que fue el tratamiento, y si luego alguien le indica que se ha comprobado que el tratamiento es inefectivo responderá con algo como «no es eso, porque a mí me funcionó».

La regresión a la media es la razón de que en muchas ocasiones la secuela de una gran película no es gran cosa, que la segunda vez que usted va a un restaurante en el cual la comida fue excelente, ya no sea tan buena, y que luego de un primer ministro desastroso le sigue uno mejor, entre muchos otros ejemplos (aunque esto no significa que no puede haber además causas reales, es decir, que un cambio en el cocinero del restaurante cambie la calidad de la comida). En ocasiones se toma una acción luego de situaciones extremas que se ven afectadas por factores aleatorios (mayor vigilancia por alta tasa criminal, más patrullaje después de un aumento extremo de accidentes de tráfico, etc.), y se concluye algo sobre la efectividad de las medidas tomadas (al constatar que mejoró la situación) sin considerar el efecto de regresión a la media. Estamos dispuestos a buscar «causas» para estos efectos cuando en muchos casos no hay tal cosa y es simplemente un fenómeno estadístico.

Encuestas (datos)

Máxima: *Si entra basura, sale basura.*

Los estudios estadísticos se fundamentan en lo siguiente: una muestra aleatoria y suficientemente grande de una población tendrá propiedades similares a las de la población de la cual se extrajo (es representativa). Por otro lado, si dos muestras difieren en sus propiedades, podremos estimar la probabilidad de que se trate de dos poblaciones distintas.

El primer paso para poder realizar un análisis estadístico es obtener *datos*, ya sea como resultado de un experimento (en el cual afectamos la población de alguna forma y controlamos las variables), muchas veces a partir de una *muestra* de la población o de una observación (encuesta) en la cual no podemos controlar variables. En algunas situaciones la encuesta es automática, resultado de la contabilización de ciertos eventos importantes como el número de accidentes, el de homicidios, etc. Las encuestas son pan nuestro de cada día, y, si no son realizadas con cuidado y sus resultados interpretados con cautela, pueden no reflejar la realidad. Si los datos son erróneos, también lo serán las inferencias. *Si entra basura, sale basura.*

La creciente cantidad de datos que se genera cada segundo no tiene significado alguno si no se manejan con cautela, no es que «los datos hablan por sí solos» como se dice comúnmente, sino que se requiere de personas expertas que sean capaces de analizar e interpretar los resultados. La cantidad no es sinónimo de calidad, no es lo mismo comer mucho que comer bien. Aquí solamente esbozaré algunos puntos importantes.

Si interesa determinar si fumar causa cáncer, se podría observar personas que fuman y comparar la incidencia de cáncer con la de personas que no fuman. El problema con este procedimiento es que cualquier diferencia observada podría ser consecuencia de alguna otra variable (que fumar-no fumar) que afecte a los dos grupos de forma distinta y que no se puede controlar y quizá ni se conozca. Por otro lado, se podría escoger, de forma aleatoria, dos grupos de personas similares en todos los aspectos (edad, sexo, estado de salud, etc.) para minimizar el efecto de variables desconocidas y realizar un experimento tal que a la mitad se les obliga a fumar por un año un paquete de cigarrillos cada día y a la otra mitad (el control) se les hace fumar algo que parece un cigarrillo, pero no contiene tabaco (un *placebo*). La selección aleatoria es muy importante, ya que con grupos suficientemente numerosos se espera que toda otra posible variable esté presente en ambos grupos por igual, y que por lo tanto no contribuya a la diferencia. Por cierto, el resultado de tal experimento sería mucho más significativo que el de una observación. Claro que no es posible realizarlo con humanos, aunque se hace con animales de laboratorio (con la salvedad de que no son modelos exactos de un humano).

En el caso en el cual se examina a todos los miembros de la población hablamos de un *censo*, y las cantidades medidas (que en este caso se denominan *parámetros*) sirven para presentar una descripción estadística de la población. En muchos casos no es posible o práctico realizar un censo y obtener un parámetro, ya sea de caramelos, hormigón o cocaína, y se trabaja sobre la base de una *muestra* de la población para obtener una *estimación* de un parámetro. El problema básico es entender cómo la estimación se relaciona con el parámetro que deseamos conocer.

El objetivo principal de los métodos estadísticos es legitimar inferencias sobre el valor de los parámetros de una población a partir de los datos de una muestra. Por ejemplo, tomamos varias muestras de forma aleatoria, obtenemos el promedio de una característica $\bar{x}$ y consideramos este valor como una estimación del promedio para la población.

Esto es lo que hace el detective o el mafioso cuando con la lengua (al menos en las películas) examina el contenido de un paquete de polvo blanco, y lo que se hace para determinar, por medio de muestras de sangre, la prevalencia de alguna enfermedad en la población. El factor más importante y muchas veces ignorado al considerar la validez de una inferencia estadística es la *representatividad* de la muestra que se estudia. Es necesario establecer cuáles y cuántos individuos se deben incluir en una muestra para que sea representativa, es decir, que refleje las propiedades de la población de interés.

Si la población consiste en todas las moléculas de ADN de los organismos del planeta, entonces será necesaria una muestra amplia de estos organismos para determinar características generales de la molécula, es decir, que esperamos mayor variabilidad entre genomas de diferentes especies que dentro de una misma especie. Por otro lado, entendemos que una muestra de sangre es representativa de toda la sangre (aproximadamente cinco litros) de la persona en ese momento particular.

Ante cualquier estadística es importante estimar el error cometido al obtener un parámetro, error que tiene dos vertientes: el *error muestral* o error de estimación es el error causado por observar una muestra en vez de la población completa. Existen fórmulas estadísticas para estimar el error muestral. Además del error muestral, hay errores *sistemáticos* que introducen sesgos en los resultados que pueden fácilmente invalidar los resultados. Son los más importantes y más difíciles de descubrir y medir. El más importante es el siguiente:

Error de selección

Es un error que surge porque la muestra no es representativa. Por ejemplo, para muchos propósitos no es lo mismo realizar una encuesta en un centro comercial exclusivo que en un mercado de barrio. También, la hora en la cual se hace una encuesta puede viciar los resultados, ya que la población de los hogares es distinta a las diez de la mañana que a las diez de la noche. Una muestra de agua en una playa puede no ser representativa si se obtuvo en las cercanías de la desembocadura de un río contaminado. Las encuestas producidas por ciertos periódicos y revistas se deben considerar con cautela, ya que se selecciona a los lectores o suscriptores de la publicación en particular que no representan a la población general. Los lectores de *La República* representan una población diferente a los lectores del *ABC*.

Las estadísticas de criminalidad pueden sufrir por el hecho de que muchas personas, por varias razones, deciden no informar de un delito. Las autoridades no se preocuparán por esto, ya que este error tiende a bajar el índice de criminalidad que sea.

El efecto de selección opera en muchos campos de investigación y en ocasiones es difícil de descubrir. Aquellos que estudian el pasado profundo del planeta, solo pueden obtener artefactos y fósiles que hayan sobrevivido los milenios. La edad de piedra se caracteriza por las herramientas encontradas, pero las herramientas de madera, probablemente más abundantes, han desaparecido.

Nuestras creencias se ven afectadas por un efecto de selección que opera en los medios: se enfatizan las malas noticias y los eventos extraordinarios. Existe un filtro que escoge las noticias y las historias que sean dramáticas, inusuales y negativas. No es noticia si en alguna jurisdicción no ocurrió un crimen o accidente fatal, no es noticia que ayer no cayera ningún avión. Por último, la historia la escriben los vencedores, los sobrevivientes, lo cual genera un importante efecto de selección.

Otros errores

Error de definición. Cualquier encuesta comienza con una definición de aquello que se desea medir. Si queremos medir «pobreza», «crimen violento», «analfabetismo», etc., necesitamos definir claramente estos términos. Si esto no se hace con cuidado y de forma uniforme y constante, podrían dar resultados que no reflejan la realidad. Si la definición de «crimen violento» o «autismo» se cambia con el tiempo para incluir o excluir alguna modalidad (para lo cual puede haber buenas razones), esto se reflejará en un cambio en la tasa de crímenes violentos o de autismo que nada tienen que ver con la realidad.

Error de no respuestas. Una tasa alta de no respuestas en una encuesta puede producir resultados erróneos por más cuidadosa que haya sido la selección inicial. Esto es así, ya que muchos de los que no responden pertenecen a un grupo particular, que entonces no queda representado en la muestra. Por ejemplo, en estudios clínicos, si una fracción de los participantes abandona el estudio antes de completarse, esto puede viciar el resultado, ya que posiblemente abandonan el estudio porque no sienten un beneficio esperado, o porque de alguna forma sospechan que son parte del grupo al cual se les administró un placebo, o porque los efectos secundarios los han indispuesto (viciando de paso los resultados sobre efectos secundarios).

Formulación de preguntas. Otro error, muy sutil y difícil de controlar, se relaciona con la formulación de una pregunta en una encuesta:

¿Debe el Estado ayudar a los pobres?, obtendrá respuestas distintas a ¿debe el Estado aumentar sus impuestos para ayudar a los pobres?, aunque se pregunta esencialmente lo mismo. Las preguntas capciosas pueden afectar a las respuestas (muchas veces se formulan como la preferencia por algo con algún fin deseable), como: ¿Favorece usted la pena de muerte para reducir los homicidios? (implica que la pena de muerte *reduce* homicidios). Tampoco es neutral una pregunta como: ¿Está de acuerdo con la mayoría de la población que desea mayores penas de cárcel para los delincuentes?

Si un término es ambiguo puede ser interpretado de forma distinta por los encuestados, y las variaciones aparentemente insignificantes y el uso de términos emotivos pueden influir en los resultados. Por ejemplo, una encuesta presentó las siguientes dos preguntas:

1. ¿Debería el gobierno de EE.UU. prohibir expresiones públicas en contra de la democracia?
2. ¿Debería el gobierno de EE.UU. permitir expresiones públicas en contra de la democracia?

Un 60% de los encuestados respondió *no* a la primera mientras que un 46% respondió *sí* a la segunda[19]. Esta diferencia de respuesta surge por la reacción a las palabras *prohibir* y *permitir*. Cuando se prohíbe algo se pierde algo, cuando se permite algo se gana algo. Pertinente a esto son los sesgos cognitivos que veremos más adelante, en particular la aversión a la pérdida y los efectos de marco y anclaje.

Mentiras. Más difícil es controlar por respuestas que no son ciertas. Las personas tienden a minimizar su ingreso, y a responder lo «correcto» a preguntas que son controvertidas o autoincriminatorias (las encuestas más interesantes) como: ¿Ha visitado un prostíbulo? ¿Utiliza siempre el cinturón de seguridad? ¿Está a favor del aborto?

Para evitar la respuesta que no es cierta se puede acudir al siguiente procedimiento: el encuestador le dice al encuestado: «Antes de responder a la siguiente pregunta lance este dado sin que yo vea el resultado. Si sale un seis conteste que sí». De este modo, contestar que

[19] ***Scott Plous (1993). *The Psychology of Judgment and Decision Making.* McGraw-Hill Series in Social Psychology, pág. 69.

visitó un prostíbulo no incrimina, ya que podría haber sido porque salió seis. Tras analizar los datos se debe tener en cuenta que un sexto de las respuestas positivas se debe al resultado del dado y, por tanto, se debe restar del total.

Preguntas al respecto de investigaciones y sus resultados

Al considerar los resultados de una encuesta o de una investigación hay varias preguntas que se pueden hacer para evaluar el resultado. Lo más importante es que se haya seguido una metodología estadística adecuada al realizar la encuesta o ensayo, es decir, que se haya utilizado un esquema de muestreo que resulte en una *muestra representativa* (comenzando con la idea de que lo mejor es escoger elementos para la muestra al azar). Es pertinente determinar los intereses (políticos, sociales, económicos...) a los cuales responde la encuesta.[20]

¿Quién hizo la investigación? Si no se sabe quién hizo la encuesta, será difícil evaluar el resultado y saber las respuestas a las siguientes preguntas.

¿Por qué razón se hizo la investigación y quién pagó por ella? Quien pagó tiene un interés en el resultado y una razón que podría viciar el resultado. (Ninguna corporación publicaría un resultado que indique que el 80% de los encuestados prefieren el producto de la competencia.)

¿Cuántas personas fueron entrevistadas para la encuesta? ¿Son suficientes para garantizar una representatividad? Si fue una encuesta informal en la que participó un número muy pequeño, el resultado no será fiable.

¿Qué otras investigaciones se han hecho acerca del mismo tema? ¿Dicen lo mismo o difieren? No siempre es fácil encontrar los datos ni disponer del tiempo para investigar y responder a estas preguntas, pero es bueno tenerlas en cuenta.[21]

---

[20] **Cynthia Crossen (1994). *Tainted Truth. The Manipulation of Fact in America.* Simon and Shuster.

[21] Joel Best (2001). *Damned Lies and Statistics.* University of California Press.

12
Secuelas

El reloj del reverendo Paley

Es común la premisa que «todo esto» no pudo surgir al azar, y que por lo tanto hubo un diseño (y un diseñador). Así lo presentó en un conocido y emulado argumento analógico el teólogo inglés William Paley en su obra *Natural Theology* (1802): «Cruzando un matorral suponga que mi pie tropieza con una piedra. Si se me preguntara cómo es que la piedra llegó hasta allí, contestaría que por lo que yo sé siempre estuvo allí. [...] Pero suponga que hubiese encontrado un reloj sobre el suelo, y se me preguntara cómo es que el reloj se encontraba en ese lugar, dudo que pensara en la respuesta dada anteriormente [...] Cuando inspeccionamos el reloj percibimos [...] que sus diferentes partes están diseñadas y armadas con un propósito, es decir, que están formadas y ajustadas para producir movimiento; y este movimiento, regulado de tal manera para señalar la hora del día; y que si las distintas partes hubiesen sido formadas de otra forma a las que tienen, o puestas de otra forma o en otro orden del que tienen, entonces no habría movimiento o el movimiento no respondería al uso para el cual sirve ahora [...] La inferencia es inevitable, que el reloj tiene que haber tenido un creador; que tiene que haber existido, en algún tiempo y en algún sitio u otro, un artífice [...] que lo formó para el propósito que encontramos que atiende, que comprendía su construcción y diseñó su uso».

Paley no conocía la evidencia de la evolución biológica y el proceso de selección natural, presentada por Charles Darwin (1809-1882) y Alfred Russel Wallace (1823-1913) en la *Linnean Society of London* en 1858.

En su autobiografía Darwin expresa[1]: «El viejo argumento de diseño en la naturaleza, dado por Paley, que antes me parecía tan concluyente, falla, ahora que se ha descubierto la ley de selección natural. Ya no podemos argumentar que, por ejemplo, la bella bisagra de un molusco bivalvo tiene que haber sido elaborada por un ser inteligente, como la bisagra de una puerta por el hombre. No parece haber más diseño en la variabilidad de los seres orgánicos y en la acción de la selección natural, que en la dirección en la cual sopla el viento».

La evolución biológica se basa en los siguientes factores que juntos producen la *apariencia* de diseño[2].

- *Variación:* todas las formas de vida son susceptibles a la variabilidad genética dentro de una población (por mutaciones y mezcla genética) [Proceso aleatorio.]
- *Herencia:* las propiedades genéticas se transmiten a los descendientes. [Descendencia con modificaciones.]
- *Selección natural*: los organismos con características ventajosas para su supervivencia tienen mayor probabilidad de tener descendientes y transmitirles estas características. [Proceso determinista.]
- *Tiempo:* el proceso de evolución necesita de muchas generaciones, de mucho tiempo. La edad de la Tierra es de unos cuatro mil millones de años.

Al no entender que el proceso evolutivo tiene dos componentes, uno que es aleatorio y otro que es determinista, surge la equivocada idea de la generación azarosa de la biosfera.

Esto llevó a la muy citada falacia de Fred Hoyle (1915-2001)[3], el reconocido y controvertido astrofísico británico: «Un depósito de chatarra contiene todas las piezas de un Boeing 747, desarmado y desordenado. Sucede que un tornado pasa por encima del depósito. ¿Cuál es la probabilidad de que tras el paso del tornado encontremos un 747 completamente armado y a punto para volar?».

---

[1] Charles Darwin. *Autobiography*. Ed. Nora Barlow, Norton, 1958, pág. 87.

[2] Ismael Pérez Fernández. *El diseño inteligente, ¡vaya timo!* Colección ¡Vaya timo!, 20, Laetoli.

[3] Fred Hoyle (1983). *The Intelligent Universe*. Book Sales, pág. 19.

Ciertamente la probabilidad es prácticamente nula. Pero constituye, como lo ha expresado Richard Dawkins[4], un malentendido memorable del proceso de evolución por selección natural. El proceso evolutivo no trata de armar una molécula o un organismo, *in toto* a partir de sus partes, sino que es un proceso *acumulativo* de pequeños pasos en el transcurso de miles de millones de generaciones, que determina con la selección natural cuáles de estos pasos perduran[5]. Eso es lo que nos muestra el registro fósil. Es por lo tanto falaz pretender calcular probabilidades basadas en un proceso combinatorio al azar. Además, las reacciones químicas no ocurren al azar ni son equiprobables, ya que las diferentes fuerzas entre átomos *determinan* qué átomos y moléculas se pueden combinar entre sí, y cuáles no pueden, por lo cual cualquier cálculo basado en el principio probabilístico de indiferencia comienza mal. Así, dos átomos de hidrógeno se combinan con uno de oxígeno para formar agua, H_2O, pero no es posible que dos átomos de helio se combinen de igual forma para formar otro compuesto, es decir, He_2O no puede existir (es una imposibilidad física).

Por ejemplo, los átomos en un cristal de sal se ordenan en un arreglo cúbico bien definido alternando átomos de sodio y átomos de cloro. Si suponemos que tenemos una probabilidad de 0,5 de tener un átomo de sodio o uno de cloro en cada posición (correspondiendo a la idea de que la estructura cristalina se forma al azar), entonces la probabilidad de tener este arreglo con 100 átomos es $0{,}5^{100}$ (ley del producto) o 1,26 en 10^{30} (aproximadamente un uno seguido de 30 ceros) de lo cual deducimos que un cristal de sal, que además tiene millones de átomos y no 100, no puede existir. Sin embargo, existe. El error radica en pensar que el cristal se forma al azar.

Un proceso aleatorio no quiere decir desordenado. Si usted lanza una moneda cuatro veces seguidas la probabilidad de obtener cuatro caras seguidas es $(1/2)^4 = 1/16$. Este resultado muy ordenado *es* producto del azar. *Orden no implica un ordenador.* Pero no es necesario que se realicen 16 experimentos para obtener cuatro caras seguidas, pueden salir en el primero o pueden no salir. Como hemos visto, es a largo plazo en muchas pruebas que esperamos que 1/16 de ellas obtengan cuatro caras. Es decir, que cuando se habla de

[4] *****Richard Dawkins (1991). *The Blind Watchmaker.* W. W. Norton & Company. *El relojero ciego.* Tusquets.

[5] *****Richard Dawkins (1998). *Escalando el monte improbable.* Tusquets.

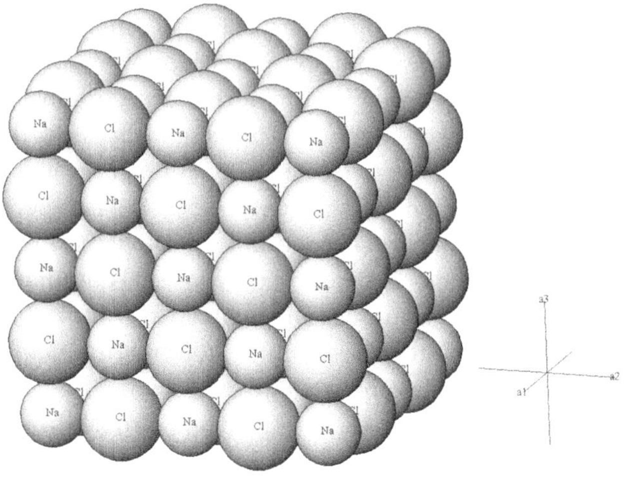

Figura 34. Los átomos de una molécula de cloruro de sodio.

probabilidades de una en un millón, por ejemplo, no es necesario hacer un millón de pruebas para obtener éxito. Tampoco es necesario realizar las pruebas en secuencia, una después de la otra. Se pueden hacer las cosas en paralelo, haciendo un millón de pruebas simultáneas en un segundo en vez de hacerlas en secuencia en un millón de segundos (278 horas). Todo argumento acerca de la improbabilidad de la vida es falaz.

En su forma más moderna, el «diseño inteligente» (creacionismo disfrazado) postula que hay estructuras biológicas (macroscópicas como el ojo o microscópicas como el flagelo bacteriano), o procesos (como la coagulación de la sangre) que son lo que se denomina «irreducíblemente complejas». Se argumenta que solamente funcionan si sus partes se acoplan de forma integrada y simultánea con las otras partes de la estructura o proceso para realizar su función, y que esto no pudo surgir al azar, lo cual implica un diseño (y un diseñador). Pero este argumento utilizado por los creacionistas es falaz. El proceso evolutivo es uno incremental en el cual se modifican estructuras preexistentes en el transcurso de muchas generaciones.

La pregunta por qué muchos sistemas naturales aparentan ser diseñados es válida. La respuesta se encuentra en la teoría de la evolución por selección natural que muestra cómo el ojo (por dar un ejemplo muy citado) es consecuencia del acumulativo desarrollo adaptativo de una inicial célula fotosensible que daba al organismo primitivo la ventaja de distinguir entre noche y día, luz y sombra. Medio ojo es mejor que ninguno, un ojo con mejor definición es mejor que uno sin definición en términos de supervivencia. La selección natural se encarga del resto. El mismo Darwin, en su obra, era consciente de esto y escribió: «Si se pudiera demostrar la existencia de un órgano complejo que no pudiera posiblemente haberse formado por numerosas pequeñas modificaciones sucesivas, mi teoría sería falsa absolutamente».

Antes de Darwin la explicación de la organización biológica con su diversidad, complejidad, adaptación y aparente diseño se relacionaba con el *propósito* del organismo o sus partes, de acuerdo con un diseño divino. Los ojos eran como eran *para* ver, y las plantas eran verdes *para* poder fotosintetizar. Al igual que las acciones humanas tienen un propósito formulado por humanos, se suponía que también los procesos biológicos tenían un propósito, en este caso formulado por la voluntad divina. El pecado de Darwin fue la destrucción de esta concepción metafísica quitando al diseñador del panorama. No necesitaba de esa hipótesis. La vida pasó a ser la «fría» consecuencia de leyes naturales sin propósito alguno, consecuencia de los cambios genéticos aleatorios heredables junto a la selección natural, que resultan en la apariencia de diseño. Los organismos vivos son como son, ya que debido al proceso de selección natural han evolucionado a ser como son, y esto es posible por las propiedades del ADN y otras moléculas importantes que permiten los procesos de descendencia con modificaciones. Como lo expresó el biólogo Theodosius Dobzhansky[6]: «Nada en biología tiene sentido salvo bajo la luz de la evolución».

La peligrosa idea de Darwin

> *Así, la cosa más elevada que somos capaces de concebir, o sea, la producción de los animales superiores, resulta directamente de la guerra de la naturaleza, del hambre y de la muerte. Hay grandeza en esta concepción de que la vida, con*

[6] Theodosius Dobzhansky (1973). *The American Biology Teacher*, 35: 125-129.

sus diferentes fuerzas, ha sido alentada por el Creador en un corto número de formas o en una sola, y que, mientras este planeta ha ido girando de acuerdo con la ley de la gravedad, desde un origen tan sencillo, hayan evolucionado, y sigan haciéndolo, una infinidad de las formas más bellas y maravillosas.

Charles Darwin[7]

Los atributos fundamentales de la vida, atributos que suponemos pertinentes en cualquier otro lugar, son pocos y muy generales. Lo primero que observamos es que un organismo constituye un sistema abierto (es decir, que intercambia materia y energía con su entorno-metabolismo) que se encuentra lejos del equilibrio termodinámico. Esto es una característica física y no debe confundirse con el hecho de que muchos humanos son bastante desequilibrados en un sentido psicológico. Muchos seres vivos mantienen una temperatura particular y una concentración de moléculas diferente a la de su entorno. Con la muerte regresa el equilibrio (el cadáver se enfría y luego se descompone) y la distinción entre dentro y fuera desaparece. Como dijo alguien, «Beethoven se pasó toda su vida componiendo y cuando murió se descompuso».

Las leyes que rigen el comportamiento de lo vivo son las mismas que rigen el comportamiento de lo muerto, no hace falta una «fuerza vital» o «soplo de vida» ni nada que se le parezca. Tampoco se viola la segunda ley de la termodinámica (como argumentan algunos que claramente no la entienden), que se cumple para sistemas *aislados*, ya que el sistema vivo es *abierto*.

Imagínese un mundo con organismos que viven, se reproducen y mueren, en el cual no pasara más nada interesante por los siglos de los siglos. El ingrediente que transformaría ese aburrido mundo en uno de gran interés es el error. La «descendencia con modificaciones» de Darwin es la clave del proceso evolutivo que permite, una vez establecida una forma de vida, que esta cambie y surjan *«infinidad de formas las más bellas y portentosas»*[8]. Un proceso de reproducción con una herencia inviolable solo llevaría a más de lo mismo,

[7] Charles Darwin (1859). *El origen de las especies.* Traducción de Antonio de Zulueta (1921) («por el creador» fue añadido en la segunda edición de la obra).

[8] ****Sean B. Carrol (2005). *Endless Forms Most Beautiful.* Norton.

como el producto de una copiadora. *Sin modificaciones heredables no hay cambio ni evolución.*

Descartemos también la idea de que la evolución significa *progreso* y peor aún que ese progreso tiene una meta y para colmo que esa meta somos nosotros. Si hubiera una meta, no cabe duda de que debería tener como objetivo algo mucho mejor que nosotros. El resultado final del proceso es contingente.

El proceso de evolución biológica es de gran poder explicativo por su fundamental carácter lógico. Aunque se puede discutir acerca de los particulares mecanismos que operan, su relativa importancia, y sobre cuáles son los factores que determinan la velocidad del proceso, su carácter *algorítmico* –Daniel Dennett[9] lo llama la peligrosa idea de Darwin– le confiere una universalidad que lo pone a la par con otras leyes de carácter universal, como son las de la termodinámica.

Un proceso algorítmico (generalmente pensado en relación con operaciones matemáticas) es automático y se caracteriza por lo siguiente:

- Es independiente de su particular implementación (ya sea por muchos humanos que manipulan o por un ordenador) y su poder viene de su estructura lógica.
- Se puede descomponer en una serie de pasos sencillos y automáticos que no requieren de ningún pensamiento o destreza, por más complejo que sea el proceso e interesante su resultado final.
- El proceso garantiza el resultado.

El algoritmo biológico comienza con cambios aleatorios del genoma (el genotipo), los cuales resultan en posibles cambios en características del organismo (el fenotipo). Aquellos fenotipos mejor adaptados para sobrevivir y reproducirse en el ambiente local son seleccionados automáticamente.

Es por el carácter automático del proceso evolutivo que es razonable pensar que, dadas las condiciones para ello, operará también en cualquier otro planeta sobre el cual surjan organismos que se

[9] *****Daniel Dennett. *La peligrosa idea de Darwin.* Galaxia Gutenberg, Barcelona, 1999.

reproduzcan con variaciones heredadas. Es por lo contingente del proceso evolutivo que todas las anécdotas que describen visitantes alienígenos con una topología análoga a la nuestra (humanoides) se pueden descartar de plano. No hablaré más del asunto ya que el tema me aburre.

Daniel Dennett lo resume: «Aquí pues la peligrosa idea de Darwin: el nivel algorítmico **es** el nivel que mejor explica la velocidad del antílope, el ala del águila, la forma de la orquídea, la diversidad de las especies y todas las otras ocasiones para maravillarnos que encontramos en el mundo natural. Es difícil creer que algo tan mecánico y sin mente como un algoritmo pudiera producir cosas tan maravillosas. Sin importar lo impresionante del resultado final de un algoritmo, el proceso que subyace siempre consiste en pasos mecánicos que siguen uno después de otro sin la ayuda de una supervisión inteligente».

Poco después de la publicación de su obra, Darwin escribió en una carta al geólogo Charles Lyell: «No daría absolutamente nada por la teoría de la selección natural si requiriera adiciones milagrosas en cualquier paso de la descendencia [...]. Si estuviera convencido que yo necesitara tales adiciones a la teoría de selección natural, la rechazaría como basura. Pero tengo una confianza firme en ella, ya que no puedo creer que si fuera falsa explicaría tantas clases de hechos, que si estoy cuerdo parece explicar»[10].

Significado y propósito de la vida

Máxima: *La vida no tiene un propósito.*

«Propósito» evoca imágenes de fanatismo. Una vez que las personas se convencen de que han sido puestas en la Tierra como instrumentos de algún plan divino, parece no haber límites a los horrores que están dispuestos a cometer para llevar a cabo ese plan.

Robert Park[11]

[10] Charles Darwin (1859). *Carta a Charles Lyell.* Darwin Correspondence Project www.darwinproject.ac.uk/entry-2503.

[11] ****Robert Park (2008). *Superstition, Belief in the Age of Science.* Princeton, pág. 5.

¿Qué sentido tiene la vida? El que cada quien da a la suya, por supuesto, con sus ideas, sus sueños, sus convicciones, sus deseos y su comportamiento moral, no un sentido impuesto por un creador más o menos caprichoso.

Mauricio-José Schwarz[12]

Me temo que todo el rebuscado hablar del «significado de la vida» ha hecho más mal que bien

Ilkaa Pyysiäinen[13]

Nos enfrentamos a la paradoja de una vida consciente que surge de un universo de partículas inconscientes e insignificantes. Una premisa cuestionable es que la vida *tiene* un significado.

Podemos indagar acerca del significado o sentido de una palabra o frase, el cual daremos explicando lo que quiere decir. También podemos indagar sobre el sentido o propósito de algún objeto y lo daremos en términos de una función (si es que la tiene), o en términos del sentido que le dio el que lo diseñó (en el caso de un objeto artificial). El propósito de una silla es el de ofrecer un sitio para poner el culo y el propósito de una obra creativa es afectarnos anímicamente de alguna forma.

Pero hay cosas que no tienen propósito. Por ejemplo, estaremos de acuerdo en que una piedra no tiene propósito. Tampoco Saturno lo tiene (a menos que usted ande en la astrología y el sentido de Saturno sea su rol en las predicciones astrológicas). Tampoco pensamos en el propósito de alguna estrella, a menos que comience con la historia de que allí se generan los elementos que en última instancia son necesarios para la vida, etc., y que por eso somos «hijos de las estrellas»[14]. Podría entonces decir, si quiere, que el propósito de las estrellas es la vida. Podría decirlo, pero en realidad el significado es metafórico.

---

[12] ****Mauricio-José Schwartz (2015). *¡No, Por Dios!* Cazador de Ratas, pág. 156.

[13] ****Ilkaa Pyysiäinen (2004). *Magic, Miracles, and Religion.* Altavista.

[14] Daniel R. Altschuler (2015). *Hijos de las estrellas.* Akal, Madrid.

Llegamos a lo que Günther Anders[15] llama la «iteración del sentido», en la cual el sentido de algo se refiere al sentido de lo próximo que a su vez se refiere al sentido de lo próximo y así hasta el infinito. Generalmente, las personas no formulan esta iteración que además es imposible concluir (es infinita) y se conforman con el sentido próximo y pragmático.

Pero no es obvio que se pueda dar un sentido a todo, ya sea la vida, el universo, hechos de la historia o eventos aleatorios. Cabe señalar que a pocos les preocupa el sentido o significado de la vida *tout court*, solamente la vida del ser humano, ya que, dentro del marco metafísico cristiano, el sentido de la otra vida es la de servirnos, y así, aun hoy actuamos. (*Y a toda bestia de la tierra, y a todas las aves de los cielos, y a todo lo que se arrastra sobre la tierra, en que hay vida, toda planta verde les será para comer.* Génesis 1:30). Dentro del marco religioso el sentido de la vida es el sentido que le dio el Dios creador, y si los creyentes no lo pueden formular más que de una forma circular, se puede ocultar esta falta de claridad dentro del «misterio». Pero dentro del marco de la biología moderna, la vida no tiene sentido. Parafraseando a las tortugas que sostienen la Tierra podríamos decir que la vida es «macromoléculas hasta el fondo».

Más chocante aún es la idea de que en realidad la vida es meramente un vehículo para la supervivencia de estas macromoléculas. Por eso los animales morimos cuando ya no podemos reproducirnos (los salmones luego de una ardua travesía oceánica se reproducen y mueren), mientras que las macromoléculas sobreviven en los descendientes. Los organismos están programados como robots para optimizar los «intereses» de las macromoléculas. Solo nosotros, los humanos, por ser conscientes de esta situación, podríamos rebelarnos[16]. Pero para esto es necesario que aceptemos la verdad, enfrentarnos cara a cara con lo que somos, con nuestra finitud sin cuentos consoladores ni supersticiones alimentadas por el deseo de ser otra cosa.

La ciencia ilumina el tema con lo que descubrimos en el registro fósil. Hace unos 550 millones de años, ocurrió la llamada explosión cámbrica, que marca el comienzo de la mayor diversi-

---

[15] Günther Anders (1984). *Die Antiquiertheit des Menshen* (Band II). Buchclub Ex Libris, Zurich, pág. 388.

[16] ****Keith Stanovich (2004). *The Robot's Rebellion*. University of Chicago Press.

ficación que conocemos en la historia de la vida, y la aparición de organismos lo bastante grandes como para verlos sin la ayuda de un microscopio. Todos los *filos* del mundo –las categorías de organismos con diseños anatómicos únicos– aparecen entonces por vez primera en el registro fósil, como los primeros trilobites, ahora extintos, o los braquiópodos con caparazones similares a las almejas. Nosotros, los mamíferos, pertenecemos al filo de los cordados que incluye a los vertebrados. Estos se caracterizan por tener espina dorsal, el conducto de nervios que distribuye señales entre el cerebro y el cuerpo.

Los fósiles cámbricos del esquisto de Burgess, una cantera de piedra caliza ubicada en las montañas Rocosas de Canadá, representan un hallazgo espectacular de la historia de la paleontología, ya que conserva el precioso registro de los cuerpos de una fauna marina que vivió hace 540 millones de años, unos restos muy raros en el registro fósil. Estos fósiles se preservaron porque quedaron enterrados rápidamente bajo un alud de barro en un ambiente sin oxígeno, de modo que no llegaron a descomponerse. Fueron descubiertos en 1909 por Charles Doolittle Walcott (1850-1927), entonces secretario de la Smithsonian Institution en Washington, D.C. A Walcott se le atribuye haber constatado la existencia de un registro fósil precámbrico considerable y haber demostrado con ello la historia increíblemente larga de la vida. Darwin se preocupó por la ausencia de fósiles precámbricos. Hoy sabemos que la vida de entonces era microscópica, y fue difícil encontrar fósiles hasta el hallazgo de Walcott.

Los fósiles conservan para nuestro estudio los restos de una gran variedad de organismos que vivieron entonces, entre ellos la *Opabinia regalis*, un ser de pocos centímetros de longitud con la particularidad de tener cinco ojos y carecer de descendientes modernos. *Hallucigenia* parece pertenecer más bien a otro mundo, como de hecho, así era. También encontramos a *Pikaia gracilens*, el primer cordado que representa nuestro ancestro más antiguo, el primero del filo al que pertenecen todos los vertebrados: peces, reptiles, anfibios y mamíferos, nosotros entre ellos. Al cámbrico le sigue el período ordovícico, al final del cual, hace 440 millones de años, ocurrió una extinción masiva. Si *Pikaia* o sus descendientes no hubieran sobrevivido a ese diezmo, esta historia habría resultado muy diferente.

En su fascinante libro sobre este tema[17], Stephen Gould dice: «Si Pikaia no sobrevive, somos barridos de la historia futura: todos nosotros, desde el tiburón al petirrojo y al orangután [...]. Y así, si usted quiere formular la pregunta de todos los tiempos (¿por qué existen los seres humanos?), una parte principal de la respuesta [...] debe ser: "Porque Pikaia sobrevivió al exterminio del exquisito de Burgess". Esta respuesta no menciona ni una sola ley de la naturaleza; no incorpora afirmación alguna sobre rutas evolutivas previsibles, ningún cálculo de probabilidades basado en reglas generales de anatomía o de ecología. La supervivencia de Pikaia fue una contingencia de la "simple historia". No creo que se pueda dar una respuesta "superior", y no puedo imaginar que ninguna resolución pueda ser más fascinante. Somos la progenie de la historia, y debemos establecer nuestros propios caminos en el más diverso e interesante de los universos concebibles: un universo indiferente a nuestro sufrimiento y que, por lo tanto, nos ofrece la máxima libertad para prosperar, o para fracasar, de la manera que nosotros mismos elijamos».

Si mañana ocurriera el fin del mundo importará poco, ya que aparte de nosotros a nadie le importará. Es saludable no perder esto de vista. Quizá esto no le guste (a mí tampoco) y como queremos creer lo que nos gusta, creeremos que la vida humana es especial, que debe tener un significado, pero si lo piensa... La cultura nos construye el significado que deseamos para aliviar la tragedia humana, un antídoto para el terror metafísico causado por nuestra ineludible finitud e insignificancia.

El fin del mundo

Máxima: *La historia de la Tierra es un millón de veces más larga que la nuestra.*

Al final todo estará bien, y si no está bien, no es el final.

John Lennon

[17] ***Stephen Jay Gould (1989). *Wonderful Life: The Burgess Shale and the Nature of History*. Norton, pág. 323. *La vida maravillosa*. Crítica, 1991.

Prepárense, ciudadanos, se acabó lo que se daba, a darse el último trago. No se me pueden quejar, el show fue bueno y barato. Ante el dolor el buen humor es esencial. Saca a tu pareja y ponte a bailar la canción del final del mundo. Que no les domine el miedo, no se pongan a gritar, control y nada de nervios, y cuidado con llorar. Para bien o para mal lo mandamos a buscar, y ahora nos llegó la cuenta y tenemos que pagar. Despídete de tu barrio y del mundo en general, y que en la Tierra nadie quede sin bailar la canción del final del mundo.

RUBÉN BLADES

Distintas religiones tienen su versión del «final de los tiempos», y el destino de la humanidad. Muchos han dedicado tiempo al estudio de textos sagrados en la búsqueda de la fecha, incluyendo al célebre Isaac Newton. Cada tanto aparece alguien que vaticina el fin del mundo. Es la profecía más estúpida que se puede hacer, no tanto por lo pueril del argumento (ya sea por el calendario maya o por numerología bíblica), como porque el manifestante tiene todas las de perder, ya que si el presagio se cumple no habrá nadie para felicitar al autor, y si no se cumple hará el ridículo (por más que pronto lo olviden).

También podría terminar mal: en septiembre de 1999 las autoridades de Indonesia informaron que tres líderes de un culto fueron asesinados por unos miembros al no cumplirse la profecía del fin del mundo que según ellos ocurriría el 9/9/99. Los miembros del culto vendieron todas sus posesiones y entregaron el dinero a los líderes para prepararse para el fin del mundo[18]. Podríamos decir que, al menos para los líderes, la profecía se cumplió.

James Randi[19] hace una reseña de treinta profecías del fin del mundo, desde tiempos bíblicos hasta tiempos modernos. William Miller (1782-1849), fundador de la iglesia millerita, dedicó quince años al estudio de las escrituras y en 1831 determinó que el mundo concluiría en 1843, con el segundo advenimiento de Cristo, en lo que denominó el «grito de medianoche». Se inspiró en el estudio de las profecías del libro de Daniel, particularmente en el verso 8:14, que dice: *Y él me dijo: Hasta dos mil y trescientos días de tarde y mañana; y el santuario será purificado.* En 1833 ocurrió una espectacular lluvia de

[18] Robert L. Snow (2003). *Deadly Cults: The Crimes of True Believers.* Praeger.

[19] James Randy (1993). *The Mask of Nostradamus.* Prometheus.

meteoritos y sus seguidores lo entendieron con júbilo como una señal de su pronta desaparición. Al fallar su primera fecha (3 de abril de 1843), la ajustó al 21 de marzo de 1844 y luego la cambió al 22 de octubre de 1844. Pero no pasó nada, y sus seguidores, que esperaron el fin congregados en campos y lomas por todos EE.UU., sufrieron una gran desilusión. Algunos abandonaron la fe, y otros reaccionaron con violencia o esperaron una nueva fecha. Tras la muerte de Miller, el culto se dividió en un número de iglesias entre las que surgió la Iglesia Adventista del Séptimo Día.

Podemos hacer un cómputo sencillo para estimar cuándo se acabará realmente el mundo, basado en lo que conocemos del Sol que nos provee de la energía de la vida. Para el Sol sabemos que su fuente de energía es la conversión de núcleos de hidrógeno a helio (un proceso similar al de la bomba de hidrógeno). Alrededor del 10% del hidrógeno del Sol se encuentra cerca del centro a una temperatura lo bastante elevada (15 millones de grados) como para que se produzca la reacción que convierte el hidrógeno en helio. Obtenemos la vida del Sol multiplicando el total de «combustible» disponible (en este caso el 10% de la masa de hidrógeno del Sol: 2×10^{29} kilogramos) por la energía obtenida de cada kilogramo (que por medidas de laboratorio y la famosa $E = mc^2$ sabemos que asciende a 6×10^{14} julios por kilogramo –J/kg– donde julio es una unidad de energía), y dividiendo el resultado entre la razón medida con que el Sol libera esta energía al espacio (4×10^{26} vatios, o julios por segundo -J/s). Así obtenemos:

$$(2 \times 10^{29}\,\text{kg} \times 6 \times 10^{14}\,\text{J/kg})/(4 \times 10^{26}\,\text{J/s}) \sim 3 \times 10^{17}\,\text{s} \sim 10.000.000.000 \text{ de años.}$$

Por tanto, el Sol puede existir durante diez mil millones de años antes que se le acabe el «combustible».

Por otro lado, interesa conocer la edad de la Tierra, que se formó al mismo tiempo que el Sol. El arzobispo Ussher de Armagh (1581-1656) calculó, utilizando la genealogía bíblica y los estudios de documentos históricos, que la Tierra se había formado en el 4004 a.C. (un 23 de octubre). Este es el origen de la idea, sostenida aún hoy por muchos, de que la edad de la Tierra es de seis mil años.

El ilustre físico William Thompson (lord Kelvin, 1824-1907) uno de los fundadores de la termodinámica, calculó, utilizando los conocimientos de la física de su época, una edad de entre 50 y 100 millones de años. Ernest Rutherford (1871-1937) (premio Nobel de Química 1908) fue quien sentó la base para los modernos cálculos de la edad de la Tierra utilizando los entonces nuevos descubrimientos acerca de la radiactividad. Estos métodos, que miden la edad de los minerales más antiguos que hemos encontrado, determinan que la edad de la Tierra es de unos cuatro mil quinientos millones de años, un número que podemos mencionar, pero cuyo significado es muy difícil de apreciar.

Esa también es la edad del Sol, por lo que aún le quedan unos cinco mil millones de años de vida. En realidad, cálculos precisos indican que la Tierra se calcinará mucho antes, por cambios en la estructura y energía emitida por el Sol, pero, aun así, le quedan varios miles de millones de años, diez millones de veces más que a usted. Baste decir **que la historia de la Tierra es un millón de veces más larga que la nuestra**.

Si concentráramos la historia de la Tierra en una larga película de tres horas, entonces nuestra especie, *Homo sapiens*, aparecería en el último segundo. En ese segundo hemos sido capaces de transformar el mundo de una manera prodigiosa y acelerada, que puede llegar al punto en el cual la misma existencia del *Homo sapiens* se vea amenazada. Ese es el poder de la mente.

Coincidencias

Máxima: *En una población suficientemente grande ocurrirán eventos de muy baja probabilidad.*

Sería un día realmente inusual aquel en el que no ocurriera algo inusual.

Perci Diaconis

Eventos que se perciben como conectados de forma significativa, sin una causa aparente, nos dejan perplejos[20]. Dos o más eventos que coinciden nos llamarán la atención si percibimos la coincidencia

[20] Persi Diaconis and Frederick Mosteller (1989). «Methods for Studying Coincidences». *Journal of the American Statistical Association*. Vol. 84, No. 408.

como improbable y aparentemente significativa, más aún si nos ocurre personalmente. Es habitual buscar algo en común cuando conocemos a una persona; le preguntamos por diversidad de datos y nos alegramos si hay una coincidencia: «Yo también conozco a fulano», o «yo también soy Libra», o lo que sea. Todos podemos relatar historias de coincidencias que parecen ser más que meras coincidencias. Hay eventos que nos parecen tan improbables que nos hacen pensar en conexiones misteriosas, que hay algo del universo que no entendemos. (Y por cierto que lo hay, y a eso se dedica la ciencia.)

En muchos casos la coincidencia es producto de factores psicológicos como resultado de sesgos cognitivos, como lo es la memoria selectiva, y la percepción estimulada. Esto último ocurre cuando un evento cobra relevancia por algo que nos afecta. Así, después de comprar un nuevo automóvil, posiblemente le llame la atención cuántos automóviles idénticos al suyo circulan por las calles, cuando antes no lo notaba. Si no se cuida en su forma de pensar, podría llegar a conclusiones erróneas.

Algunas coincidencias son en realidad consecuencia de causas que desconocemos, por lo cual la coincidencia nos asombra cuando en realidad no se trata de una coincidencia. La búsqueda de una causa ante una coincidencia puede significar un descubrimiento científico si la encontramos, o de lo contrario incitarnos a la superstición. La coincidencia en la conformación de la costa oriental del continente sudamericano con la de la costa occidental del africano, llevó con el tiempo a la teoría geológica de la tectónica de placas, pero la coincidencia en el tamaño angular del Sol y la Luna, que permite eclipses totales, es meramente eso. La coincidencia de que nuestros ojos sean sensibles a la luz emitida por el Sol no es coincidencia, y menos producto de algún diseño.

Aunque algunas personas (no son pocas) dicen «no creer en las coincidencias» por razones que no son nada claras, el mundo está lleno de coincidencias, es decir, de dos o más incidentes que ocurren al azar, pero dan la impresión de estar conectados. Ganar a la lotería es una coincidencia: coincide el número que usted compró al azar (por más que lo haya escogido de acuerdo con ciertos números con un significado especial para usted) con otro número producido al azar. La probabilidad de que un número de seis cifras impreso en un papel en su bolsillo coincida con un número que sale de una máquina en el sorteo de la lotería es muy baja: una en un millón. Pero si se vendieron todos los boletos, entonces *alguien* ha de ganar seguro. Al mirar el mapa en la pared en una estación de tren a la cual ha llegado por primera vez, y ver un punto rojo que dice: «Usted está aquí», no se pregunta: ¿Cómo lo sabían?

Si existe un número suficientemente grande de oportunidades, ocurrirán eventos de muy baja probabilidad[21].

No es difícil calcular que en un grupo de 23 personas (las personas en la cancha de un partido de fútbol) hay un 50% de probabilidad de que dos tengan el cumpleaños el mismo día. Nos confundimos pensando en 23 personas y 365 días del año, pero piense que hay muchas más posibles *parejas* que personas. Note que esto no es lo mismo a que uno de los jugadores tenga el mismo cumpleaños que el árbitro. En una reunión con 30 personas la probabilidad aumenta a un 70% y puede usted hacer una apuesta con esa probabilidad de ganar. La ocurrencia de un evento o coincidencia *específica* puede ser muy baja (como que *fulano* gane la lotería el próximo miércoles), pero es de alta probabilidad que va a ocurrir un evento improbable no especificado (que *alguien* gane la lotería). Por eso las coincidencias extraordinarias se notan después de la ocurrencia, y los «videntes» nunca dicen algo muy específico (y de hacerlo casi siempre se equivocan). **El error que muchas veces cometemos cuando nos asombramos por una coincidencia que nos ha ocurrido es preguntar: ¿cuál es la probabilidad de que eso *me* ocurra? Pero es la pregunta equivocada. La pregunta correcta es: ¿cuál es la probabilidad de que eso le ocurra a *alguien*?**

La probabilidad a priori de que a usted le parta un rayo es muy pequeña, una en muchos millones, pero una vez ocurrido la probabilidad es uno. Hay 7.000 millones de personas y cada día en algún sitio caen rayos. A alguien le toca. Pero el cerebro no se siente cómodo con este hecho, quiere una explicación de «por qué a mí». Como no hay nada que explicar inventamos una razón satisfactoria.

El siguiente es un relato personal: en junio de 1986, durante una sabática en Alemania, tuve la oportunidad de viajar con un pequeño grupo de colegas alemanes para asistir a un congreso en Armenia.

21 *****David J. Hand (2014). *The Improbability Principle. Why Coincidences, Miracles, and Rare Events Happen Every Day*. Scientific American.

Me uní al grupo después de que un colega decidió no viajar (por miedo a Chernóbil, accidente que ocurrió el 26 de abril de ese año). El vuelo primero nos llevó a Moscú, y pasamos la noche en el hotel de la Academia de Ciencias, para continuar al día siguiente con otro vuelo hacia Ereván. Esperaba a uno de los dos ascensores para subir al cuarto piso del hotel, después de recibir la llave de mi cuarto, y cuando llegó el primer ascensor hice cola para entrar, esperando que salieran los que estaban dentro. Uno de los que salían exclamó: «¡Altschuler!». Y me quedé mirando la cara de un señor en traje y corbata de aspecto hindú, que me miraba con una sonrisa. Al notar mi mirada de asombro, el señor me dice: «Soy Ram Subramanian. ¿No te acuerdas?».

Como mi cara demostraba que, en efecto, no me acordaba, continuó: «Yo era estudiante graduado en la Universidad de Brandeis cuando tú comenzaste a estudiar allí, hace quince años y una vez te invité a mi apartamento a cenar». «¡Ah, sí!», dije yo, mintiendo, y como su grupo se iba me indicó que estaba de paso, que vivía en India y había venido a Moscú para participar en un congreso sobre energía atómica. Me dejo su tarjeta y se fue. Me quedé atónito, y si yo fuera otro pensaría en vibraciones cósmicas, predestinaciones y vaya a saber qué otras hierbas.

Pero piense: todos los días a toda hora millones de personas se encuentran, la enorme mayoría desconocidos que pasan desapercibidos. Pero el enorme número de oportunidades significa que unos pocos de estos encuentros serán insólitos (sin definir lo que catalogamos como insólito), y a mí me ocurrió uno de ellos. Coincidencias que aparentan ser de muy baja probabilidad ocurren todos los días y si no se evalúan con cuidado pueden hasta llevar a una persona a la cárcel como ocurrió en el caso de la enfermera Lucía de Berk, en Holanda[22].

La Iglesia requiere que se confirmen dos milagros para que alguien sea declarado santo. Lo investigan con total seriedad y siempre habrá alguien entre muchos miles que después de una oración se cure de una enfermedad «incurable» (o mal diagnosticada): milagro.

---

[22] ****Leila Schneps and Coralie Colmez (2013). *Math on Trial. How Numbers get Used and Abused in the Courtroom.* Basic Books.

Veamos un ejemplo que muy probablemente le haya ocurrido. Es común llenarse de asombro y alegría cuando pensamos en un amigo y luego (al minuto o a la hora) suena el teléfono y es justo ese amigo. Nos asombra y nos parece improbable, ya que olvidamos las muchas veces que pensamos en ese mismo amigo y no ocurrió nada memorable (razón por la cual olvidamos) y las veces que pensamos en el amigo, sonó el teléfono y no era él, y las veces en que no pensamos en el amigo, sonó el teléfono y era él. Y como lo olvidamos, nos asombramos cuando ocurre la coincidencia. No es el resultado de absurdas vibraciones cósmicas, por más que sea más dramático pensar en ellas.

13
Asimetrías mentales

Máxima: *Hay infinitas más formas de equivocarse que de estar en lo cierto.*
Máxima: *Estamos vivos un tiempo corto, un instante cósmico. Estamos muertos un tiempo infinito.*

Las simetrías son parte de nuestro ser y de nuestra experiencia, son estéticamente atractivas y, cuando se rompen, conducen a resultados interesantes, pero también cuando se suponen falsamente conducen a errores. Somos seres superficialmente simétricos y nos causa desasosiego ver un animal asimétrico, ya sea porque es así o por accidente. Las extrañas caras de Pablo Picasso nos confunden y fascinan por sus asimetrías. Un objeto es simétrico si hay algo que se puede hacer de tal modo que al final el objeto no se puede distinguir de su forma inicial. Así, si usted gira un cuadrado sobre un plano unos 90 grados se queda igual, y una esfera tiene simetría rotacional, y no importa desde dónde la mire, se verá igual.

En la física, simetrías relacionadas a transformaciones espaciales y temporales conducen a importantes leyes de conservación. Entendemos que el resultado de un experimento no cambia si lo realizamos un día más tarde o si nos trasladamos a otro sitio, simetrías en el tiempo y en el espacio que fundamentan las importantes leyes de conservación de energía y de momento. La matemática alemana Amalie Emmy Noether (1882-1935) fue la que descubrió estas fundamentales relaciones entre simetrías y leyes de conservación. Un genio olvidado.[1]

Conocemos simetrías matemáticas como la ley conmutativa de la suma o del producto, en el cual el orden de los factores no altera el resultado. La simetría de un dado de seis lados nos permite decir que la probabilidad de un resultado particular es un sexto.

---

[1] Daniel R. Altschuler y Fernando Ballesteros (2016). *Las mujeres de la Luna*. Next Door Publishers, Pamplona.

También en el mundo mental existen simetrías que ordenan nuestros razonamientos, y cuando ciertas simetrías no se cumplen, pero las suponemos, pueden confundirnos. La asimetría de la contradicción es clara: una cosa no puede ser X y no-ser X al mismo tiempo. Si muerto es no-vivo, entonces no se puede estar vivo una vez muerto a pesar de todo el rollo de la vida después de la muerte. Será fácil hablarles a los muertos, lo difícil es que nos respondan.

Hay dos asimetrías que son ubicuas. *Hay infinitas más formas de equivocarse que de estar en lo cierto,* porque así es la relación entre falsedad y verdad. Relacionado con esto note que hay una cantidad limitada de posibles explicaciones naturales de algún evento, pero las explicaciones sobrenaturales no tienen límite, ya que, en ese ámbito, todo es posible. Otra surge, como ya mencioné, del hecho de que es lógicamente imposible argumentar con la razón lo que otros creen sin razón (*Contra principia negantem disputari non potest*), por lo cual muchas veces ni vale la pena intentarlo.

Existencia-inexistencia y el *onus probandi*

Máxima: *El peso de la prueba recae sobre el que propone.*
Máxima: *Aquello que se propone sin evidencia se puede rechazar sin evidencia.*

Una consideración lógica básica es que, si alguien afirma algo, especialmente algo importante, entonces el peso de la prueba recae sobre él o ella, de mostrar la razón por la cual debe aceptarse como cierto. Uno no puede simplemente recaer en una declaración de fe. El hecho de que alguien crea firmemente que algo es un hecho y que lo afirme dogmáticamente, solo es una descripción de su estado mental psicológico; no nos dice nada del mundo.

Paul Kurtz[2]

Es relativamente fácil probar la existencia de algo que esté bien definido, basta encontrarlo, basta obtener evidencia *objetiva* de su existencia. Mediante nuestros sentidos (no muy fiables) o mejor aún, me-

[2] *****Paul Kurtz (1992). *The New Skepticism.* Prometheus, pág. 201.

diante nuestros instrumentos, obtenemos evidencia de la existencia de agujeros negros o del bosón de Higgs, cierto tipo de organismo presente o fósil del pasado y evidencia de hechos históricos por medio de documentos o restos arqueológicos. Pero no es posible en general demostrar la *no* existencia de algo que sea lógicamente posible. Sé que no existen círculos cuadrados o solteros casados porque no son lógicamente posibles. Puedo demostrar en casos bien delimitados la no-existencia de un objeto bien definido, por ejemplo, un Yeti en mi cuarto de baño, pero no lo puedo hacer en general, para todo el universo. No puedo demostrar que Galileo nunca se encontró con Bruno (es posible), tema de una novela histórica[3].

Por esto, **la responsabilidad de la prueba, el *onus probandi*, recae en aquellos que manifiestan la realidad de X.** Si su vecino le dice que vio a un muerto caminando (un zombi) no es su responsabilidad probarle que no lo vio, es responsabilidad de su vecino traerle al muerto para que se tome un café. El peso de la prueba recae sobre su vecino. El *onus probandi* es un principio muy importante sin el cual no se puede entrar en un argumento cuyo propósito sea acercarse a la verdad. No puedo probar que *no* existen los extraterrestres, los unicornios azules, la telepatía o Dios, *lo cual no constituye prueba de que existan.*

Pero tampoco es necesario que lo intente, ya que justo por la asimetría mencionada, lo que importa es la prueba positiva por la cual aceptamos el principio legal de que se es inocente hasta que se demuestre la culpabilidad «más allá de la duda razonable». Sería fácil condenar a cualquiera de un crimen por la mera razón de que no hay prueba de que no lo hizo.

Además, *cosas extraordinarias requieren pruebas extraordinarias.* La verdad de una proposición se establece por la evidencia a su favor y no por la falta de evidencia en su contra. *Falta de evidencia no es evidencia.* Esta asimetría es la razón por la cual es falaz el argumento que dice: *Como no puedes probar que lo que digo no es cierto y como todo es posible* (lo cual no es cierto), *entonces es cierto.*

Cuando la evidencia citada en apoyo de una proposición no es adecuada, esta pierde interés. Por eso muchos casos de hipótesis pseudocientíficas (curación por imanes, visitantes extraterrestres, astrología, etc.) se ignoran; no vale la pena el esfuerzo y pérdida de

[3] ***Miguel Ángel Pérez Oca (2000). *El loco de las estrellas.* Equipo Sirius.

tiempo para buscar razones por las cuales cada instancia es cuestionable, aunque como veremos, vale la pena explicar por qué son cuestionables en general. El periodista y escritor Christopher Hitchens[4] (1949-2011) dijo: «Aquello que se propone sin evidencia se puede rechazar sin evidencia».

Este principio es igual de importante en el caso de creencias religiosas. Todas ellas pretenden que se crea algo que es bastante increíble para comenzar, fundamentado en el mero hecho de que está escrito en algún viejo libro, considerado sagrado, o porque alguien da testimonio. Se ignoran las contradicciones dentro y entre estas creencias, cada una reclamando ser la verdadera, y se ignora lo que hemos aprendido del mundo en el tiempo después de que fueron escritos estos textos.

Algunos (incluyéndome) elaboran argumentos para demostrar que las creencias no tienen fundamento, lo cual en la mayoría de los casos es un ejercicio vano, ya que estamos ante una situación que cae bajo *Contra principia negantem disputari non potest.* Veremos que la idea de algo «sobrenatural» es un sinsentido, con lo cual no queda mucho más que argumentar (pero como sea lo haré). Note en este contexto una importante distinción: «No creo que X sea cierto» no es lo mismo que la negación explícita: «Creo que X es falso». Si no hay fundamento para creer que X es cierto, debe tomar la posición de que no cree que X sea cierto, y el peso de la prueba recaerá sobre aquellos que afirman que X es cierto.

Después de que Darwin formulara su teoría de la evolución, el peso de la prueba recayó sobre él y sus seguidores, y su obra de 1859 es, en sus palabras, «un largo argumento». En los ciento cincuenta años que han pasado desde entonces, la prueba ha sido contundente a favor de su teoría modernizada. Hoy, el peso de la prueba recae sobre aquellos que pretenden negar la evolución biológica, demostrando no solo errores en la presente teoría, sino proponiendo también otra que la supere.

Aprovecho para aclarar un par de cosas. El *agnosticismo* (término inventado por Thomas Henry Huxley (1825-1895) es, según el DRAE: «Actitud filosófica que declara inaccesible al entendimiento humano todo conocimiento de lo divino y de lo que trasciende la experiencia».

---

[4] *****Christopher Hitchens (2007). *God is not great.* Twelve, Hachette, pág. 150. *Dios no es bueno.* Debate.

Es decir, que respecto a los dioses, la inmortalidad del alma o los fantasmas no es posible conocer la verdad –no podemos saber–, por lo cual el agnóstico se mantiene neutral. Es en realidad una actitud que trata de ser complaciente y es cobarde. Dice que, aunque no hay evidencia alguna a favor de algo, evado el «no creo» diciendo «podría ser».

El prefijo *a* denota privación o negación, y así describimos algo como amoral (sin moral) o asimétrico (sin simetría). *Ateo*, según el DRAE significa: «Que niega la existencia de Dios». Y *teísmo*: «Creencia en un dios personal y providente, creador y conservador del mundo».

Pero una cosa es *no creer* en Dios y otra *negar* la existencia de Dios. La distinción básica estriba en que el *ateo* se sujeta a lo que es natural, mientras que el *teo* se paraliza en la adicción sobrenatural (digo «teo» por decirlo de alguna forma). Pero sería más justo, y menos cargado de prejuicio, hacer una distinción entre *naturalista* y *sobrenaturalista* en vez de entre ateo y *teo* y el discurso cambiaría al cambiar la responsabilidad del peso de la prueba.

La distinción entre teísmo y ateísmo es nada más que eso: *creencia o no creencia en un dios*. Pero el *onus probandi* recae sobre el creyente. Hago hincapié en este importante principio: si alguien asevera que algo es cierto tiene la responsabilidad de demostrarlo.

Confirmación-refutación

Máxima: *Que algo sea irrefutable no lo hace cierto.*

Todo el universo con todas las cosas que observamos, nuestra memoria, los libros, los fósiles, nuestras teorías y creencias fue creado por el Dios Quetzalcóatl hace 7 horas y 42 minutos

DRA

Karl Popper[5, 6] (1902-1994) propuso lo que consideró una demarcación entre lo que es científico y lo que no lo es. Una hipótesis (o

[5] Karl Popper (1994). *The Myth of the Framework: In Defense of Science and Rationality*. Routledge, London.

[6] Karl Popper (1968). *Conjectures and Refutations. The Growth of Scientific Knowledge. Routledge. – Conjeturas y refutaciones: el desarrollo del conocimiento científico*. Ediciones Paidós Ibérica.

conjetura) es científica si se presta a una prueba que permita falsarla (refutarla). Ninguna hipótesis o teoría se puede considerar científica si no es posible ponerla a prueba, a menos «en principio». Si no existe forma de ponerla a prueba, es decir, si cualquier resultado empírico está de acuerdo con la hipótesis, entonces la hipótesis no tiene relevancia empírica, no predice nada y se corrobora por todo, por lo cual es inútil, como la hipótesis del dios Quetzalcóatl del epígrafe, que es irrefutable. *Que algo sea irrefutable no lo hace cierto.*

Popper parte de que en la ciencia formulamos generalizaciones inductivas del tipo «Todo A es B», pero que esto no se puede demostrar de forma definitiva, ya que siempre cabe la posibilidad de encontrar un A que no sea B, por lo cual lo único que es posible es la refutación. Esta asimetría entre la confirmación y la refutación de un enunciado general es crucial y es la razón por la cual una ley científica (que es un enunciado general) nunca puede ser probada, y solo puede ser (algún día) falsada (pero lo haremos con mucho cuidado y cuando se agoten todas las otras alternativas).

Tampoco es científica una hipótesis meramente por el hecho de ser falsable. La falsabilidad es una condición *necesaria* pero no *suficiente* para que una creencia o teoría se considere científica.

Por eso (y por muchas otras razones) el «creacionismo científico» y el «diseño inteligente» (como alternativas a la evolución biológica) no son ideas científicas. Los que proponen esto *ni siquiera están equivocados,* ya que para estar equivocados es necesaria la posibilidad de ponerse a prueba. Los proponentes de estas ideas no exponen qué sería un dato que falsaría su «teoría». En cambio, si mañana se descubriera el fósil de un mamífero en el precámbrico (o restos de *Homo sapiens* entre fósiles de dinosaurios, como inventan los creacionistas), esto falsaría la teoría de la evolución biológica, o al menos exigiría una seria reevaluación (lo cual, por otro lado, de ninguna forma demostraría la validez del creacionismo). Pero antes de descartar esta teoría que ha dado tantos frutos y a favor de la cual hay una gran cantidad de evidencia se considerarían alternativas y opciones, incluido el fraude, algo raro, pero no imposible.

En los casos de una teoría científica «madura» (en contraste con alguna hipótesis particular), esta se apoya en una vasta y entrelazada red de evidencia obtenida en varias instancias independientes por distintos medios. Es decir, que en general no existe un «experimento crucial» que dé vida o muerte a una teoría general. Ante una potencial falsación, se analizará con cuidado si el problema pudiera ser causado por errores observacionales o experimentales (lo cual ha ocurrido en múltiples instancias) antes de desechar todo el edificio cuidadosamente construido. El reciente caso de neutrinos que supuestamente viajaban a una velocidad mayor que la de la luz (lo cual falsaría a Einstein) pronto pudo ser atribuido a fallas experimentales.

Cabe mencionar aquí algo muy repetido y falaz. Se dice ante algún evento que «es la excepción que confirma la regla» o algo similar (en inglés: *the exception that proves the rule*). Surge del latín: *Exceptio probat regulam in casibus non exceptis*, es decir, «la excepción confirma la regla en los casos no exceptuados». Pero esto se refiere a que ciertas excepciones, como «entrada gratis los lunes», confirma la regla, es decir, «se paga entrada todos los días excepto los lunes». O «cerrado los domingos» implica la regla: «Abierto todos los días exceptuando domingo». Pero fuera de este contexto las excepciones no confirman regla alguna.

Sesgo confirmatorio

Máxima: *Recordamos los aciertos y olvidamos los desaciertos.*

Una vez que el entendimiento humano ha adoptado una opinión (ya sea como opinión recibida o porque sea conforme consigo misma), busca todas las otras cosas que estén de acuerdo con ella para apoyarla. Y aunque exista un mayor número y peso de casos contrarios, estos los ignora o desprecia, o de lo contrario por alguna distinción los pone de lado y rechaza, de modo que, por esta gran y perniciosa predeterminación, la autoridad de sus anteriores conclusiones pueda permanecer inviolada. Por eso fue una buena respuesta hecha por uno a quien, al mostrársele colgada en la pared de un templo una pintura de aquellos que habían hecho sus votos y habían sobrevivido a un naufragio, le preguntaron si no aceptaba ahora el poder de los dioses. «Ah –respondió–, pero ¿dónde están pintados aquellos que se ahogaron luego de haber hecho sus votos?» Esta es la forma de todas las supersticiones, ya sea la astrología, sueños, presagios, juicios divinos o cosas similares, en las cuales los hombres, que se deleitan en tales vanidades, marcan los eventos en los cuales se cumplen, pero donde fallan, aunque esto pasa con mayor frecuencia, los ignoran y dejan de lado. Pero con mayor sutileza se insinúa esta perfidia en la filosofía y en la ciencia, en las cuales la primera conclusión colorea y lleva a conformidad con ella todo lo que le sigue, aunque sea más razonable y mejor. Por otra parte, independientemente de ese encanto y vanidad que he descrito, es el peculiar y eterno error del intelecto humano emocionarse y excitarse más por afirmativos que por negativos, mientras que debería propiamente mantenerse indiferente ante ambas alternativas. En efecto, en el establecimiento de cualquier axioma cierto, el caso negativo es el de mayor fuerza.

Francis Bacon[7]

Este sesgo es de gran importancia y opera perversamente como cómplice del autoengaño. Surge de nuestra tendencia natural de buscar y recordar aquello que esperamos encontrar y rechazar aquello que lo contradice. Ya en 1620 Francis Bacon lo tenía claro cuando escribió la cita del epígrafe. Cuando alguien piensa que fulano es X (donde X es alguna particularidad como tacaño, amargado, negativo, divertido, generoso, etc.), si por casualidad fulano hace algo que se pueda interpretar como confirmación de X, ese evento bastará en muchos casos como prueba de que, en efecto, fulano es X. (Pero podría estar amargado por un dolor de estómago, y actuar generoso solo una vez para impresionar, etc.)

En conversaciones acerca de alguna creencia escuchará frases como las siguientes: «Sí, yo también lo vi», o «conozco a alguien a quien le ocurrió», o también, «hizo tal terapia y mejoró» (generalmente no damos el mismo peso al que dice: «No, no lo vi», o inventamos cien razones por las cuales no vio). Todos estos enunciados son confirmatorios, y ciertamente son *necesarios* si algo es cierto, es decir, si la terapia es efectiva la persona mejorará, pero no son *suficientes* para probar la hipótesis. Puede haber casos donde «hizo la terapia y no mejoró» o «mejoró sin terapia».

Ante un debate político son pocos los que piensan que su candidato perdió el debate. Cada vez que dice algo acertado lo notan, y minimizan o ignoran los aciertos del contrincante. El sesgo confirmatorio es insidioso, una herencia del cerebro del pleistoceno que opera en todos y es en muchas situaciones determinante de

[7] Francis Bacon (1620). *Novum Organum* (aforismo XLVI).

nuestras creencias. Buscamos, aceptamos, y seleccionamos sin crítica evidencia confirmatoria de nuestras ideas y creencias y no buscamos, criticamos o ignoramos evidencia contraria (que generaría una disonancia)[8]. Con este mecanismo perpetuamos prejuicios y creencias posiblemente erróneas.

En una sala de urgencias, ante una noche muy activa, una enfermera que cree que la luna tiene algo que ver con accidentes y crímenes pensará que hay luna llena. Si efectivamente es así, confirmará su creencia, pero en caso negativo se olvidará del hecho o echará mano a la escoba de Ockham. Se trata de un ejemplo de lo que en inglés se denomina *cherry picking* (seleccionar las cerezas, o minar datos). **Recordamos los aciertos y olvidamos los desaciertos**, factor importante para creer en la astrología y en los poderes psíquicos. Ante una serie de datos se escogen aquellos que confirman nuestra creencia y se ignora o se descartan aquellos que no coinciden. Parecería obvio que esto no es correcto, pero ha ocurrido también en experimentos científicos, para los cuales se descartaron datos por razones nada claras que resultaron en conclusiones erróneas.

El relato de la tapa del inodoro ilustra este sesgo:

Carmen. Pedro, ¡otra vez has dejado la tapa del inodoro abierta!
Pedro. Oh, sí, esta vez me he olvidado.
Carmen. ¡El problema es que *siempre* te olvidas!
Pedro. No es cierto, ¡casi siempre la bajo!

Pedro recuerda las veces que baja la tapa, y no recuerda las veces que no lo hace, justo porque se le olvida, mientras que Carmen recuerda (porque le molesta) las veces que ve la tapa levantada. Además, cuando la ve cerrada no sabe en realidad si estaba así o si Pedro la bajó.

En algún momento usted pensó en la posibilidad de que un ser querido tuviera un accidente. Por suerte, en casi todos los casos su ser querido regresa sano y salvo. Pero el día que tenga un accidente no dejará de pensar que tuvo una «premonición», ya que no recuerda todas las otras ocasiones en que pensó lo mismo.

[8] Thomas Gilovich (1991). *How We Know What Isn't So: The Fallibility of Human Reason in Everyday Life*. Free Press.

Considere el siguiente ejemplo:

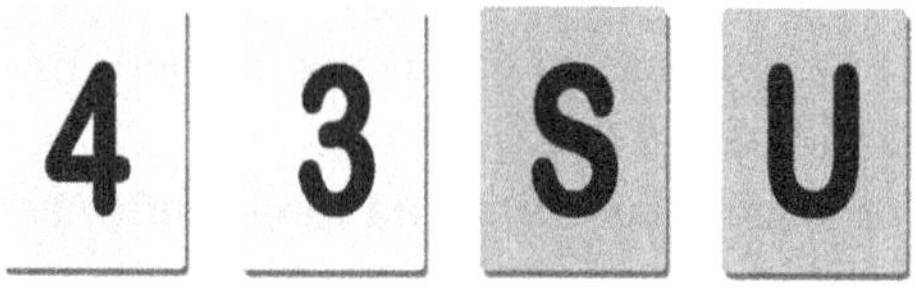

Figura 35. Experimento de sesgo confirmatorio.

Se le presentan cuatro cartas que tienen una letra en un lado y un número en el otro. Se le pide que determine con un número *mínimo* de pasos, dándole la vuelta cada vez a una carta, si es cierto que todas las cartas con una vocal tienen un número par del otro lado, es decir, si se cumple la regla: si vocal, entonces número par. Piense cuáles voltearía usted antes de seguir leyendo.

La tendencia es voltear la 4 (para ver si tiene una vocal) y la U (para ver si tiene un número par) buscando evidencia confirmatoria consistente con la hipótesis. Pero dar vuelta a la 4 no prueba la hipótesis, ya que, si tiene una vocal, se obtiene una condición suficiente y nada más, y si tiene una consonante no significa nada, ya que una consonante puede tener, según la hipótesis, cualquier número. Por eso, dar la vuelta a la S no dará información. Si se da la vuelta a la U y tiene un número par, confirma la hipótesis, pero no la prueba, ya que aún no se sabe si hay vocales asociadas con número impares. Si al dar vuelta, la U tiene un número impar, entonces la hipótesis queda falsada. Pocos deciden darle la vuelta a la 3, pero tiene al menos tanta información como las otras y también puede falsar la hipótesis con un solo movimiento. Si al voltear el 3 sale una vocal, invalidará la hipótesis, si sale consonante no se puede concluir nada. Es decir, que lo mejor es comenzar con la U o el 3, pero pocos comienzan con el 3.

Cuando leemos un libro o un artículo cuya propuesta coincide con nuestras creencias aceptaremos lo escrito, mientras que si no coincide, encontraremos todo tipo de razones para descartarlo. Por ejemplo, yo creo que el Vaticano no hizo lo necesario para oponerse a Hitler y denunciar a los cuatro vientos el holocausto, o como muchos prefieren, el *shoah* (que significa 'destrucción' en hebreo).

Es un hecho[9] que durante toda la tragedia el papa Pío XII (una «tremenda y patética figura») no dijo ni pío[10], y se le puede catalogar de colaboracionista, al igual que al mariscal francés Henri Pétain (1856-1951) en Francia o Vidkun Quisling (1887-1945; fusilado) en Noruega. También es un hecho bien documentado que la curia romana junto al argentino Perón y operativos de la Cruz Roja, facilitaron la huida de criminales nazis, en las «líneas de las ratas»[11]. Así lo documentan y argumentan muchos estudios que he leído. Cuando leo un trabajo que argumenta lo contrario en defensa de la Iglesia, encuentro todo tipo de razones para dudar. Creo que tengo buenos fundamentos para mis creencias, pero en ocasiones debo estar alerta al sesgo confirmatorio que pudiera estar viciando mi perspectiva.

Antes que vaya a utilizar las molestas y traicioneras «siempre» y «nunca», examine si no es víctima del sesgo confirmatorio y deje siempre un espacio, por pequeño que sea, para pensar que podría estar equivocado.

Falacia de la peluca

Considere la persona que dice con orgullo: «Las pelucas siempre se notan. Siempre reconozco cuándo alguien usa una peluca». De pequeño mi mamá me miraba a los ojos y me decía, siempre me doy cuenta cuando me mientes, y yo, creyendo en sus poderes, no me atrevía a contarle un cuento. Es un buen temor, me considero un tipo honesto. Pero lo que me decía mi mamá era falaz como lo es la falacia de la peluca

Este razonamiento falla, ya que se basa en un error de selección y sesgo confirmatorio. No hay forma de saber cuántas personas con pelucas, o cuántas mentiras no fueron descubiertas. Lo mismo se puede argumentar al escuchar que «no hay crimen perfecto».

Aunque parece obvia, la falacia de la peluca se cuela en todo tipo de razonamiento, especialmente cuando caracterizamos con estereo-

[9] ***Daniel Goldhagen (2002). *A Moral Reckoning*. Knopf. *La Iglesia católica y el holocausto: una deuda pendiente*. Taurus.

[10] José M. Sánchez (2002). *Pius XII and the Holocaust*. CUA Press.

[11] ***Gerald Steinacher (2010). *Nazis auf der Flucht. Wie Kriegsverbrecher Über Italien nach Übersee Entkamen*. Fischer.

tipos a grupos de personas. El estereotipo del homosexual incluye gestos «afeminados», y, naturalmente, al detectar esto, confirmamos el estereotipo, ya que un homosexual que no lo manifieste quedará sin ser reconocido.

Siempre que se habla de «vida en el universo» se agrega algo como «tal como la conocemos», ya que no podemos hablar de vida «tal como no la conocemos», y esto hasta podría existir sobre la Tierra. Esto es así porque la manera de encontrar vida (tanto aquí como en Marte) parte de la suposición de que sea como la que conocemos y preparar un cultivo para detectar el crecimiento de la población de microorganismos deseados. Pero estos cultivos presumen un cierto metabolismo (y otras propiedades bioquímicas) que no serán pertinentes si no se trata de vida tal como la conocemos. Por tanto, sería falaz decir: «No hemos detectado vida distinta a la que conocemos, por lo cual no existe».

Correlación-causación

Máxima: *Confundimos correlación con causación.*

Una correlación entre dos cantidades (variables) significa que los cambios en una («cambio» puede significar presencia o ausencia) se reflejan en los cambios de la otra, lo que implica una posible relación causal. Pero es necesario un análisis cuidadoso para cada caso.

Si usted realiza un estudio a lo largo de un año en una playa y anota para cada mes el número de personas que tuvieron que ser rescatadas por el socorrista y el número de helados vendidos en un quiosco playero, posiblemente encontrará una correlación, es decir, una variación conjunta de ambas cantidades. Pero dudo que concluya que comer helado **causa** los accidentes (en este caso el número de personas en la playa es la variable oculta que causa la correlación). Tampoco va a concluir que llevar paraguas causa la lluvia, pero sí que la lluvia causa el llevar paraguas. Es decir, que la correlación entre dos variables no necesariamente las vincula en una relación de causa y efecto, y si lo hace, no siempre queda claro cuál es la causa y cuál el efecto.

Esta asimetría se encuentra detrás de una gran cantidad de creencias falsas. **Una correlación es necesaria, pero no es suficiente para establecer una relación de causa**. Si se conoce un *mecanismo* o razón para pensar que las dos variables están conectadas causalmente y no casualmente, entonces habrá un buen argumento para establecer la causalidad. Por otro lado, una persona que jamás vio una luz eléctrica podrá determinar que la activación del interruptor es la causa de la luz, aunque no sepa cómo funciona. En muchos casos experimentales, aunque no se conozca el mecanismo se puede demostrar que hay causalidad controlando experimentalmente la presencia del causante. Es decir, se investiga si el efecto ocurre también cuando se ha suprimido la causa potencial (situación de control), y si cambios en la causa resultan en cambios correspondientes en el efecto.

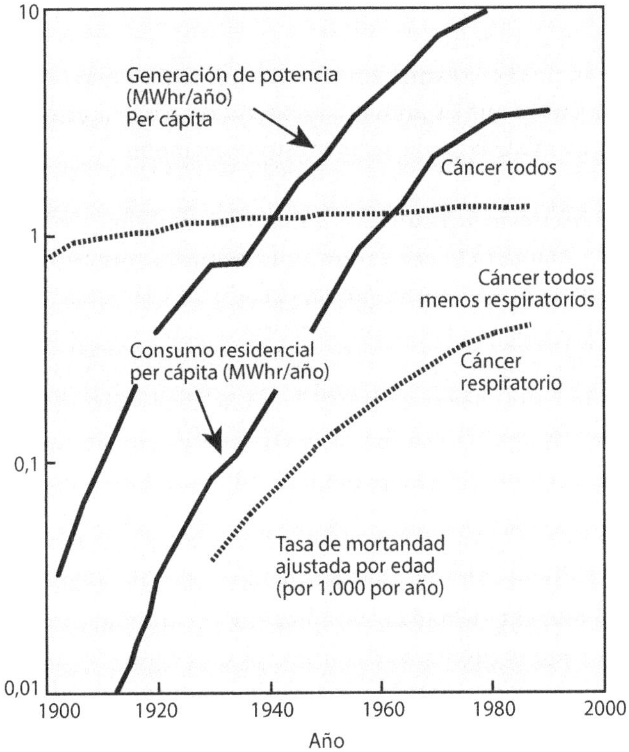

Figura 36. Gráfica del consumo residencial per cápita y la incidencia de cáncer como función del tiempo.

Una idea bastante difundida es que estar expuesto a los campos eléctricos y magnéticos que son producto del suministro de corriente eléctrica a residencias y edificios causa cáncer. (Ahora están de moda los sitios wi-fi.) Importantes estudios epidemiológicos no encuentran esta posible relación. Un trabajo investigó la posible correlación histórica entre el aumento de producción y consumo de electricidad por el ciudadano con la incidencia de cáncer en EE.UU.[12].

El resultado es que, a pesar del enorme aumento, por un factor de veinte, en la exposición del ciudadano a campos electromagnéticos entre 1940 y 1990, la tasa de cáncer no ha cambiado significativamente, y si se sustraen los casos de cáncer respiratorio, causados mayormente por fumar, entonces la tasa de los otros cánceres ha disminuido levemente. La figura muestra los resultados (tenga en cuenta que la escala vertical es logarítmica; es decir, que cada intervalo corresponde a un factor de 10).

Relacionado con lo anterior, hay una confusión que ocurre con la palabra *radiación* que es ambigua y puede referirse a dos fenómenos muy distintos. Vale la pena aclarar esto brevemente.

Radiación electromagnética: Se trata de una combinación de campos eléctricos y magnéticos oscilantes, que se propagan en el vacío a la velocidad de la luz y transfieren energía de un lugar a otro, o de otra forma, verlo como la propagación de fotones, partículas sin masa. La radiación electromagnética se distingue por la frecuencia (o longitud de onda) de las oscilaciones [medida en hercios o Hz, que son ciclos por segundo], que determina la energía asociada con la radiación. La luz es solamente una pequeña porción en frecuencia de todas las posibles frecuencias (el espectro electromagnético), que van desde las bajas frecuencias de ondas de radio hasta las altas frecuencias de los rayos X y gamma. Otro parámetro asociado a la radiación electromagnética es la intensidad de la radiación, la cantidad de energía que se obtiene cada segundo. Se distingue la radiación electromagnética ionizante, capaz de causar la pérdida de electrones en átomos y moléculas, causando daño, de aquella que no es ionizante. Radiación de

[12] J. D. Jackson. «Are the stray 60-Hz electromagnetic fields associated with the distribution and use of electric power a significant cause of cancer?» *Proc. Nat. Acad. Sci. USA*, Vol. 89, Apr 1992: 3508-3510.

frecuencias mayores que ultravioleta incluyendo rayos X y gamma, es ionizante; radiación a frecuencias debajo de la luz (microondas, radio) no es ionizante. La radiación no ionizante puede causar daño si la intensidad es alta, daño asociado con la generación de altas temperaturas (como lo es el caso del horno de microondas o el calor, transferido por radiación infrarroja, generado por un fuego intenso). Por otro lado, radiación ionizante en una dosis muy pequeña causará poco o ningún daño (como cuando se hace una radiografía de rayos X).

Radiación corpuscular: Se trata de la emisión de *partículas* energéticas de un núcleo atómico radiactivo. Las partículas pueden ser núcleos de helio (conocidas como rayos alfa), electrones (rayos beta), protones, neutrones y positrones (la antipartícula del electrón). Esta radiación se asocia con los armamentos nucleares, el almacenamiento de desperdicios radioactivos producidos en plantas nucleares y los accidentes en estas plantas, por lo cual en la mente del público tiene una connotación negativa. (Pero no olvidemos los usos medicinales e industriales de isótopos radiactivos.) En las explosiones atómicas de Hiroshima y Nagasaki, el daño inicial fue causado por radiación infrarroja intensa (quemaduras) y rayos gamma. Los efectos causados por radiación corpuscular ionizante (que causa cáncer) ocurrieron como consecuencia de la ingestión de isótopos radiactivos producidos por la explosión, que exponen los tejidos del cuerpo a una continua dosis de radiación corpuscular.

La exposición a la radiación (como a cualquier tóxico), dependiendo de la *dosis* que se recibe, pueden tener efectos negativos para la salud y provocar la muerte si es muy alta (un accidente en una planta nuclear) o con efectos imperceptibles si es baja (utilizado en medicina nuclear). La dosis es proporcional a la intensidad de la radiación y al tiempo de exposición. La radiación de microondas (que no es ionizante) es claramente dañina (por calentamiento) si se expusiera una mano dentro de un horno de microondas (alta intensidad ~ 1.000 vatios), pero las mismas microondas a distintas frecuencias son las que se utilizan para comunicar desde el teléfono móvil a una torre de transmisión (baja intensidad < 1 vatio) y no se ha determinado efecto alguno. Recuerde como de niño pasaba el dedo por la llama de una vela sin quemarse (corto tiempo de exposición), pero no lo dejaba en la llama, pues se hubiera quemado. Por tanto, la clave está en la dosis.

El físico Robert Park escribió en un editorial[13]: «Todos los agentes que inducen cáncer, incluyendo radiación, ciertos químicos y algunos virus, actúan rompiendo enlaces químicos que producen hebras de ADN mutante. Los fotones no tienen suficiente energía para romper estos enlaces hasta la región ultravioleta del espectro electromagnético, más allá de la luz visible y más allá del infrarrojo y mucho más allá de las microondas. Las microondas calientan tejidos, pero no llegan ni cerca de la energía necesaria para romper enlaces químicos, sin importar cuán intensa sea la radiación».

Es decir, que no hay un mecanismo para que la radiación electromagnética de frecuencias más bajas que la luz pueda afectar al ADN y causar cáncer. La radiación electromagnética se produce por radares, teléfonos móviles, wifi, estaciones de radio y televisión y líneas de transmisión. Ahora mismo ondas de radio y televisión le atraviesan constantemente. Si no lo cree, simplemente encienda la radio o el televisor y las detectará.

Como la energía no es suficiente para causar daño genético, algunos han postulado que el efecto es acumulativo, que es la suma de todas las exposiciones la que causa el daño en analogía con lo que ocurre con algunos tóxicos, que se acumulan. Pero en el caso de la radiación esta idea constituye una falsa analogía, la radiación no se acumula. Robert Park dice: «Durante años he tratado de lanzar una piedra hasta la otra orilla del río Potomac. Hasta ahora nunca pasan de la mitad del río, pero seguiré intentándolo en caso de que sea acumulativo».

El incremento en el uso de teléfonos móviles ha sido vertiginoso, y ha llegado a 6.000 millones de teléfonos (pero muchas personas tienen más de uno) en 2014 (era 2.000 millones en 2002). No solo ha aumentado el número de aparatos, ha aumentado el tiempo de uso. No se ha constatado un aumento correspondiente en cáncer del cerebro, una correlación que esperaríamos si hubiera una relación causa efecto[14].

---

[13] Robert L. Park. «Cellular Telephones and Cancer: How Should Science Respond?» *Journal of the National Cancer Institute*, Vol. 93, No. 3, Feb 7, 2001: 166-167.

[14] Christofer Johansen, et al. «Cellular Telephones and Cancer; a Nationwide Cohort Study in Denmark». *Journal of the National Cancer Institute*, Vol. 93, No. 3, , Feb 7, 2001: 203-207.

Una revisión realizada por el *National Research Council* de la Academia Nacional de Ciencias de EE.UU. de más de 500 estudios científicos realizados en los últimos veinte años concluyó[15]: «La evidencia hasta el presente no muestra que estar expuesto a estos campos sea un peligro para la salud humana. Específicamente, no hay evidencia conclusiva y decisiva que muestre que estar expuesto a campos eléctricos y magnéticos residenciales produzca cáncer, efectos neurobiológicos adversos, o efectos reproductivos o de desarrollo». A pesar de ello, un gran sector de la población no confía en los resultados (ya que son miles de millones de dólares los que están en juego y siempre se puede acudir a una teoría conspiratoria) y algunos piensan que hay razones para preocuparse (y lo comunican a sus amigos por medio del teléfono móvil).

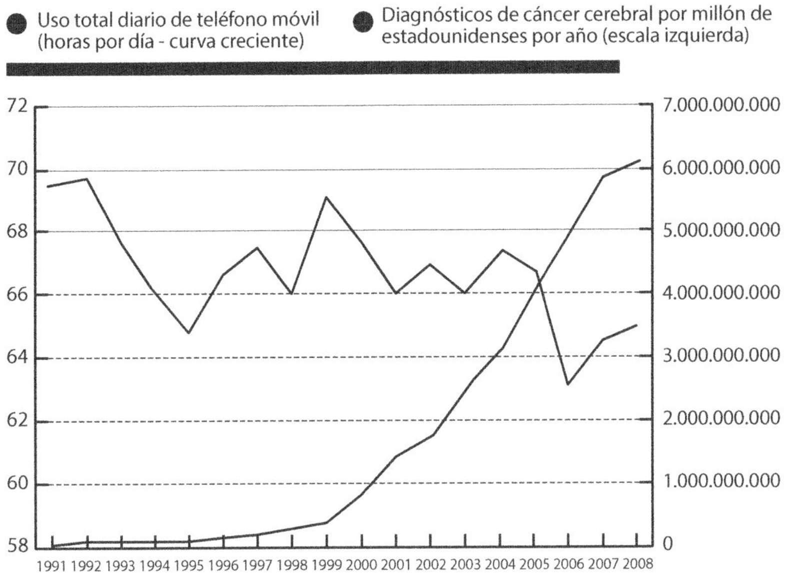

Figura 37. Gráfica que ilustra que, a pesar del gran aumento en el uso de teléfonos móviles, no existe correlación con tumores cerebrales.

[15] Commission on Life Sciences (1997). *Possible Health Effects of Exposure to Residential Electric and Magnetic Fields*. The National Academies Press.

Me encontraba hace un tiempo en un consultorio médico. Un hombre, como reacción a las muchas llamadas por teléfono móvil que recibía otro paciente, expresó: «Yo hace años que he dejado el móvil, ya que causa cáncer», a lo cual una mujer agregó: «Sí, cáncer del oído, de los ojos y de la próstata». (Al menos el oído y los ojos se encuentran cerca del teléfono, pero no me imagino qué tiene que ver con la próstata.) El hombre respondió: «Sí, incluso me lo ha dicho un médico». Me mordí los labios y no dije nada.

Ilusión de causa

Un hombre grita y agita las manos cada diez minutos en el parque central. Un paisano lo mira y le pregunta: «¿Hombre qué te pasa, por qué estás tan agitado?». El hombre le explica: «Tengo que hacer esto para mantener alejados a los leones». El paisano le dice: «Pero, hombre, no hay leones ni a cien kilómetros de aquí». A lo cual el hombre le responde: «¡Claro, es porque los mantengo alejados!».

Tenemos una fuerte tendencia a percibir patrones y suponer una causa en vez de una coincidencia. Cuando percibimos un patrón lo explicamos diciendo que se trata de la cara de alguien, o que significa algo (desde mensajes divinos hasta conspiraciones humanas), y no pensamos que pueda ser meramente un patrón aleatorio. No se trata de una cuestión de gustos, nuestro cerebro es un generador de historias –llámele teorías– que sirven para entender la razón por la cual ocurren cosas –sus causas– y de ese modo poder controlar nuestro entorno. Algunas de estas historias son buenas –las teorías científicas–, otras son ficciones. Percibir patrones es, en la mayoría de los casos, algo muy útil, ya que nos permite en un segundo concluir algo que si lo tuviéramos que analizar llevaría demasiado tiempo.

Tanto en la magia como en lo paranormal o pseudocientífico (la distinción radica en que el mago no pretende hacer más que ilusiones), se utiliza nuestra tendencia a buscar causas para que aceptemos lo inaceptable. El mago utiliza lo que denomina «cerrar todas las puertas» para que el espectador se quede sin explicación. Recurre a realizar sus actos de diferentes formas y explícitamente le muestra al espectador que «no está aquí», o «vea que aquí no hay nada». Cuando el espectador se formula una explicación de cómo lo hace, por ejemplo, se imagina que «se puso la moneda en la boca», el mago le abre la boca para demostrar que está vacía, y si luego piensa que «la tiene en la mano izquierda», el mago lo refuta abriendo la mano. De manera que al final no queda más remedio que aceptar la magia. He escuchado a personas preguntar a un mago: pero ¿es solamente un truco?[16]

De forma análoga, al ver luces en el cielo nocturno, se argumenta que no puede ser un avión, ni un helicóptero, ni un globo (no se mueven de esa forma), etc. Al final, sin más opciones, se acepta lo más increíble: son visitantes de Orión, ya que tenemos aversión al «no sé».

Cum hoc ergo propter hoc *y* Post hoc ergo propter hoc

Si una persona: a) se encuentra mal de salud, b) recibe un tratamiento para que se sienta mejor, y c) se mejora; entonces no hay poder de razonamiento conocido por la medicina que pueda convencerlo de que puede no haber sido el tratamiento la causa de su mejora.

Peter Medawar[17]

Se trata de falacias ubicuas. En la variedad *cum hoc ergo propter hoc* (junto a esto, luego a consecuencia de esto) argumentamos que entre cosas que aparecen juntas hay una relación de causa. En la variedad *post hoc ergo propter hoc* (después de esto, luego a consecuencia de esto) argumentamos que si una cosa sigue a otra es causada por la primera.

Cuando pensamos que cierta acción (una terapia –por ejemplo, con cristales de cuarzo o con imanes–, una medicina, una plegaria, un rito) causa un efecto meramente porque el efecto siguió a la acción, cometemos la falacia. Aunque es cierto que el efecto siempre sigue a la causa, esto es una condición *necesaria* para establecer causa, pero no es una condición *suficiente*.

Regresan los empleados a la oficina luego del almuerzo y la computadora tiene el mensaje: «%/¡¡ 002 $$$••• error fatal– Windows»,

[16] TED Keith Barry. http://www.ted.com/talks/keith_barry_does_brain_magic.
[17] Peter B. Medawar (1967). *The Art of the Soluble.* Methuen, London. p. 14.

y nadie sabe qué hacer. El sistema ha fallado y siempre aparece algún genio que dice: «La última que la usó fue fulana». Se supone sin razón alguna que fulana estropeó el ordenador.

Otro testifica que al mes de vacunar a su hija le diagnosticaron autismo. Conclusión: las vacunas causan autismo. Ocurre que las vacunas se suministran a los niños antes de cumplir los dos años y es típicamente después de los dos años cuando que comienzan los indicios de autismo. Es inevitable que una cosa siga a la otra. El *post hoc* amplificado por el Internet hace el resto.

La historia natural de la mayoría de las enfermedades es autolimitada y cíclica y se conocen muchos casos de remisión espontánea (¿un milagro?). Se incurre con frecuencia en la falacia *post hoc*: el paciente recurre a un tratamiento alternativo (muchas veces porque empeoró su condición a pesar de estar sometido a un tratamiento tradicional) y luego mejora, concluyendo que la mejora fue *causada* por el tratamiento. Cuando el paciente no mejora se recurre a la *racionalización* alegando que al menos no empeoró, y, si se muere, se puede argumentar que no comenzó el tratamiento a tiempo, y si esto no convence se concluye con: «Fue la voluntad de Dios».

Aprovecho, ya que estoy hablando de *hoc* = esto para mencionar el rescate *ad hoc.*

Rescate ad hoc *y ningún escocés verdadero*

Ocurre cuando para mantener un punto de vista se introduce una consideración arbitraria (*ad hoc* = por esto) y sin fundamento:

> —Si tomas cuatro de estas pastillas de vitamina C al día, no contraerás un resfriado.
>
> —Probé esto el año pasado durante varios meses y, aun así, me resfrié.
>
> —Pero ¿tomaste cuatro pastillas al día?
>
> —Sí.
>
> —Bueno, seguramente compraste unas pastillas que estaban en mal estado.

En su variante *Ningún escocés verdadero* (*No true Scotsman*), se refiere a un argumento que toma la siguiente forma:

—Ningún escocés echa azúcar en su avena.
—Pero a mi tío Angus, que es escocés, le gusta echar azúcar en su avena.
—Ah, sí, pero ningún escocés *verdadero* echa azúcar en su avena.

Es decir, que un contraejemplo (el tío Angus) a una expresión universal (ningún escocés) se descarta cambiando de forma arbitraria la definición (en este caso de escocés). Cuando cierto rito falla (ya sea uno religioso o el de un deportista antes de comenzar una competición), no se concluye refutando la superstición, sino que se piensa como rescate *ad hoc* que no se siguió el rito al pie de la letra. Al señalar los muchos casos de comportamiento criminal y amoral de líderes religiosos se responde de la siguiente manera: «Ah, pero esos no son cristianos (o lo que sean) verdaderos».

El error del fiscal

Ya vimos una asimetría fundamental de las probabilidades que puedo resumir escribiendo que $P(A|B)$ no es igual a $P(B|A)$. La confusión también ha tenido su día en corte, en lo que se conoce como error del fiscal que confunde P(prueba|inocente) con P(inocente|prueba). La probabilidad de que el ADN (prueba) del acusado coincida con el ADN encontrado en el lugar de los hechos dado que el acusado es inocente (probabilidad baja), no es igual a la probabilidad de que el acusado sea inocente dado que su muestra coincide con el ADN encontrado (que es la cantidad que interesa).

Imagínese lo siguiente: usted es parte del jurado en un caso de homicidio. Una mujer fue encontrada con golpes y heridas de arma blanca en un callejón de la ciudad de unos 300.000 habitantes. No se conoce el motivo, pero la víctima no tenía joyas ni dinero, por lo cual se sospecha que fue víctima de un robo. El médico forense determinó que la muerte ocurrió aproximadamente a las once de la noche del sábado. Al examinar el cadáver se determinó que la mujer se defendió, ya que se encontraron trazas de sangre bajo las uñas de la víctima, distinta a su propia sangre. Las investigaciones de familiares y amigos de la víctima no llevaron a ninguna pista por lo cual se tomó la decisión de buscar en un banco de ADN para ver si se encontraba algo. Se arrestó a un hombre cuyo ADN corresponde al que se encontró en la sangre de las uñas y ahora, tres meses después del crimen, es acusado de asesinato.

El fiscal argumenta que la probabilidad de que una persona inocente tenga un ADN correspondiente al de la sangre de las uñas de la víctima es muy baja, $P(\text{ADN}|\text{inocente}) = 1/50.000$, y que por lo tanto la probabilidad de que el acusado sea inocente es casi nula. El fiscal considera que esta evidencia es tan contundente que no le parece necesario buscar otra evidencia y pide que se declare culpable al acusado sobre la base de la evidencia forense presentada.

La defensa llama a varias personas que testifican acerca del buen carácter del acusado. El acusado reclama su inocencia, aunque no recuerda dónde estaba ni lo que hacía en la noche del crimen. Dice que lo más probable es que estuviera en su casa viendo la televisión, ya que es así como pasa la mayoría de los sábados por la noche.

En su resumen el juez solicita al jurado que sopese la evidencia con cuidado y les recuerda que si hay alguna duda razonable acerca de la culpabilidad del acusado, entonces el veredicto deberá ser «no culpable». También les recuerda que una probabilidad de 1 entre 50.000 es muy pequeña.

¿Cuál es su veredicto? ¿Culpable o no culpable?

Advierta que $P(\text{ADN}|\text{inocente})$ es la probabilidad de que una muestra de ADN tomada de una persona de la población coincida con la encontrada en la víctima dado que es inocente, pero lo que interesa es $P(\text{inocente}|\text{ADN})$, que es la probabilidad de que una persona sea inocente dado que su muestra de ADN coincide con la encontrada en la víctima.

Para entender esto, examine el diagrama. Al no tener más información, un individuo de la población de 300.000 es el homicida y hay 299.999 inocentes. De todos los habitantes habrá 6 (1 de cada 50.000) cuyo ADN corresponde al encontrado en la sangre, pero solo uno es culpable. La probabilidad de que el acusado sea inocente es entonces 5/6 = 83%. La prueba de ADN por sí sola no es suficiente para encontrarlo culpable.

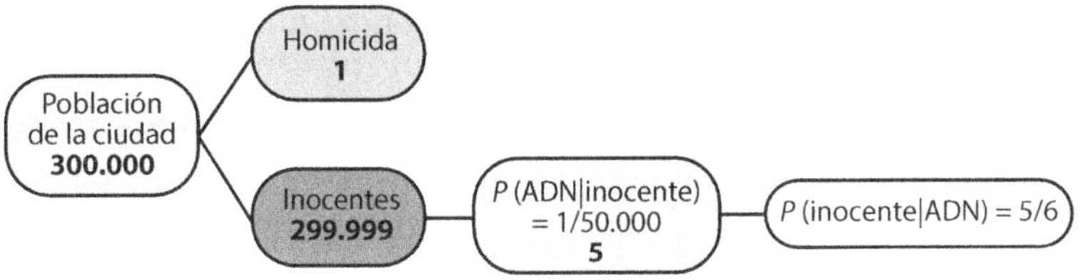

Figura 39. El error del fiscal.

Conocimiento-información

Podemos perdonar fácilmente a un niño que tiene miedo a la oscuridad, la verdadera tragedia de la vida ocurre cuando los hombres temen a la luz.

Platón

La relación entre conocimiento e información es asimétrica. Muy bien lo ha expresado Fernando Savater[18]: «La suposición de que lo racional es estar bien informado es uno de los problemas de nuestra época, en la que se considera que tener acceso a mucha información va a desarrollar la razón. La información es útil precisamente para quien tiene una razón desarrollada. El conocimiento es reflexión sobre la información, es capacidad de discernimiento y de discriminación respecto a la información que se tiene, es capacidad de jerarquizar, de ordenar, de maximizar, etcétera, la información que se recibe. Y esa capacidad no se recibe como información. Es decir, todo es información menos el conocimiento que nos permite aprovechar la información».

La información, los datos, son necesarios para elaborar nuevas ideas como la de Darwin, que se pasó unos cuantos años viajando por el mundo en el *HMS Beagle* para obtenerlos. Son necesarios pero no son suficientes, y allí está el meollo del asunto. Las nuevas ideas tienen que surgir de la razón bien utilizada, ya que es muy común razonar mal, y muchas veces no razonar, actuar por instinto o por

[18] Fernando Savater (1998). «Potenciar la razón», *El escéptico,* invierno 1998-1999, 21, Barcelona y en http://didac.unizar.es/jlbernal/razon.html.

emoción, como cualquier otro animal, ya que, también a raíz de lo que comenzó con Darwin, somos animales. Para Descartes la razón era tan importante que la igualó a la existencia en su famoso «*Cogito ergo sum*», aunque yo conozco mucha gente que desafortunadamente existe sin pensar. Quizá los hayan asustado de pequeños diciéndoles: «No pienses mucho que te vas a volver loco».

A favor y en contra

Para cualquier asunto, por más que la mayoría de los expertos coincidan (los no-expertos harían un favor si se callaran), siempre es posible encontrar unos pocos que opinan en contra del consenso. Ya en 1612 Galileo Galilei[19] decía lo siguiente: «En lo tocante a la ciencia, la autoridad de un millar no es superior al humilde razonamiento de un hombre». Y yo agregaría que no es exclusivo de la ciencia. Claro, lo dijo Galileo, quien en su época era el que presentaba «el humilde razonamiento de un hombre», contra la opinión de miles. (Galileo no tenía nada de humilde.) La cantidad de testigos no es crucial, ya que si lo que dice uno es falso no se torna cierto porque lo repitan mil, y si lo que dice uno es cierto no se torna más cierto por que otros lo repitan. Sin embargo, *testigos independientes* son importantes. Por eso, en la ciencia se busca corroborar un resultado por grupos independientes.

El «humilde razonamiento de un hombre» puede imponerse excepcionalmente sobre el consenso de un millar de expertos, pero por cada Galileo, Einstein o Wegener hay miles, algunos con muy buenas credenciales, que se equivocan, porque no saben de lo que hablan, aunque ostenten un Premio Nobel o un cargo importante, como el príncipe Carlos de Inglaterra (quien apoya la homeopatía y otras pseudomedicinas). Le recomiendo leer el reciente libro de Edzard Ernst para enterarse de las cosas que ocurren a la sombra de la

[19] «L›autorità dell›opinione di mille nelle scienze non val per una scintilla di ragione di un solo». *Terza Lettera del Sig. Galileo Galilei al Sig. Marco Velseri Delle Macchie Solari* (1612). http://www.liberliber.it/biblioteca/g/galilei/lettere/html/lett08c.htm (Y no como se cita a menudo en el *Diálogo sobre los dos principales sistemas del mundo.*)

ciencia[20]. En los medios aparecen para «balance» y el público tendrá la percepción de una opinión dividida cuando en realidad no hay tal cosa. Muchas veces se presentan dos opciones y se argumenta por simetría que si una es falsa la otra es cierta. Nos lleva a considerar la siguiente falacia:

Falso dilema o bifurcación (también falsa dicotomía)

Mejor que se ejecute a un inocente a que un culpable quede en libertad.

Si se demuestra que la evolución biológica es falsa, entonces es cierto el creacionismo.

Es una falacia que se presenta cuando se pretende que solamente existen dos opciones cuando en realidad existen otras alternativas. Es común preguntar si el fotón (unidad de luz) es una partícula o una onda, y la respuesta es que el fotón es un fotón. ¿De dónde sacamos la idea de que solo hay dos lados en un argumento? Esta orientación bivalente es muy común, las personas prefieren lo blanco o lo negro y olvidan los grises. Dividimos el mundo en buenos y malos, amigos y enemigos, ricos y pobres, estrategia útil para un primer corte, pero tendemos a olvidar que en muchos casos hay una amplia gama intermedia. El mundo está poblado por dos tipos de personas: aquellos que dividen el mundo en dos tipos de personas y aquellos que no.

Se confunde *contrario* con *contradictorio*. Dos opciones contrarias no pueden ambas ser ciertas, pero pueden ambas ser falsas. Rico y pobre son contrarios, pero se puede no ser ni rico ni pobre. En cambio, para opciones contradictorias si una es cierta la otra es falsa. O se está vivo o se está muerto. En relación con el epígrafe se habrá dado cuenta de que, si se ejecuta a un inocente, entonces un culpable *quedó* en libertad, y también que la falsedad de la evolución biológica no implica la verdad del creacionismo.

---

[20] *****Edzard Ernst (2015). *A Scientist in Wonderland*. Academic.

Tiempo igual

Relacionado con lo anterior menciono el «tiempo igual» que en muchas ocasiones se reclama en cuestiones de expresión pública de temas controversiales. Es cierto que cuando existen dos o más opiniones igualmente válidas, en principio, el pueblo en una democracia tiene derecho a escuchar todos los argumentos, y existen mecanismos para que esto ocurra. Las reglas del parlamento reconocen esto cuando ante alguna moción estipulan turnos a favor y turnos en contra. Aunque para muchas historias existen al menos dos puntos de vista, varios enfoques y controversias, para cuestiones de hecho, en la mayoría de los casos, si hay dos lados, al menos uno está equivocado. Así, hasta el presidente estadounidense George Bush, en su ignorancia, apoyó la enseñanza de la «controversia» entre la evolución biológica y el creacionismo (disfrazado de «diseño inteligente») en clases de biología.

La asimetría trágica

Se trata de la más difícil de aceptar, y es la que nutre la superstición: el tiempo durante el cual estamos vivos es corto, un instante cósmico (¿cómico?). El tiempo durante el cual estamos muertos es infinito. Al considerar las muchas cosas increíbles que se le presentan a diario, pregúntese si acaso no se trata de una instancia en la cual no se consideró alguna de las asimetrías que he presentado.

14
El otro yo

La razón es en gran medida la esclava de compromisos previos.

Robert McKim[1]

Es mucho más fácil y además más placentero identificar y apuntar los errores de otros que reconocer los nuestros.

Daniel Kahneman[2]

Ya en 1620, Francis Bacon en su *Novum organum* hablaba de los cuatro «ídolos» de la mente, errores inherentes del intelecto del ser humano: «Los ídolos y nociones falsas que están ahora en posesión del entendimiento humano, y se han enraizado allí, no solamente obstruyen la mente de los hombres de tal modo que la verdad apenas puede entrar, pero aun cuando haya obtenido la entrada, retornarán a molestarnos en la misma instauración de las ciencias, a menos que los hombres avisados del peligro se fortifiquen tanto como puedan contra su asalto».

Para obtener conocimiento fiable, decía Bacon, era necesario contrarrestar los efectos de estos *ídolos*. En primer lugar, están los ídolos de la *tribu*, que tienen su origen en la naturaleza del ser humano cuya mente, como un espejo defectuoso, distorsiona las percepciones. Luego están los ídolos de la *caverna*, que son las peculiaridades de cada individuo afectadas por su educación, su lectura y su conversación con otros que tienen autoridad, que estima y admira. En tercer

[1] Robert McKim (2001). *Religious Ambiguity and Religious Diversity*. Oxford University Press, pág. ix.

[2] *****Daniel Kahneman (2011). *Thinking Fast and Slow*. Farrar, Strauss and Giroux. New York, pág. 3. *Pensar rápido, pensar despacio*. Debate.

lugar, encontramos los ídolos del *mercado,* causados por el discurso entre personas y la asociación entre ellas y el mal uso de palabras que obstruyen el entendimiento. En cuarto lugar, están los ídolos del *teatro,* que penetran la mente como consecuencia de los varios dogmas (representando distintos «actos» de una obra de teatro) que han sido aceptados por tradición, credulidad o negligencia. Bacon fue un precursor de la psicología cognitiva y social moderna que ha descubierto una gran cantidad de sesgos del pensamiento, que nos alertan de los errores que todos cometemos al razonar sin crítica y al sucumbir a la incierta evidencia de nuestros sentidos[3].

Nuestra cognición opera por defecto formando creencias por razones intuitivas y emocionales, y luego utiliza la racionalización para justificarlas en vez de la razón para corregirlas. La distinción entre la intuición y el razonamiento ha llevado a definir dos tipos de procesos cognitivos: uno rápido, inconsciente, emocional, fácil y automático; y otro reflexivo, lento, lógico, consciente, difícil y voluntario; que se conocen como sistema 1 o automático, y sistema 2 o analítico, respectivamente. El psicólogo Keith Stanovich[4] distingue estos dos sistemas como si fueran dos mentes en el mismo cerebro. Cuando caminamos lo hacemos bajo control del sistema automático. Si camina y piensa sobre cómo camina, es probable que tropiece. Nuestros reflejos –herencia del proceso evolutivo– son automáticos y muy necesarios para nuestro bienestar. El sistema automático puede operar en paralelo (por ejemplo, procesa simultáneamente la postura corporal, el tono de voz y la expresión facial de una persona para determinar su estado de ánimo), mientras que el sistema analítico opera en serie, y resuelve un problema paso tras paso. El sistema automático opera también en otros animales mientras que el sistema analítico es específicamente del ser humano, por lo cual entendemos que es reciente en términos evolutivos. Ambos sistemas operan para resolver problemas y tomar decisiones. El sistema automático genera las creencias fundamentales que establecen nuestra forma de pensar.

Una de las funciones principales del sistema analítico es la de corregir las respuestas del sistema automático. La mayoría de las deci-

---

[3] Daniel Kahneman, Paul Slovic and Amos Tversky (eds.) (1982). *Judgment under Uncertainty: Heuristics and Biases.* Cambridge University Press.

[4] ****Keith E. Stanovich (2005). *The Robot's Rebellion: Finding Meaning in the Age of Darwin.* University of Chicago.

siones que tomamos a diario son mediadas por el sistema automático, y son generalmente adecuadas para la conducta de nuestras vidas. Sería imposible vivir si tuviéramos que razonarlo todo. En ocasiones una respuesta rápida del sistema automático es corregida por la intervención del sistema analítico, que lo «supervisa», pero de forma laxa. El sistema analítico se encarga del autocontrol. Kahneman dice: «Todo ser humano ha pasado por la experiencia de no decirle a otro que se vaya al infierno»[5].

El sistema automático, directamente relacionado con nuestro profundo imperativo genético por reproducirnos, puede estimularnos a intentar un avance sexual con la hija del jefe, pero el sistema analítico, que se encarga de cuidar el «vehículo» en el cual habitan los genes, puede decidir cautela.

Responda a la siguiente pregunta *en cinco segundos*: usted tiene una raqueta de tenis y un paquete de bolas que juntos cuestan ciento diez dólares. Si la raqueta cuesta cien dólares más que las bolas, ¿cuánto cuestan las bolas?

Si pensó que las bolas cuestan diez dólares, respondió como aproximadamente la mitad de los encuestados, y se habrá equivocado como puede comprobar si ahora hace el cálculo (acudiendo al sistema analítico).

En algunos casos importantes, que surgen del de hecho que los requisitos de racionalidad son mucho más exigentes en el mundo moderno que en el mundo en el cual primero se formó nuestra habilidad mental (por ejemplo, no existían entonces pruebas diagnósticas), estos sistemas entran en conflicto. El siguiente ejemplo ilustra el conflicto. Lea la siguiente lista de palabras y diga en voz alta «gris», «negro» o «blanco», de acuerdo con cómo está escrita la palabra:

GRIS BLANCO NEGRO **BLANCO** GRIS NEGRO **GRIS**

Seguramente encontró cierta dificultad con las últimas palabras. Leer, luego de aprendido, es algo realizado de forma automática, y esto interfiere con la tarea de decir cómo está escrita la palabra, para lo cual utiliza el sistema analítico. El efecto se conoce como el efecto Stroop.

[5] *****Daniel Kahneman (2011). *Thinking Fast and Slow*. Farrar, Strauss and Giroux, New York, pág. 26. *Pensar rápido, pensar despacio*. Debate.

Se presenta con los nombres de colores impresos en colores distintos y se pide que diga el color. Puede utilizarse para descubrir a un espía que esconde su lengua materna. Se le presenta en su lengua materna las palabras de los colores (que el espía dice no conocer) en colores distintos y se le pide que diga los colores. La confusión lo delatará.

	Percepción	**Automático Sistema 1**	**Analítico Sistema 2**
Proceso	Rápido Paralelo Automático Fácil Asociativo		Lento Serial Controlado Difícil Flexible

Figura 39. Características de los procesos de percepción.

La tabla resume las características de los dos procesos y resalta la similitud del sistema automático con los procesos de percepción. Ambos sistemas están activos mientras estamos despiertos e interactúan de manera eficiente y productiva. El sistema automático nos permite completar sin esfuerzo: «más vale pájaro en mano...», y también 2 + 2 = ?, conducir un automóvil automáticamente (los principiantes que necesitan pensar sus acciones son un peligro) y reconocer que un objeto se encuentra a mayor distancia que otro. En cambio, para decidir cuál es la mejor compra entre dos ordenadores, verificar la validez de un razonamiento, ¿o responder a 7 × 23 = ?, emplearemos el sistema analítico.

La ilusión de Shepard que hemos visto nos ofrece un ejemplo (en este caso visual) de la interacción entre los dos sistemas. El sistema automático nos indica que los topes de las mesas no son iguales, y solo después de una deliberación, en este caso por medio de una medida, aprendemos que es equivocado. Luego, aunque sepamos que los topes son iguales, no dejamos de percibirlos como distintos. Las ilusiones cognitivas funcionan de forma análoga y permiten que mantengamos muchas creencias a pesar de la evidencia. No se trata de errores causados por argumentos falaces, razonamientos inválidos, o falta de atención o interés. Estas ilusiones cognitivas operan en personas bien preparadas que son (o creen ser) muy racionales. Son el resultado adaptativo de manejarnos con eficacia en el mundo del cual surgimos, el mundo del medio.

La racionalidad utilizada por la gente en la vida cotidiana no es la de la ciencia o la de la filosofía, sino que es una **racionalidad subjetiva y acotada**. Esto es consecuencia de que no tenemos los elementos necesarios para tomar una decisión completamente racional (si esto fuera posible), y que no tenemos el tiempo ni la capacidad de considerar todas las posibles alternativas y sus consecuencias. Es difícil determinar probabilidades objetivas, por lo cual nos basamos en probabilidades subjetivas.

Cuando debemos tomar decisiones con información parcial y ante incertidumbre (que son la mayoría) somos espontáneamente irracionales y recurrimos a procesos cognitivos que llevan el nombre de *heurísticos* (procedimiento práctico). Son atajos mentales que todos los humanos utilizamos inconscientemente para resolver problemas, generalmente útiles, pero que fundamentan una serie de *sesgos cognitivos* estudiados experimentalmente.

El estudio de estos sesgos nos permite entender la razón de muchas de nuestras inferencias y creencias erróneas, y así estar mejor preparados para evitar las trampas cognitivas en las cuales todos, en algún momento, caemos. Avisarnos, en palabras de Bacon, del peligro y fortificarnos contra su asalto. Los sesgos nos quitan autonomía en el momento de tomar decisiones, ya que estas pueden ser influidas y manipuladas por aquellos que los conocen. Por algo, ningún envase de un alimento dice: «Contiene 5% grasa», en vez de: «95% sin grasa» y los precios son 1,99 y no 2,00.

Daniel Kahneman y Amos Tverski[6] han sido los pioneros en este campo, distinguiendo los pensamientos intuitivos de los deliberados y la influencia de estos sesgos sobre nuestros razonamientos[7]. No se trata de transformarnos en el Sr. Spock (no podríamos), se trata de estar alerta especialmente en situaciones en las cuales debemos tomar decisiones importantes. Ya discutí el importante sesgo *confirmatorio*, y nuestra disposición a percibir *agentes* invisibles que poseen estados mentales y pueden actuar. También, hemos visto como *ignorar la tasa base* conduce a errores en nuestros juicios probabilísticos.

---

[6] Amos Tversky and Daniel Kahneman (1974). «Judgment under Uncertainty: Heuristics and Biases». *Science*, New Series, Vol. 185, No. 4157, Sep. 27, 1974: 1124-1131.

[7] Daniel Kahneman (2002). *Maps of Bounded Rationality: A Perspective on Intuitive Judgment and Choice*. Nobel Prize Lecture.

Representatividad

El heurístico de representatividad surge del carácter asociativo del sistema automático que recurre a analogías. Cuando vemos una llave, o un caballo, lo vemos como una instancia de la clase de llaves o caballos, sin analizar detenidamente lo que vemos. Nos basamos en similitudes que muchas veces son solamente superficiales –similitudes con un estereotipo– para concluir algo o pasar juicio utilizando un razonamiento analógico que dice que «similares van con similares». Es decir, que pensamos, mediante un razonamiento analógico, que cosas que van juntas deben lucir como cosas que van juntas. Pensamos que las causas se asemejan a sus efectos (lo cual es una guía útil que no siempre se cumple); que causas grandes tienen efectos grandes y que causas pequeñas tienen efectos pequeños. No siempre es así, una microscópica bacteria puede tener un efecto devastador.

La ridícula (hoy día) ley de la homeopatía de Samuel Hahnemann (1755-1843) «igual cura igual» (*similia similibus curentur*) es otro ejemplo, que llevó en su día al invento de la homeopatía, que sigue campeando por su respeto a pesar de ser un timo.

Cuando juzgamos probabilidades por representatividad, acudimos a un heurístico que es útil, pero puede llevar a errores. Aunque es cierto que en la mayoría de las veces personas que parecen amigables *son* amigables, podemos equivocarnos.

Muchas veces el error consiste en suponer que una muestra representa una población, también cuando la muestra es pequeña. Las personas se dejan guiar por la circunstancia de que un ítem es representativo de un grupo de ítems ignorando las probabilidades reales. Se estima la probabilidad de que X es Y a partir de la similitud entre X e Y. Como el 11-S (el segundo) fue perpetrado por musulmanes, entonces es probable que un musulmán sea un terrorista. Se ignora la tasa base.

En el ejemplo de las monedas lanzadas cuatro veces consecutivas, ilustrado más arriba, la conclusión de que fue la tercera surge porque esta secuencia es más representativa de nuestra concepción de un proceso aleatorio que las otras dos que muestran mayor orden. También el problema de Linda que hemos considerado surge por este sesgo.

Considere la siguiente descripción de una persona: es joven, atlético, conduce un automóvil deportivo y tiene una novia rubia que es modelo. Ahora conteste: ¿qué es más probable: que el joven sea un jugador de fútbol de la primera división española o que sea un enfermero?

Si respondió jugador de fútbol cayó en el error de representatividad. Hay unos pocos cientos de jugadores en primera división, mientras que hay miles de enfermeros. Sin información adicional, es más probable que sea enfermero. Juzgamos la probabilidad de que un individuo pertenece a una categoría por el grado en el cual el individuo se asemeja (es representativo) al estereotipo de la categoría ignorando la tasa base.

Accesibilidad

Máxima: *Evite un juicio que se base en la información más fácilmente accesible.*

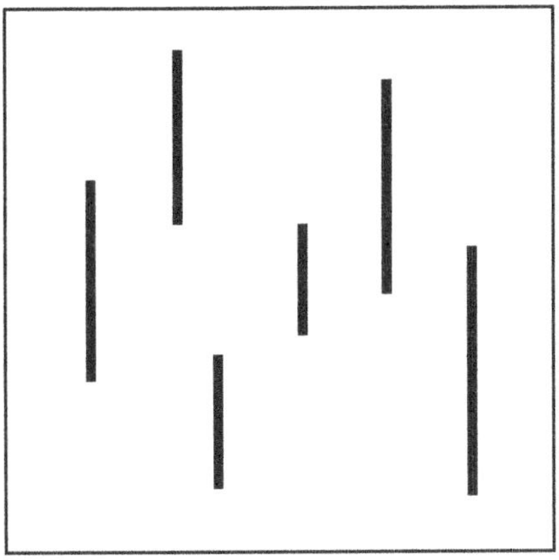

Figura 40. Accesibilidad.

El heurístico de *accesibilidad* (también disponibilidad) se refiere a la facilidad con la cual ciertos pensamientos surgen a la mente, algunos sin esfuerzo, mientras que otros requieren mucho esfuerzo. En la figura se muestran varias barras de diferente longitud. ¿Cuál es la longitud promedio de las barras? ¿Cuál es la longitud total si colocamos las barras una detrás de la otra? Seguramente no tuvo problema en apreciar la longitud promedio de las barras, lo hizo de forma intuitiva, rápida y espontánea, como si fuera una percepción. Por otro lado, la longitud total de las barras (colocando una detrás de la otra) no surge espontáneamente, no es accesible y debemos hacer un esfuerzo consciente, por medio del sistema analítico, para obtener una respuesta.

Al tomar una decisión o emitir un juicio buscamos en la memoria, y utilizamos lo que está accesible, y esto genera un sesgo (además de la falibilidad de la memoria). Una memoria estará más o menos accesible dependiendo del tiempo transcurrido desde que la generamos, de su impacto emocional, de su dramatismo, y de si el evento recordado es concreto o abstracto.

Los homicidios son más accesibles que los suicidios por lo cual pensamos que más gente muere por lo primero que por lo segundo (y nos equivocamos). Al evaluar la prevalencia de algo pensará que es más común de lo que en realidad es si tiene ejemplos accesibles. Si mi amigo Eduardo es alérgico al chocolate pensaré que la alergia al chocolate es más común que si no conozco a alguien con alergia al chocolate. Nos preocupamos por el terrorismo (especialmente en tiempos recientes) más que por las quemaduras provocadas por tomar el sol en la playa (a menos que un amigo sufra de cáncer de piel). Las personas tienden a estimar la probabilidad o frecuencia de algún evento como alta si ejemplos de este evento son fáciles de imaginar y recordar (están accesibles). Esta regla muchas veces funciona, ya que eventos frecuentes o de alta probabilidad son más fáciles de recordar, pero esto no siempre es cierto, en cuyo caso nos equivocamos. La constante repetición de anuncios publicitarios es efectiva por su accesibilidad.

La figura[8] muestra las estimaciones de la frecuencia de muertes anuales por distintas causas. Los encuestados tienden a sobreestimar (puntos por encima de la línea) causas que son sensacionales (tornados, inundaciones, etc.) típicas de gran despliegue mediático, y a subestimar causas mundanas (diabetes o cáncer estomacal). Observe que las escalas aumentan por factores de 10 (escala logarítmica). Si la estimación concordara con las estadísticas, los puntos se ubicarían en la línea recta diagonal.

---

[8] Sarah Lichtenstein et al. «Judged frequency of lethal events». *Journal of Experimental Psychology: Human Learning and Memory*, Vol. 4(6), Nov 1978: 551-578.

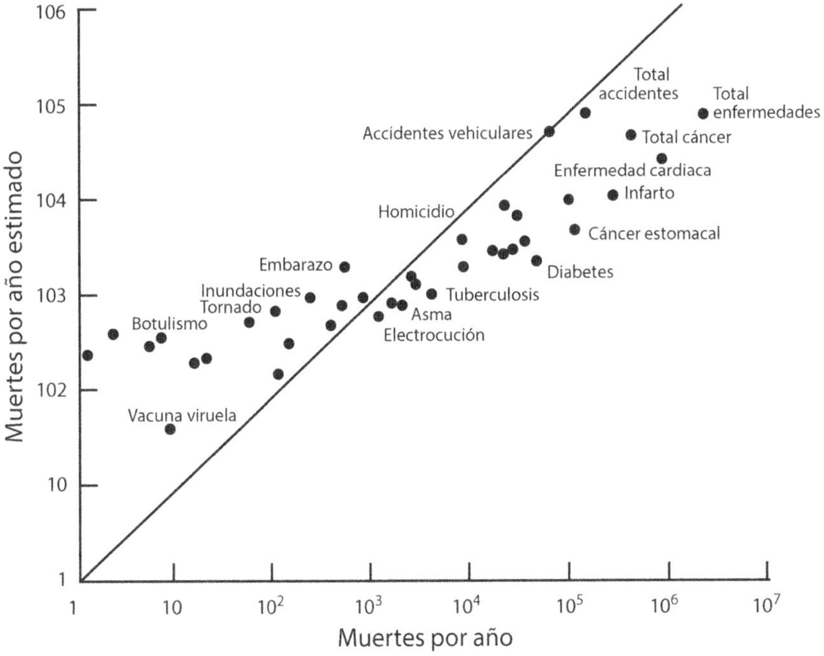

Figura 41. Estimaciones de causas de muerte.

Una de las consecuencias de este sesgo es que la mera discusión de un riesgo de baja probabilidad aumenta su accesibilidad y, por lo tanto, la percepción de riesgo. Algo de esto sucedió con los alimentos genéticamente modificados, donde los mismos científicos comenzaron a discutir los posibles riesgos (en la famosa conferencia de Asilomar de 1975), lo cual ha resultado en una percepción de riesgo mucho más elevada de lo que en realidad es. Muchas personas se preocupan más de lo que es razonable, dadas las estadísticas, por la criminalidad, debido a que son tema cotidiano de la prensa y, por lo tanto, son hechos altamente accesibles. Las dramáticas imágenes de terremotos, *tsunamis* y accidentes aéreos provocan que muchas personas se preocupen por estas catástrofes, cuando la probabilidad de que sufran un accidente automovilístico es mucho más elevada. Cuando subimos a un avión sentimos cierta aprensión que no sentimos al subir a un taxi. Pero estadísticamente, la parte más peligrosa de un viaje en avión es el viaje en coche hasta el aeropuerto. Por otro lado, es cierto que, dado un accidente, las fatalidades en uno aéreo son mucho mayores que en uno automovilístico. Es decir, que si por alguna razón (¿un sueño premonitorio?) *supiéramos* que estaremos en un accidente, entonces es preferible, si tuviéramos elección, escoger el autobús (a menos que sea un viaje por un camino de los Andes) y no el avión. Nuestra aprensión será mayor si somos conscientes de un accidente reciente.

El número de víctimas directas de los atentados del 11-S [9/11], (coincidencia: en EE.UU. el número para llamar ante una emergencia es 911), se estima en 3.000. Tras los atentados y durante meses, muchas personas decidieron utilizar sus automóviles en vez de viajar en avión. Se estima que unas 1.600 muertes adicionales se deben a este efecto.

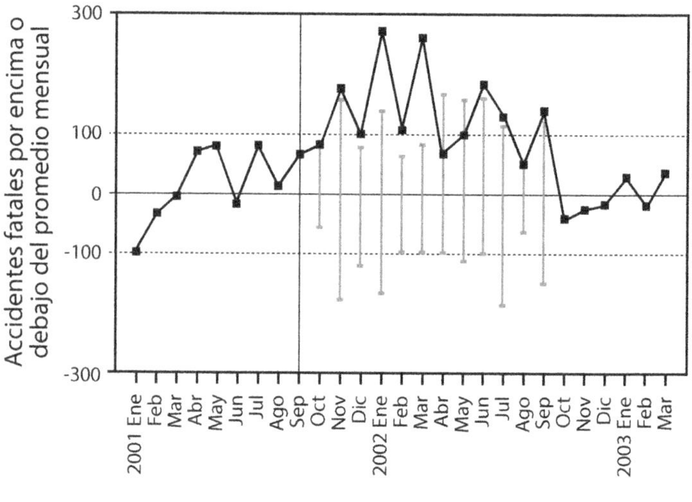

Figura 42. Accidentes automovilísticos fatales y los ataques terroristas del 11 de septiembre en Nueva York.

La gráfica[9] muestra los datos en la forma del número de muertes mensuales por encima o por debajo del promedio de los cinco años anteriores (la línea en 0). Durante doce meses después de octubre 2001 se observa un *exceso* que en la mayoría de los meses se encuentra por encima del máximo de los previos cinco años. Las barras verticales para cada mes van del mínimo al máximo de los cinco años pre-

[9] Gerd Gigerenzer (2006). «Out of the Frying Pan into the Fire: Behavioral Reactions to Terrorist Attacks». *Risk Analysis*, Vol. 26, No. 2.

vios. Esa gente murió por miedo a volar, por prestarle más atención a las historias que a las estadísticas.

En los casinos las máquinas tragaperras emiten ruidos (sirenas o monedas cayendo) cuando alguien gana, pero no se «avisa» cuando muchos más pierden. Se hace accesible la idea de que en el casino se gana cuando en realidad la mayoría pierde.

Finalmente, tendemos a dar importancia a cosas (automóviles) e instituciones (bancos) de nombre y marca conocida, cuando otros no tan accesibles podrían significar una mejor opción.

Lo anterior sirve para alertarle de lo siguiente: **evite un juicio que se base en la información más fácilmente disponible, especialmente si trata de evaluar probabilidades y riesgos.**

Efecto de halo

Máxima: *Evite un juicio que se base en las primeras impresiones.*

El *efecto de halo* surge cuando una característica singular destacada (y por eso accesible) domina el juicio sobre otras características. Si una persona tiene una característica sobresaliente, tendemos a juzgar otras características en armonía con esta. Por eso se dice que la primera impresión es la importante. Tendemos a pensar que una persona que nos ofrece una bella sonrisa es una buena persona, cuando no hay correlación alguna entre estas dos cualidades. Cuando una serie de eventos están conectados (como sería el caso de una serie de preguntas en una entrevista de empleo), entonces el primero tiene primacía y los que le siguen son interpretados a la luz del primero. Por otro lado, si los eventos no están conectados, entonces el más reciente es el que tiene primacía. Si el conferenciante es «bien parecido» y se expresa con seguridad, la conferencia será percibida por el público como mejor que si la misma conferencia la presenta una persona desarreglada y tímida.

Un estudio[10] examinó el efecto de halo en uno de los procesos que pretende ser lo más objetivo posible: la evaluación por pares de artícu-

[10] D.P. Peters and S.J. Ceci (1982). «Peer review practices of psychological journals: the fate of published articles, submitted again, and its open peer commentary. Behavioral and Brain». *Sciences*, Vol. 5: 187-255.

los académicos. Se escogió un artículo ya publicado (de trece a treinta y seis meses previos) en una de doce prestigiosas revistas estadounidenses de psicología, de autores que eran miembros de diez de los departamentos más prestigiosos de psicología (como Harvard y Princeton). Estos artículos fueron sometidos otra vez a la misma revista, cambiando los nombres y afiliaciones de los autores de tal forma que ahora las universidades no eran de las más prestigiosas. Solamente tres de las doce revistas reconocieron que el artículo ya había sido publicado. Las otras nueve los mandaron a la revisión por pares y ocho de los nueve artículos, previamente publicados, fueron rechazados por no ser meritorios y por ser considerados mal presentados, con pobres estadísticas o conclusiones no documentadas. Lo que ocurrió, lamentablemente, es un caso de accesibilidad, ya que lo primero que ve un revisor es el nombre y la afiliación del autor o los autores, seguido del efecto de halo. Esto le predispone en su siguiente evaluación. Por eso algunos abogan por mantener a los autores en el anonimato.

Solomon Asch[11] (1907-1996) realizó experimentos pioneros relacionados con estos efectos. Considere las siguientes descripciones de dos personas.

Pedro: inteligente, trabajador, impulsivo, crítico, terco, envidioso.
Juan: envidioso, terco, crítico, impulsivo, trabajador, inteligente.

Al verlas juntas se habrá dado cuenta de que son las mismas en orden inverso. Pero si se las presentan a dos grupos distintos y luego se les pide que se dé una evaluación global de la persona, la mayoría de las personas considera a Pedro más favorablemente que a Juan, a pesar de que presentan idénticas características. Lo que ocurre es que la primera característica causa que veamos las siguientes de otra forma. Así la terquedad de una persona inteligente puede adjudicarse a que sabe lo que dice y hace, mientras que en cambio la inteligencia de una persona terca puede verse como algo peligroso.

Todo lo anterior sirve para alertarle de lo siguiente: **evite un juicio que se base en las primeras impresiones.** Por eso se recomienda «consultarlo con la almohada».

---

[11] S.E. Asch (1946). «Forming impressions of personality». *Journal of Abnormal and Social Psychology*, 41: 258-290.

La «ley» de pequeños números

Máxima: *Coincidencias y patrones pueden ser producto del azar.*

En un pueblo hay dos hospitales, uno pequeño en el cual nacen unas 15 criaturas cada día, y uno grande en el cual nacen unas 45 criaturas cada día. Sabemos que como media (a largo plazo) en ambos hospitales nacerán un número igual de niñas y niños, pero en un día particular el porcentaje de niños puede ser mayor o menor del 50%. En un período de un año se mantuvo un registro de los días en los cuales nacieron más de un 60% de niños. ¿En qué hospital hubo más días como estos?

1. En el hospital grande.
2. En el hospital pequeño.
3. No hubo una diferencia significativa entre los dos hospitales.

Antes de continuar, escoja una respuesta.

Cuatro de cada cinco responden que la primera respuesta es la correcta... y se equivocan. En el hospital grande la muestra diaria es más grande, y una muestra grande es menos probable que se desvíe del 50% que caracteriza a la población.

La ley de los grandes números, como hemos visto, garantiza que una muestra grande sea representativa de la población de la cual se ha obtenido, y que los cálculos de probabilidad se actualicen para un número grande de experimentos. Pero si la muestra es pequeña no hay tal garantía. La *ley de los pequeños números* es una «ley» psicológica, nombrada así con algo de humor por Kahneman y Tversky[12], que se refiere a que las personas tienden a subestimar la variabilidad en pequeñas muestras, considerándolas representativas de la población general (como en el caso de los dos hospitales).

Cuando obtenemos una muestra aleatoria, si la muestra es pequeña la probabilidad de obtener casos extremos (desviaciones grandes

[12] A. Tversky and D. Kahneman (1971). «Belief in the law of small numbers». *Psychological Bulletin* 76 (2): 105–110.

del promedio) es más alta. Ante muestras de una urna con mitad de bolas blancas y mitad negras (probabilidad de extraer blanco $P(\text{blanco}) = 1/2$) habrá muchas más muestras de cuatro que serán todas blancas $[P(4\text{blancas}) = (1/2)^4]$ que muestras de ocho con todas blancas $[P(8\text{blancas}) = (1/2)^8]$.

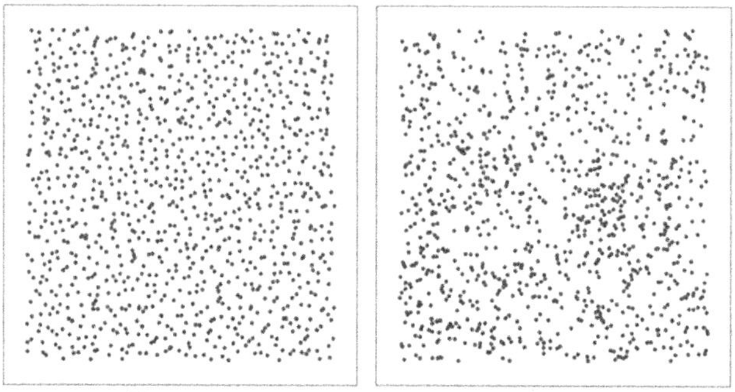

Figura 43. Puntos aleatorios.

La figura muestra dos distribuciones de puntos. Una contiene puntos cuyas coordenadas se *obtuvieron* al azar, otra contiene puntos que se pusieron arbitrariamente para *simular* un proceso al azar. ¿Cuál es cuál?

El conjunto B es realmente aleatorio, pero nuestra impresión es que el conjunto A es aleatorio. El conjunto B exhibe patrones que no esperamos para un proceso aleatorio.

En estudios epidemiológicos (por ejemplo, incidencia de cáncer) es posible descubrir que en áreas de baja población (por ejemplo, un pequeño pueblo) hay extremos de incidencia (alta o baja) cuando se compara con promedios nacionales. Ha ocurrido en cientos de casos que los residentes de algún pueblo, alarmados por lo que se percibe como una incidencia de cáncer (u otra condición) muy por encima del promedio nacional, se dan a la tarea de buscar alguna causa ambiental, alguna industria contaminante cercana, o cables de transmisión de energía eléctrica, que se puedan señalar[13]. Pero en muchos casos no hay nada que explicar, ya que se trata meramente

[13] Atul Gawande. «The Cancer-Cluster Myth». *The New Yorker*, Feb. 8, 1999: 34-37.

de un efecto de muestreo en el cual la muestra es pequeña y produce grandes desviaciones del promedio. Generalmente no nos ocuparemos («nos» se refiere a los medios y a otros grupos interesados) de las zonas en las cuales hay una inusual *baja* incidencia. No esperamos observar patrones como consecuencia de un proceso aleatorio, por lo cual cuando las observamos pensamos que debe de haber una causa, en vez de pensar que es algo que ocurre naturalmente durante los procesos aleatorios (lo cual no quita que se deba investigar si es que hay «algo más»).

Caemos en la misma trampa cuando, sin entender el carácter de una secuencia al azar, buscamos patrones (y los encontramos) en el proceso de *minar datos.* Lo siguiente es una secuencia de 200 ceros y unos obtenidos al azar. Observe cómo encontramos corridas que son ordenadas. Si *busca* patrones, los encontrará; y así también ocurre con los que buscan patrones en antiguos textos como la Biblia.

1010011**100100100**001110110101111010001**000000**11100101111101001
0100000100110000010011100**111111**00110100111111011100111**0000**
000101000110101100001101100101100101011**001100100**100110011110
10011010010111001100

Cuando, por dar un ejemplo, aquellos que desean estudiar la percepción extrasensorial (PES), realizan pruebas con resultados binarios (acertó o no), pueden fácilmente caer en la trampa si escogen (accidentalmente o a propósito) una racha de aciertos, que en realidad es producto del azar. Si, para colmo, postulan que la PES se activa en ciertos momentos y después de varios aciertos el sujeto se cansa, entonces encontrarán muchos episodios de PES.

En resumen:

- Muestras grandes son más precisas que muestras pequeñas.
- Muestras pequeñas manifiestan resultados extremos con mayor frecuencia que muestras grandes.
- Orden *puede* ser producto del azar.

Tenga en cuenta que, aunque nuestra intuición nos sugiera que un cierto patrón *no* puede ser producto del azar, sí lo puede ser. El pensador crítico no descartará esta opción a menos que un análisis cuidadoso indique que hay fundamento para buscar una causa. Por ejemplo, la tasa de cáncer de tiroides en niños en las cercanías de Chernóbil, luego del accidente, subió por un factor de 100, un caso indudable de causa. Cuando se evidencia una tasa alta de alguna enfermedad correlacionada con una ocupación (en vez de una región geográfica), entonces es razonable investigar si las actividades se relacionan con un potencial agente provocador. Todo lo anterior sirve para alertarle: evite un juicio que se base en el resultado de una muestra pequeña, **y recuerde que patrones ordenados pueden ser producto del azar**.

Efectos de anclaje y ajuste

El efecto de anclaje es notable y ubicuo. Se ha demostrado en múltiples experimentos un sesgo a «anclar» un estimado en valores arbitrarios presentados inicialmente, ya sea como resultado de un cómputo parcial o de la manera en que se formula el problema. Al tomar una decisión, la mente le da una importancia desproporcionada a la información inicial que recibe, la más accesible; las impresiones, estimados y datos iniciales «anclan» el pensar subsiguiente. Veamos un ejemplo:

Usted tiene exactamente cinco segundos para multiplicar los siguientes números. Si no puede concluir en cinco segundos, simplemente estime el resultado y anótelo en un papel: $2 \times 3 \times 4 \times 5 \times 6 \times 7 \times 8 = ?$ Ahora pídale a la persona más cercana que tenga a mano que realice exactamente lo mismo con la siguiente multiplicación:

$8 \times 7 \times 6 \times 5 \times 4 \times 3 \times 2 = ?$

Ahora compare las respuestas. Aparte del hecho de que ambas probablemente sean erróneas, notará que su respuesta es mucho menor que la de su amigo(a).

Como no da el tiempo para completar la multiplicación, se multiplican los primeros dos o tres números (de izquierda a derecha) y luego se completa el estimado. En el primer caso usted posiblemente calculó $2 \times 3 \times 4 = 24$ y en el segundo $8 \times 7 = 56$, pero luego se completa el estimado anclando en el resultado ya obtenido.

En otro experimento se subastaron chocolates y botellas de vino. Se pidió a los participantes que, antes de realizar una oferta, escribieran los dos últimos dígitos de su número de la seguridad social (o número del DNI). La mitad del grupo con los números más altos, realizó ofertas entre 60% y un 120% más altas que la otra mitad.

Considere estas dos preguntas:

- ¿Es la población de Turquía mayor de 35 millones?
- ¿Cuál es su mejor estimación de la población de Turquía?

Ante estas dos preguntas, el resultado de múltiples pruebas[14] es que la respuesta a la segunda es consistentemente mayor por muchos millones si en la primera pregunta se sustituye 100 millones por los 35 millones.

Los puntos de anclaje determinan nuestras expectativas y decisiones. Imagínese que usted va a entregar su automóvil como pago parcial por uno nuevo. El vendedor le indica que su vehículo está valorado entre 2.000 y 3.000, y que consultará con el gerente «para ver lo que se puede hacer». Al rato regresa sonriente y le informa que le ofrecen 3.000. Se sentirá muy bien. Imagine que la valoración inicial que le da el vendedor está entre 3.000 y 4.000. Luego regresa no tan sonriente y le dice que le ofrecen 3.000. Ahora no le gustará, aunque en ambas situaciones le dan lo mismo.

El efecto de anclaje es ubicuo en el mercado, y los llamados «precio de lista» muy utilizados no son más que una implementación del efecto de anclaje. En casi todos los casos la mercancía nunca se vende al precio de lista, por lo que el precio de lista no representa un precio de mercado, pero es meramente un anclaje para que el cliente compre con «descuento».

Un ejemplo del uso de anclaje se presenta en la siguiente carta recibida por usuarios de un servicio de televisión por cable que decía en parte: «Habrá escuchado los rumores de que aumentaríamos nuestras tarifas en diez dólares al mes. Esto es totalmente falso. Le informamos de que el aumento es de nada más que dos dólares al mes». El cliente se siente aliviado, y hasta agradecido de haberse ahorrado ocho dólares. Es una táctica muy útil, también en la política.

---

[14] Ralph L. Keeney, Howard Raiffa and John S. Hammond (1998). «Hidden Traps in Decision Making». *Harvard Business Review*, Sep-Oct.

Es común pedir bastante más por una propiedad que lo que se espera obtener o lo que vale. Es más fácil vender algo por 175 si inicialmente se pidió 210, que si inicialmente se pidió 180. En algunos restaurantes se sugiere una propina (esto se hace supuestamente para evitar que el comensal tenga que hacer cálculos difíciles justo después del postre) por medio de una tabla que le calcula propinas de 15%, 20% y 25%, y posiblemente opte por dejar 15%. Si la tabla, por el contrario, mostrara 7%, 10% y 15% es probable que deje 10%.

También ocurre el anclaje cuando nos centramos en una propiedad particular como si fuera la más importante al tomar una decisión. Para una cámara digital el ancla común es «megapíxel» (cuantos más mejor) y no consideramos otras cualidades que pueden ser igual o de mayor importancia. Al considerar un ordenador anclamos en la capacidad de la memoria y posiblemente no consideramos otras cualidades que pueden ser más importantes para aquello que necesitamos.

Cuando usted se mide una prenda o mira un objeto que le gusta en una tienda, y mentalmente decide que no puede comprarlo, ya que no está dentro de su presupuesto, y luego el vendedor le dice que justamente esa semana el producto tiene un descuento del 50% usted termina comprando, y probablemente no lo habría hecho si el precio inicial fuera el precio que terminó pagando. Probablemente, sabe de lo que hablo.

Pareidolia

Tenemos una habilidad muy desarrollada de percibir patrones. Surge de la necesidad de relacionar distintas cosas y experiencias, de encontrar causas, factores cruciales para la supervivencia de nuestros ancestros. Es algo que utilizamos constantemente y de manera intuitiva (sistema automático) para resolver problemas cotidianos, generalmente con buenos resultados y de una forma mucho más rápida que lo que sería un proceso de razonamiento lógico considerando todas las posibilidades (sistema analítico). Vemos patrones en las estrellas que están distribuidas en el cielo de forma aleatoria, les damos nombres, y de esta forma podemos orientarnos rápidamente en el cielo nocturno (y también inventar la astrología). Un médico, al ver un paciente, busca un patrón en los síntomas para llegar rápidamente a un diagnóstico, aunque sea preliminar, basado en su experiencia acumulada y un navegante busca patrones en las nubes para decidir si ir a puerto seguro o seguir navegando.

La *pareidolia* (del griego *para* = 'junto a', y *eidolon* = 'figura', 'forma') se refiere a la tendencia a ver patrones significativos en ordenamientos aleatorios. Ver patrones basados en una información reducida es útil y necesario, ya que no tenemos neuronas ni tiempo suficiente para procesar en detalle toda la posible información disponible. Por ejemplo, somos capaces de leer un texto sin ver todas las letras de cada palabra. Haga la prueba: Solmaente presoans intleiegnets peuden leer etse lirbo. No pdoia cerer que yo poida etnedner lo que etsbaa lyeedno. El poedr fnemoenal de la metne huamna, que pdeue hcaer mchuo con pcoo, auqune peude eqiuovcasre. No iprotma en caul oredn se ecunenrten las ltears de una plaarba, lo úcnio imorptatne es que la pmirera y útlima lerta saen las corertcas. El rseto pudee ser un delepsote toatl y aun así, lo peude leer sin moyar porblmea.

Un caso especial es ver caras en objetos inanimados. Vemos caras en la Luna, caras en Marte, en las nubes y en troncos de árbol. Vemos caras en los diseños de automóviles, algunos agresivos otros sonrientes, y animamos estos objetos con nombres de animales. Es clásico el VW Käfer. ('escarabajo', *beetle*).

Basta un círculo con tres trazos para ver una cara y atribuir emociones como en los siguientes ☹ ☺. Esta tendencia cognitiva tiene su origen evolutivo por la ventaja adaptativa de aquellos que veían caras donde no las había, sobre aquellos que no veían caras donde sí las había.

Las teorías conspiratorias son en parte consecuencia de este sesgo, la necesidad de explicar un patrón percibido, también si el patrón es aleatorio. Sin menospreciar que hay conspiraciones reales (actos de terrorismo, maquinaciones de industrias y políticos, etc.), se necesita analizar los hechos de cada conspiración propuesta (no fuimos a la Luna, la muerte de Diana, el asesinato de Kennedy, aviones rocían la alta atmósfera con tóxicos, y un largo etcétera) en sus méritos y evitar la «conspiranoia».

También hay una modalidad auditiva de pareidolia, en la cual se detectan patrones en estímulos auditivos aleatorios (ruido). Con suficiente tiempo se pueden distinguir palabras en el ruido (interpretadas entonces como mensajes de los espíritus o satánicos), y en ocasiones mensajes ocultos en canciones escuchadas en sentido contrario del tiempo, algo que con medios digitales se hace fácilmente[15]. Se conocen además muchos casos en los cuales se grabaron mensajes al revés a propósito (en inglés: *backmasking*)[16]. *Free as a Bird*, canción de los Beatles de 1995, contiene al final la frase *Turned out nice again.*

Aversión a la pérdida y coste irrecuperable

Máxima: *No bote buen dinero sobre el malo.*
Máxima: *Si es demasiado bueno como para ser cierto, lo más probable es que no lo sea.*

Las personas que han hecho un esfuerzo (en términos monetarios, emocionales o en tiempo y trabajo) para realizar algo, lo seguirán haciendo a pesar de que signifique una pérdida si continúan. El caso trivial es ir al cine, ver una película que resulta muy aburrida, y en vez de salirse, opta por quedarse en el cine hasta el final; es decir, decide continuar aburriéndose y perder más tiempo. Piense que se encuentra en el supermercado. La fila es larga y no avanza. En su carrito hay pocos artículos. Cuanto más haya esperado, más difícil le resultará abandonarlo todo, más difícil aún si su carrito está lleno de artículos. Las personas se resisten a vender alguna propiedad que resulte en una pérdida, a pesar de que muy probablemente esperar más tiempo signifique una pérdida mayor aún. Resulta muy difícil abandonar un proyecto en el cual se ha invertido mucho, por más que continuar lleve a la ruina.

Si usted rompe una vasija que le costó cinco euros en un mercadillo hace diez años, no se preocupa mucho. Si alguien le dice que esa vasija es una antigüedad tasada en 500 euros, lo lamentará, pero no siente que perdió mucho. Sin embargo, si la vasija la compró hace poco por 500 euros su reacción ante el hecho será otra. Si nos encontramos 100 euros en la calle, los gastaremos con más facilidad que si

---

[15] TED Michael Shermer. http://www.ted.com/talks/michael_shermer_on_believing_strange_things.

[16] http://en.wikipedia.org/wiki/List_of_backmasked_messages#cite_ref-8.

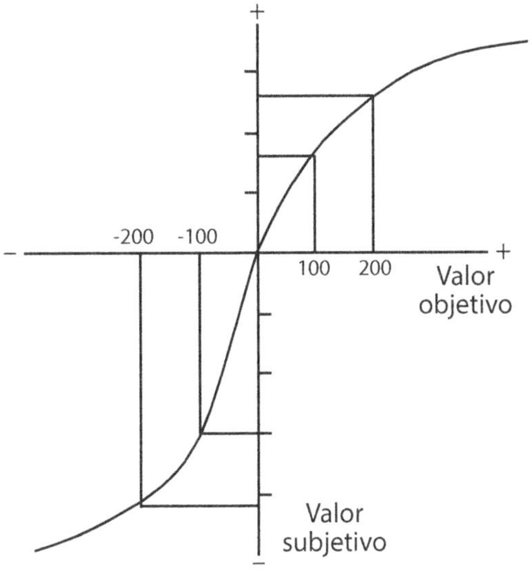

Figura 44. Aversión a la pérdida.

esos 100 euros los hemos ganado trabajando. Sin embargo, tienen el mismo valor: 100 euros.

Muchos resultados experimentales en psicología cognitiva demuestran una asimetría en el valor que damos a las pérdidas y a las ganancias, que han llevado a formular la teoría de la expectativa.[17] Suponga que usted vive cómodamente con un salario anual de 50.000 euros. El valor subjetivo de perder esos 50.000 euros es mucho mayor que el valor subjetivo de ganar 50.000 euros adicionales, mientras que el valor objetivo es el mismo (50.000 euros). En general damos más valor subjetivo a las pérdidas que a las ganancias, como lo ilustra la gráfica en la cual el valor subjetivo de perder 100 es mayor que el de ganar 100 (de lo que sea). En un experimento se comprobó que arriesgamos más para evitar pérdidas. Cuando se le presenta a sujetos la opción de recibir 100 o de lanzar una moneda para recibir 200 o nada (dependiendo de que salga cara o cruz), la mayoría escoge recibir 100. Por otro lado, si la opción es pagar 100 o lanzar una moneda y pagar 200 o nada, la mayoría escoge lanzar la moneda.

---

[17] D. Kahnemnan and A. Tversky. «Prospect Theory: An Analysis of Decision under Risk». *Econometrica*, 47(2), Mar, 1979: 263-291.

Relacionado con la aversión a la pérdida encontramos el efecto de *costo irrecuperable (sunk cost).* Los costos irrecuperables son los costos ya invertidos. Es común, después de entender que un proyecto o actividad tendrá muy baja probabilidad de éxito, razonar: *No puedo parar ahora, de otra manera lo que he invertido hasta el momento se perderá.* Pero el éxito no depende de los costos ya invertidos, que en nada lo determinan, y la actitud racional sería no continuar invirtiendo en algo que fracasará. Nos resulta difícil entender que lo único que importa son las ganancias y pérdidas futuras, lo pasado ya está hecho y es inalterable. La tendencia es poner buen dinero sobre el malo. Esta tendencia se da también en muchos casos de relaciones personales, donde por más que es evidente que la situación causa más sufrimiento que alegría, las personas continúan en una relación tóxica. La insistencia del gobierno de George W. Bush en iniciar y continuar su invasión a Irak a pesar de un sinnúmero de hechos que refutaban las razones para hacerlo, causaron el sufrimiento de cientos de miles. Sin embargo, se continuó en el camino, y al final se justificó con «la misión para la cual nuestros soldados dieron la vida».

Piense en las veces que llama a una empresa y le sale el mensaje grabado que le dice que «todos nuestros agentes están ocupados en este momento, manténgase a la espera y le atenderemos tan pronto como sea posible» y luego vienen minutos interminables de musiquita aburrida. Cuanto más haya esperado mayor será su tendencia a seguir esperando, por el tiempo ya invertido.

Piense en la siguiente situación: usted quiere llegar a Pamplona y se encuentra con una bifurcación en la carretera y opta por una de las dos posibilidades. Después de media hora se encuentra con un accidente que ha parado el tráfico, usted no sabe por cuánto tiempo. Su opción es dar media vuelta, viajar media hora de regreso hasta la bifurcación y tomar el otro camino. En este caso el costo irrecuperable es la media hora que ya ha invertido en el viaje y posiblemente decide esperar a ver si se aclara el camino. En cambio, si el accidente ocurre a los cinco minutos de la intersección usted no tendría reparos en regresar.

El sesgo también opera cuando usted, tras una deliberación, decide comprar un producto costoso. Luego racionalizará en defensa de la marca cada vez que alguien cuestione por qué esa y no otra.

Es común, y probablemente usted también habrá recibido un tipo de oferta que se conoce como «la carta de Nigeria» (que no necesariamente viene de Nigeria). Un supuesto administrador de un banco ha encontrado una cuenta con mucho dinero, el propietario ha muerto sin dejar herederos, y a cambio de su colaboración para retirar el dinero le ofrece un alto porcentaje del botín. Si usted decide colaborar (con el fraude), le pedirán algo de dinero para unos trámites, y si usted cae, le pedirán un poquito más para pagar unos impuestos (que no se pueden pagar con el dinero de la cuenta), algún sobornito que otro y cuando se da cuenta ya ha invertido una buena suma en algo que si sigue le dejará arruinado.

Lo más increíble es que se conocen casos de víctimas que caen por segunda vez, cuando reciben un mensaje de la policía que está a punto de arrestar a los estafadores y recuperar el dinero perdido. Pero claro, para esto son necesarios algunos fondos que la pobre policía del lugar no tiene...

El mismo esquema se aplica al cuento de que usted ha ganado un premio en un sorteo entre usuarios de Internet (del cual usted naturalmente no tenía ni idea) y, antes de cobrar el jugoso premio, debe enviar cierta información y pagar algunos impuestos. El FBI estima que cada día con estos mismos esquemas las estafas a gente en EE.UU. ascienden a más de un millón de dólares. La regla que debe observar es la siguiente: **si es demasiado bueno como para ser cierto, lo más probable es que no lo sea**.

Validación subjetiva (Forer)

El psicólogo Bertram Forer[18] descubrió que las personas tienden a aceptar descripciones vagas y generales de personalidad, que por su generalidad se aplican a cualquiera, como increíblemente certeras si creen que fueron preparadas *especialmente* para ellos como resultado de algún «estudio» (que puede ser un horóscopo o la lectura de un psíquico). En un experimento, repetido múltiples veces desde entonces, se suministró a un grupo de sujetos una prueba de

[18] B.R. Forer (1949). «The Fallacy of Personal Validation: A classroom Demonstration of Gullibility», *Journal of Abnormal Psychology*, 44: 118-121.

personalidad, y luego a todos se les entregó la misma evaluación: «Usted tiene la necesidad de gustarle a otras personas y que estas lo admiren y, sin embargo, tiende a ser crítico consigo mismo. Aunque tiene algunos puntos débiles en su personalidad, usted puede generalmente compensarlos. Tiene bastante capacidad que no ha usado en su propio beneficio, disciplinado y sereno desde fuera, tiene una tendencia a ser inseguro y estar preocupado internamente. En ocasiones tiene serias dudas de si ha tomado las decisiones correctas o ha hecho lo correcto. Prefiere una cierta cantidad de cambio y variedad y se queda disconforme si se siente encerrado por restricciones y limitaciones. Se enorgullece de ser un pensador independiente y no acepta lo dicho por otros sin una prueba satisfactoria. Pero se ha dado cuenta de que es imprudente ser demasiado franco en el momento de mostrarse ante los otros. En ocasiones es extrovertido, amable y sociable, mientras que en otras ocasiones es introvertido, reservado y cauteloso. Algunas de sus aspiraciones tienden a ser poco realistas».

Luego se les preguntó a los sujetos que calificaran el resultado marcando de 0 a 5, donde 5 significaba que la evaluación era excelente y 4, que era buena. El promedio de la calificación fue de 4,2, un resultado que se repite en pruebas similares. También se ha demostrado que el efecto es mayor si el sujeto cree en la autoridad del evaluador y si el resultado contiene muchos aspectos positivos. El efecto Forer es en gran medida la razón del éxito de las lecturas por videntes astrólogos y otros vendedores de futuros. No es necesario que el psíquico, astrólogo o clarividente estén en lo cierto. Basta que expresen algunas cosas ambiguas como si fueran precisamente para usted, y su mente hará el resto.

Opera, además, el hecho de que somos más similares que distintos, es decir, que pocos *no* tienen la necesidad de gustarles a otras personas. También, por el «efecto de halago», aceptaremos fácilmente algo como cierto si es positivo.

El efecto Forer invade el espacio cibernético que permite que se envíen millones de mensajes genéricos a listas de direcciones (*Usted fue seleccionado…*, *Su cuenta en el banco…*; en ocasiones con su nombre o el de su banco) y algunos destinatarios pueden pensar que les fue enviado precisamente a ellos (y caer en la trampa). No he dejado de alegrarme cuando recibo un mensaje de «feliz cumpleaños» de un sitio cibernético en el cual registré mi fecha de nacimiento.

Efectos de marco

El proceso de razonar se ve afectado por factores que se denominan efectos de marco, es decir, que las personas llegan a ciertas conclusiones dependido de cómo (en qué marco) consideran una situación[19]. Al analizar una situación no es posible en general considerar todas las posibilidades, y consideramos la situación a través de una ventana que solamente nos permite ver una parte del panorama. El marco será definido (de forma consciente o no) por los aspectos que se consideren subjetivamente importantes. Al comprar (o vender) un automóvil nuestras decisiones se verán afectadas por el marco que puede enfatizar alguna de las siguientes variables: precio total, pagos mensuales, anticipo mínimo, economía de uso, depreciación en cinco años, etc. El vendedor de automóviles tratará de averiguar cuál es el marco del comprador antes de formular una oferta.

El efecto de marco tiene repercusiones en la política y en el comercio, y es un «ídolo» que se debe tener presente en todo discurso.

En el caso de la toma de decisiones, la forma en la cual se presenta una situación tiene gran influencia en la decisión. Muchas decisiones críticas se basan en apreciaciones subjetivas de probabilidad, que pueden diferir significativamente de la probabilidad objetiva. Kahneman y Tversky[20] describen un estudio en el cual se presentó la siguiente situación a un grupo de sujetos:

Imagínese que usted es un epidemiólogo que se prepara para el embate de una enfermedad asiática poco común que se estima que matará a 600 personas a menos que tome una de dos opciones para combatirla. Los expertos le indican:

Opción A: salvará a 200 personas.
Opción B: la probabilidad es de un tercio que se salven los 600 y de dos tercios que nadie se salve.

¿Cuál escoge? El 72% de los encuestados eligieron la opción A.

A un segundo grupo se le presentó la siguiente situación:

---

[19] Amos Tversky and Daniel Kahneman (1981). «The Framing of Decisions and the Psychology of Choice». *Science*, Vol. 211, Issue 4481: 453-458.

[20] Daniel Kahneman and Amos Tversky (1984). «Choices, Values and Frames». *American Psychologist*, 39(4): 341-350.

Imagínese que usted es un epidemiólogo que se prepara para el embate de una enfermedad asiática poco común que se estima que matará a 600 personas a menos que tome una de dos opciones para combatirla. Los expertos le indican:

Opción C: perecerán 400 personas.
Opción D: la probabilidad es de un tercio que ninguna persona muera y de dos tercios que mueran 600.

¿Cuál escoge? La gran mayoría de los encuestados (78%) escogieron la opción D.

Lo curioso es que ambas situaciones son idénticas, las opciones A y C, como las B y D, son las mismas, y la única diferencia radica en cómo se han formulado. La primera se presenta en el marco de vidas salvadas y los sujetos prefieren evitar riesgos y salvar 200 vidas a una probabilidad de un tercio de salvarlas todas. La segunda situación se describe en términos de vidas perdidas y los sujetos están dispuestos a afrontar el riesgo. En estos casos el deseo de prevenir pérdidas es más fuerte que el deseo de obtener ganancias; *la aversión a la pérdida* puede causar que se tomen decisiones erróneas o que se manipule al público presentando las cosas en distintos marcos.

Más preocupante es el resultado de otro experimento[21] en el que se investigó cómo la forma en la cual se presentan opciones afecta a las decisiones. Ante la opción entre cirugía y terapia de radiación para tratamiento de cáncer, se indujo distintas respuestas por parte de los médicos, dependiendo de si se describían los resultados en términos de la probabilidad de vivir o la probabilidad de morir después del tratamiento. Si se informaba a los médicos de que la tasa de mortandad, pasados cinco años de la cirugía, era del 7%, dudaban en recomendarla. Si en vez de eso se les informaba de que la tasa de supervivencia pasados cinco años era del 93%, la recomendaban. Otros estudios[22] han demostrado que la mera presencia de la palabra

---

[21] B. J. McNeil, S. G. Pauker. H. C. Sox and A. Tversky (1982). «On the elicitation of preferences for alternative therapies». *New England Journal of Medicine*, 306: 1259-1262.

[22] Cormier O'Connor, et al. (1985). «Eliciting Preferences for Alternative Cancer Drug Treatments: The Influence of Framing, Medium, and Rater Variables». *Med Decis Making*, 1985 (5): 453-463.

sobrevivir en la presentación afecta a las elecciones. Por las mismas razones ningún producto dirá «inefectivo en el 1% de los casos» en vez de «efectivo en el 99% de los casos».

En el comercio se encontrará con opciones de precios como las siguientes:

1. Televisor Sony, pantalla de 36" a 499,00 $
2. Televisor Panasonic, pantalla 42" a 799,00 $
3. Televisor Samsung, pantalla 54" a 1.399,00 $

Para el consumidor es difícil evaluar los méritos y el valor de las ofertas (aunque usualmente suponemos que algo más costoso es mejor en algún aspecto, aunque el aspecto muchas veces es meramente la marca). Ante las opciones anteriores, probablemente escogerá la segunda oferta, que es justo la que el comerciante desea vender (posiblemente porque tiene un exceso de esos modelos o porque su margen de ganancia es mayor). El comerciante sabe que ante este tipo de oferta la tendencia es hacia la oferta del medio, una especie de compromiso con la economía y conciencia personales. Si en cambio el marco de la oferta fuera:

1. Televisor Sony, pantalla de 36" a 499,00 $
2. Televisor Panasonic, pantalla 42" a 799,00 $

Es más probable que usted escoja la oferta 1.

Para controlar el efecto de marco ante alguna situación:

- Identifique el marco y busque enunciados alternos o marcos distintos para describir la situación (cambie los puntos de referencia –anclaje– y cambie las metas).
- Analice si estos distintos marcos llevan a conclusiones o decisiones distintas.

Sugestibilidad

Máxima: *Somos sugestionables.*

Junto a nuestra inteligencia poseemos otra facultad mental que afecta a cómo pensamos y percibimos el mundo: somos *sugestionables.* Opera en varios niveles y a distintos grados en distintas personas y nos permite creer cosas que una inteligencia pura entendería como increíbles. Nos vemos afectados, sin análisis consciente, por comunicaciones o expectativas que nos llevan a pensar o actuar de forma automática. La hipnosis no es otra cosa que una expresión dramática de sugestibilidad elevada. Ante alguna duda, un mero gesto que parezca de confirmación puede llevar a una persona a tomar una decisión que nada tiene que ver con la realidad. La sugestibilidad está detrás de muchas falsas memorias, incluidos el *déjà vu,* recuerdos de vidas pasadas, y secuestros por alienígenas.

En un experimento[23] se le presentó a un grupo de personas, reunidas para «estudiar el olfato», un frasco con un líquido verde. Se explicó que el líquido tenía un fuerte olor a menta y se pidió que, después de destapar el frasco, levantaran la mano las personas en el momento en que percibieran el aroma. Al destapar el frasco los más cercanos al mismo levantaron la mano, luego los más alejados. La mitad de los participantes percibieron el aroma que describieron como «fresco, agradable y estimulante». El único problema era que el frasco solo contenía agua y tinta verde sin aroma alguno.

No puedo dejar de mencionar que he asistido a catas de vino en las cuales, después de una descripción de las uvas con las que, y el sitio en el cual, se elaboró el vino, las personas dicen percibir el gusto de madera, tierra, distintas flores, frutas y nueces cuando a mí solamente me sabe a vino. ¿Será que soy poco sugestionable? Se han hecho varios estudios en los cuales se ha demostrado que catadores de vino expertos se habían equivocado, ya que habían concluido que un vino más caro era mejor que otro de menor precio, cuando

[23] Richard Wiseman (2011). *Paranormality. Why we see what isn't there.* Macmillan, London, pág. 222.

en ambas botellas se había puesto el mismo vino[24]. Además, un vino blanco al que se había agregado un poco de colorante rojo, llevó a los catadores a percibir una diferencia en dulzura cuando no la había[25]. Todo ello demuestra cómo lo que percibimos con un sentido puede influir en lo que percibimos con otro.

Disonancia cognitiva

En 1954, el psicólogo experimental Leon Festinger y sus colegas se infiltraron en un culto que creía que el fin del mundo estaba por ocurrir en pocos meses. Un ama de casa, Marion Keech, residente en Chicago, indicaba que había recibido un mensaje en la forma de «escritura automática» de unos seres (los «guardianes») que habitaban el planeta Clarion. Le revelaban que el mundo se acabaría con un gran diluvio antes del amanecer del 21 de diciembre. La pregunta que deseaba contestar Festinger era cómo los creyentes se ajustarían al hecho de que el mundo no llegaría a su fin como creían[26]. Ella y sus once discípulos habían dejado sus empleos, sus estudios, a los seres queridos, en espera de la nave extraterrestre que rescataría al grupo de fieles creyentes. Días antes del 21, el grupo de creyentes se reunió para prepararse (tuvieron que deshacerse de todo metal, que se calentaría y les quemaría en la nave) mientras esperaban el fin del mundo y a la nave de rescate. Cuando, ya en la madrugada, no se divisó nave alguna, la señora Keech recibió un nuevo mensaje de los guardianes: el mundo había sido perdonado gracias a la fe de su pequeño grupo. Con esto la refutación de la absurda creencia se convertía en confirmación, por medio de una racionalización. La mayoría de los seguidores de Keech no la abandonaron, sino que se convencieron de su autenticidad y siguieron con ella.

---

[24] Hilke Plassman, John O'Doherty, Baba Shia and Antonio Rongel (2008). *Marketing Actions can Modulate Neural Representations of Experienced Pleasantness.* Proceedings of the National Academy of Sciences, Jan 14.

[25] Rose M. Pangborn, Harold W. Berg and Brenda Hansen (1963). «The Influence of Color on Discrimination of Sweetness in Dry Table-Wine». *American Journal of Psychology* 76 (3): 492-495.

[26] Leon Festinger, Henry W. Riecken and Stanley Schachter (2008). *When Prophecy Fails.* Pinter & Martin Ltd.

Uno de los seguidores de Keech, el doctor Thomas Armstrong, médico que trabajaba en los servicios de salud del Eastern Teachers College, y creyente en platillos volantes, expresó[27] lo siguiente: «He recorrido un largo camino. He renunciado a casi todo. He cortado toda relación. He quemado todo puente. He dado mi espalda al mundo. No puedo darme el lujo de dudar. Tengo que creer. Y no existe otra verdad. [...] Me han dado duro estos últimos meses. Pero sé quién soy y lo que debo hacer. No voy a dudar ni si tengo que hacer un comunicado de prensa y admitir que nos equivocamos».

Este y otros experimentos llevaron a la formulación de la idea de *disonancia cognitiva* que percibe una persona cuando surge un conflicto entre ciertas cogniciones (opiniones, creencias o hechos) nuevas y el sistema de creencias que mantiene, o cuando actuamos de una forma que no está en armonía con lo que creemos, presentando una incoherencia lógica. Esto genera una incomodidad psicológica que aliviamos con racionalizaciones y reduciendo la importancia de las cogniciones disonantes.

En el comercio, un vendedor recurre a encontrar «la última objeción». En el proceso, un comprador tendrá objeciones a la compra –el precio es demasiado alto, no tienen el color que quiero, etc.– quizá buscando un mejor negocio o porque no está seguro de lo que quiere. El vendedor astuto puede preguntarle lo siguiente: «¿Si le resuelvo esto (consigo el color, bajo el precio...), entonces lo compraría?». Si, sin pensar, responde que sí, el vendedor buscará la forma de satisfacer su objeción (en ocasiones para demostrar que hace un esfuerzo especial, consulta con el supervisor, busca en el ordenador, etc.). Usted se encontrará ante una disonancia si a pesar de eso decide no comprar, y para evitarla saldrá del negocio con algo que quizá no quería.

Obediencia y conformidad

La obediencia se relaciona con una figura de autoridad mientras que la conformidad se relaciona con nuestros pares.

Por mucho tiempo la autoridad en la cultura occidental fue Aristóteles (el maestro de aquellos que saben, como lo llamó Dante[28]) y su

[27] Ibid, pág. 170.

[28] Dante Alighieri (~ 1300). *La divina comedia*. «Infierno», Canto 3.

esquema general de comprender la naturaleza se aceptaba, aunque se generó durante la Edad Media una amplia literatura de comentarios y criticas particulares. Este pensar se incorporó al sistema teológico cristiano, y lo que era cierto pasó a ser determinado por los doctores de la Iglesia católica, a partir de la autoría de las palabras reveladas en las Escrituras (la palabra *autoridad* se deriva de *autoría*). Fue necesario un difícil y en ocasiones doloroso proceso para deshacernos de esa herencia, que tuvo sus precursores en Roger Bacon y Leonardo da Vinci y tomo vuelo con Copérnico, Bruno, Kepler y Galileo.

Se han realizado experimentos que demuestran nuestra tendencia a aceptar las opiniones de figuras de autoridad (ya sean jerárquicas o intelectuales) y a obedecerlas, comenzando con la natural obediencia a los padres y maestros. La obediencia es un elemento básico en la estructura de una sociedad. Sin autoridad y obediencia no sería posible una vida comunitaria compleja. La obediencia es un prerrequisito para el funcionamiento efectivo de un grupo organizado (operación militar, equipo deportivo) y es crucial para el éxito, que no se obtendría si cada uno hiciera lo que quisiera. Pero presupone que el capitán del grupo, a quien se le ha entregado la autoridad, tome las decisiones correctas. El dilema es hasta qué punto se acepta la autoridad y hasta qué punto se acatan órdenes, cuando estas van en contra de lo aceptable.

La obediencia ciega puede llevar (y ha llevado) al desastre. La terrible derrota de las tropas alemanas comandadas por el general Friedrich Paulus (1890-1957) en Stalingrado, en el invierno de 1943, considerada como la batalla más sangrienta de la historia, en la cual se estima unos dos millones de bajas, se debió en parte a la obediencia ciega de Paulus (y otros generales alemanes) a Hitler, cuando ya sabían que iban a ser derrotados.

El célebre poema de Alfred Lord Tennyson del epígrafe (grabado en un cilindro de cera en 1890 por Tennyson y disponible en Internet como una voz de ultratumba), conmemora la masacre sufrida por una brigada británica en manos de tropas rusas en la batalla de Balaclava, en la guerra de Crimea, el 25 de octubre de 1854. Siguieron órdenes sin considerar que su posición era insostenible. Es exactamente el «*Their's not to make reply, their's not to reason why, their's but to do and die*» (lo de ellos no es contestar, no razonar por qué, lo de ellos es nada más que hacer y morir), que da ese profundo aire trágico al poema, un sentimiento similar al mucho menos poético lema del fascismo: «*Credere, obbedire, combattere*».

Un estudio[29] realizado por Charles Hofling demostró lo que puede ocurrir si se acepta la autoridad sin crítica. Uno de los investigadores, que simuló ser un médico, llamó por teléfono a varias secciones de enfermería de un hospital a horas en las cuales se sabía que una enfermera estaría sola. El médico (desconocido para la enfermera) le instruyó para que suministrase una dosis masiva (20 miligramos) de una droga a su paciente (Astroten, un medicamento ficticio puesto en el almacén de medicamentos con una etiqueta en la que se advertía de que la dosis diaria máxima era de 10 miligramos). Indicaba que pasaría en diez minutos para firmar la orden (algo que va en contra de los protocolos del hospital). El informe transcribe una conversación típica:

Médico. Por favor, vea si en el almacén de medicinas tiene Astroten.
Enfermera. ¿Si hay qué?
Médico. Astroten, es A-S-T-R-O-T-E-N.
Enfermera. Estoy bastante segura de que no tenemos.
Médico. Por favor, vaya y mire.
Enfermera. Sí, voy a ver. Pero estoy bastante segura de que no hay.
(pausa de 45 segundos.)
Enfermera. ¿Hola?
Médico. ¿Y bien?
Enfermera. Sí.
Médico. ¿Tiene Astroten?
Enfermera. Sí.
Médico. Ahora dele a la señora Carson una dosis de 20 miligramos, eso son cuatro cápsulas de Astroten.
Enfermera. Veinte caps... Oh, quiero decir veinte miligramos.
Médico. Sí, correcto.
Enfermera. Cuatro cápsulas. De acuerdo.
Médico. Gracias.
Enfermera. No hay de qué.

---

[29] C. K. Hofling, E. Brotzman, S. Dalrymple, N. Graves and C. M. Pierce (1966). «An experimental Study in Nurse-Physician Relationships». *Journal of Nervous and Mental Disease,* 143: 2.

Un 95% (21 de 22) enfermeras aceptaron la orden y fueron interceptadas a la entrada del cuarto del paciente por uno de los experimentadores.

Stanley Milgram (1933-1984)[30], un psicólogo de la Universidad de Yale quiso averiguar con qué facilidad se puede convencer a una persona para que cometa atrocidades como las que se cometieron durante la Segunda Guerra Mundial. Milgram quería saber hasta dónde puede llegar una persona obedeciendo una orden de hacer daño a otra persona.

En un memorable experimento, comenzado en 1961, se invitaba a dos personas al laboratorio de psicología para participar en un experimento sobre «memoria y aprendizaje». Uno (el verdadero sujeto del experimento) era designado el maestro y otro (un actor), el aprendiz y aparente sujeto del experimento. Al maestro se le explicaba que el experimento estudiaría el efecto de castigo sobre la memoria y luego de dejar al aprendiz en un cuarto contiguo (desde el cual se podía escuchar la voz del aprendiz, pero no se le podía ver) en una silla con electrodos (no conectados), se le indicaba que debía administrar por medio de una consola una creciente descarga eléctrica al aprendiz cada vez que este respondiera erróneamente a una pregunta de un pareo de palabras. Los botones de la consola estaban marcados en «voltios» que iban de 15 a 450 en incrementos de 15, y con indicadores que decían: «shock pequeño», «shock moderado»... «shock fuerte», «shock intenso», y finalmente: «Peligro: shock severo XXXX (450 v)».

A medida que se acumulaban las respuestas erróneas el maestro aumentaba el voltaje de las supuestas descargas eléctricas y aumentaban las señales de dolor, con quejidos audibles, gritos cada vez más intensos y, finalmente, silencio. Cuando, llegado a cierto nivel, el maestro le decía al líder del experimento (E) y figura de autoridad que no quería continuar, el líder le respondía con la siguiente secuencia:

1. Por favor continúe.
2. El experimento requiere que usted continúe.

[30] S. Milgram (1963). «Behavioral study of obedience». *J. Abnormal Soc. Psychol.* 67: 371-378.

3. Es absolutamente esencial que usted continúe.
4. Usted no tiene opción, debe continuar.

Si el sujeto decidía no continuar después de la cuarta opción, se terminaba el experimento. Lo asombroso del resultado es que el 65% de los sujetos llegaron, a pesar de sus dudas y de sentirse incómodos, a administrar el *shock* más alto, a pesar de los gritos del aprendiz, y todos llegaron al menos a 120 voltios. Resultados similares se obtuvieron en varias versiones modificadas del experimento original, con distintas clases de sujetos, realizados en varios países.

En 1975 Milgram escribió lo siguiente acerca de estos experimentos[31]: «Esta es posiblemente la lección más fundamental de nuestro estudio: gente ordinaria, simplemente haciendo su trabajo, y sin ninguna hostilidad de su parte, pueden convertirse en agentes de un proceso terriblemente destructivo. Además, aun cuando los efectos destructivos de su trabajo se tornan patentemente claros, y se les pide llevar a cabo acciones incompatibles con normas morales fundamentales, relativamente pocos tienen los recursos necesarios para resistir la autoridad. Una variedad de inhibiciones contra la desobediencia a la autoridad entran en juego y logran mantener a la persona en su lugar».

Un factor importante en estos experimentos fue la cualidad incremental del proceso. Si se les hubiera dicho a los sujetos: «Queremos que le aplique un choque eléctrico doloroso de 450 voltios a una persona», seguramente se habrían negado. Pero el proceso incremental permite justificar cada paso: «Si 15 voltios no le hicieron nada, 30 tampoco». Y así sucesivamente.

Otro factor aliado de nuestra tendencia a aceptar la autoridad es la de estar de acuerdo, aceptando la autoridad de la mayoría. Se ha probado en múltiples ocasiones que ante la opinión de otros (especialmente si es unánime), tendemos a cambiar nuestra opinión para estar de acuerdo sin importar que nuestra opinión sea la correcta. Solomon Asch[32] realizó experimentos hace ya más de cincuenta años: un pequeño grupo de siete a nueve personas se sentaba alrededor de una mesa en un semicírculo con el sujeto en cuestión sentado el penúltimo en

[31] Stanley Milgram (2004). *Obedience to Authority: Perennial Classics*, pág. 6.
[32] S. E. Asch (1955). «Opinions and social pressure». *Scientific American*, 193: 31-35.

un extremo. Para los «experimentos psicológicos de visión» se les presentaban tarjetas con unas barras verticales de varias longitudes y se preguntaba cada vez cuál de las tres barras (A, B, C) era igual en longitud a la barra patrón en otra tarjeta (una de las tres siempre era igual).

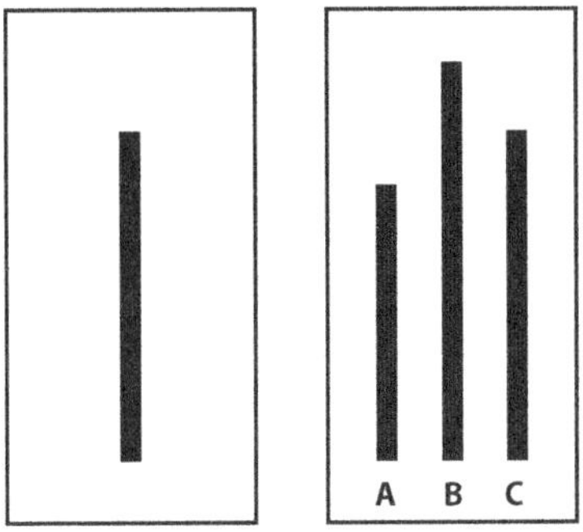

Figura 45. Tarjetas con barras verticales.

Los cómplices del experimento respondían uno a uno antes que el sujeto en penúltimo lugar (no se le colocaba el último para disipar sospechas) y en los primeros pases con distintas tarjetas lo hacían correctamente, pero luego, en doce de las dieciocho ocasiones daban unánimemente una repuesta errónea. El sujeto se encontraba ante el conflicto entre lo que le indicaban sus sentidos y lo que le indicaban los otros. Para calibrar el experimento se determinó que normalmente, sin presión de grupo, los sujetos cometían un error solamente en el 1% de los casos. Bajo las condiciones experimentales con los cómplices unánimemente dando una respuesta errónea, los sujetos aceptaban la respuesta errónea en el 37% de los casos. Además, se encontró que el 25% de los sujetos nunca estaban de acuerdo, y el 75% estuvieron de acuerdo al menos una vez y el 5% estuvieron de acuerdo siempre.

Variaciones en el experimento demostraron que el tamaño del grupo de presión dejaba de ser importante si era mayor de tres y que la presencia de otro sujeto que discrepaba de la mayoría (es decir, ya no había unanimidad) afectaba drásticamente a los resultados, en el sentido de bajar la tendencia a estar de acuerdo.

Otros experimentos han demostrado que dos testigos, después de conversar sobre un evento que ambos habían observado, pero con leves cambios, informaron de sucesos que solamente pudieron conocer después de la conversación, demostrando lo que se conoce como conformidad de la memoria[33]. Son incapaces de distinguir entre lo que observaron y aquello que luego se les comunicó, otro ejemplo de amnesia de fuente.

George Vetter[34], en su monumental obra, dice: «De mayor peligro son las certezas morales que sentimos cuando una creencia o un programa de acción son compartidos por el 100% de una multitud que produce y mantiene estas actitudes con los usuales mecanismos de comportamiento de las multitudes. Es tan seguro y tan fácil estar de acuerdo con la multitud. El más admirable tipo de valentía moral de la cual es capaz el ser humano es probablemente la necesaria para levantarse en contra de mayorías solidas en apoyo de opiniones que no son populares».

Es común apelar a la autoridad de muchos en la publicidad comercial en la cual se propone que un producto es el más utilizado, o el más recomendado (lo cual no es necesariamente prueba de su bondad o superioridad), o que un libro es un superventas o *bestseller*, lo cual no es prueba de su valor, ya que existen muchos otros factores que pueden convertirlo en un superventas.

Cierro con las palabras de Aldolf Eichmann al culminar su proceso en Jerusalén, en el cual fue sentenciado a muerte el 15 de diciembre de 1961 y ejecutado el 31 de mayo de 1962: «He oído el severo veredicto de culpable dado por la corte. Me veo decepcionado con mis esperanzas de justicia. No puedo reconocer el veredicto de culpable. Comprendo la exigencia de expiación por los crímenes que se perpetraron contra los judíos. Los testimonios de los testigos aquí en la corte volvieron a entumecer mis extremidades como ocurrió, cuando una vez, actuando bajo órdenes, tuve que ver las atrocidades. Fue mi mala suerte la que me enredó en estas atrocidades. Pero estos delitos no ocurrieron de acuerdo con mis deseos. No fue mi deseo asesinar gente. La culpa por el genocidio es solamente la de los líderes políticos. Intenté dejar mi posición, ir al frente, para la batalla honesta. Pero me dejaron aferrado en esos deberes oscuros. Una vez más quie-

---

[33] Ruth Horry, et. al. (2012). «Memory conformity for confidently recognized items: The power of social influence on memory reports». *Journal of Experimental Social Psychology*, Vol. 48, Issue 3.

[34] ****George B. Vetter (1973). *Magic and Religion, Their Psychological Nature, Origin and Function*. Philosophical Library, N. Y., pág. 510.

ro enfatizar que soy culpable de haber sido obediente, habiéndome subordinado a mis deberes oficiales y las obligaciones del servicio a la guerra y mi juramento de lealtad [...] La obediencia no fue fácil. Y otra vez, cualquiera que tiene que dar órdenes y obedecerlas sabe lo que se puede exigir a la gente...».

El sesgo fundamental de atribución

Máxima: *No confunda la situación con la disposición.*

En múltiples pruebas se ha establecido que al explicar o realizar un juicio sobre nuestro comportamiento o el de otros confundimos sistemáticamente entre factores relacionados con la *situación* y factores relacionados con la *disposición*. Esto nos lleva a atribuir nuestro comportamiento (especialmente si es negativo) a causas relacionadas con la situación o circunstancia en la cual nos encontramos, mientras que si observamos el mismo comportamiento en otra persona lo atribuimos a su disposición.

Si estamos de mal humor, explicaremos que es porque no hemos dormido bien, o porque algo no salió como esperábamos, y un sinnúmero de otras posibilidades circunstanciales, pero si observamos el mismo comportamiento en otra persona, tendemos a atribuirlo a que se trata de una persona amargada o antipática. Si otro tropieza al caminar por la acera pensaremos: «Qué tipo más torpe», pero si nosotros tropezamos pensaremos: «El ayuntamiento debe mejorar las aceras».

En muchas situaciones los factores de mayor importancia que conducen a un cierto resultado son aleatorios (sin negar que la pericia del encargado es importante). Se ha constatado que el éxito en las finanzas de un «experto» no se debe al azar. Sin embargo, el experto atribuye una racha de éxitos a su habilidad, mientras que un fracaso lo atribuye a factores externos de una economía en crisis. El sesgo confirmatorio completa la trama.

Por lo tanto, dependerá si de lo que se trata es positivo o negativo. Tendemos a pensar que nuestro éxito se debe a nuestras propias cualidades y habilidades (somos inteligentes, hábiles, etc.). Por el contrario, atribuimos nuestros fracasos a circunstancias externas (tuvimos mala suerte, el jefe me envidia). Sin embargo, para otros tendemos a pensar lo contrario.

El sesgo se amplía con «agentes» en la naturaleza, desde duendes hasta dioses, a los cuales podemos atribuir una mente y, por lo tanto, intenciones. También atribuimos calidad de agente a objetos artificiales y somos capaces de enfadarnos con el ordenador. Llevado al extremo, hasta el universo tiene intención, un propósito que es nosotros, como lo pretenden aquellos que se adhieren con arrogancia al principio antrópico.

Atribuirle características de vida (animismo) o intencionalidad a eventos naturales es, según el antropólogo Steward Guthrie[35], una profunda estrategia perceptual ante la incertidumbre de lo que percibimos. Apostamos a la interpretación más segura y significativa: que se trata de algo vivo con intencionalidad y que por lo tanto sabremos qué hacer. Si nos encontramos en un bosque y percibimos una forma oscura que podría ser un oso o una roca, es ventajoso apostar a que es un oso. Si nos equivocamos, perdemos poco; si estábamos en lo cierto, ganamos mucho. Las mitologías están pobladas por animales con características humanas, y nos imaginamos a los agentes según nuestra imagen y semejanza, incluidos dioses y alienígenos. Al menos los segundos invitan a algunos a dar un paseo.

Rabindranath Tagore dijo[36]: «Las religiones nunca se refieren a un Dios de fuerza cósmica, sino a un Dios con personalidad humana. Independientemente de la forma que se le atribuye al Dios (humana, animal, abstracta), el Dios es capaz de comunicar con símbolos o lenguaje humano». Agrego que esa personalidad humana es generalmente la del macho.

Falacia antrópica

Si las cosas fueran diferentes, las cosas no serían como son las cosas.

Robert Park[37]

---

[35] Stewart Guthrie (1993). *Faces in the Clouds: a New Theory of Religion*. Oxford University Press.

[36] Rabindranath Tagore (1931). *Religion of Man*. Rupa.

[37] ****Robert Park (2008), *Superstition, Belief in the Age of Science*. Princeton.

Hay ciertas proposiciones y preguntas existenciales, que aparentan ser muy profundas, cuyas respuestas son asimétricas, ya que una de las posibles respuestas implica una contradicción performativa. Una muy popular es: ¿por qué existe algo en vez de nada?[38] Daniel Dennett las llama *deepity*[39]. Lleva a todo tipo de disquisiciones, pero una de las opciones, «nada», no permite formular la pregunta. Además, la pregunta presupone que «nada» es la condición por defecto, una premisa sin fundamento, herencia del pensar en *creatio ex nihilo*. Insistir en encontrar la respuesta a una pregunta inválida solamente conduce a una cosa: jaqueca.

Se ha argumentado[40] que si un conjunto de parámetros cosmológicos (la densidad del universo, la edad del universo, etc.) y constantes físicas fundamentales (la magnitud de la fuerza nuclear, el valor de la constante de Planck que determina los enlaces químicos, las masas de las partículas elementales, etc.) tuvieran valores distintos a los que tienen, el universo no podría ser la sede de vida. Según los proponentes, vivimos en un mundo frágil y especial; un universo *finamente ajustado* (en inglés: *fine tuning*) para nuestra existencia. Para algunos, esto les lleva al extremo de postular un diseñador, ya que, según ellos, es altamente improbable que todos estos parámetros tengan los valores que tienen por pura coincidencia; *alguien* los ajustó. Así se argumenta.

Un par de ejemplos: a) si la órbita de la Tierra no fuera la que es (su distancia al Sol y su figura casi circular), entonces nuestro planeta no tendría una biología. Cambie por un pequeño porcentaje la distancia de la Tierra al Sol (en cualquiera de las dos direcciones) y no estaríamos aquí para contarlo. b) Durante gran parte del año, grandes extensiones del planeta se encuentran a una temperatura por debajo de los cero grados. Al contrario de otros líquidos, el agua al congelarse se expande, el hielo es menos denso que el agua líquida y por eso flota. Ello provoca que los cuerpos de agua no se congelen del fondo a la superficie en un bloque sólido y permite que la vida subsista.

---

[38] ***Aleksandar Jokic. *Philosophy of Religion, Physics, and Psychology: Essays in Honor of Adolf Grunbaum.*

[39] *****Daniel Dennett (2015). *Bombas de intuición y otras herramientas de pensamiento.* FCE.

[40] ***John D. Barrow and Frank J. Tipler (1988). *The Anthropic Cosmological Principle.* Oxford University Press.

Se trata de un argumento circular que dice que si el universo no fuera apropiado para la vida no estaríamos aquí para pensarlo. Estamos en un universo (o un entorno del universo) donde la vida es posible porque no podríamos estar en otro sitio donde la vida fuera imposible.

Asombrarse y buscar una explicación de por qué el universo es tan adecuado para la vida no es muy distinto a asombrarse y buscar una explicación de por qué la atmósfera terrestre es transparente a luz solar justo en la banda de luz visible a nuestros ojos, o más trivialmente, por qué el molde le cae tan justo a la torta cuando fue horneada. Por otro lado, la premisa muy repetida de que el universo es un sitio finamente ajustado para la vida ni tan siquiera es cierta. La gran mayoría del espacio del enorme universo no es un sitio apto para la vida como la conocemos (y de vida como no la conocemos no podemos opinar).

Además, como lo observa Paul Braterman[41], si admitiéramos el argumento de que la complejidad del universo y la vida surgen de un diseñador inteligente, entonces caemos en una regresión infinita: un sistema complejo surge de una inteligencia que debe ser aún más compleja que, a su vez, tuvo que surgir de algo más complejo aún... La pregunta es obligada: ¿quién diseñó al diseñador?

Por último, si alguien diseñó el mundo, no necesariamente tiene que ser el Dios cristiano, como alegan los creacionistas, podrían haber sido otros dioses, o muchos de ellos que trabajaron juntos. En todo caso, dada la indudable defectuosidad del producto, sería más adecuado proponer que fue el resultado del diseño por un comité de dioses.

El vómito divino

Si la naturaleza nos ofrece un nudo difícil de deshacer, tomémoslo por lo que es, y no empleemos para cortarlo la mano de un Ser que enseguida se nos convierte en un nudo más indisoluble que el primero.

Denise Diderot[42]

[41] ***Paul S. Braterman (2007). *Darwinism and Unbelief en: The New Encyclopedia of Unbelief*, Tom Flynn (ed.). Prometheus Books, pág. 500.

[42] Denis Diderot (1749). *Lettre sur les aveugles à l'usage de ceux qui voient.*

En todas las culturas encontramos diversos mitos de creación que tratan de responder a la pregunta: ¿cómo comenzó todo esto? o ¿de dónde salió todo esto (y para qué)?

En el Génesis podemos leer la respuesta que comienza así: «En el principio...». Dado que en nuestra experiencia cotidiana todo es causado, y que como todo tiene un comienzo y un fin, entonces es fácil pensar que *absolutamente* todo tiene que ser así. Cuando pensamos en el universo lo pensamos como otro objeto y le atribuimos una forma y un comienzo y fin, pero el universo no es como otros objetos y caemos en una falsa analogía.

No nos supone un problema pensar que el futuro es infinito, que no hay un final para el universo. De igual forma no debería suponer un problema pensar en la situación simétrica de un pasado infinito sin comienzo, y por lo tanto sin creador o diseñador. El *Big Bang* pasa a ser meramente un episodio de una burbuja de un «multiverso», es decir, una espuma infinita de infinitas burbujas que siempre fue y siempre será.

En cuanto a los mitos de creación, el pueblo Bakuba de los bantú, habitantes a las orillas del río Congo, al sudeste de la República Democrática del Congo, cree lo siguiente[43]: el dios Bumba se encontraba solo sobre la Tierra oscura cubierta de agua. Sintió un fuerte dolor estomacal y náuseas que le provocaron vomitar el Sol. Una vez que el calor del Sol hubo evaporado las aguas, apareció la tierra. Otro vómito produjo la Luna y las estrellas. Entonces Bumba vomitó otra vez nueve animales prototípicos que generaron el resto de los animales. Finalmente, Bumba vomitó al hombre y le enseñó a hacer fuego. Es la teoría del *gran vómito.*

¿Se ríe? Entonces también puede reírse del Génesis.

Coda

En muchas circunstancias llegamos a una conclusión errónea o tomamos una decisión que no es la mejor[44], por la operación de los

[43] Barbara C. Sproul (1979). *Primal Myths, Creation Myths around the World.* Harper, pág. 45.

[44] ***Reid Hastie and Robyn M. Dawes (2001). *Rational Choice in an Uncertain World.* Sage.

sesgos que he presentado (y muchos otros). Tenerlos en cuenta en el momento de considerar un argumento, evaluar una situación o tomar una decisión, puede ayudarnos a descubrir si han operado, y a comprender si han contribuido a un error. Forman la base teórica de la propaganda y no por nada se le concedió el Premio Nobel de Economía a Kahneman. *Los peores sesgos son aquellos que ignoramos.*

Los anuncios comerciales y políticos están plagados de falacias de todo tipo. Aquellos que se especializan en diseñarlos conocen todos los trucos y su misión es la de persuadirnos (para comprar algo, para votar por alguien) sin importar la razón, y solamente se detienen por alguna que otra débil ley que no les permite mentir descaradamente. Vale la pena repasar brevemente los trucos más conocidos.

El primer truco es que *lo atractivo atrae.* Por lo tanto, se recurre a enmarcar lo que sea en un paisaje bello, con una música pegadiza y con personas atractivas. El producto rara vez es presentado por una persona mal vestida, despeinada o desagradable. Los conductores y presentadores de programas en la televisión no representan en su apariencia al ciudadano común.

El anuncio de un automóvil lo mostrará en una carretera transitando libremente por un atractivo paisaje, nunca en un atasco entre otros muchos (que es donde posiblemente pase mucho tiempo con su nueva adquisición). La imagen de la comida rápida en el anuncio es una versión muy mejorada y atractiva de lo que le van a servir.

El segundo truco es *apelar a nuestras emociones*, calificando a un oponente político con adjetivos negativos (mucho *ad hominem*), y atribuyéndole posturas exageradas diseñadas para provocar una respuesta negativa del púbico (es fascista, es socialista, etc.). Apelar a emociones es común en campañas políticas y se utiliza para persuadir al público de apoyar ciertas medidas. Se utilizan palabras equívocas y estadísticas distorsionadas, así como autoridades falsas (deportistas recomendando medicamentos, reinas de belleza recomendando automóviles, etc.), medias verdades y el uso de palabras clave que nos llevan a pensar lo que no dicen.

Muchos envases dicen algo sin significado alguno, pero que aparenta ser positivo. Por ejemplo, hace poco vi en una tienda una bolsa de alubias congeladas en la que decía: «*Individually Quick Frozen*». Aparte de que dudo que sea correcto, tampoco se entendería por qué congelarlas individualmente en vez de todas juntas sea una ventaja.

Nos persuaden con palabras muy manidas como *orgánico* o *natural.* Nos dicen, por ejemplo, «*ahorre XX* si compra hoy», y no «*gaste YY menos* si compra hoy». El tipo de anuncio que se pasa todos los días y a todas horas que dice: «Llame en los próximos diez minutos para recibir un descuento especial» es patentemente falso, pero apela a nuestros impulsos.

Las medias verdades abundan: «Ninguno más efectivo» (pero podrían todos no ser efectivos o igual de efectivos), o «mejor que el más vendido» (pero el más vendido no necesariamente es bueno y puede haber otros mejores), o «recomendado por médicos» (pero no dice cuáles ni cuántos).

Lo mejor que puede hacer ante un anuncio es examinar qué es lo que en realidad propone y cuáles son los méritos reales del producto (o candidato que se mercadea como si fuera un producto), una vez que se le haya despojado de las palabras ambiguas, los trucos que apelan a las emociones y nuestros sesgos, y de desenmascarar todas las falacias utilizadas. Si no queda mucho después de este proceso, sabrá qué hacer.

Quizá se le ha ocurrido que el conocimiento de estos sesgos y de nuestras reacciones intuitivas también permite elaborar estrategias para influir en las decisiones y acciones de las personas *para bien* o *para mal.*

Por ejemplo, se ha encontrado que las personas que reciben su salario cada dos semanas en vez de mensualmente, ahorran más (porque hay dos meses en el cual reciben tres pagas). Esta idea se trata en un interesante libro[45] que propone la idea de un «paternalismo libertario», que utiliza los conocimientos adquiridos por científicos sociales para conseguir que las personas se muevan en direcciones que mejoren sus vidas, sin dictarles medidas.

[45] ***Richard H. Thaler and Cass R. Sunstein (2008). *Nudge. Improving Decisions about Health. Wealth, and Happiness.* Yale University Press.

15
La naturaleza de lo sobrenatural

Máxima: *No hay nexo posible entre lo natural y lo sobrenatural.*

¿No es acaso más natural y más inteligible deducir todo lo que existe del seno de la materia, cuya existencia queda demostrada por todos nuestros sentidos, cuyos efectos sentimos en todo momento, que vemos actuar, moverse, comunicar movimiento, y constantemente generar seres vivos; que atribuir la formación de cosas a una fuerza desconocida, a un ser espiritual, que no puede hacer surgir de su suelo aquello que no tiene, y quien, por la esencia espiritual que se le adjudica, es incapaz de hacer algo y de poner algo en movimiento? Nada es más claro que pretendan que creamos que un espíritu intangible puede actuar sobre la materia.

PAUL-HENRI THIRY, barón de Holbach[1]

Así las cosas, me parece que, al discutir los problemas naturales, no se debería partir de la autoridad de los pasajes de la Escritura, sino de la experiencia de los sentidos y de las demostraciones necesarias. Porque la Sagrada Escritura y la naturaleza proceden igualmente del Verbo divino, aquella como dictado del Espíritu Santo, y esta como la ejecutora perfectamente fiel de las órdenes de Dios; ahora bien, si se ha convenido en que las Escrituras, para adaptarse a las posibilidades de comprensión de la mayoría, dicen cosas que difieren con mucho de la verdad absoluta, por gracia de su género y de la significación literal de los términos, la naturaleza, por el contrario, se adecua, inexorable e inmutablemente, a las leyes que le son impuestas, sin franquear jamás sus límites, y no se preocupa por saber si sus razones ocultas y sus maneras de obrar están al alcance de nuestras capacidades humanas.

GALILEO GALILEI[2]

---

[1] Jean Meslier (1729). *Superstition in all ages.* D. N. Goodfield, Philadelphia (2009), pág. 8 (En realidad, escrito por Paul-Henri Thiry, barón de Holbach (1723-1789), pero por mucho tiempo atribuido a Meslier.)

[2] Galileo Galilei (1615), (2006). *Carta a Cristina de Lorena.* Alianza Editorial.

Las religiones, se designen como se designen, se parecen todas. Ningún entendimiento ni reconciliación son posibles entre estas religiones y la filosofía. La religión impone al hombre su fe y creencia, mientras que la filosofía lo libera totalmente o en parte. ¿Cómo pretender entonces que se entiendan entre sí? Cuando la religión cristiana, bajo sus formas más modestas y atractivas, entró en Atenas y en Alejandría, que eran, como todo el mundo sabe, los dos principales centros de la ciencia y la filosofía, su primer empeño fue, después de establecerse sólidamente en las dos ciudades, apartar tanto a la ciencia propiamente dicha como a la filosofía, buscando ahogarlas bajo el matorral de las discusiones teológicas, para explicar los inexplicables misterios de la Trinidad, de la Encarnación y la Transubstanciación. Y así ocurrirá siempre. Cada vez que sea la religión la que gane la partida, eliminará a la filosofía. Y sucede lo contrario cuando es la filosofía la que se convierte en soberana. En tanto exista la humanidad, no cesará la contienda entre el dogma y el libre examen, entre la religión y la filosofía, en una encarnizada lucha en la que –me temo– el triunfo no será para el libre pensamiento, porque la razón desagrada a las masas y porque sus enseñanzas no son comprendidas más que por ciertas inteligencias de las elites, a la vez que la ciencia, por hermosa que sea, no satisfará por entero a una humanidad sedienta de un ideal y a la que le gusta refugiarse en las oscuras y lejanas regiones que los filósofos y los sabios no pueden percibir ni explorar.

Yamaleddin al-Afgani[3]

Por si no se acuerda o no leyó la advertencia que le hice al inicio del libro, este es un buen momento de leerla antes de continuar[4].

Durante la mayor parte de la existencia de nuestra especie *Homo sapiens*, la concepción que teníamos del mundo era mágico-religiosa, y así lo sugieren los hallazgos de arte rupestre que datan de decenas de miles de años atrás. Ciertos agentes invisibles eran los causantes de las cosas, de modo que los pueblos del pasado explicaban así muchos eventos de otra forma inexplicables. Surge la intuición de un poder intangible que posee ciertas características humanas, especialmente una mente, que se extiende de la experiencia individual al universo en el cual cosas y eventos materiales tienen antecedentes no materiales.

---

[3] Parte de una carta que el pensador y activista musulmán, «el asiático ilustrado» Yamaleddin al-Afgani, refugiado por aquel entonces en París, envió al director del *Journal des débats*, publicada en dicho periódico el 18 de mayo de 1883.

[4] Véase la pág. 22.

Es este paso de desmaterialización que permite todo tipo de idea, ya que el ente desmaterializado no tiene por qué ceñirse a las limitaciones de lo material y lo mortal. Una «sustancia inmaterial» es un oxímoron perfecto, en este caso sin aspiraciones metafóricas. Conduce a duendes y dioses, a la astrología y a una cornucopia de terapias alternativas. Es común, ante un hecho inusual pensar: «No puede ser coincidencia», pero puede ser y, como ya hemos visto, probablemente lo sea.

Deshacerse de esto es mucho más difícil de lo que parece, ya que es parte de nuestro cerebro, viene «de fábrica» (por decirlo de alguna forma). Nacemos preparados para el pensar mágico y no para el de la razón. Dice Vetter[5]: «El prototipo de todas las fuerzas o agentes no materiales que concebimos como existentes es el pensamiento subjetivo o el proceso de volición que es la experiencia común de todo ser humano».

Esta idea abre la puerta a ritos dirigidos a influir en los agentes para que los eventos resulten favorables, y con el tiempo identificamos a los agentes con diversos dioses. Vetter dice que religiosidad es «la creencia acrítica en un ayudante mágico, quien, si se le aborda con la fórmula ritual correcta, puede resolver dilemas para el suplicante que son aparente y enconadamente resistentes a cualquier intento de resolución que solamente utilice los recursos del mundo material».

La premisa más importante de todas es la que supone que hay un poder sobrenatural (llámele H) extremadamente (o todo) poderoso, creador del universo, que dependiendo de nuestro comportamiento aquí en la Tierra, decidirá qué ocurrirá con lo que perdura de nosotros al morir (otra premisa). El problema es grave porque diferentes pueblos tienen distintas nociones de quién es el verdadero H y están dispuestos a matar o morir por su H.

Piense en el comienzo del universo. Esto lleva al planteamiento de dos preguntas ineludibles: ¿quién o qué lo puso en marcha o lo creó?, y ¿qué es lo que existía antes?, incluida la difícil cuestión de un creador que no se encuentra en sitio ni tiempo alguno antes de crear el universo, y la igualmente difícil cuestión de quién creó al creador. La búsqueda forzada de una respuesta forma la base de gran canti-

---

5 ***George B. Vetter (1973). *Magic and Religion, Their Psychological Nature*, Philosophical Library, New York, pág. 130.

dad de mitos que durante milenios han influido en el pensamiento. La expresión «H existe fuera del espacio» no tiene sentido, ya que «fuera» implica una relación espacial. De igual forma, la expresión «H existía antes del tiempo» no tiene sentido, ya que «antes» implica una relación temporal. El tiempo es una propiedad del universo que emerge de las interacciones entre los componentes del universo, y no es algo externo al universo (Woody Allen ha dicho que el tiempo es la forma en que la naturaleza evita que todo ocurra simultáneamente).

Por otro lado, como ya vimos (recuerde el vómito divino), no hay razón para pensar (excepto por falsa analogía) que el universo tuvo un comienzo. Además, si para evitar el pasado infinito en el tiempo del universo se postula el pasado infinito de H, apelamos a un recurso retórico, un sofisma que no resuelve nada, y más bien lo complica. El asombroso Jean Meslier (1664-1729), cura párroco que ofició en la iglesia de Étrépigny en las Ardenas belgas, vivió una vida de pobreza dedicada a la Iglesia, pero en su obra póstuma presenta «demostraciones claras y evidentes de la vanidad y falsedad de todas las divinidades y de todas las religiones del mundo». Escribe[6]: «Nos dicen solemnemente que no hay efecto sin causa; nos repiten frecuentemente que el mundo no se creó a sí mismo. Pero el universo es una causa, no un efecto. No es un producto, no ha sido hecho porque es imposible que fuese hecho. El mundo siempre ha sido; su existencia, necesaria. Es su propia causa».

Las creencias religiosas inspiradas por estas premisas fundamentan nuestras más profundas tradiciones culturales y la idea de identidad de forma negativa, definiendo como «hereje» a cualquiera que no crea como uno. La noción del «otro», inferior y a la vez amenazador, faculta el sentir nacional definido por líneas fronterizas marcadas sobre la tierra con sangre, que conducen a la guerra y al genocidio. Perdemos de vista que los «otros» son humanos, con la misma historia primordial, con los mismos temores, amores, alegrías y tristezas que nosotros. Perdemos de vista que nosotros somos los «otros» para los otros. Una y otra vez hemos visto cómo los pueblos se agrupan en unidades culturales asentadas en alguna etnia bajo una religión, primer paso para la matanza (como ocurre en Oriente Medio mientras escribo esto). En vez del mito es necesario entender la verdad biológica

---

[6] Jean Meslier (aunque atribuido al baron de Holbach) (1729). *Le bon sens du curé Meslier suivi de son testament.* (2010) Nabu Press, pág. 54.

que nos enseña que cualquier diferencia que nos separa es minúscula comparada con lo que nos une (es en parte por esto que deberíamos enseñar la evolución a los chicos). Muchos están dispuestos a matar por esa diferencia insignificante, en ocasiones entre sectas de una misma religión sin espacio para la fuerza de la razón y mucho espacio para la razón de la fuerza. Harari[7] escribe lo siguiente: «... A lo largo de los siguientes mil quinientos años, los cristianos masacraron a millones de correligionarios para defender interpretaciones ligeramente distintas de la religión de amor y compasión».

Lo que se dice en nombre de los dioses es contrario al conocimiento científico y ha sido y es causa de conflicto, como indica Yamaleddin al-Afgani, por más que muchos quisieran esconderlo bajo la alfombra. El conflicto es entre una visión naturalista del universo y una que acepta lo sobrenatural. Por otro lado, no sorprende que textos milenarios no sean coherentes con el conocimiento moderno; los humanos que los escribieron no tenían esos conocimientos de Dios. Aunque si, como dicen, es la palabra de Dios, entonces asombra la ignorancia que muestran.

Un mundo con un dios que lo diseñó y lo controla sería muy distinto a uno sin este dios, uno en el cual las cosas se dan por razones naturales. Cualquier hipótesis sobre el mundo puede y debe ser puesta a prueba con todos los medios disponibles si deseamos acercarnos a la verdad. Debería ser el deseo de todos, particularmente de los creyentes, en vez de escudarse detrás de lo «sagrado».

Se puede mantener que si las religiones se dedicaran exclusivamente a cuestiones del valor, propósito y significado de la vida (por más que podamos argumentar que son sinsentidos), no se generaría un conflicto con el conocimiento científico. Pero esto no es lo que ocurre ni lo que ha ocurrido históricamente. Las revoluciones del pensamiento que asociamos con Copérnico, Galileo y Darwin son en primera instancia revoluciones metafísicas (más que metodológicas) que significan un corte con las creencias fundamentales que hasta entonces mantenían (y mantienen) los humanos. Como estas creencias estaban íntimamente ligadas con ideas religiosas, estas revoluciones representan un conflicto ineludible con la religión, generando dos

---

[7] *****Yuval Noah Harari (2015). *Sapiens. Una breve historia de la humanidad. De animales a dioses*. Debate.

mundos irreconciliables. En el caso de Galileo, el corte fue con la concepción metafísica del mundo material, mientras que en el caso de Darwin el corte fue con la concepción metafísica de la vida (algo que nos toca muy de cerca), corte con la idea de una creación divina en la cual el humano tiene una posición privilegiada entre los seres vivos. Este último conflicto aún no ha concluido. Un tercer conflicto se gesta entre neurociencia y religión, uno que será sumamente interesante.

Mientras tanto, en palabras de Christopher Hitchens, «ante perspectivas ni soñadas en el pasado, dentro de nuestra corteza cerebral que evoluciona, en los confines más distantes del universo y en las proteínas y ácidos que constituyen nuestro cuerpo, la religión ofrece la aniquilación en nombre de Dios, o la promesa falsa de que, si sometemos el prepucio al cuchillo, o si oramos en la dirección correcta, o ingerimos pedazos de oblea, seremos "salvados". Es como si alguien, a quien se le ofrece una fragante y deliciosa fruta fuera de estación, madurada en un invernadero cuidadosamente diseñado, tirara la carne y la pulpa y royera malhumoradamente el carozo».

Homer W. Smith[8] en su fascinante libro dice: «Ortodoxos y no ortodoxos han llegado a ver que el libro que durante tanto tiempo sirvió para negar la razón y obstruir el avance intelectual, que durante casi dos mil años ha sido la fuente de derramamientos de sangre, hogueras, encarcelamientos, torturas, persecuciones, guerras de "conversión" y cruzadas dementes, que hubieran asombrado a un pueblo pagano, es una colección de mitos, anécdotas y genealogías, con algún pequeño fragmento creíble de verdad histórica intercalada, compilado en una era altamente supersticiosa, y cargado con la superstición de su tiempo. Fue escrito no con el fin de ilustrar a los historiadores del futuro, sino para ganar conversos a la nueva fe o confirmar las convicciones de aquellos ya captados».

La superstición se refiere a la creencia en una causa sobrenatural, una relación sin un proceso natural que vincule dos eventos. Es curioso leer cómo el DRAE define *superstición*:

> «Creencia extraña a la fe religiosa y contraria a la razón.
> Fe desmedida o valoración excesiva respecto de algo».

[8] ****Homer W. Smith (1952). *Man and his Gods*. Little Brown and Company. p. 396.

Es decir, se distingue entre superstición y fe religiosa. ¿Pero cuál es la distinción? ¿No es acaso la fe religiosa contraria a la razón? ¿No tienen las personas religiosas una fe desmedida o valoración excesiva respecto de la religión que profesan? La fe, es decir, el creer por creer, no es una virtud como expresan algunos, sino todo lo contrario: una excusa utilizada porque no existe fundamento válido que sostenga estas creencias. La fe es la abdicación de la razón y esto abre el camino al fantasma, al fanatismo y al fascismo y, en última instancia, al genocidio. A pesar del dicho, la fe no mueve montañas.

Una vez que una mente se habitúa a creerse un cuento, por más inverosímil que sea, sin un atisbo de crítica, se abre a aceptar cualquier otro cuento, y el propietario de esa mente no tendrá problema en actuar, dada la oportunidad, de acuerdo con el cuento. Y si el cuento incluye la idea de eliminar a los infieles, así lo hará sin más cuestionamiento, y será capaz de pilotar con alegría un avión lleno de gente y estrellarlo contra un edificio lleno de más gente, convencido de que hace la voluntad de Dios, sin pensar que un Dios que tenga esa voluntad no es uno digno de aspirar al cargo. También da que pensar un Dios que supuestamente nos creó con la facultad del raciocinio y luego nos castiga por no tener fe, por no creer ciegamente en cosas que ofenden a la razón.

La brujería, los conjuros, las plegarias y ritos son actos supersticiosos para lograr un efecto invocando fuerzas ocultas. Colgamos una herradura a la entrada del hogar, o nuestras llaves de una pata de conejo, para la buena suerte. (Pero sepa que la pata de conejo solo es efectiva si el conejo fue matado por un hombre bizco en una noche de luna llena.) En nuestra cultura, si un gato negro se nos cruza en el camino es señal de mala suerte, pero en Japón es señal de buena suerte.

Si analizamos los factores comunes a todas las distintas culturas del presente y del pasado, descubrimos uno que es ubicuo, uno que parece entonces ser parte de la naturaleza humana, uno que es panhumano: la creencia en lo sobrenatural. Para sobrevivir, a pesar de lo que podemos entender acerca de nuestro ser, para no quedarnos paralizados, para no optar por el suicidio inmediato al conocer que vamos a morir irremediablemente, la evolución del cerebro fue mano a mano con la evolución de la creencia en lo sobrenatural como bálsamo metafísico.

Este heredado «imperativo paranormal», en palabras de John Schumaker[9], tiene su lado positivo, ya que nos brinda una forma de ganar a la muerte, de eliminar la asimetría trágica. La conciencia de nuestra finitud sin una salida nos llevaría a tener que concluir que no hay propósito alguno en nuestra existencia, nada distinto a la vida de una lechuga, y esto, aunque sea cierto, es inaceptable para la mayoría.

Friedrich Nietzsche[10] comenta: «A todos los fundadores de religiones y a sus semejantes les ha faltado honestidad: no han hecho de sus experiencias un asunto de conciencia y conocimiento. ¿Qué fue mi experiencia realmente? ¿Qué ocurrió dentro de mí y en mi entorno en ese momento? ¿Mi razón estaba alerta? ¿Estaba mi voluntad preparada para los engaños de los sentidos y era fiel para defenderse de lo fantástico? Ninguno de ellos se ha hecho estas preguntas. Aun hoy, ninguno de nuestros queridos religiosos las formula, más bien tienen una sed de cosas contrarias a la razón y no quieren complicarse la vida para saciarla, de manera que sienten "milagros" y "renacimientos" y oyen las voces de los ángeles. Pero nosotros, los otros, los que tenemos sed de razón, queremos enfrentar las experiencias con la seriedad de un experimento científico, hora por hora, día por día. Queremos ser nuestros propios experimentos y conejillo de Indias».

El DRAE define *trascendente* como «que está más allá de los límites de cualquier conocimiento posible». Algunos (que no piensan) piensan que lo trascendente es algo que se encuentra más allá de los límites del espacio y del tiempo, fuera de lo que consideramos el universo y más allá de lo natural, es decir, sobrenatural. Si, además, como dice el diccionario, «no es posible conocerlo», entonces deberíamos descartar el concepto, ya que no tiene sentido hablar acerca de algo que no es posible conocer.

El DRAE define *sobrenatural* como «que excede los términos de la naturaleza», y en el monumental Deutsches Wörterbuch[11] podemos leer lo que decía Kant sobre *übernatürlich*: «Sobrenatural ocurre cuando la causa próxima se encuentra fuera de la naturaleza, o cuando la

---

[9] ***** John F. Schumaker (1990). *Wings of Illusion. The Nature and Future of Paranormal Belief.* Prometheus Books.

[10] Friedrich Nietzsche. «The Gay Science», pág. 179. Cambridge Texts in the History of Philosophy.

[11] Deutsches Wörterbuch von Jacob Grimm und Wilhelm Grimm. 16 Bde. Leipzig: S. Hirzel 1854-1960.

manera en que las fuerzas de la naturaleza actúan en este caso no están incluidas en una regla de la naturaleza». Pero ¿cuál es el significado de «exceder los términos de la naturaleza»? ¿Qué significa «la causa se encuentra fuera de la naturaleza cuando para causar debe necesariamente haber una conexión»? ¡El gran Kant se equivocaba!

Ciertamente, en todo momento de la historia hubo fenómenos que parecían no estar incluidos en una regla de la naturaleza, como lo señala Kant. Antes de Newton no se entendía cómo los planetas se mantenían en órbita alrededor del Sol (algunos opinaban que los ángeles los empujaban) y antes de la mecánica cuántica no se entendía cómo se mantenía estable un átomo. ¿Eran entonces fenómenos sobrenaturales? En el presente, un «misterio» de la biología es el surgimiento de la vida sobre la Tierra. Simplemente no sabemos (todavía) cómo ocurrió, y es entonces fácil invocar una causa «sobrenatural». Pero esto no tiene significado y no explica nada. Cuando descubramos cómo fue, será natural. Es posible que necesitemos nuevos conceptos y una revisión de nuestro entendimiento de cómo funciona la naturaleza, cómo ha ocurrido en el pasado, pero no será sobrenatural.

Una idea muy popular es la de fantasmas y casas encantadas[12]. Un fantasma (que según el DRAE es la «imagen de una persona muerta que, según algunos, se aparece a los vivos») ¿es sobrenatural? (Lo que sigue también aplica *mutatis mutandis*[13] a la idea de alma, espíritu, ángel o ectoplasma.)

Se trata de una analogía: una persona sin cuerpo, pero con todos los atributos de una persona. Aunque la disanalogía (cuerpo, no cuerpo) es crucial, a los que creen en fantasmas no les afecta.

¿Si los fantasmas no son parte de la naturaleza, si son «inmateriales», entonces cómo es posible verlos, sentirlos o exponerlos en una imagen? Para ser visto, un fantasma tiene que emitir o reflejar luz, o actuar sobre nosotros o nuestros instrumentos de alguna forma. Es un sinsentido hablar de fantasmas que se ven por la luz que emiten, pero que no son materiales y que por ello pueden atravesar paredes. Igual sinsentido tiene la idea de ver en un espejo un vampiro que no se puede ver directamente.

[12] ****Joe Nickell (2012). *The Science of Ghosts*. Prometheus.

[13] Del latín, que significa «cambiando lo que se deba cambiar».

La radiación electromagnética (que incluye luz) se produce cuando una carga eléctrica (normalmente un electrón) es acelerado, o si es parte de un átomo o molécula, cambia su estado de energía. *No hay otra forma.* Para ser fotografiado o visto en la oscuridad el fantasma debe emitir luz –necesariamente producida por cargas eléctricas aceleradas– y necesariamente natural. Ni pensar en cómo arrastran cadenas y atraviesan paredes con cadena incluida (como dicen algunos). ¿Y si la cadena también es inmaterial para atravesar paredes, entonces cómo es que hace ruido? (como dicen otros). Podría ser necesario modificar nuestro conocimiento del mundo a la luz de lo que nos dijeran (en un sentido figurado) los fantasmas, pero no son ni pueden ser sobrenaturales.

Por lo tanto, en el momento en que se dice que un ente sobrenatural actúa sobre algo natural se comete un error (como ya lo señaló Holbach hace años; véase el epígrafe), ya que la interacción solo puede darse por medio de algo que sea común a ambos (que muy bien puede ser desconocido), pero es natural y sujeto al estudio científico. **Lo sobrenatural no existe**, al igual que no hay círculos cuadrados[14].

Si no es parte de la naturaleza, entonces no puede interactuar con la naturaleza y no tienen sentido alguno las oraciones, las plegarias ni los milagros. Negar esto es simplemente una forma de evitar la razón cuando va en contra de las creencias que deseamos mantener a toda costa, una forma de quitarle el culo a la jeringa.

Ante los fenómenos sobrenaturales o paranormales que se presentan a diario es pertinente el argumento de *diseño injustificado* formulado por Nicholas Humphrey[15]: «Si un fenómeno muestra signos de ser demasiado restringido en su forma y manera de ocurrir, de tal manera que nuestra teoría de sus causas no nos provea de una razón bien fundamentada de por qué toma la forma peculiar que toma, entonces debemos sospechar que la verdadera causa del fenómeno se encuentra en otra parte. Es decir, que si la teoría no nos puede decir por qué esto en particular y no aquello en general, debemos entender que se puede encontrar una teoría alternativa que, si la conociéramos, nos diría por qué».

---

[14] Daniel R. Altschuler (2008). «The nature of the supernatural». *Skeptical Inquirer*, mayo-junio.

[15] ****Nicholas Humphrey (1996). *Leaps of Faith, Science, Miracles and the Search for Supernatural Consolation.* Springer- Copernicus.

Esto sugiere tres preguntas que se pueden formular ante la afirmación de un fenómeno sobrenatural o paranormal:

- ¿Cuál es su hipótesis para explicar el fenómeno en cuestión?
- De ser correcta esta hipótesis, ¿cuál sería de antemano la forma esperada del fenómeno?
- Dado lo que ha ocurrido y lo que NO ha ocurrido, ¿hay indicios de limitaciones inexplicables?

Regresando brevemente a las creencias religiosas, muchos han escrito libros muy elocuentes[16] que analizan los diversos problemas a los cuales se enfrenta el creyente que tiene que tapar el cielo con la mano para mantener su fe. Las incoherencias de los relatos en los libros sagrados que muchos consideran literalmente ciertos (algunos que son la palabra de dios), los problemas teológicos causados por la existencia del mal a pesar de las bondades divinas y las sórdidas historias de las organizaciones religiosas y de sus miembros son temas predilectos[17]. Dudo que los lectores de estos libros cambien sus creencias, porque además la mayoría de aquellos que los leen no son creyentes. Pero, además, si la premisa es falsa, todo lo que sigue también es falso y no hace falta más discusión ni vale la pena dedicarle más tiempo.

No hay un criterio para poder decidir cuál de los diferentes libros sagrados es el verdadero (si es que lo es alguno). Conociendo nuestras necesidades psicológicas, la falibilidad de la memoria y nuestra preferencia por los cuentos, debe quedar claro que los contenidos de estos libros no son historia ni biografía. Fueron escritos, tras siglos de transmisión oral, no con «el fin de ilustrar a los historiadores del futuro, sino para ganar conversos a la nueva fe o confirmar las convicciones de aquellos ya captados», como lo dice Homer Smith. Es triste ver como miles de personas son masacradas por creer en su libro.

Meslier[18], en su testamento, dice lo siguiente: «No podemos decir que la mayoría de las religiones son instituciones divinas porque

[16] *****Christopher Hitchens. *Dios no es bueno.* Debate; Richard Dawkins. *El espejismo de Dios.* Espasa; John Allen Paulos (2009). *Elogio de la irreligión.* Tusquets.

[17] ***Christopher Hitchens (1995). *The Missionary Position. Mother Teresa in Theory and in Practice.* Verso.

[18] Jean Meslier (2009). *Testament. Memoir of the Thoughts and Sentiments of Jean Meslier.* Prometheus Books, pág. 47.

viendo que todas las distintas religiones chocan, se oponen y hasta se condenan unas a otras, es evidente que habiendo un conflicto entre sus principios, máximas y puntos principales, no pueden ser todas verdaderas ni en consecuencia pueden ser producto del mismo principio de verdad, es decir, Dios. [...] De esto infiero obviamente que es seguro que al menos la mayoría de las religiones del mundo son puras invenciones humanas, y que aquellos que por primera vez las inventaron usaron el nombre y la autoridad de Dios solamente para que fuera más fácil aceptar las leyes y órdenes que ellos querían establecer y al mismo tiempo hacerse más honorables, temidos y respetados por las personas que ellos lideraban y a quienes querían enchufar este truco».

Las instituciones religiosas, que durante siglos usurparon el podio ético, han fallado en proveernos de una ética efectiva ante los problemas globales a los que nos enfrentamos. Esto no sorprende, ya que estos problemas no existían cuando se plasmaron sus normas. Además, se han dedicado durante siglos a esclavizar al ser humano con normas morales ambiguas y desatinadas, generalmente relacionadas con el sexo. Ríos de tinta y toneladas de papel para disertar acerca de la fornicación y la lujuria en una absurda y aburrida maraña de torpezas.

Ludwig Feuerbach[19] dice: «Donde sea que la moralidad se basa en la teología, donde sea que lo correcto es dependiente de autoridad divina, las cosas más inmorales, injustas e infames se pueden establecer y justificar». Además, creer que un Dios creador del vasto universo, poblado por miles de millones de galaxias, cada una con miles de millones de estrellas y sus planetas, no tiene nada más que hacer que preocuparse por lo que hacemos con nuestros genitales es para reír (o llorar).

La teóloga Uta Ranke-Heinemann[20] escribe: «En tiempos recientes, la teología moral católica ha perdido su reputación. Con su ingeniosa fantasía sexual se encuentra frente a un montón de vidrios rotos. Es una demencia dada como religiosa y referida a Dios, que

[19] Ludwig Feuerbach (1849). *Das Wesen des Chritentums.* Reclam, 1969, pág. 405.

[20] ****Uta Ranke-Heinemann (1988). *Eunuchen für das Himmelreich – Katholische Kirche und Sexualität.* Hamburg, Hoffman und Campe, pág. 536. *Eunucos por el reino de los cielos: Iglesia católica y sexualidad.* Trotta, Madrid (1994), pág. 305 (traducción del alemán por el autor).

distorsionó la conciencia humana. Cargó a los seres humanos con necedades rebuscadas para condicionarlos a ser acróbatas morales, en vez de hacerlos más humanos y humanitarios. En nombre de algo sobrenatural inhumano y misántropo oprimió la naturaleza y naturalidad de los humanos, como para que en algún momento su manto encubridor se rasgara. Su teología no es una teología y su moral no es una moral. Su presuntuosa estupidez la llevó al fracaso».

El teólogo y exsacerdote Eugen Drewermann[21] escribe: «Un Dios que es todopoderoso y, sin embargo, no hace nada cuando mira tanta desgracia, merece que no se le considere bondadoso, o de lo contrario, si es bondadoso, pero no puede evitarlo, entonces no es todopoderoso. Ambas cualidades no se pueden reconciliar mientras el mundo es como es, un valle de lamentos. Ambas cualidades, el ser todopoderoso y el ser bondadoso, pertenecen según la teología cristiana ineludiblemente al ser divino. Por lo tanto, no queda otra conclusión, es el mundo mismo que contradice al Dios creador cristiano. O, dicho de otro modo, la pretensión moral que encarna la idea cristiana de divinidad se reduce a un absurdo por la misma realidad del mundo». (Que sean alemanes es pura coincidencia.)

Este argumento es contundente, un ejemplo de diseño injustificado, de una limitación inexplicable. Por eso, cuesta entender que este Dios haya permitido las carnicerías del siglo pasado asociadas con los nombres: Verdún, Somme, Stalingrado, Auschwitz, Nagasaki, Dien Bien Phu, Khe Sanh, Basora, Camboya, Ruanda, y muchos otros[22].

Si Dios sabía de los horrores de Treblinka, Buchenwald, y tantos otros campos de tortura y exterminio de los nazis, entonces él es el primero que debería haber sido juzgado por el tribunal de Nüremberg como autor intelectual, o podríamos procesarlo por deserción o abandono de la familia.

Escribe Mauricio-José Schwarz[23]: «El ateísmo, en última instancia, es una afirmación de libertad, de los derechos, de la dignidad humana, que debe comenzar forzosamente a nivel individual. Es una forma de no bajar los ojos ante el universo, sino de mirar de

[21] ***Eugen Drewermann (1998). *Der sechste Tag - Die Herkunft des Menschen und die Frage nach Gott.* Walter Verlag, Düsseldorf und Zürich, pág. 36 (traducción del autor).

[22] ****Matthew White (2012). *The Great Book of Horrible Things.* Viking.

[23] ****Mauricio-José Schwarz (2015). *¡No, Por Dios!* Cazador de Ratas.

frente a la realidad y afirmar que podemos conocerla porque tenemos la misma esencia que todo cuanto nos rodea. Somos materia que ha evolucionado hasta convertirse en el universo que se cuestiona a sí mismo, que se conoce. Todos de los mismos átomos, de los mismos neutrones, protones y electrones. Todos sujetos a las mismas leyes y a las mismas limitaciones, con la única diferencia que nosotros somos materia capaz de cuestionar, capaz de imaginar, capaz de hacerse libre a sí misma. Que no es poco».

Los milagros

Máxima: *Ante varias explicaciones debemos favorecer la más probable.*

A pesar de lo anterior, analicemos brevemente esta idea muy difundida. La gente habla de milagros, ruega por un milagro, acude a eventos multitudinarios para solicitar una sanación milagrosa mediada por algún pastor, y la Iglesia católica lo exige como prueba de santidad. El DRAE lo define como «hecho no explicable por las leyes naturales y que se atribuye a intervención sobrenatural de origen divino» o como «suceso o cosa rara, extraordinaria y maravillosa».

La primera definición es algo limitada, ya que la mayoría de las personas que creen en algún milagro no conocen las leyes naturales violadas, más bien se refieren a supuestos hechos que para ellos son intuitivamente inexplicables. Muchos hechos supuestamente no explicables resultan ser explicables.

David Hume dice acerca de los milagros[24]: «Ningún testimonio es suficiente para establecer un milagro, a menos que el testimonio sea tal que, de ser falso, fuera más milagroso aún, que el hecho que trata de establecer». Hume continúa: «Cuando alguien me dice que vio resucitar a un muerto, inmediatamente me pregunto qué es más probable: que esta persona engañe o sea engañada, o que el hecho que narra haya podido ocurrir realmente. Evalúo un milagro en contra

[24] ***David Hume (1748). *An Enquiry Concerning Human Understanding.* Prometheus Book, Amherst N. Y., pág. 105. *Investigación sobre el conocimiento humano.* Alianza Editorial, S.A., 2004.

del otro y, de acuerdo con la superioridad que encuentre, tomo mi decisión y siempre rechazo el milagro mayor».

Ante el testimonio de uno que dice haber visto cómo levita un gurú, cabe preguntarse qué es lo más probable: que el gurú levite realmente y gran parte de la física se equivoque, o que se trata de un truco, no distinto al que hacen los ilusionistas. Ante el avistamiento de naves extraterrestres o alienígenas en persona, cabe preguntarse qué es lo más probable: que realmente se trate de eso o que se deba a problemas de percepción y de interpretación equivocada de fenómenos normales.

Veamos un caso célebre: el 13 de mayo de 1917 y cada siguiente mes hasta el 13 de octubre, Lucía dos Santos –una niña campesina– y sus dos primos Francisco y Jacinto Marto, tuvieron una visión que se presentó como la Virgen del Rosario. En su aparición de agosto, la Virgen prometió un gran milagro para el mes de octubre, por lo que el 13 de octubre de aquel año, una multitud de unas 70.000 personas, se congregó en Fátima, un pequeño pueblo en el centro de Portugal, en espera del milagro. La Virgen del Rosario se presentó a los niños y apuntó al sol. Así lo hizo Lucía y todos miraron al sol. Los presentes quedaron aterrorizados al ver que el sol caía sobre ellos. Pero antes de abrazarlos cesó el milagro y el sol retornó a su lugar normal en el cielo.

El 13 de octubre de 1930 el obispo de la cercana ciudad de Leiria, después de años de investigaciones por parte de la Iglesia, aceptó la visión de los niños como la aparición de la Virgen María y aprobó el culto a Nuestra Señora de Fátima. La gran basílica de Fátima fue consagrada en 1953. En el cincuentenario de la primera aparición, el 13 de mayo de 1967, una multitud estimada en un millón de personas se congregó en Fátima para escuchar la misa de boca del papa Pablo VI. Lucía, monja carmelita, estaba a su lado.

El mensaje secreto, presentado por la Congregación de la Doctrina de la Fe[25] en un documento firmado por el entonces cardenal Joseph Ratzinger (que entre otras estupideces dice: que «apariciones y signos sobrenaturales salpican la historia, entran en el vivo de los acontecimientos humanos y acompañan el camino del mundo,

[25] http://www.vatican.va/roman_curia/congregations/cfaith/documents/rc_con_cfaith_doc_20000626_message-fatima_sp.html

sorprendiendo a creyentes y no creyentes»), escrito por sor Lucía en agosto de 1941, cuando los alemanes invadían Rusia (muchos años después de la visión de 1917, año de la Revolución bolchevique), relata su visión del infierno y luego añade: «Nuestra señora nos dijo con bondad y tristeza [...] que la guerra pronto terminará. [Se refiere a la primera guerra.] Pero si no dejaren de ofender a Dios, en el pontificado de Pío XI comenzará otra peor. Cuando veáis una noche iluminada por una luz desconocida, sabed que es la gran señal que Dios os da de que va a castigar al mundo por sus crímenes, por medio de la guerra, del hambre y de las persecuciones a la Iglesia y al Santo Padre. Para impedirla, vendré a pedir la consagración de Rusia a mi Inmaculado Corazón y la comunión reparadora de los Primeros Sábados. Si se atienden mis deseos, Rusia se convertirá y habrá paz; si no, esparcirá sus errores por el mundo, promoviendo guerras y persecuciones a la Iglesia. Los buenos serán martirizados y el Santo Padre tendrá mucho que sufrir; varias naciones serán aniquiladas. Por fin mi Inmaculado Corazón triunfará. El Santo Padre me consagrará a Rusia, que se convertirá, y será concedido al mundo algún tiempo de paz».

No sorprende el contenido a la luz de lo que acontecía en el momento en que fue escrito y de la deplorable actitud del Vaticano, que supo apoyar a los nazis por su oposición al comunismo. En todo este sórdido episodio no hay nada divino y mucho humano. De profecía no tiene nada. Similar a las ocasiones en las cuales ocurre algo dramático (terremotos, asesinatos, accidentes) y luego alguien dice: «Yo tuve un sueño premonitorio de eso». Sí, ¿y por qué no lo dijo antes?

Como sea, considerando a Hume hay dos opciones: ocurrió un milagro y el Sol realmente se acercó a la Tierra (o sería la Tierra al Sol), o posiblemente ocurrió una decepción colectiva.

Si el Sol realmente se movió, entonces un milagro aún mayor ocurrió, ya que unos 3.000 millones de habitantes del planeta no se percataron del fenómeno, sin considerar el problema astronómico que tal movimiento del Sol (o de la Tierra) significaría. Siguiendo a Hume, debemos optar por la segunda alternativa. Quedaría como tema de investigación entender cómo se generó el fenómeno en Fátima.

Si aceptando los testimonios de otros, usted cree que yendo a Medjugorje (o donde sea) se va a curar milagrosamente de una enfermedad y, por lo tanto, no va al médico a tiempo, las consecuencias podrían ser adversas. Por razones obvias, aquellos que rogaron por una cura y no se curaron, acabaron rogando por un cura y no dan testimonio.

Las siguientes preguntas apuntan al diseño injustificado: ¿por qué los milagros se limitan a eventos pueriles como la aparición durante la noche de unas lágrimas rojas en la cara de una figura religiosa? ¿Por qué en un grave accidente o desastre natural con centenares de muertos se salva uno «de milagro» y no todos sin rasguño alguno (lo cual sí sería un milagro)? ¿Por qué el sanador solamente cura a algunos escogidos y no a todos los asistentes al evento? O mejor aún: ¿por qué en vez de curar a algunos en una asamblea no va a un hospital y cura a todos?

Imagínese que, en estos tristes días, cuando un grupo de yijadistas esté a punto de matar a cien prisioneros cristianos, a todos los verdugos les dé un infarto fatal. Eso sí sería milagroso... y por eso no ocurre. Si durante un paseo por la ciudad vieja, a una persona le cae una maceta desde un tercer piso y revienta en el suelo a un metro de donde está, decimos: «Se salvó de milagro». Entonces, ¿por qué no decimos «se mató de milagro» si en vez de eso le rompe la cabeza?

Con alma y vida

Pues si estamos seguros tiene el alma
y espíritu en el cuerpo lugar fijo,
en donde pueden ir creciendo a un tiempo
y tener existencia, afirmaremos
que no pueden nacer y durar fuera:
Luego cuando la máquina perece,
preciso es que también perezca el alma.

Lucrecio[26]

[26] Tito Lucrecio Caro. *De la naturaleza de las cosas.* Traducido por José Marchena. Edición de Agustín García Calvo. Ediciones Cátedra (Libro III, v. 1079).

Será necesario primeramente entender el ánima, e investigar las leyes que se observan en estas operaciones del espíritu, los poderes y acciones del espíritu eléctrico que impregna todos los cuerpos.

Isaac Newton[27]

En la antigüedad se pensaba que la vida era consecuencia de una fuerza vital (el *prana* hindú, el *ch'i* chino). Se suponía que esta fuerza vital era la fuente de la vida y se asociaba al alma o espíritu entidades inmateriales y separables del cuerpo material, y que por lo tanto podían sobrevivir a la muerte. La palabra *espíritu* viene del latín *spiritus*, que quiere decir 'aliento'. Así, entendemos lo que se quiere decir cuando en el Génesis 2,7 leemos: «Entonces Jehová Dios formó al hombre del polvo de la tierra, y sopló en su nariz aliento de vida, y fue el hombre un ser viviente». Compare esto con las inscripciones babilonias del Enûma Elish donde leemos del dios Marduk lo siguiente: «Hizo la humanidad... criaturas con el soplo de vida... creador de toda la gente», un precursor del texto bíblico. Esta idea ha sobrevivido hasta el presente, a pesar de que la biología nos explica los procesos vitales sin la necesidad de invocarla.

Aunque la ciencia (en particular la neurociencia) se encamina a entender los procesos mentales como procesos neuronales y, parafraseando a Laplace[28], «no necesitan de esa hipótesis», los científicos del renacimiento eran en su mayoría creyentes y entendían el estudio de la naturaleza como el estudio de la obra de Dios. Newton dedicó mucho tiempo al estudio de la Biblia y la cita del epígrafe nos recuerda su sentir. Pero la ciencia no tiene una intención y por lo tanto nos lleva a donde nos lleva, en particular, a descubrir las contradicciones entre nuestro sentir religioso y el mundo tal cual es.

---

[27] Isaac Newton (1700). Citado en David Castillejo (1981). *The Expanding Force in Newton's Cosmos, as Shown in His Unpublished Papers.* Ediciones de Arte y Bibliofilia, Madrid, pág. 116.

[28] Se cuenta que cuando Laplace presentó a Napoleón su libro *Tratado de mecánica celeste*, este le comentó: «Habéis escrito un libro sobre el sistema del universo, sin haber mencionado ni una sola vez a su Creador». A lo que el autor contestó: «No he necesitado esa hipótesis, sire».

Leonard Zusne lo expresa de la siguiente forma[29]: «Una vez que se aceptan las premisas de inmortalidad, inmaterialidad y trascendencia, todo acto de magia por parte del ser trascendente se torna posible. Al fin y al cabo, pertenece a un mundo diferente, uno que no está sujeto a las limitaciones de la gravitación, densidad y, en general, el espacio y el tiempo».

Según la enciclopedia católica[30], «el alma puede definirse como el principio interior fundamental por el que pensamos, sentimos y deseamos, y por el que nuestros cuerpos son». La enciclopedia católica, demostrando una alta dosis de ignorancia, sigue así: «La creencia en un principio animando, de algún modo distinto del cuerpo, es una inferencia casi inevitable de la observación de los hechos de la vida. Incluso los pueblos incivilizados casi llegan ciertamente al concepto del alma sin la reflexión, sin un gran esfuerzo mental. Los misterios del nacimiento y de la muerte, el lapso de la vida consciente durante el sueño y el desmayo, incluso las más comunes operaciones de imaginación y memoria que abstraen al hombre de su presencia corporal incluso despierto, todos estos hechos hacen pensar en la existencia de algo junto al organismo visible, interior a él, pero en gran medida independiente de él, y poseedor de una vida propia».

Resulta extraño argumentar que como los «pueblos incivilizados» creen en un alma («sin un gran esfuerzo mental»), entonces es cierto. Lo único que se puede concluir acerca de las creencias de pueblos del pasado (y algunos del presente) es que estos pueblos no tenían los conocimientos que ahora tenemos. Los misterios del nacimiento y de la muerte son supersticiones, no existe misterio en cuanto a estos eventos y la «inferencia casi inevitable de la observación de los hechos de la vida» es otra.

Además, esta creencia es la que permite argumentar en contra de la investigación con células madre y contra el aborto (aunque no en contra de la pena de muerte; ¿será que el asesino es un desalmado?), ya que el embrión tiene alma. Desde una perspectiva moderna esta idea no tiene fundamento[31]. Lo que ya conocemos del funcionamien-

---

[29] Leonard Zusne (1985). *Magical thinking and parapsychology. A Skeptics Handbook of Parapsychology*. Paul Kurtz (ed). Prometheus Books, pág. 685.

[30] http://ec.aciprensa.com/a/alma.htm

[31] Hernán Toro (2008). «El alma y la ciencia moderna». *Pensar*, Vol. 5, N.º 1, pág. 11.

to del cerebro no es consistente con la idea de «un principio animando, de algún modo distinto del cuerpo».

Si aceptáramos la idea de que el alma es el conductor del cuerpo (dejando de lado por el momento el problema básico de interacción), entonces, como la conducta y las funciones mentales se alteran con ciertos productos como el alcohol, tendríamos que concluir que de alguna forma el alma inmaterial se puede embriagar. Además, decir que los daños cerebrales afectan a las funciones del alma tampoco es coherente.

Un caso paradigmático es el de Phineas P. Gage[32] (1823-1861), trabajador ferroviario a quien, en 1848, una larga vara metálica puntiaguda de unos tres centímetros de diámetro le traspasó el cerebro como resultado de un accidente en un trabajo con explosivos.

Gage no perdió la vida, ni cayó inconsciente tras el horrible accidente, pero al recuperarse, aunque no presentaba claros impedimentos, exceptuando la ceguera en su ojo izquierdo, se evidenció un cambio drástico en su personalidad. Sus amigos notaron que «Gage ya no era Gage». Representa el primer caso documentado de alteraciones de personalidad como resultado de daño cerebral. Sembró la semilla de la idea de la modularidad funcional del cerebro.

Los dos hemisferios del cerebro se comunican y coordinan sus funciones por el cuerpo calloso. Para tratar condiciones serias de epilepsia a algunas personas se les corta el cuerpo calloso, por lo cual los dos hemisferios dejan de comunicarse. Estas personas tienen dos cerebros casi independientes, y en consecuencia sufren de los efectos de competencia entre ellos. Así ocurre que las dos manos compiten y responden de forma distinta. Cuando, por ejemplo, se les pide que completen un pequeño rompecabezas, no tienen dificultad en realizarlo con la mano izquierda, pero son incapaces de completarlo con la mano derecha. Si se les permite utilizar ambas manos, una compite con la otra y deshace lo que hace la otra y no se completa la figura. A uno de estos pacientes se le puede mostrar figuras en una pantalla, un martillo al ojo derecho y un serrucho al ojo izquierdo. Cuando se le pregunta qué vio, dice «martillo», ya que el serrucho no lo ve. Pero si se le indica que cierre los ojos y con

[32] ***Antonio Damasio (1994). *Descartes' Error, Emotion, Reason, and the Human Brain*. Grosset and Putnam. *El error de Descartes* (2008). Crítica.

la mano izquierda (controlada por el hemisferio derecho) dibuje lo que vio, ¡dibuja un serrucho!

Si a una de estas personas se le hace una pregunta y se pide que responda señalando con la mano izquierda una respuesta (sí o no) –de este modo indicando lo que piensa el hemisferio derecho– y también señalando respuestas con la mano derecha –indicando lo que piensa el hemisferio izquierdo–, las respuestas son distintas y pueden ser contradictorias. Estas personas tienen dos personalidades, lo cual dentro del esquema animista equivaldría a dos almas. Se puede indagar si creen en Dios, la mano izquierda señala que sí, la mano derecha señala que no. Es decir, que una mitad del cerebro es creyente y la otra, atea. Ramachandran[33], en una conferencia, se pregunta a dónde iría el alma (¿las almas?) de esta persona luego de la muerte.

No somos un espíritu encarnado en un cuerpo, sino que somos la actividad de nuestro cerebro. Francis Crick escribe[34]: «Usted, sus alegrías y penas, sus memorias y ambiciones, su sentido de identidad personal y libre albedrío, no son de hecho más que el comportamiento de un vasto conjunto de células nerviosas y sus moléculas asociadas». Si fuéramos capaces de conocer todas las conexiones entre las neuronas del cerebro –el conectoma–, quedaría definido quiénes somos. La trascendencia nos importa tanto que a pesar de la total falta de evidencia y de lógica, insistimos en la idea de que «tiene que haber algo», y que hay influencias ocultas que andan por ahí.

En un famoso experimento, el psicólogo cognitivo Bruce Hood[35] ofreció a un grupo de personas una pluma que supuestamente había pertenecido a Albert Einstein. Todos la quisieron tocar. Luego les ofreció que se probaran una chaqueta que había traído y muchos alzaron la mano para ponérsela. Pero luego Hood agregó que la chaqueta, aunque había sido llevada a la tintorería, perteneció a un asesino en serie (Fred West), y se redujo sustancialmente el número de los que estaban dispuestos a ponérsela. De algún modo pensamos que la chaqueta aún está impregnada por algo del ser que la usó.

[33] http://www.youtube.com/watch?v=PFJPtVRlI64&feature=related.

[34] Francis Crick (1994). *La búsqueda científica del alma.* Debate, Madrid, 1994.

[35] *****Bruce M. Hood (2009). *Supersense. Why we believe the unbelievable.* HarperOne.

Los espíritus

Le presento un pequeño problema matemático relacionado con los espíritus. Si, como creen algunos, cada uno de nosotros es el recipiente de un espíritu que nos deja cuando morimos, y luego se reencarna en otro que nace, entonces la contabilidad se complica si consideramos el crecimiento demográfico que ha multiplicado el número de humanos por un gran factor (se estima que éramos unos 300 millones hace dos mil años comparado con los 7.000 millones del presente), un factor de sobre 20. Entonces para suplir de espíritus a una creciente población se necesita una creciente población de espíritus que tiene que salir de algún sitio.

Por otro lado, si con cada nuevo ser humano que nace, nace un espíritu («el alma espiritual es creada inmediatamente por Dios», como indica la encíclica *Humani generis* publicada por el papa Pío XII en 1950), entonces habría ahora unos 100.000 millones de espíritus desempleados, ya que ese es el número estimado del total de humanos que han vivido[36]. Siempre se puede inventar algún sistema que resuelva parte del problema, se puede tener a este gran reservorio de espíritus que se pelean por reencarnarse (o quizá por no hacerlo) en una «guerra de los espíritus», pero puede usted ver que esto fácilmente lleva al absurdo. No es de gran importancia, pero en algunos círculos podría causar un dolor de cabeza.

---

[36] http://www.prb.org/Articles/2002/HowManyPeopleHaveEverLivedonEarth.aspx

16
La normalidad de lo paranormal

Máxima: *No poder explicar un fenómeno de forma normal no implica que sea paranormal.*

¿Por qué somos débiles? Por la simple razón de que no conocemos el futuro. Vivimos en un presente eterno, obsesionados con desentrañar el porvenir. Somos, todos nosotros, miserables buscadores de lo incierto. ¿Qué buscamos entonces para ocultar nuestra debilidad? Inventar, imaginar, crear.

JORGE VOLPI[1]

Un número anormal de todos los eventos paranormales parecen haberles ocurrido a santos idiotas, tontos o estafadores. Lo digo brutalmente por una razón precisa. Deberíamos considerar cómo actuaría en realidad una persona inteligente y sensata si creyera poseer poderes paranormales genuinos. Se daría cuenta de que la cosa es una de un significado trascendental. Desearía establecer sus poderes ante personas cuya opinión fuera respetada en el mundo intelectual. Si estuviera seguro, por ejemplo, de que su mente era capaz de levantar una pesada mesa varios centímetros, o su propio cuerpo unos cuantos centímetros más, o doblar una barra de metal, entonces desearía probar esto, como dicen en la corte, más allá de la duda razonable.

C. P. SNOW[2]

Paranormal según el DRAE: «Se dice de los fenómenos científicamente inexplicables estudiados por la parapsicología». En el mejor de los casos debiera decir «inexplicados», ya que es un hecho histórico que muchas cosas inexplicables en su momento, fueron explicadas (o des-

[1] ****Jorge Volpi (1999). *En busca de Klingsor.* Rayo, pág. 439.

[2] Charles P. Snow (1978). «Passing Beyond Belief. A Review of Brian Inglis' Natural and Supernatural: A History of the Paranormal». *Financial Times.* London, Jan 28.

cartadas). Pero antes de considerar fenómenos inexplicables será necesario determinar si ocurren.

La parapsicología postula la existencia de facultades extrasensoriales que incluyen la telepatía (comunicación entre mentes), la clarividencia («ver» objetos distantes) y precognición («conocer» el futuro), todo esto contenido en la idea de *percepción extrasensorial* (PES).

Pero ¿qué significa ver y predecir el futuro? En ciertas circunstancias, en condiciones particulares es posible predecir el futuro. No podría conducir un automóvil si esto no fuera cierto. Usted sabe que al apretar el pedal del freno el coche disminuirá la velocidad, y en ese sentido restringido usted predice lo que va a ocurrir (con cierta incertidumbre, ya que en ocasiones los frenos fallan).

Es posible tener una intuición de que algo podría ocurrir, o predecir algo de una forma tan vaga que resulta fácil que se cumpla por más que sea una mera adivinanza («alguien importante se va a divorciar este año», «ocurrirá un fuerte terremoto en Asia»), pero esto dista mucho de *conocer* el futuro. También es posible predecir con cierto grado de probabilidad el resultado de ciertos eventos, es decir, que es posible, conociendo ciertos datos apropiados, predecir el resultado de una elección o de un encuentro deportivo o simplemente extrapolar hacia el futuro una cierta tendencia del pasado, aunque en estos casos no hay certeza. Bien lo aclaran los que mercadean en las bolsas de valores: el rendimiento pasado no garantiza resultados futuros.

Lo que pretenden algunos y creen otros es que son capaces de «ver» el futuro más allá del sentido científico o estadístico (por más que hagan uso de eso). Pretenden que hay un canal de información que va del futuro al presente, y que ellos tienen una facultad especial para recibir esta información. Esto es una imposibilidad lógica. El presente se mueve implacablemente, dejando atrás un pasado que ya no es, hacia un futuro aún no realizado. El futuro *no existe* (y el pasado tampoco: *existió*). Los eventos futuros no han ocurrido y es simplemente imposible conocerlos directamente. Entre el pasado y el futuro existe una diferencia de acceso epistémico (lo que podemos saber del pasado y del futuro). Tampoco es posible viajar al pasado, porque se viola una condición de causalidad; las causas son previas a los efectos. Viajar al pasado implicaría la violación de esta ley, ya que si fuera posible usted podría matar a sus abuelos antes de nacer sus padres, lo cual resultaría en una situación bastante incómoda.

No es que los científicos, médicos y otros expertos no quieran aceptar estas cosas. Si fueran ciertas, pertenecerían al conjunto de descubrimientos más importantes de la humanidad, merecedores de premios y reconocimientos para sus descubridores. No se trata de descartar una hipótesis paranormal por medio de una explicación normal de algún fenómeno. **No poder explicar un fenómeno de forma normal no implica que sea paranormal.**

No hay tan solo un caso en el cual uno de estos fenómenos haya sido estudiado conforme a los cánones aceptados de buen diseño experimental y análisis de datos riguroso, que arroje resultados que merezcan ser considerados para estudios adicionales, y muchos en los cuales los errores conceptuales, metodológicos, psicológicos y razonamientos falaces, delatan el fracaso, cuando no se trata de engaño y hasta autoengaño. Parte del adiestramiento de un científico (especialmente uno experimental) se dedica a formular protocolos de investigación, y analizar datos utilizando métodos estadísticos formales de inferencia. Es necesario para evitar las trampas cognitivas que ya consideramos y a las cuales todos estamos expuestos por ser humanos. Las personas que no han sido adiestradas adecuadamente son mucho más susceptibles de caer en estas trampas y es parte de la razón por la cual casi toda la pseudociencia se practica fuera de las universidades y laboratorios de investigación por personas que no tienen una formación científica.

Un informe de la academia nacional de ciencias de EE.UU., encargado por algún jerarca del ejército (científicamente discapacitado) interesado en la posible utilidad militar de fenómenos paranormales (eso se llama inteligencia militar), concluye con lo siguiente[3]: «No hay justificación científica para la investigación acerca de la existencia de fenómenos paranormales realizada en los últimos ciento treinta años».

Algunas cosas no necesitan explicación porque ya la conocemos, y otras no necesitan explicación porque no hay nada que explicar. Ante todo, es necesario en primera instancia examinar la veracidad y calidad de las observaciones, y luego lo adecuado de las explicaciones que se dan para estas observaciones.

---

[3] Daniel Druckman and John A. Swets (1988). *Enhancing Human Performance: Issues, Theories, and Techniques.* National Academies Press.

Llama la atención lo pedestre de todos los llamados fenómenos paranormales. Podemos formular una variedad de preguntas que apuntan a un diseño injustificado. ¿Por qué una persona que dice poder ver el futuro no ve más que lo que cualquier persona bien informada puede ver? ¿Por qué una persona con percepción extrasensorial, solamente puede utilizar este poder para ver un dibujo muy sencillo dentro de un sobre como parte de un programa de televisión, bajo condiciones sin control? Nadie usa estos «poderes» para salvar a la gente de un huracán, un *tsunami* o un terremoto específico, indicando dónde y cuándo va a ocurrir. En fin, ¿por qué nunca hacen algo que un buen mago no pueda hacer? Similar pregunta se puede formular a todos aquellos que dicen comunicarse con un dios: ¿por qué nunca dicen algo que un humano no pueda saber?

El siguiente argumento es contundente en contra de estas ideas. Es independiente del posible mecanismo desconocido de transmisión y solo considera la información que es necesario transferir. Comencemos con el siguiente principio también formulado por Humphrey: «Cualquier relación de X con Y en la cual X prescribe el contenido o comportamiento de Y no puede ser cierta si requiere de X más poder discriminatorio del que tiene». Considere el caso de telequinesia, en el cual se pretende que es posible con el pensamiento (X) causar que un dado caiga en tres (Y). Esta idea es bastante común, y probablemente habrá presenciado como una persona se «concentra» antes de tirar los dados para obtener cierto resultado. Para esto, aparte de mi deseo, necesito prescribir con el pensamiento un sinnúmero de efectos relacionados con las interacciones que determinan que el dado caiga en tres, comenzando con todos los movimientos que hace el que lanza el dado, toda la detallada influencia del aire sobre el movimiento del dado mientras vuela, y todos los factores que afectan a cómo el dado al caer rebota varias veces para caer en tres. Para obtener el resultado, esta información debe ser parte del mensaje que se transmite, de lo contrario es imposible controlar el futuro del dado. Pero X no tiene este poder discriminatorio. En términos de la información transmitida podemos pensar en el siguiente corolario del principio anterior: ningún receptor puede recibir más información que la que se mandó. Por lo tanto, es necesario que el deseo de «que salga tres» se transforme en toda la información necesaria para que salga tres, y esto es evidentemente imposible.

A la luz de lo que sabemos, los fenómenos paranormales resultan de la errónea interpretación de fenómenos que son perfectamente normales.

Videntes

En una feria, un hombre se topa con la tienda de campaña de una adivina. Pensando en pasar un buen rato, entra en ella y se sienta.
–Puedo ver que es padre de dos –dice la vidente, mirando su bola de cristal.
–¡Ajá! Eso es lo que usted cree –dice el hombre con desdén–. Soy padre de tres.
–¡Ajá! –dice la adivina–. Eso es lo que usted cree.

Aun un reloj parado tiene dos veces al día una indicación correcta, y puede luego de años reclamar una larga lista de éxitos.

Marie von Ebner-Eschenbach

A pesar de todo lo anterior, un gran sector del público cree que es posible «ver el futuro» y que algunas personas poseen este «don». Veamos brevemente qué es lo que pasa. No hay duda de que a todos nos gustaría conocer el futuro y tener certeza de lo que nos va a pasar, especialmente cuando nos enfrentamos a un problema. Es este deseo el que garantiza el éxito de la industria de las predicciones y de aquellos que son sus protagonistas: mentalistas, videntes (también psíquicos), astrólogos, etc., personajes cotidianos en todo tipo de programa televisivo y, desafortunadamente y para descrédito de ciertas autoridades, contratados ocasionalmente para encontrar personas desaparecidas y resolver crímenes.

Dada nuestra tendencia a creer en conexiones ocultas, no es difícil creer que alguien (comenzando por usted mismo) posee la llave para explorarlas. La persona que consulta a un vidente es una que cree en sus poderes (de lo contrario no acudiría) y acude porque se enfrenta a un problema que generalmente se relaciona con las tres preocupaciones más comunes del ser humano: salud, amor y dinero. El sesgo confirmatorio, el efecto Forer y la memoria selectiva contribuyen al autoengaño y al cumplimiento de alguna de las muchas predicciones que típicamente se hacen en una consulta. Una persona que dice muchas cosas ocasionalmente está en lo cierto, al igual que el reloj de Ebner-Eschenbach. La técnica de la *lectura en frío* (se habla también de lectura en caliente en la cual se utiliza todo tipo de subterfugios, incluidos espionaje y transmisores escondidos) es utilizada por los «videntes» para hacer creer a los «clientes» que son capaces de obtener información de forma sobrenatural acerca de su personalidad y los problemas a los que se enfrenta. Funciona también de forma telefónica en el millonario negocio de «línea psíquica». La lectura en frío consiste en entablar un diálogo, aparentemente inocente, diseñado para conseguir información sobre el cliente sin que este perciba (o luego se olvide) que está suministrando información, contribuyendo al «éxito» de la consulta.

El siguiente corto ejemplo lo tomé de un libro altamente recomendable[4]:

Vidente. ¿Quién era la persona con una enfermedad? (Pesca de información.)

Cliente. Mi madre.

Vidente. Porque siento que la enfermedad le causó estragos, se quería curar. (Formula lo que dice como si lo hubiese sabido, pero lo acababa de preguntar, dice perogrulladas con autoridad.)

Vidente. Siento algo de un perro o un gato. Siento esta imagen intensa de un animal.

Cliente. Sí, mi hermano tenía un gato. (Es muy común que alguien en alguna familia tenga una mascota.)

Vidente. Tengo una impresión de una prenda favorita. Siento que antes de morir, tenía unos sentimientos especiales por una prenda. (Otra generalidad: opera el efecto Forer.)

Cliente. Sí, era un prendedor que ella apreciaba mucho.

Vidente. ¿Cuál era la ocupación de su difunto padre?

Cliente. Era agricultor.

Vidente. Sí, pasaba muchas horas en el campo. Tenía callos en las

[4] ****Theodore Schick and Lewis Vaughn (2005). *How to Think About Weird Things, Critical Thinking for a New Age.* Mc Graw Hill. N. Y.

manos. Siempre se quejaba del tiempo y se preocupaba de los precios de los productos. (Cosas evidentes.)

Vidente. *¿Me dice que su abuela sufría de depresión antes de su muerte?*

Cliente. *Sí, una depresión muy profunda.*

Vidente. *Siento que estaba muy triste por cómo se habían desarrollado las cosas... En una ocasión incluso pensó en suicidarse.* (Alta probabilidad de acertar.)

Cliente. *Sí, es cierto.*

Vidente. *Siento que su padre vivió con mucho dolor, o frustración, quizá angustia mental.*

Cliente. *Sí, mucho dolor al final.*

Vidente. *Siento algo relacionado con la cabeza o la cara.* (Pesca que será confirmada.)

Cliente. *Sí, mi madre tenía migrañas intensas.*

Vidente. *Tengo la impresión de medicinas, medicinas serias en algún sitio, no sé por qué.* (Otra pesca.)

Cliente. *Mi padre se sometió a quimioterapia por el cáncer.*

Los videntes tienen una gran capacidad de observación, y pueden conocer bastante acerca del cliente con solo observar la ropa que viste, las prendas que usa y si tiene anillos (o marcas de anillos descartados) o tatuajes que revelen alguna particularidad, como un nombre en el brazo. Son conocedores de estadísticas de la población (los nombres más comunes, las enfermedades y causas de muerte más importantes, los sectores con problemas económicos, etc.) que son muy útiles a la hora de adivinar. Es posible también que el vidente pueda inferir el esfuerzo mental que realiza el sujeto si conoce los trabajos en psicología cognitiva que relacionan esto con la dilatación de la pupila[5]. Cuando algo nos excita nuestras pupilas se dilatan, y los hombres perciben como más atractiva a una mujer con pupilas dilatadas. (El extracto de la planta de belladona, con varias sustancias tóxicas, se utilizaba en Italia como gotas para dilatar la pupila, de ahí el nombre.)

[5] E. H. Hess. The Role of Pupil Size in Communication. *Sci Am*, 1975 Nov; 233(5):110-112, 116-9.

Son expertos en formular preguntas que se pueden interpretar como afirmaciones de ser ciertas como: «¿Carmen era su esposa?». Puede que la respuesta sea «sí», en cuyo caso parece que lo sabía, o la respuesta, puede ser: «No, Carmen era la esposa de mi hermano, que vivía en Barcelona», en cuyo caso el vidente ha obtenido información que le puede ser útil más adelante. También son expertos en ambigüedad, en formular enunciados que pueden ser interpretados de maneras distintas, que pueden afirmar algo y negarlo simultáneamente. Pueden decir algo como: «Veo que tu relación va por mal camino, pero si Júpiter entra en Sagitario antes de la definición podría cambiar el panorama». O, ante un problema laboral, podría ser: «Aparecerán varias oportunidades, pero aún no ha llegado el momento». «La situación mejorará a partir del verano. Encontrarás algunos obstáculos, pero al final todo se resolverá». Pase lo que pase, acierta. Además, por lo selectivo de nuestra memoria, si no ocurre lo presagiado, no pasa nada, pero si pasa algo que tenga una conexión con lo dicho por el vidente, se recordará en ese momento. Opera el sesgo confirmatorio.

Ahora mismo, querido lector, puedo escribir veinte cosas que le ocurrirán. Tendrá una sorpresa, pronto le llegará un cheque, alguien en su familia enfermará, el hijo será varón (con $p = 50\%$), hará una nueva amistad, etc. Si dentro de un mes le ocurre una de estas cosas recordará: «Altschuler me lo dijo», sin inmutarse por las otras diecinueve que no se cumplieron, porque no las recordará.

El vidente puede acudir al efecto Forer y decir algo como: «Está a punto de tener que tomar una decisión importante». El cliente se sorprenderá que lo sepa, pero la realidad es que es muy común estar a punto de tomar una decisión importante. Puede aparentar saber algo que no sabía con una respuesta adecuada. El cliente podría decir que se enfrenta a una decisión difícil, y el vidente puede responder: «Cierto es, y le ha estado preocupando por un tiempo», aparentando haberlo sabido.

La información que obtiene del cliente (una pepita, del inglés: *nugget*) es guardada por el vidente para utilizarla en el momento apropiado, generalmente cuando el cliente haya olvidado que la proveyó. La parte teatral, el entorno de la consulta, es importante para distraer en momentos importantes, para lo cual es conveniente tener un «instrumento», ya sea la proverbial bola de cristal, cartas del tarot o, para ser más moderno, un ordenador. Se trata de establecer una relación personal, de «cómplice» con el cliente, una postura íntima, una figura comprensiva que puede ayudar si el cliente es receptivo.

Un preámbulo general que parece ser particular es útil para establecer que el vidente «ve», y ganar la confianza del cliente. Algo como lo siguiente: «En ocasiones eres demasiado honesta con tus sentimientos y te abres demasiado. Te gusta pensar las cosas hasta su conclusión y antes de cambiar de opinión quieres ver la prueba. Cuando te encuentras ante una nueva situación eres cautelosa hasta saber lo que está pasando. Veo que eres una persona en la cual se puede confiar. No eres una santa, ni eres perfecta, pero digamos que cuando realmente importa sabes la importancia de la amistad y de la confianza. Sabes ser una buena amiga». Precisamente.

Para tener éxito como vidente, el mago James Randi[6] sugiere las siguientes reglas:

- Haga muchas predicciones y tenga esperanza en que alguna se cumpla. Si ocurre, apunte a ella con orgullo e ignore las otras.
- Sea impreciso y ambiguo. Propuestas concretas pueden ser falsadas, pero proposiciones «posibles» siempre se pueden reinterpretar. Use modificadores como: *Siento que... Veo una figura de... Quizá... Podría ser que... Estoy viendo...* etc.
- Utilice muchos simbolismos. Sea metafórico utilizando imágenes de animales, nombres e iniciales. Pueden ajustarse a muchas situaciones por los clientes.
- Cubra la situación de varias formas y seleccione la ganadora como la intención «verdadera» de su propuesta.
- Siga adelante sin importar cuántas veces se ha equivocado. El creyente no recordará sus errores y seguirá cada una de sus palabras.
- Prediga catástrofes. Son recordadas con facilidad y muy populares.
- Cuando predice después de los hechos haga creer que lo hizo antes de los hechos e incluya errores que aparenten incertidumbre con respecto a los detalles. Un profeta preciso genera suspicacia.

[6] James Randi (1993). *The Mask of Nostradamus.* Prometheus Books, pág. 31.

Nostradamus

El vidente de los videntes es Nostradamus. Se ha escrito una gran cantidad de libros analizando sus supuestas profecías, y un gran sector del público piensa que este señor tenía la capacidad de ver el futuro. En el año 1555, Michel de Nostredame (1503-1566), médico y astrólogo francés, comenzó a publicar las «Centurias», una colección en diez volúmenes con un total de 942 versos de cuatro líneas (cuartetas). Estas cuartetas, en su mayoría «profecías» de hechos apocalípticos –guerras, muertes y epidemias–, son lo suficientemente ambiguas, generales y oscuras como para que sea posible asociarlas con eventos trágicos que han ocurrido en el correr de la historia. Claro que estas profecías siempre se asocian por los seguidores de Nostradamus con eventos *pasados,* es decir, que en realidad no son *pre*dicciones, *sino* más bien *post*dicciones.

A pesar de su gran popularidad, no todos aceptaron sin crítica sus escritos y a poco de ser publicadas sus «Centurias» fueron duramente criticadas por nada menos que su maestro, el italiano Julio-César Scaliger (1484-1558): «Francia crédula, ¿qué haces prendiéndote de las palabras de Nostradamus? ¿Qué clase de brujería judía restringe tu enojo? ¿No te importa que esta culpa manche tu honor? ¿No entiendes que este sucio granuja solo te ofrece disparates? Al fin uno debe preguntar quién es más tonto, este malvado charlatán o ustedes que aceptan sus imposturas». (Nótese también un sabor antisemita.)

Los intérpretes de Nostradamus no tardaron en decir que predijo los trágicos eventos del 11 de septiembre, pero un análisis de la cuarteta indicada (circularon versos falsos, inventados para la ocasión por aquellos para los cuales esto es un pasatiempo) y catalogada como presagio de estos eventos, demuestra que no tienen nada de proféticos. Se trata de la Centuria VI, verso 97:

Cinq & quarante degrés ciel brûlera
Feu approché de la Grand Cité neuve,
Instant grand flamme éparse sautera
Quand on voudra des Normands faire preuve.

A cinco y cuarenta grados el cielo arderá
El fuego se acercará a la gran ciudad nueva
Al instante una gran llama difusa saltará
Cuando se quiera de los normandos hacer prueba.

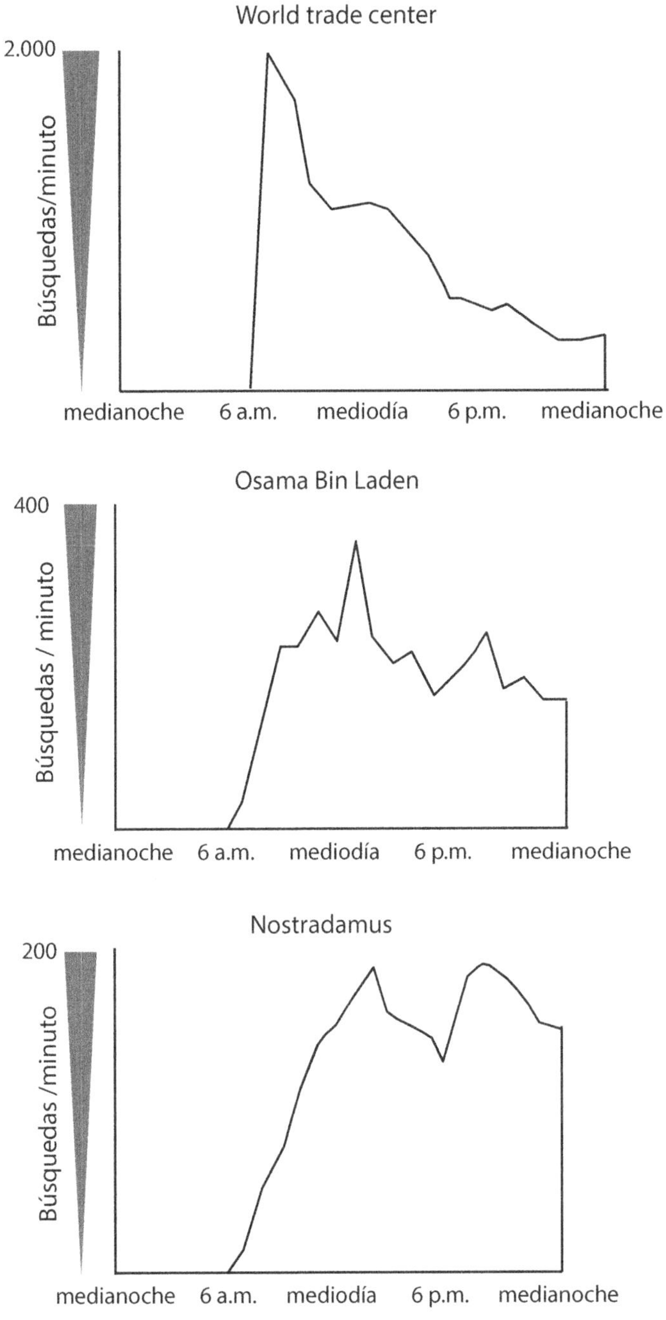

Figuras 46, 47 y 48. Búsquedas en Google.

A primera vista cuadra en algo con los eventos del 11 de septiembre. Nueva York se encuentra a casi 41 grados (cercano a los 45 del verso), ciertamente hubo fuego y saltaron grandes llamaradas en un instante (cosa que ocurre en toda explosión). Los normandos no tienen mucho que buscar en Nueva York, y el fuego no se *acercó* a la gran ciudad, pero como ocurre en todos los casos de profecías, se enfoca en lo que coincide y se olvidan los desaciertos.

Ciudades nuevas (si insistimos en que el nombre contenga este adjetivo) hay muchas otras además de Nueva York. Existen más de 100 ciudades que se llaman nueva «algo», tales como Nueva Orleans, New London, Nueva Delhi, New Westminster (Canadá) y New Haven. Muchas de estas se encuentran cercanas a 45 grados de latitud. Basta buscar en la historia de los últimos cien años para encontrar crónicas de incendios, explosiones y muertes en todas ellas. Resulta entonces que o Nostradamus las presagió todas, o es en realidad tan general que no presagió nada. Tras los sucesos del 11 de septiembre, el interés por todo esto y las ventas de libros acerca de Nostradamus aumentaron considerablemente. Para ese mes, *Nostradamus* fue la palabra más buscada de todas en Google, y también el 11 de septiembre, como lo ilustran las gráficas de las búsquedas de un término por minuto de Google, este personaje de hace quinientos años competía muy bien con Bin Laden.

Por otro lado, la ciudad de Chicago, en la latitud 41,5° norte, era hace cerca de ciento cincuenta años considerada también una ciudad nueva, aunque la palabra no estaba en su nombre. El 8 de octubre de 1871 ocurrió una espantosa conflagración conocida como «el gran incendio de Chicago». Allí también saltaron las llamas. En aquel momento, seguidores de Nostradamus también pudieron decir que el asunto se refería a ese siniestro.

Los adeptos relacionan algunos versos con la muerte de la princesa Diana, el nacimiento de Hitler, la independencia de EE.UU., la guerra civil española y muchos otros eventos. Si el lector desea, puede pensar en algún evento nefasto que recuerde y es altamente probable que encuentre una cuarteta que pueda ser interpretada como profecía. No es difícil predecir este tipo de eventos catastróficos en nuestro planeta, ya que ocurren a cada momento. Así, para los bombardeos atómicos de Hiroshima y Nagasaki podemos interpretar la Centuria II-6:

Aupres des portes & dedans deux citez *Seront deux fleaux on' n'apperceu vn tel* *Faim dedans peste, de fer hors gens boutez* *Crier secours au grand Dieu immortel.*	*Cerca de las puertas y dentro de dos ciudades,* *Habrá dos azotes como nunca vio nada igual* *Hambre, dentro la peste, por el hierro fuera arrojados* *Pedir socorro al gran Dios inmortal.*

En un estudio realizado en la Universidad de Stanford se le presentaron, a un grupo de 74 estudiantes universitarios, 13 cuartetas de Nostradamus que contienen referencias a guerras (escogidas al azar de 104), las cuales se parearon al azar con 13 guerras históricas[7]. Se les preguntó si pensaban que la cuarteta podría interpretarse como predicción de esa guerra. En promedio, un tercio opinó que era posible, a pesar de que las guerras fueron escogidas al azar. Es decir, que la misma cuarteta podía relacionarse con la Revolución francesa, la guerra mundial, o la guerra al terrorismo, indicando su ambigüedad y su falta de fidelidad profética.

Para continuar la prueba, se mezclaron las líneas de las 13 cuartetas al azar, creando así 13 cuartetas nuevas y falsas y se volvieron a parear con las 13 guerras. El resultado fue similar, es decir, otra vez un número similar opinó que las cuartetas falsas predecían la guerra.

Para estas cuartetas y escritos llenos de simbolismo ambiguo cada cual ve lo que le parece, e interpreta como mejor cree; cada generación piensa que tiene la adjudicación adecuada de símbolos, acorde con los eventos de su época. ¿Por qué no son específicas las profecías de estos videntes? Es sencillo. La opacidad de los símbolos e imágenes permite que distintas personas en distintas situaciones y tiempos vean cosas a tono con lo que ocurre en su época, y que opere el efecto Forer. Hay que recordar que una profecía clara y específica puede ser contrastada y falsada. Nada más inconveniente para el vidente.

Dice James Randi: «La leyenda de Nostradamus, errada como es, sobrevivirá a todos nosotros. La idea de que el profeta pudiera ver hacia el futuro persistirá, no por su valor, sino por su atractivo seductor».

---

[7] M. Yafeh y C. Heath (2003). «Nostradamus's Clever Clairvoyance». *Skeptical Inquirer*, 27 (5).

Auras y energía

En el discurso *new age*, y para justificar muchas ideas relacionadas con la medicina alternativa, se dice que el cuerpo de un organismo está rodeado de un «campo bioenergético» –un aura–, un campo de energía que emana del cuerpo asociado a la «fuerza vital». Para algunos hay también una «biología alternativa», y, para otros, aquellos que, por ejemplo, creen en la levitación, una «física alternativa». Un principio unificador detrás de la medicina alternativa es esta vieja idea resucitada del campo bioenergético, que permite hablar de «medicina vibracional», de terapia «holística» y de «sanación cuántica». Se supone que un examen de este campo puede ser utilizado para diagnosticar el estado de salud del cuerpo, y establecer el estado de ánimo del individuo. Se dice que es posible manipular este campo bioenergético para influir en estos estados, y se pretende que esto es posible con la técnica del «toque terapéutico».

El toque terapéutico (TT), pariente del *reiki* (en realidad debería llamarse *no-toque* terapéutico, ya que el terapeuta no toca al paciente), es una práctica utilizada por miles de terapeutas preparados para esto en colegios y universidades en 75 países. El procedimiento consiste en una especie de meditación previa por el practicante, seguido de un escaneo del campo energético del paciente pasando las manos a unos cinco a diez centímetros del cuerpo, y finalmente la manipulación a distancia de las regiones que como resultado del escaneo necesitan tratamiento. Se supone que sirve para aliviar la migraña, bajar la fiebre, aliviar el dolor de quemaduras, bajar la inflamación y acelerar la sanación de heridas entre muchas otras cosas.

Una niña de once años, Emily Rosa, decidió poner a prueba esta idea por medio de un experimento sencillo. Consiguió la colaboración de 21 practicantes y para cada uno realizó la siguiente prueba: los practicantes pasaban sus dos manos a través de una apertura sobre una mesa a la cual se sentaba Emily, separada por una pantalla de cartón y una manta de manera que el practicante no la viera (experimento ciego).

Mediante el uso de una moneda (aleatorización), Emily determinaba sobre cuál de las manos del practicante iba a poner la suya (a 10 cm de distancia) y después de esto preguntaba al practicante dónde estaba su mano. Si los practicantes tuvieran la habilidad que creían tener, deberían haber acertado en todos los casos; si no tuvieran la habilidad, acertarían al azar en la mitad de los casos (en promedio), como en efecto ocurrió. Emily se convirtió en la autora más joven en publicar un artículo científico en una revista revisada por pares como lo es la prestigiosa *Journal of the American Medical Association* (JAMA).

El artículo concluye: «El toque terapéutico se fundamenta en la idea de que la gente tiene un campo energético que es fácilmente detectable y modificable por los practicantes de TT. Sin embargo, este estudio encontró que 21 practicantes con experiencia, bajo condiciones ciegas, fueron incapaces de determinar cuál de sus manos estaba en el campo energético del investigador».

El concepto de energía en la mente pública es algo impreciso. Se dice falsamente que «somos energía» y de esto se puede llegar a una cantidad de consecuencias también falsas que incluyen el alma, la reencarnación, los viajes astrales, los fantasmas y la medicina vibracional con su toque terapéutico.

Pero la vida no es energía, aunque sin energía no viviríamos y cuando nos sentimos cansados decimos que «andamos sin energía». Permite que nos quieran vender algo para aumentar nuestra «energía sexual», o defendernos de «energías negativas», o hablen de una «energía cósmica» que de alguna forma nos afecta. La palabra *energía* figura prominentemente en el discurso pseudocientífico, cuando se habla de la energía de los cristales de cuarzo o de las pirámides, sin respetar la definición científica de este concepto.

Es un sinsentido decir que *somos* energía. Adquirimos energía para vivir y, cuando dejamos de vivir, cesan los procesos metabólicos, nos enfriamos, y el material del cual estamos constituidos (una gran variedad de moléculas) se descompone. Es cierto que mientras estamos vivos, mantenemos el cuerpo a una temperatura de unos 37 °C y que emitimos, por esa razón, radiación infrarroja que se puede detectar con sensores infrarrojos que pueden «ver» personas en la oscuridad. Pero esto no tiene nada que ver con estar vivos o muertos, un muñeco a 37 °C emitirá la misma radiación infrarroja.

Un objeto puede emitir luz (una bombilla, una estrella), pero no es posible tener algo conformado solamente por luz (¿un fantasma?). La luz que emite un objeto se produce cuando los electrones que lo componen cambian de energía.

Si por algún mecanismo el cuerpo emitiera luz «índigo» (como se alega para los «niños índigos»), entonces se podría detectar, no solamente por el ojo de algunos humanos «privilegiados», sino por cualquier instrumento adecuado. Poseemos instrumentos millones de veces más sensibles que el ojo, pero ninguno ha detectado el aura y no existe un mecanismo plausible para que hubiera tal aura. Sería fácil realizar un experimento para determinar si aquellos que dicen poder ver el aura realmente pueden hacerlo. Robert Loftin[8] lo hizo con un psíquico que veía auras. El resultado no fue superior al esperado por azar, en términos de saber si una o dos personas estaban en un extremo de un cuarto oscuro.

---

[8] Robert W. Loftin (1990). «Auras: Searching for the light». *Skeptical Inquirer* 14(4) (Summer): 403-409.

17
Ciencia y pseudociencia

Máxima: *La ciencia no lo sabe todo, pero algo sabe.*

Cuando se abusa de la ciencia, secuestrada o distorsionada con el fin de servir a sistemas de creencias políticos o ideológicos, las normas éticas patinan. La pseudociencia resultante es un engaño perpetrado contra los débiles y los vulnerables. Nos lo debemos a nosotros mismos, y a los que vengan después de nosotros, permanecer en lucha por la verdad sin importar la cantidad de problemas que esto pueda causarnos.

EDZARD ERNST[1]

Muchas creencias erróneas del pasado han sido superadas y abandonadas. Ya no creemos que la Tierra es el centro del universo, no creemos que se formó hace seis mil años (con algunas excepciones), no creemos que los truenos reflejan el enojo de algún dios, y no creemos en ninguno de los dioses venerados por los humanos de hace dos mil años. Con respecto a ellos, todos somos ateos. Otras creencias son recalcitrantes, mutan y se adaptan a nuevas circunstancias como si fueran un virus inmune a las vacunas, aparecen otra vez bajo nuevas formas. Basta ver el libro de Charles Mackay escrito en 1852[2] para darse cuenta de esto. La venta de artefactos que ayudan a curar males, como las pulseras magnéticas, no es nada nuevo como lo muestra la figura que exhibe el sostén eléctrico, anunciado en las postrimerías del siglo XIX. Se trataba de un sostén con algunos hilos de metal, que supuestamente tenía algún efecto curativo relacionado con la nueva ciencia eléctrica.

En la actualidad se puede comprar (por 69,90 $) un producto denominado Energy Athletic Golf Shirt, una camisa que en sus fibras

[1] *****Edzard Ernst (2015). *A Scientist in Wonderland*. Academic, pág. 170.

[2] Charles Mackay (1980). *Memoirs of Extraordinary Popular Delusions and the Madness of Crowds* (1852). Harmony Books, New York.

tiene un «campo electromagnético ionizado negativo»[3]. Un «científico» doctorado en bata blanca, con unos matraces con líquido de colores en el fondo del laboratorio, nos muestra en un vídeo como mide el voltaje en una de las camisas. Según un testimonio: «La tecnología ciertamente funciona. Es una camisa que se ve y se siente muy bien de modo que no usaré otra» (con un poco de irrelevancia).

Figura 49. Anuncio de sostén eléctrico.

Y si siempre fue así, ¿por qué nos importa ahora? Porque el buen manejo y progreso de una sociedad democrática depende del libre intercambio de ideas dentro del marco de un discurso racional. De ahí la preocupación de muchos al observar la lenta erosión de la razón y la sutil incursión de ideas religiosas y pseudocientíficas en los asuntos públicos y profesionales, donde es totalmente inaceptable.

Aparte de la ciencia falsa –la pseudociencia–, hay ciencia buena, ciencia mala y ciencia fraudulenta. Esto representa un problema interno para la ciencia, y la comunidad científica tiene los mecanismos (primordialmente la revisión por pares y la replicación de los resultados) para hacer las distinciones y descubrir errores y fraudes. Algunos ejemplos históricos[4]: Rayos N («descubiertos» en 1903 por el físico francés Prosper-René Blondot), Polyagua o agua anómala (agua con propiedades distintas producida por el físico soviético Boris Derjaguin en 1966), fusión fría (alegada por los electroquímicos de la Universidad de Utah, Martin Fleischmann y Stanley Pons en

[3] «A negatively charged, electromagnetic, ionized field is embedded in the fabric of the Energy Athletic apparel».

[4] Henry Bauer (2001). *Science or Pseudoscience: Magnetic Healing, Psychic Phenomena, and Other Heterodoxies.* University of Illinois Press, Urbana & Chicago (IL).

1989), y también las propiedades de «memoria» del agua alegadas por el francés Jaques Benveniste (veremos esto más adelante).

Uno de los fraudes científicos más exitosos, por el mucho tiempo que se tardó en descubrirlo, fue el del «Hombre de Piltdown». En el año 1908, Charles Dawson (1864-1916), un arqueólogo aficionado y coleccionista de fósiles, «descubrió» en Piltdown, un pequeño pueblo inglés, un cráneo fósil con características que eran parte humanas y parte mono, y que se tomó como el tan buscado eslabón perdido entre el humano y el mono. En 1953 se determinó que se trataba de un fraude, producido con un cráneo moderno, la mandíbula de un orangután y dientes de un chimpancé. Hasta el día de hoy no se sabe con certeza quién lo perpetró, pero todo apunta al mismo Dawson[5].

Más reciente y pertinente es el fraude cometido por el doctor Andrew Wakefield y sus colegas. En 1998 publicaron en la prestigiosa revista médica británica *The Lancet*, un artículo en el cual aseguraban que existía una conexión entre la vacuna triple vírica (sarampión, rubéola y paperas: SPR) y el autismo. Las consecuencias de esta publicación fueron importantes, originando un movimiento antivacunas fundamentado en lo que ahora se sabe que fue un fraude para ganar millones a través de negocios basados en el miedo a la vacuna. Así lo demuestra una investigación del periodista Brian Deer[6], para el *British Medical Journal*. En 2010 *The Lancet* retiró el texto por fraudulento. La revista *Time* lo catalogó, junto al de Dawson, como uno de los más grandes fraudes científicos de la historia[7].

Luis Alfonso Gámez escribe[8]: «Wakefield se convirtió en el líder del movimiento antivacunas mundial, impulsado en Estados Unidos por Jenny McCarthy, conejita Playboy, y su entonces novio Jim Carrey, celebridades que encabezaron la lucha contra las vacunas en ese país. Ella empezó a decir en 2007 que su hijo Evan, nacido cinco años antes, era autista a causa de la vacuna triple vírica. El eco televisivo de las insensateces de McCarthy y Carrey, a las que prestó un apoyo entusiasta la periodista Ophra Winfrey, minó la confianza de mucha

[5] Miles Russell (2003). *Piltdown Man: The Secret Life of Charles Dawson & The World's Greatest Archaeological Hoax*. Tempus Publishing, Limited.

[6] Brian Deer http://briandeer.com/mmr-lancet.htm

[7] http://healthland.time.com/2012/01/13/great-science-frauds/.

[8] *****Luis Alfonso Gámez (2015). *El peligro de creer*. Léeme Editores, Madrid, pág. 135.

gente en las vacunas y ha supuesto desde entonces un incremento en los casos de rubéola, sarampión y paperas registrados en Estados Unidos. [...] Un año después, McCarthy anunció que su hijo se había curado del autismo. Los médicos que examinaron al niño dijeron, sin embargo, que había sido diagnosticado erróneamente y nunca había sufrido ese trastorno, que es incurable».

Estos casos demuestran que el proceso autocorrectivo de la ciencia es efectivo. Aunque en su momento estos descubrimientos causaron gran interés (y algún daño), pasado un tiempo se demostró que se trataba de resultados erróneos o fraude. También demuestran que los científicos son humanos (aunque usted lo dude) y por lo tanto cada uno puede equivocarse, ser deshonesto y tener motivaciones extracientíficas, como lo demuestra la historia. Es el filtro crítico, implementado por la comunidad científica, el que garantiza que estos episodios se corrijan luego de un tiempo, como también lo demuestra la historia.

En la pseudociencia se pretende que algo es científico cuando no lo es, y cuando conviene se niegan ciertos hechos científicos bien establecidos, como por ejemplo la evolución biológica. Los textos bíblicos no son de por sí pseudocientíficos, pero pasan a serlo si alguien pretende, por ejemplo, que la historia del Génesis es una alternativa a las modernas teorías cosmogónicas. La magia pasa a ser una pseudociencia si el mago pretende que tiene poderes especiales.

Una subcultura vive y se nutre de la pseudociencia, y compone una economía en la cual participan organizaciones y personas a varios niveles, desde los escritores consagrados que han escrito libros notorios de gran venta y las «celebridades» que se prestan al negocio. En el mundo moderno la celebridad confiere autoridad; las credenciales, el conocimiento y la preparación son cuestiones secundarias. Hay un nutrido grupo de charlatanes menos famosos que, después de estudiar la literatura pseudocientífica pasan a ser expertos en el tema, y son invitados a programas de radio y televisión para opinar cada vez que pasa algo «raro». Hacen un buen negocio dando conferencias al público y escribiendo artículos en diarios y revistas.

Es también atractivo poder salir, mediante esta «academia fácil», del anonimato en el cual vive la mayoría; ser escuchado y aplaudido por muchos que buscan confirmar las cosas que creen. Hace poco casi me linchan algunos en una conferencia en la cual indiqué que no existía evidencia creíble alguna de que nos visitaran los alienígenas. (Otros, abochornados, se disculparon.)

Los charlatanes son peores que los mentirosos, ya que a ellos la verdad no les importa, mientras que el mentiroso conoce la verdad, por definición. Cito a Harry G. Frankfurt[9]: «Alguien que miente y alguien que dice la verdad juegan en lados opuestos, por así decirlo, del mismo juego. Cada uno responde a los hechos como los entiende, aunque la respuesta de uno es guiada por la autoridad de la verdad mientras que la respuesta del otro reta esa verdad y se niega a aceptar sus demandas. El charlatán ignora por completo esas exigencias. No rechaza la autoridad de la verdad, como hace el mentiroso, ni se opone a ella. No le presta ninguna atención en absoluto Por esto, el charlatán es mayor enemigo de la verdad que la mentira».

Como muestra le presento lo siguiente: agua es un compuesto fundamental para la vida, dos átomos de hidrógeno enlazados a un átomo de oxígeno. Sus propiedades físicas y químicas han sido estudiadas exhaustivamente. Si quiere, puede comprar agua «cosechada» de glaciares y embotellada con música para preparar algo mejor que agua. Se trata de un producto chileno que es de «extrema pureza y delicado sabor milenario, que fluye de manera natural de los deshielos de glaciares, ventisqueros y nieves eternas en la incontaminada Patagonia chilena, la que es envasada con música clásica en nuestra planta para mantener hasta el final sus extraordinarias propiedades originales, siguiendo las teorías del destacado Dr. Masaru Emoto». Podemos leer: «De acuerdo con el famoso investigador japonés Dr. Masaru Emoto, el agua tiene memoria y es sensible a la belleza de los sonidos que la rodean. Nuestras aguas, cosechadas con música en su lugar de origen, fueron analizadas en el Instituto del Dr. Emoto en Japón, donde se tomaron fotografías de su estructura molecular, que revelaron los maravillosos cristales hexagonales que la conforman, un claro reflejo de su pureza y perfección». Si hubiera un premio internacional de pseudociencia, el «destacado doctor», de seguro que sería uno de los finalistas. Si no me cree, busque en Google.

Cada año se organizan congresos sobre astrología, ovnis, medicinas alternativas, vida después de la muerte, y otros temas. Les dan a estas fábulas una pátina de profesionalismo y credibilidad. Le mues-

[9] Harry G. Frankfurt (1986). *On Bullshit.* Princeton University Press.

tro algunos títulos de las conferencias dadas en el International UFO Congress[10] del 2009, celebrado en Laughlin, Nevada:

- Dr. Joseph Farrell – *The Bell, Bormann, and Bariloche: Secret Nazi Hyper-Dimensional Physics Research, Its Postwar Survival in Argentina, and its Implications.*
- Dr. Rudy Schild – *What You Want to Know About Black Holes, Wormholes, and Dark Energy to Understand UFO Properties.*
- Marisa Ryan – *Spirit World Experience with Marisa Ryan, International Psychic Medium.*

Ni vale la pena traducir los títulos.

Sokal[11] propone los siguientes criterios para determinar el carácter pseudocientífico de alguna disciplina o cuerpo de creencias:

- Hace aseveraciones acerca de fenómenos reales o alegados y/o de relaciones causales reales o alegadas, que el consenso científico justificadamente considera inverosímiles.
- Pretende apoyar estas aseveraciones por medio de argumentos o evidencias que distan mucho de las normas aceptadas de lógica y evidencia.

El rechazo se fundamenta en lo siguiente:

- La evidencia que se invoca para apoyar la creencia es espuria, groseramente maltratada o de otra forma muy poco convincente (p. ej., clarividencia, homeopatía).
- La creencia en cuestión está en conflicto de forma irremediable con teorías científicas bien establecidas implicando numerosas consecuencias empíricas que difieren de forma radical con hechos bien establecidos (p. ej., campo bioenergético, fantasmas, levitación, auras, etc.).

---

[10] http://ufocongress.com/

[11] Alan Sokal (2008). *Beyond the Hoax, Science Philosophy and Culture.* Oxford University Press. *Más allá de las imposturas intelectuales: Ciencia, filosofía y cultura* (2009). Paidós.

La cuestión no es meramente filosófica, es importante para la conducta de nuestras sociedades y la conducta personal. Al momento de tener que tomar una decisión relacionada con la salud, por ejemplo, es crucial, posiblemente cuestión de vida o muerte, si lo que se nos propone como terapia es algo científico o es algo pseudocientífico. (Algo que lamentablemente Steven Jobs, como tantos otros, no entendió.)

Al final, cada idea, hipótesis o teoría debe ser considerada en sus méritos y analizada críticamente, comenzando por la legitimidad de su base empírica. Cuando este análisis indica claramente que se trata de algo sin fundamento, y otros siguen insistiendo en su validez, entonces lo mejor es publicar las razones por las cuales algo no es válido y alertar a aquellos que podrían ser afectados, sin catalogarlo necesariamente de alguna forma. Recordemos el dictamen de Russell: «O la cosa es cierta o no lo es. Si es cierta, debe creerla; y si no es cierta, no debe creerla. Y si no puede averiguar si es cierta o no, debe suspender el juicio».

La ciencia no lo sabe todo

Ocurre a menudo, cuando se denuncia la falta de coherencia científica de algún alegato ofrecido a favor de alguna práctica o idea pseudocientífica, que se responde con que «la ciencia no lo sabe todo». Por ejemplo, se argumenta que la ciencia no puede descartar la posibilidad de alguna influencia de los astros sobre nuestras personalidades, ya que podría haber tal influencia. Es cierto, podría ser y la ciencia no lo sabe todo ni puede explicarlo todo. Pero algo sabe y no todo puede ser. Muchas leyes naturales son *leyes de imposibilidad*, como ya indiqué. No es posible viajar a una velocidad mayor que la de la luz, podría haber sido, pero no lo es. No se trata de un límite tecnológico, se trata de una ley de la naturaleza. Lo que hemos aprendido de la biología nos dice que no existen sirenas (animales con cuerpo mitad pájaro o pez y mitad mujer) y tampoco los centauros (animales mitad caballo y mitad hombre). Podría haber sido, pero no lo es. El argumento falaz se puede resumir de la siguiente manera:

Tengo una idea que contradice lo que se sabe en la ciencia.
La ciencia no lo sabe todo. Por lo tanto, mi idea puede ser cierta.

Ciencias naturales	**Ciencias sociales y humanidades**	**Pseudociencia**	**Religión**
Se conoce algo		No se conoce mucho	Se conoce por dogma
Existe un consenso sobre lo que vale la pena investigar		No hay consenso	Hay una dirección autoritaria
Progreso continuo en ocasiones revolucionario	No hay un sentido de progreso como lo hay en la ciencia	No hay progreso	No hay progreso. Estado estático
«Probado» significa puesto a prueba y «corroborado». La verdad no es absoluta	«Probado» significa convincente, pero puede haber distintas «escuelas»	No existe una norma de lo que es «probar»	La verdad absoluta se encuentra en escrituras o en dictámenes de la autoridad
Queda claro cuál es la disciplina pertinente		No hay disciplina pertinente	Solo hay una disciplina
Alta probabilidad de resultados útiles		Baja probabilidad	No se busca utilidad
Anomalías son resistidas o ignoradas por un tiempo	No hay anomalías	Se nutre de anomalías reales o inventadas	Milagros
Los practicantes exceden un mínimo nivel de competencia establecido		No existen normas	Normas variables
Fraude es relativamente raro		Fraude es común	No es pertinente
Controversias resueltas internamente		Controversias resueltas internamente o públicamente	Controversias resueltas en secreto o con división
Literatura bien organizada	Literatura bien organizada	Literatura desorganizada y recurrente	Literatura dogmática
Control de calidad conservador	Control de calidad dependiente de ideologías	No hay control de calidad	Control de calidad dictatorial
Paradigma universal con cambios históricos	Distintos paradigmas concurrentes	No se adhiere a paradigmas	Paradigma único en cada secta
Reproducibilidad es esencial	No siempre se requiere reproducibilidad	No se busca reproducibilidad	No es pertinente
Evidencia objetiva. No se aceptan testimonios	Testimonios por personas preparadas son aceptables	No se busca evidencia objetiva. Muchos testimonios	Testimonios forman la base de las creencias
Organización estable internacional y horizontal	Distintas escuelas	No hay organización	Organización rígida vertical
No se aceptan explicaciones sobrenaturales	No se aceptan explicaciones sobrenaturales	Se aceptan explicaciones paranormales	Sobrenatural por definición
Valor teórico pragmático	Valor teórico pragmático	Valor de entretenimiento	Valor de consolación
Rigen leyes naturales	Rigen leyes humanas	Rigen leyes ficticias	Rigen leyes divinas
	La ciencia es pertinente	La ciencia se ignora	Conflicto con la ciencia

El problema tiene dos aspectos. Puede tratarse de un error *conceptual*, como cuando se trata de argumentar que los imanes que se venden en pulseras y vendajes magnéticos tienen efecto sobre la salud[12,13] (terapias magnéticas con un mercado mundial estimado en mil millones) porque la sangre contiene hierro y los imanes afectan al hierro. El error conceptual en este caso es que existen varias formas de hierro. El hierro *ferromagnético* es el que interactúa con campos magnéticos (imanes), pero el hierro *paramagnético* a temperatura ambiente no es afectado por un campo magnético, y ocurre que el hierro en la hemoglobina de la sangre es paramagnético. Puede hacer un simple experimento: acerque un imán a una gota de sangre; no pasa nada. Fin de la discusión.

El otro error es del tipo *cuantitativo.* Ocurre cuando se argumenta que dado que la Luna causa las mareas en los océanos y el cuerpo humano es mayormente agua, entonces la Luna afecta al cuerpo humano. En este caso es conceptualmente cierto, pero el efecto de marea de la Luna sobre el cuerpo humano es imperceptible, una diferencia que genera una falsa analogía, como ya vimos.

Placebos

> *Uno de los médicos más exitosos que he conocido me ha asegurado que usa más pastillas de pan, agua coloreada y polvos de ceniza de nogal que la suma de todos los otros medicamentos.*
>
> Thomas Jefferson

Un placebo es una sustancia o procedimiento aceptado por un paciente como medicina o terapia, que puede afectar al paciente, aunque la sustancia sea inerte sin efectos farmacológicos específicos, y por lo tanto sin una actividad terapéutica. La respuesta al placebo se debe considerar cuando se desea evaluar la eficacia de nuevos me-

[12] L. Finegold and Bruce L. Flamm (2006), «Magnet therapy». Editorial: Magnetic Therapy. *British Medical Journal, BMJ.* 332 (4) Jan 7.

[13] Bruce L. Flamm (2006). «Magnet Therapy. A billion-dollar Boondoggle». *Skeptical Inquirer,* 30, No. 4.

dicamentos y terapias, así como el efecto de posibles tóxicos. Es un efecto difícil de controlar, ya que depende en parte del entorno psicosocial, de las experiencias personales y del sistema de creencias del paciente, y no es similar para todas las condiciones. La mente tiene un efecto fisiológico sobre el cuerpo. Piense nada más en el efecto de sonrojarse al pensar en algo incómodo. Los efectos que no son consecuencia de la intervención clínica se denominan *efectos inespecíficos*. Tras el descubrimiento de la «electricidad animal» por el italiano Luigi Galvani (1737-1798), el médico norteamericano Elisha Perkins (1741-1799) inventó un par de varas metálicas de unos diez centímetros de longitud (una de hierro y otra de bronce) que llamó *galvanic metalic tractors* y que según él se componían de una aleación especial y secreta. Aseguraba que cuando se posaban sobre la piel por unos minutos «absorbían el fluido eléctrico nocivo» y aliviaban el dolor y servían para tratar inflamaciones, dolores de cabeza y estómago, entre otros. Recibió la primera patente médica otorgada bajo la Constitución de EE.UU. en 1796.

Su hijo Benjamin Douglas Perkins (1774-1810) promovió los «tractores electroterapéuticos» en Inglaterra. Un número importante de médicos dieron testimonio de la eficacia de los tractores y sobre 5.000 personas testificaron que los tractores funcionaban. El presidente George Washington compró un par de tractores y el tratamiento de Perkins se hizo famoso. Padre e hijo hicieron una fortuna con los tractores.

Uno que no se tragó el cuento fue el médico inglés John Haygarth (1740-1827), que ya retirado trabajaba en el balneario de Bath. Decidió investigar la efectividad de los tractores, tratando a pacientes con tractores fabricados de madera (que no conducían electricidad), pero pintados para que simularan a los de metal.

Haygarth escribió[14] en 1800: «Los tractores han obtenido una reputación tan alta en Bath, también con personas de rango y entendimiento, como para que requieran la particular atención de los médicos. Dejemos que su mérito sea investigado imparcialmente, de manera que se apoye su fama si tuviera buen fundamento, o se corrija la opinión pública, si estuviera meramente formada por un engaño. Tal juicio puede ser implementado de la manera más sa-

[14] J. Haygarth (1800). *Of the imagination, as a cause and as a cure of disorders of the body: exemplified by fictitious tractors, and epidemical convulsions.* R. Crutwell, Bath.

tisfactoria y debe ser ejecutado sin prejuicio. Prepárense un par de tractores falsos que se asemejen exactamente a los verdaderos. El secreto debe mantenerse inviolable, no solo de los pacientes, sino de todas las personas. Que se estudie la eficacia de ambos imparcialmente, comenzando siempre con los tractores falsos. Los informes de los efectos producidos por los tractores verdaderos y los falsos deben ser expresados en las palabras de los pacientes».

Las pruebas se realizaron en el Hospital General de Bath y en la enfermería de Bristol sin encontrar diferencias entre aquellos tratados con los tractores verdaderos y los tratados con los falsos, aunque en *ambos* casos se encontró que los pacientes se sentían mejor luego del tratamiento.

En su trabajo Haygarth concluyó que la imaginación puede causar y curar enfermedades del cuerpo. La reputación del médico, el coste y lo novedoso del tratamiento pueden amplificar el efecto placebo (la palabra, que viene del latín *placere,* 'complacer', se introdujo en el vocabulario médico en 1920)[15].

Durante la Segunda Guerra Mundial, el doctor Henry K. Beecher atendía soldados norteamericanos heridos. Ante la falta de morfina, su enfermera indicó a un soldado herido que le iba a administrar una dosis alta de morfina cuando en realidad solamente le inyectó solución salina. Para su asombro el soldado sintió menos dolor y no entró en *shock* como se esperaba. El trabajo de Beecher[16] *The Powerful Placebo,* publicado en 1955, resalta la necesidad de controlar el placebo en pruebas clínicas.

Un estudio notable[17] de la efectividad de procedimientos utilizados en un momento y luego descontinuados por probarse que no son efectivos para tratar varias condiciones concluye que «en condiciones típicas de tratamiento clínico, en las cuales ambos, el médico y el paciente, tienen fe en la eficacia del tratamiento, los efectos inespecíficos ejercen una influencia considerable, mayor de lo que se cree y se informa en muchos estudios investigativos».

---

[15] A. J. de Craen, T. J. Kaptchuk, J. G. Tijssen, and J. Kleijnen (1999). «Placebos and placebo effects in medicine: historical overview». *J R Soc Med.* Oct; 92(10): 511-515.

[16] H. K. Beecher (1955). «The Powerful Placebo». *Journal of the American Medical Association,* Vol. 159, No. 17.

[17] A. H. Roberts, D. G. Kewman, L. Mercier, and M. Hovell (1993). «The power of nonspecific effects in healing: Implications for psychosocial and biological treatments». *Clinical Psychology Review,* 13: 375-391.

Nuestro cuerpo responde (mediado por el cerebro) a ciertos estímulos (hambre, miedo, dolor) activando la producción de ciertas sustancias que facilitan una respuesta al estímulo. Así, cuando sentimos hambre frente a una comida producimos saliva y frente a una amenaza producimos adrenalina (epinefrina). Una investigación desarrollada por neurólogos de la Universidad de Michigan[18] ha descubierto los mecanismos cerebrales que explican el efecto placebo. Cuando una persona cree que va a tomar una medicina, su cerebro activa una región vinculada a la habilidad de experimentar un beneficio o una recompensa, el *núcleo accumbens*, y produce endorfinas (de morfina endógena), sustancia que puede interactuar con neurotransmisores (al igual que la morfina), provocando el alivio al dolor. Estos y otros hallazgos permiten explorar la respuesta placebo desde un punto de vista fisiológico de gran interés[19]. Bausell[20], en un importante libro, lo resume así: «El efecto placebo es real y capaz de causar, al menos temporalmente, una reducción de dolor. Ocurre solamente si existe la creencia de que una intervención o terapia es efectiva. Esta creencia puede ser inducida por condicionamiento clásico o simplemente por la sugestión de un individuo respetado, de que tal intervención o terapia puede reducir el dolor. El efecto placebo tiene como causa plausible un mecanismo bioquímico (al menos para la reducción del dolor) que reside en el sistema opioide interno del cuerpo».

El placebo también nos enfrenta a un posible dilema: suponga que se ha comprobado que la «absurdoterapia», en general inofensiva, es efectiva en aliviar los dolores de migraña solamente por el efecto placebo. Si se publica el resultado, entonces, para aquellos que se enteren, la absurdoterapia dejará de aliviarles la migraña. ¿Se debe entonces ocultar los resultados del estudio para beneficio de los que sufren de migraña? El dilema no lo es tanto, el efecto placebo también opera al suministrar una medicina efectiva, cuyo resultado será mejor que la del placebo.

[18] David J. Scott, et al. (2007). «Individual Differences in Reward Responding Explain Placebo-Induced Expectations and Effects». *Neuron* 55: 325-336.

[19] Anne Harrington (ed.) (1997). *The Placebo Effect.* Harvard University Press.

[20] *** R. Barker Bausell (2007). *Snake Oil. The Truth about Complementary and Alternative Medicine.* Oxford University Press, pág. 141, 164.

Pseudomedicina

Máxima: *No hay alternativa: o es medicina o no es medicina.*
Máxima: *Cuando algo sirve para todo, lo más probable es que no sirva para nada.*

Hay de hecho dos cosas, ciencia y opinión; la primera engendra el conocimiento; la última, ignorancia.

Hipócrates de Cos

Las terapias de la medicina alternativa y complementaria no son más que placebos bien empaquetados.

R. Barker Bausell[21]

Apunto unos breves comentarios generales acerca de un tema complejo que nos afecta de forma muy directa. El vasto y poco fértil desierto de la pseudomedicina está plagado de errores, horrores y ficciones, algunas heredadas de la Edad Media, otras de la China. El médico, alquimista y astrólogo suizo Paracelso (Theophrastus Phillippus Aureolus Bombastus von Hohenheim, 1493-1541), por dar un ejemplo, en su *Archidoxia Mágica* ofrece una receta para curar heridas causadas por armas cortantes (menos aquellas que hubieran penetrado el corazón, el cerebro o las arterias). Propone un ungüento que se aplica *al arma* causante de la herida: «Tome musgo (usnea) que ha crecido en la cabeza de un ladrón que ha sido colgado y dejado en el aire; sangre humana aún caliente; de cada uno una onza; de sudor humano, dos onzas; de cada uno de aceite de linaza, terpentina y bolo arménico, dos dracmas. Mézclelos bien en un mortero; y guarde el ungüento en una urna alongada y angosta».

Detrás de la apetitosa receta para el ungüento de armas encontramos la idea de conexiones ocultas de simpatía y antipatía; el arma que causó la herida tiene una simpatía con la herida y los ingredientes del ungüento tienen simpatías o antipatías que, al aplicarse al arma, afectarán a la herida, ingredientes antipáticos a la infección y simpáticos a la curación. También operaba la idea de que los tejidos contenían el

[21] *Ibid.* pág. 275.

fluido de energía vital, y por eso se recomendaba utilizar en los varios preparados, ingredientes de personas jóvenes, muertas por accidente o ejecución, ya que sus cuerpos aún contenían este fluido vital, el cual podía ser transferido. En cambio, a uno que moría de viejo o por enfermedad se le había acabado el fluido.

Para el buen funcionamiento del ungüento de armas era necesario aplicar el ungüento al arma y luego guardarla en un sito fresco. Al mismo tiempo era necesario lavar la herida cada día y cubrirla con una gasa fresca. Muchas heridas se curaban por seguir las indicaciones de lavarlas y cambiar los vendajes, el resto era obviamente irrelevante.

A los de la Edad Media los podemos excusar, ya que ignoraban lo que era una infección o una enfermedad y tenían pocos recursos para averiguarlo. Pero nosotros, en el tercer milenio, no tenemos tal excusa. Sabemos mucho sobre el funcionamiento del cuerpo humano, sobre bacterias y virus y sobre el origen de muchos males y cómo tratarlos. Aunque falta mucho por aprender, el progreso ha sido importante y suficiente para distinguir entre lo que es medicina efectiva y lo que no lo es.

La medicina alternativa es ambigua y controvertida. Muchas personas dan testimonio de la efectividad de alguna terapia o medicina y existe una industria (desregulada) que mueve miles de millones de dólares (o euros) anuales que se nutre de esta cosa que incluye todo tipo de personas «expertas», naturópatas y médicos «no tradicionales» preparados en institutos y universidades que imparten cursos y confieren diplomas.

El National Center for Complementary and Alternative Medicine (NCCAM) estadounidense, un organismo del gobierno federal «para la investigación científica sobre la medicina complementaria y alternativa», ha estado envuelto en controversia desde su fundación. El NCCAM define la medicina complementaria y alternativa como «un conjunto diverso de sistemas, prácticas y productos médicos y de atención de la salud que no se considera actualmente parte de la medicina convencional». (No puedo dejar de mencionar que los nazis promovían lo que ellos llamaban *Naturheilkunde*, y que aún hoy son muy populares los centros de tratamiento alternativos.)

El problema es que se incluye una gran cantidad de ideas y terapias, algunas de posible efectividad en algunas situaciones, pero otras, como la «medicina sobre la base de energía», la acupuntura o la homeopatía, para las cuales no existen datos científicos sobre su seguridad y eficacia. En la página web del NCCAM se indicaba[22] lo siguiente: «Terapias del biocampo procuran afectar los campos de energía que supuestamente rodean y penetran el cuerpo humano. La existencia de tales campos no ha sido probada científicamente aún. Algunas formas de terapias sobre la base de la energía manipulan biocampos mediante la aplicación de presión o la manipulación del cuerpo mediante la colocación de las manos en o a través de estos campos. Los ejemplos incluyen *ch'i gong* (un componente de la medicina china tradicional que combina el movimiento, la meditación y la regulación de la respiración para ampliar el flujo de *ch'i* (un término antiguo utilizado para lo que se cree que es energía vital) en el cuerpo, mejorar la circulación sanguínea y afianzar la función inmune), *reiki* (una terapia mediante la cual los profesionales buscan transmitir energía universal, ya sea a distancia o colocando sus manos sobre una persona o cerca de esta; el objetivo es curar el espíritu y, por ende, el cuerpo), y el TT o toque terapéutico (una terapia mediante la cual los profesionales pasan sus manos sobre el cuerpo de una persona para usar su propia energía que se percibe como sanadora, a fin de identificar los desequilibrios de energía y promover la salud)».

Llama la atención que digan que «la existencia de tales campos no ha sido probada científicamente aún», en vez de indicar que «la existencia de tales campos no ha sido probada», lo cual implicaría que todo el resto no sirve.

Kimball Atwood concluye[23]: «El problema con la así llamada medicina alternativa y complementaria, para decirlo sucintamente, es que son una miscelánea de reclamos inverosímiles, deshonestos, costosos y, a veces, peligrosos, promocionados a un público científicamente ingenuo. El NCCAM, hasta el presente, no ha sido parte de la solución».

Parecería que por ser «alternativa» no es necesario someter sus terapias y medicinas a las prácticas de argumentación válida, coherencia con el conocimiento pertinente y prueba empírica cuidadosamente controlada, a la cual se somete la medicina normal. En realidad, no hay tal cosa como medicina alternativa, ya que si se demuestra la

---

[22] http://nccam.nih.gov/espanol/informaciongeneral/

[23] C. Kimball and I. V. Atwood (2003). «The Ongoing Problem with the National Center for Complementary and Alternative Medicine». *Skeptical Inquirer magazine*, Sep.

efectividad de cierta terapia o medicina alternativa pasa a ser parte de la medicina. **No hay alternativa: o es medicina o no es medicina.**

Al final del libro de Singh y Ernst[24] escriben: «El concepto de una medicina alternativa es un retorno a la Edad Media. Demasiados terapistas alternativos se mantienen desinteresados en determinar la seguridad y eficacia de sus intervenciones. Estos practicantes tampoco ven la importancia de pruebas clínicas rigurosas para establecer la evidencia a favor o en contra de sus tratamientos. Y en los casos en los cuales ya existe evidencia de la inefectividad o riesgo del tratamiento, los terapistas alternativos continúan, sin que les importe, con sus manos firmemente cubriendo sus oídos».

Existen buenas razones por las cuales pacientes y practicantes creen en la efectividad de esta medicina alternativa: el efecto placebo, el sesgo confirmatorio y el desarrollo natural de muchas aflicciones. Se añade a esto el rechazo de la medicina convencional, que en muchos casos pone el negocio antes que el paciente, y en otros simplemente no tiene una solución. El hecho de la institucionalización de estas prácticas genera para el público un sentido falso de validez y expectativas ilusorias en detrimento de la salud pública. También produce una colectividad de investigadores y burócratas con vínculos de interés con la medicina alternativa, ya que viven de ella, y que en consecuencia no cumplirán con la norma de desinterés necesaria para una evaluación objetiva.

Ceguera para ver bien

Máxima: *Lo extraordinario requiere prueba extraordinaria.*
Máxima: *Significancia estadística no es lo mismo que importancia.*

Lento pero seguro, me resigné al hecho de que, para algunos fanáticos de la medicina alternativa, ninguna explicación será suficiente. Para ellos, la medicina alternativa parecería haberse transformado en una religión, una secta cuyo credo central debe ser defendido a toda costa contra el infiel.

Edzard Ernst

[24] ***Simon Singh y Edzard Ernst (2008). *Trick or Treatment: The Undeniable Facts about Alternative Medicine.* Norton.

Un año nos dicen que una prueba ha demostrado que tomar café dos veces al día evita cierta condición y al año siguiente nos dicen lo contrario. Leemos que tomar ciertos productos combaten tal o cual condición y al año siguiente nos dicen que no son efectivos. En 1993 se publicaron estudios que indicaban que la vitamina E previene enfermedades cardiovasculares, pero en el año 2000 se demostró que no era cierto. La equinácea, producto consumido por millones de personas para fortalecer el sistema inmunológico (no queda claro cómo se mide esto), es efectiva según algunos y no lo es según otros. Los medios están llenos de estas cosas (hace poco una presentadora de televisión publicó a los cuatro vientos que el limón curaba el cáncer) y lo peor es que una vez que la idea se publica, es difícil de borrar por más desacertada que sea (amnesia de verdad). Naturalmente, los que tienen algo que ganar o perder se referirán al estudio que les convenga para promover su causa (p. ej., vender limones), que en muchas ocasiones es independiente de la salud pública. ¿Cómo procedemos para saber si algo es cierto o no? La respuesta no es difícil: lo ponemos a prueba. ¿Usted asevera tal o cual cosa? ¡Demuéstrelo poniéndolo a prueba!

Los temas de inferencia estadística y contraste de hipótesis son complejos y a su vez fundamentales en todo tipo de estudio. Cuando se cometen errores en la aplicación o en la interpretación de los resultados, o peor aún, cuando no se utilizan estas técnicas de contraste, entonces los resultados no son fiables.

No necesitamos mucha prueba ni albergamos dudas cuando se trata de cosas que son evidentes y para las cuales conocemos lo que ocurre. Poner la mano sobre el fuego *causa* quemaduras, cuanto más caliente o más sea el tiempo de contacto, más seria la quemadura y nadie lo duda, la cosa es directa y el efecto contundente. Además, sabemos lo que ocurre; entendemos lo que pasa cuando ponemos un churrasco sobre las brasas.

La cosa se pone menos clara si pretendemos que fumar un cigarro con ciertas hierbas especiales (la moxibustión: véase más adelante) cerca del dedo pequeño del pie de una mujer embarazada, causa que el feto que está presentando «de nalgas» (podálica) cambie a posición «de cabeza» (cefálica). Queremos entender cómo es que algunos investigadores pueden concluir tal cosa, o concluir que una persona tiene poderes paranormales. No basta con darle el tratamiento a una persona o dos, y constatar que han mejorado (anécdotas y testimonios que escuchamos a diario pero que no demuestran nada, aunque sean muy persuasivos). No tenemos manera de saber si hubieran mejorado de todas formas, o si mejoraron por otros factores que se desconocen. Tampoco es suficiente que el «vidente» tenga una racha de aciertos; esas cosas ocurren al azar y sin un cuidadoso análisis estadístico no se puede concluir mucho.

Hay ocasiones en que la ceguera es necesaria para ver las cosas como son. Tiene que ver con el hecho de que en muchas situaciones operan sesgos cognitivos, comenzando con la influencia de nuestras expectativas sobre nuestras cogniciones. Si usted espera que la comida sea muy buena, tenderá a percibirla como muy buena, y también se dará lo contrario.

Por ese motivo, para muchas pruebas se recurre a la ceguera. En una prueba de distintos vinos, le servimos al catador, pero no le dejamos ver la botella (mejor que ni vea el vino), *lo cegamos.* Para evitar cualquier indicio (por medio de lenguaje no verbal involuntario), que pueda influir en el juicio, conviene también que el que sirva el vino no sepa cuál es, y así realizamos una prueba *doblemente* ciega. Para evitar algún sesgo en los catadores les asignamos un vino recurriendo a una lotería, y así realizamos una prueba aleatoria doblemente ciega. Si después de estos cuidados metodológicos, y asegurándonos que se ha realizado un número razonable de pruebas, encontramos que un vino sale consistentemente mejor catalogado que otro, podremos suponer que realmente hay una diferencia.

En una investigación criminal, a un testigo se le presentan fotografías de posibles sospechosos, o se le presentan varios sospechosos en una alineación para ver si reconoce a alguno(a). En estos casos también es recomendable la ceguera, ya que hay muchas formas verbales y no verbales en las cuales el investigador, que posiblemente sospeche de alguien en particular, puede influir en el resultado. Es preferible que el investigador no sea el que conduzca la entrevista.

El efecto placebo, junto a la remisión espontánea de algunas condiciones, desempeña un papel muy importante al considerar muchas terapias que en ocasiones parecen funcionar y llevan a la conclusión errónea de que la terapia fue la causa de la mejoría, caso común de la falacia: *post hoc.* Es por lo ubicuo del efecto placebo que los estudios experimentales de efectividad de una medicina o terapia deben realizarse como *estudio aleatorizado doblemente ciego con control de placebo*, en el cual ni los participantes ni los investigadores saben a qué grupo pertenecen los participantes. En estos estudios se utilizan dos (o más) grupos, uno de tratamiento y otro de control, cuyos miembros son asignados aleatoriamente, escogidos para que sean comparables en todas las características pertinentes (edades, sexo, condición física, salud, etc.), formando dos muestras de una población. Se le administra el tratamiento al grupo de tratamiento y al grupo de control se le administra un placebo que simula el tratamiento, ya sea una píldora de azúcar, una inyección de solución salina, o agujas de acupuntura que no penetran, para así determinar la efectividad de la terapia o medicamento al comparar los resultados para los dos grupos.

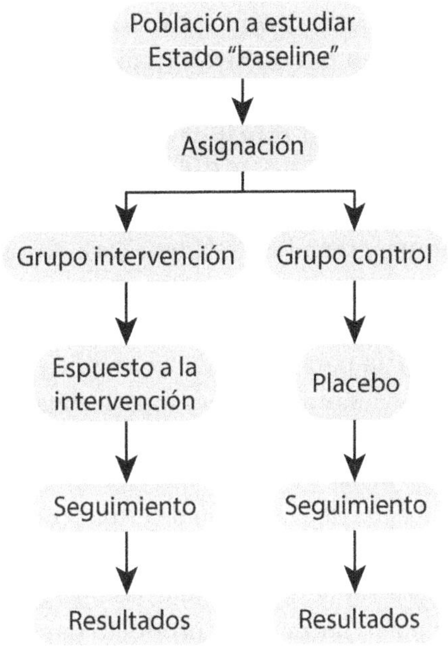

Figura 50. Estudio aleatorio doblemente ciego con control de placebo.

La aleatorización al escoger a qué grupo pertenece un participante es el mejor modo (aunque no es perfecto) de evitar que otros factores (algunos desconocidos) alteren los resultados, ya que se presume que estos factores estarán presentes en cantidades comparables en ambos grupos, siempre que los grupos sean suficientemente numerosos.

Este tipo de ensayo clínico es el que se requiere de la industria farmacéutica por las autoridades que reglamentan las medicinas (en EE.UU. es la FDA, Food and Drug Administration; en Europa la EMA, Agencia Europea de Medicamentos). Se critica cómo estas agencias no son independientes, cómo se realizan estos estudios, cómo los intereses industriales tratan de controlar los resultados y evitar resultados adversos. Pero al menos hay algo. Se conocen casos de actuaciones indebidas por parte de las compañías farmacéuticas, pero se conocen gracias a que investigadores dedicados no se dejaron intimidar[25]. Así, después de mucho litigio, se ha determinado que el antidepresivo Paxil (paroxetina) no es seguro para adolescentes[26]. Esto contradice el resultado de las pruebas iniciales de 2001 *financiadas por la farmacéutica*, en las cuales se determinó que era seguro.

Lo que es difícil de entender es la razón por la cual otros productos, que se comercializan como si fueran medicinas (productos homeopáticos, suplementos nutritivos, vitaminas), que dicen «promover», «aliviar», «mejorar» o «ayudar», no se someten al mismo examen. En realidad no es tan difícil de entender: cuando en 1938 el Congreso de EE.UU. promulgó el *Federal Food, Drug and Cosmetic Act,* que autoriza a la FDA a evaluar la seguridad de alimentos, drogas y cosméticos, el entonces senador de Nueva York, Royal Copeland, médico homeopático, logró relevar de estas exigencias a todos los productos listados en la *Homeopathic Pharmacopeia*, y así hasta el presente.

Existe una industria paralela a la farmacéutica que está «por la libre». Vaya a una tienda naturista y verá una abundancia de frascos con todo tipo de productos que dicen ser buenos para algo, sin que nadie los haya puesto a prueba. Lo curioso es que pocos protestan por la falta de control y prueba de la eficacia de estos productos, y muchos se tragan las pastillas sin saber lo que se tragan.

Tengo un suplemento a base de hierbas: «Digesplex, fórmula digestiva*», que se comercializa como producto para ayudar a la digestión. El asterisco en la etiqueta lleva a un texto en letra pequeña que dice lo siguiente: «Este producto no ha sido evaluado por la FDA. No es para diagnosticar, tratar, curar o prevenir una enfermedad». Es una aclaración obligada para estos suplementos. Pero si el producto

---

[25] ****Ben Goldacre (2012). *Bad Pharma: How Drug Companies Mislead Doctors and Harm Patients.* Faber and Faber.

[26] https://www.nlm.nih.gov/medlineplus/spanish/news/fullstory_154721.html

«no es para diagnosticar, tratar, curar o prevenir una enfermedad», entonces, ¿para qué rayos es? Muchos de estos productos se promocionan anunciando que aportan una larga lista de beneficios para la salud. Cuanto más larga es la lista, más cuestionable el producto. *Cuando algo sirve para todo, lo más probable es que no sirva para nada.*

Paul Offit[27], autor importante en relación con el tema, dice: «Es necesario hacer hincapié en la calidad de los estudios científicos. Y cuando estos estudios no existen, debemos insistir en que se realicen. Si no, seguiremos engañándonos por terapias cuyos reclamos son ilusorios».

Ante el resultado de una prueba, experimento o encuesta en la cual medimos para dos muestras de una población el valor promedio de la cantidad de interés (colesterol en la sangre, nivel de dolor, acierto de una carta, etc.), la primera pregunta pertinente (aceptando que las muestras fueron obtenidas correctamente) es la siguiente: ¿cuál es la probabilidad de que el resultado (muchas veces la diferencia entre el valor estimado de un parámetro para un grupo tratado y uno no tratado de control, o un grupo expuesto y uno no expuesto) sea meramente producto del azar?

La pregunta surge dado que dos muestras de una misma población no darán exactamente el mismo resultado, especialmente cuando se trata de grupos de personas que difieren unas de otras en muchas propiedades, y en la forma en que responden a tratamientos. Si la probabilidad es alta de que la diferencia observada entre las dos muestras sea producto del azar, entonces no hay nada más que buscar. Pero si la probabilidad es baja, da lugar a pensar que la diferencia puede no ser producto del azar, por lo cual se investigarán los factores que causaron la diferencia y posiblemente se pueda pensar que el tratamiento es la causa de la diferencia observada, o que el sujeto realmente tiene poderes paranormales.

La hipótesis de que los resultados *no* difieren de los esperados al azar, es decir, que no hay un efecto, se denomina *hipótesis nula* (nula en el sentido de ningún efecto o consecuencia) y se escribe H_0 (se dice «hache subcero»). En un juicio la hipótesis nula es que el acusado es inocente. Luego, la acumulación de evidencia y testimonios se compa-

[27] *****Paul A. Offit (2013). *Do you believe in Magic? The Sense and Nonsense of Alternative Medicine.* Harper.

ra con lo esperado si fuera inocente, y puede resultar en un veredicto de culpabilidad «más allá de duda razonable».

La *significancia p* de una prueba es la probabilidad de que el resultado tenga al menos el valor obtenido, *dado que la hipótesis nula es cierta*. Por ejemplo, si H_0 es «el medicamento no baja el colesterol» y en la muestra tratada obtengo en promedio un colesterol 10% más bajo, *p* es la probabilidad de que este resultado se obtenga si el medicamento no baja el colesterol y se trata meramente de un resultado del azar. Se estipula típicamente (por tradición) $p = 0{,}05$ (95%) o $p = 0{,}01$ (99%), con lo cual se quiere decir que en el primer caso la diferencia encontrada (en la estadística de interés) tiene una probabilidad de una entre veinte de ocurrir al azar; y, en el segundo, probabilidad de una entre cien de ocurrir *si* H_0 *fuera cierta* (es decir, la diferencia fuera solamente producto del azar). **Pero no significa que los datos *no pueden ocurrir si* H_0 *es cierta* (solamente tienen baja probabilidad), por lo cual no dicen que H_0 es *falsa*.**

Suponga que usted quiere examinar si una moneda está equilibrada, y esa es su H_0. Realiza una prueba y lanza la moneda cuatro veces y obtiene cuatro caras. La probabilidad de obtener cuatro caras al azar en una moneda equilibrada es $(1/2)^4 = 1/16$, es decir, que solamente espera este resultado una vez en 16 pruebas (de lanzar la moneda cuatro veces) o en 6% de las veces ($p = 0{,}06$). ¿Concluye entonces que la moneda no es una moneda equilibrada (rechaza H_0)? No tan rápido. Si usted repite la prueba 100 veces espera que en seis salgan cuatro caras puramente por azar, y la prueba que usted hizo puede ser una de ellas. En este caso, es posible hacer la prueba 100 veces, y resolver la duda. En los casos de pruebas clínicas no es tan fácil. Sirva esto como cautela al evaluar un resultado estadístico (donde en la mayoría de los casos no se realizan 100 ni 10 estudios).

Una diferencia estadística significativa entre dos resultados con un nivel de $p = 0{,}05$ (nivel aceptado en las ciencias sociales y en medicina) indica lo siguiente: si suponemos que los dos grupos proceden de muestras aleatorias que representan la misma población cuyas propiedades se pueden estimar a partir de las propiedades de las muestras y si suponemos que hemos realizado 100 pruebas con dos grupos de esta misma población, entonces esperaríamos que la diferencia encontrada entre los dos grupos sea igual o mayor que la encontrada en solo cinco de los cien casos.

En las ciencias físicas se exigen niveles de significancia de 1 en 10.000 en vez de 1 en 20 y eso es una gran diferencia. El problema es que 0,05 es muy laxo, especialmente cuando se trata de cosas que son contrarias al conocimiento científico y es la razón de tantos resultados espurios.

Cuando un estudio epidemiológico concluye que tomar una copa de vino al día es bueno para la salud (resultado de algún estudio en el cual se informó del valor de p, aunque la prensa solamente diga «resultados significativos»), o que la moxibustión es efectiva, lo único que está señalando es que se encontró una diferencia y nada más. No significa que tomar una copa de vino al día causa buena salud, que es como usualmente se reporta y entiende el resultado, o que la moxibustión *causa* la mejor presentación del feto.

Una diferencia significativa no quiere decir que la H_0, (tomar una copa de vino al día no afecta a la salud) sea falsa. Además, si fuera falsa (es decir, que es cierto que los que toman una copa de vino al día son más sanos), puede muy bien ser consecuencia de otros factores que son causas contribuyentes (a su vez relacionadas al tomar vino) que, por ejemplo, podrían estar relacionadas con que los bebedores de vino son en promedio personas de un nivel social distinto y con mejor acceso a servicios de salud.

Un resultado estadísticamente significativo poco dice si no se tiene información adicional, y sirve solamente como punto de partida para realizar más estudios. La situación cambia cuando se obtienen varios resultados similares independientes, y es la razón por la cual los resultados científicos importantes requieren al menos un estudio que confirme los resultados iniciales.

Hay una documentada tendencia, por parte de las revistas científicas, a preferir la publicación de resultados positivos, lo cual a su vez provoca que muchos resultados negativos ni se manden para su publicación, generando lo que se conoce como el «efecto del archivo» (un error de selección). Se prefiere publicar un artículo[28] [29]: *Estudio indica la efectividad de X,* que un artículo: *Estudio indica la inefectividad de X,* a menos que X sea algo ya establecido o controvertido.

[28] TED. Ben Goldacre http://www.ted.com/talks/ben_goldacre_battling_bad_science?language=en.

[29] http://www.ted.com/talks/ben_goldacre_what_doctors_don_t_know_about_the_drugs_they_prescribe.

Este efecto conduce a viciar los resultados de metaestudios o revisiones sistemáticas de la literatura. Como ejemplo extremo suponga que de 100 estudios, 95 no rechazan H_0 y no se publican y 5 que por azar dan resultados estadísticamente significativos ($p = 0{,}05$) se publican[30]. Puede ver el problema.

El doctor Ben Goldacre relata en su importante libro[31] que, basado en un estudio clínico de la efectividad de la droga antidepresiva *Reboxetine*, la recetó a un paciente. El estudio, realizado con 254 pacientes, había sido publicado en una revista académica. Más tarde, un grupo de investigadores pudo determinar que existían otros seis estudios, totalizando diez veces más pacientes que el estudio positivo, cuyos resultados fueron negativos, pero no fueron publicados. Reboxetine no es efectiva más allá del placebo.

Cada vez que una prueba en el área paranormal ha dado resultados marginalmente positivos, estudios que han buscado replicar los resultados han determinado que se trata de falsos positivos. Los siguientes criterios adicionales sirven para evaluar la significancia de un resultado y decidir cuándo sería convincente para considerar el rechazo de H_0:

- ¿Cuál es la plausibilidad de H_0? Si H_0 es algo establecido, entonces se necesitará un valor de p muy pequeño para rechazarla. Consideraremos algo como extraordinario si contradice mucho de lo que sabemos del mundo. El lema es: **resultados extraordinarios requieren pruebas extraordinarias.**
- ¿Cuáles son las consecuencias de rechazar H_0? Si rechazar H_0 implica aceptar algo que no tiene un buen fundamento y ni tan siquiera sea verosímil (como percepción extrasensorial o moxibustión), entonces es posible que no se deba considerar, y que sea mejor alternativa aceptar que **ocurrió algo de baja probabilidad que no necesita explicación** (o que hubo fraude o mal diseño experimental).

En resumen, un resultado con cierto valor alto de significancia (valor de p pequeño) solamente nos permite decir que si la hipótesis

[30] Robert Rosenthal (1979). «The file drawer problem and tolerance for null results». *Psychological Bulletin* 86 (3)Mai: 638.

[31] ****Ben Goldacre (2013). *Bad Pharma: How Drug Companies Mislead Doctors and Harm Patients*. Faber and Faber, pág. 6.

nula H_0 es cierta (que solamente se trata de lo esperado al azar), entonces ocurrió algo inusual (que tiene una probabilidad p de ocurrir) o acaso que H_0 es falsa, pero no prueba nada más. Menos cuando se utiliza un $p = 0{,}05$, lo cual para muchos estudios no es adecuado.

Ya hemos visto que eventos muy poco probables ocurren, y muchas veces cuando lo hacen nos cambian todo el panorama (las Torres Gemelas, las burbujas financieras que explotan, los eventos tipo Fukushima Daiichi). El genial libro de Nassim Taleb[32] lo trata de forma excelente.

Aclaremos una cuestión semántica: interpretamos «significante» como «importante» o «grande», pero no son lo mismo. Además de la significancia estadística interesa la *magnitud* de la diferencia. Un estudio puede resultar en una diferencia significativa ($p = 0{,}05$) en algo (es decir, que probablemente hay una diferencia), y no por eso es una diferencia importante. Una crema para la piel que dice: «Su uso hará que se vea diez años más joven», implica un efecto importante, mientras que si dijera: «Su uso hará que se vea un mes más joven», no será de gran interés por más que la prueba que se haya realizado sea estadísticamente significativa (sin entrar en cómo se determinaría «más joven»).

Aunque en muchos casos no conocemos el mecanismo (por ser multifactorial y complejo) por el cual se produce un efecto (cómo exactamente fumar causa cáncer), o no existe un mecanismo (como en el caso de la moxibustión o la percepción extrasensorial), en otros conocemos los mecanismos y nos asombraríamos si no se produjera un efecto (como lo es el caso del calentamiento global por el mecanismo del efecto invernadero). Encontrar un nexo con mecanismos conocidos es la forma más segura de evaluar la importancia del resultado. Dudar de la realidad del nexo entre el calentamiento global y la emisión de CO_2 (establecido por cientos de estudios independientes) no solo es irracional, sino que es estúpido y perverso. (Lo cual no quita que unos cuantos estúpidos y perversos lo nieguen). Ante cualquier aserción que diga que tal o cual cosa causa tal o cual otra pregunte: ¿cómo lo saben?

Cuando los resultados de estudios estadísticos van en contra de los intereses de algún grupo (político, religioso, industrial, empresarial),

---

32 *****Nassim Taleb (2008). *El cisne negro.* Paidós.

se recurre a «sembrar la duda» por parte de científicos prostituidos, políticos corruptos y relacionistas públicos, buscando o fabricando un resultado contradictorio (por más que sea uno entre mil) y poniendo el acento en la incertidumbre que siempre estará presente. En su importante libro *La duda es su producto*, David Michaels[33] incluye la siguiente cita de un documento de 1969 de Brown and Williamson (productores de Kool, Lucky Strike, Pall Mall y Viceroy, entre otros): «La duda es nuestro producto, ya que es la mejor forma de competir con los hechos que existen en la mente del público. Es también la manera de establecer una controversia».

[33] David Michaels (2008). *Doubt is their Product*. Oxford University Press, pág. 11.

18
Casos ejemplares

Las pseudociencias se han convertido en uno de esos espejos en los que se refleja lo infame de nuestra sociedad, y se expresan como el moderno movimiento oscurantista que genera acciones anticulturales y antieducativas al comerciar con la fantasía como si fuera realidad y aprovechándose de la falta de conocimiento y de la consecuente vulnerabilidad de la gente.

CARLOS A. QUINTANA[1]

Los temas pseudocientíficos más populares son la astrología, la ufología, la parapsicología, el creacionismo «científico», la criptozoología y una gran variedad de otras ideas tales como la vida después de la muerte (el oxímoron canónico), el biomagnetismo, la numerología y una variedad de dietas estrafalarias y terapias fantasiosas.

No menos ficticias son muchas de las teorías conspiratorias que circulan, sin negar que existen conspiraciones reales como las dos trágicas del 11 de septiembre, la primera por militares chilenos y la CIA, y la segunda por Al Qaeda. La supuesta conspiración por los «Sabios de Sion» para dominar el mundo fue alimento para las masas antisemitas europeas que desembocaron en el holocausto[2].

Otra modalidad se plasma en la negación de ciertos hechos que por razones políticas o religiosas son inconvenientes. En esta categoría encontramos grupos que niegan el calentamiento global antrópi-

---

[1] ****Carlos A. Quintana (2009). *Señor Pata de Cabra*. Libros del Espinillo.

[2] Se ha comprobado que fueron una falsificación producida en Rusia por la Okhrana (la policía secreta del zar). Partes fueron plagiadas de una novela (*Biarritz*, 1868) del alemán Hermann Goedsche (1815-1878), que relata una conspiración judía para dominar al mundo. A su vez, la novela es plagiada del *Diálogo en el infierno entre Machiavello y Montesquieu* (1864) por el satirista francés Maurice Joly (1829-1878). Will Eisner (2005). *The Plot: The Secret Story of the Protocols of the Elders of Zion*. Norton.

co o la evolución biológica. (Sin entrar en otras cosas más absurdas como que nunca fuimos a la Luna o que el holocausto no ocurrió).

La milenaria y popular astrología es una ficción y tanto la homeopatía como la acupuntura se basan en antiguas creencias sin fundamento (que no por ser antiguas son ciertas). Veamos de qué se trata.

Ut supra, sic infra

Lo siguiente no es para que usted dude de la astrología, ya que dudo que los lectores de este libro crean estas cosas, pero le ofrezco algunos argumentos que le servirán para aclararle el asunto a algún pariente o amigo suyo.

La milenaria astrología es una de las creencias más populares. En tiempos pasados que se pierden en la prehistoria, las observaciones del Sol, la Luna y las estrellas demostraron una correlación entre sus posiciones en el cielo con las estaciones, las mareas y otros fenómenos naturales. Una vez al año el cielo nocturno mostraba la misma configuración de estrellas y estas regularidades permitieron predecir ciertos eventos astronómicos y terrestres; el universo era ordenado y predecible. Fue natural extender estas influencias de los astros sobre eventos terrestres a la influencia sobre el comportamiento humano con la intención de predecir nuestros destinos y así escapar del horror de la incertidumbre. (Un remanente de este pensar lo encontramos en la palabra *influenza* para la gripe.)

Hay objetos astronómicos que nos afectan: el Sol nos calienta con su luz y nos broncea la piel, y la luna llena en la noche oscura nos sobresalta con su luz pálida de muerte. Quizá, esa luz fuerte en el mundo oscuro pasado, privaba del sueño a algunos con problemas mentales que dormían al sereno, y al otro día se comportaban como «lunáticos».

Las constelaciones astronómicas fueron inventadas como forma fácil de recordar y orientarse en el cielo y mantener una contabilidad de las estaciones, y era natural que en cierto momento se dijera, por ejemplo, que «el Sol se encontraba en Leo». En particular, en su recorrido aparente por el cielo durante el año, debido al movimiento orbital de la Tierra, el Sol cruza delante de 12 constelaciones (patrones aleatorios de estrellas sin significado alguno), una por cada mes del año, que forman el Zodíaco (del griego *zodion* diminutivo de *zoon*, 'animal'). Notemos de paso que son 12 y no 10 o 20 por un accidente que tiene que ver con el sistema numérico utilizado por los babilonios.

La identificación de los planetas con distintos dioses y los fenómenos relacionados con los eclipses de Sol y Luna abanicaron las llamas de la superstición. La irregularidad de estos fenómenos implicó una voluntad sobrenatural que por estos medios mandaba mensajes portentosos. El *Tetrabiblos* (los cuatro libros de los juicios de los astros) es un tratado escrito por Claudio Tolomeo hace dos mil años y es el manual fundamental de la astrología que todo buen astrólogo debería estudiar. Tolomeo dice (*Tetrabiblos* I.3): «Incluso respecto a las cosas que habrán de suceder por necesidad, su impredecibilidad normalmente ocasiona una confusión demencial o una alegría inconmensurable, mientras que la presciencia acostumbra y sosiega el alma mediante la representación de aquello que ocurrirá como si estuviera presente, y la dispone para recibir cualquier cosa que aconteciera con serenidad». Cierto es, la incertidumbre nos genera ansiedad y todos quisiéramos saber qué ocurrirá en el futuro, aunque no estoy tan seguro de que nos daría serenidad saber el día exacto de nuestra muerte.

La hipótesis astrológica genérica postula que el macrocosmos (el universo) y el microcosmos (el humano) están íntimamente relacionados: como *es arriba es abajo (ut supra, sic infra)* dice el mítico Hermes Trismegisto (el tres veces grande), supuesto autor de los textos herméticos. Lleva a argumentar que como Marte arriba es rojo, entonces Marte abajo significa sangre y guerra. Así cualquiera. Esto lleva a la siguiente tesis básica de la astrología[3], aunque hay una variedad de astrologías: *la posición de los planetas, el Sol y la Luna con respecto a las estrellas en el momento del nacimiento de una persona puede ser utilizada para establecer las cualidades básicas de la personalidad de un sujeto, sus tendencias de temperamento y comportamiento y para indicar los problemas más importantes a los cuales se enfrentará. Estos cuerpos también tienen influencia sobre los eventos cotidianos a los cuales se enfrentan individuos y grupos.* El método de adivinación se llama horóscopo (del griego ορός ('oros'), horizonte, y σκόπεω (*skopeo*), 'examinar').

[3] Jim Tester (1987). *A History of Western Astrology. Ballantine. Historia de la Astrología Occidental.* Siglo XXI Editores.

La variedad más común de astrología, la que se presenta en los diarios, revistas y programas de televisión, es la que se basa en los 12 signos zodiacales, con fechas que indican que el Sol se encontraba proyectado frente a uno de ellos en la época de Tolomeo. En aquella época el Sol se encontraba en Leo entre el 23 de julio y el 22 de agosto, es decir, que si su fecha de nacimiento caía dentro de este período usted era Leo. Para el caso de un horóscopo individual, se prepara una complicada «carta astral» (en la actualidad se realiza con el ordenador, lo cual, además, lo hace más «científico») que tiene en cuenta la fecha, hora exacta y lugar de nacimiento del individuo. Nadie define esta hora exacta, ni piensa si el día antes del parto no había efecto, pero para colmo, en algunos sitios se realizan cesáreas en el momento astrológico favorable. De la posición del Sol, la Luna y los planetas y sus relaciones (se calculan conjunciones, cuadraturas, oposiciones y otros aspectos) se determina su personalidad y trayectoria por la vida. Se definen además 12 casas («los campos de la vida donde las fuerzas planetarias se manifiestan, las áreas donde invertimos nuestras energías»), que se relacionan con ciertos campos de experiencia (identidad, valores, introspección, etc.) asociadas con los signos zodiacales.

Cada uno de los 12 signos corresponde a ciertos rasgos de la personalidad como el siguiente:

> *Leo es un signo de fuego, fijo, masculino, positivo. En este signo, el yo descubre su poder de crear, y proteger o protegerse.*
>
> *Su figura: El león. Su lema, por excelencia: (Yo soy el centro). Tiene como su principal objetivo completar la estructura personal, afirmándose en sí mismo, sabiendo lo que quiere y dándose la orden para actuar. Su principal objetivo es: Yo quiero, y su interrogante: ¿Sé lo que quiero? ¿Cuánto valgo?*
>
> *La estación es el verano (en el hemisferio norte). La maduración del fruto. Físicamente, rige: el corazón, columna y espalda. La persona superior: irradia luz.*
>
> *La persona inferior: es egoísta, déspota, arrogante, sumamente histriónica, llama la atención para lucirse. En el signo de Leo, se comienza a ver una parte del individuo en cada cosa que hace. El yo soy comienza a mostrarse y necesita dejar su marca a partir de la casa, donde está el Sol, ya que es su regente.*

> *En la casa que está Leo, se prueban ellos mismos y necesitan ocupar un lugar central y además ser reconocidos y aplaudidos. Los nacidos bajo este signo pueden ser perseverantes, déspotas, sinceros, creativos, resistentes al cambio. No les gusta la soledad, pues deben actuar para los demás. Magnánimo, absolutista, irónico, mandón, haciendo su voluntad. Hacen las cosas a lo grande, les gusta el lujo y las diversiones, etc. Dentro de las profesiones, pueden ocupar puestos directivos, artísticos, todo lo que tenga que ver con el lujo, empresario, deportista, etc.*

No deja de ser una verborrea que se podría aplicar a cualquiera.

Muchas personas no entienden que las constelaciones no son unidades físicas, sino que son figuras arbitrarias formadas por proyección. No existe además una frontera bien definida entre, por ejemplo, Leo y Virgo, de modo que no existe nada que distinga exactamente cuando el Sol está en Leo y pasa a Virgo. Las estrellas que forman una constelación no se encuentran todas a la misma distancia y, por ejemplo, la estrella más brillante de Leo (α Leonis = Regulus) se encuentra a una distancia de 77 años luz, mientras que la segunda más brillante (β Leonis = Denébola) se encuentra a una distancia de 36 años luz. Vemos que frases como «el Sol se encuentra en Leo», o «la Luna en Acuario» carecen de significado, ya que no es más que una descripción de algo que se ve en proyección y el Sol no está en Leo del mismo modo que usted no está en Nueva York, cuando se para frente a una fotografía panorámica de la ciudad. Las constelaciones se forman por las pocas estrellas más brillantes visibles a simple vista, pero hay millones en la misma dirección que no vemos.

A pesar de estos errores conceptuales, y de la probada inefectividad de la astrología, muchas (demasiadas) personas piensan que «algo hay». Analicemos entonces la idea de un «efecto astrológico», es decir, algo que relaciona las estrellas con el Sol y la Tierra de tal forma que influye en los humanos. Sea cual sea la forma en que opera la supuesta influencia de los astros, por lógica caben solamente dos posibilidades para el efecto astrológico:

- Crece con distancia o no depende de ella, o
- Decrece con la distancia como todos los otros efectos que conocemos.

Si fuera lo primero entonces lo que importaría serían las estrellas y los objetos más distantes que nos rodean y de los cuales hay mayor cantidad, ya que a medida que nos alejamos hay más espacio disponible (si suponemos que su densidad es constante, lo cual es razonable como primera aproximación). Los astrólogos tendrían que preocuparse por la posición del Sol con respecto a las estrellas más distantes e invisibles de la Vía Láctea, y hasta por las estrellas de la galaxia Andrómeda y por los cuásares aún más distantes, en vez de las estrellas de las constelaciones que por ser las que son visibles a simple vista se componen de estrellas relativamente cercanas y brillantes. Podría inventarse una salida *ad hoc*, si se dice que crece con distancia hasta una distancia máxima luego de la cual no hay efecto, pero también así el argumento no cambia.

Si entonces consideramos la segunda opción, más acorde además con los otros efectos que conocemos (por ejemplo, la gravitación o la brillantez de una estrella) entonces debemos considerar que la distancia del Sol a la Tierra es 260.000 veces menor que la distancia a la estrella más cercana (cuatro años luz) y millones de veces menor que la distancia a otras estrellas, incluida la relativamente cercana Regulus en Leo. Podríamos entonces concluir que las estrellas no pueden tener ningún efecto sobre nosotros en comparación con el efecto astrológico del Sol y que la ubicación del Sol con respecto a las constelaciones no es pertinente. Lo que ocurre es que para Tolomeo no era evidente que el Sol era una estrella como tantas (ni es evidente para muchos de nuestros contemporáneos, ya que *no* es evidente).

Debido al fenómeno de la *precesión de los equinoccios*, el eje de rotación de la tierra, como si se tratara de un trompo, cambia lentamente de dirección y así cambia el polo norte celeste, que completa un círculo en 25.700 años. En la época de Tolomeo, el Sol al comienzo de la primavera se proyectaba («estaba») en Aries, pero debido a la precesión en el presente se encuentra en Piscis. Es decir, que si hace dos mil años alguien era del signo Aries por haber nacido cuando el Sol estaba en Aries, en el presente es Piscis. Es decir, que aquellos que dicen ser Aries (nacidos entre el 21 de marzo y el 19 de abril) nacieron cuando en realidad el Sol se encontraba en Piscis. En realidad, como las constelaciones no son todas iguales en extensión, el tiempo durante el cual el Sol transita frente a una de ellas (véase la tabla) no es una constante como se utiliza en la astrología. Para colmo, el Sol durante el año pasa por delante de *13* constelaciones del Zodíaco y no solamente las 12 clásicas que se utilizan en la astrología. La constelación adicional es Ofiuco, y si una persona nace entre el 30 de noviembre y 15 de diciembre, entonces su signo astrológico debería ser Ofiuco. Si usted nació un primero de diciembre, el astrólogo le dirá que es Sagitario, pero por la precesión en realidad usted es Escorpión, pero dado que tenemos a Ofiuco entre las dos constelaciones, en realidad usted es Ofiuco y se quedó sin horóscopo. Pero no se preocupe, da igual.

Constelación	Zodiaco antiguo	Zodiaco actual
Aries	21 marzo-19 abril	18 abril-13 mayo
Tauro	20 abril-20 mayo	14 mayo-20 junio
Géminis	21 mayo-21 junio	21 junio-19 julio
Cáncer	22 junio-22 julio	20 julio-9 agosto
Leo	23 julio-22 agosto	10 agosto-15 septiembre
Virgo	23 agosto-22 septiembre	16 septiembre-30 octubre
Libra	23 septiembre-22 octubre	31 octubre-22 noviembre
Escorpión	23 octubre-21 noviembre	23 noviembre-29 noviembre
Ofiuco	———	30 noviembre-15 diciembre
Sagitario	22 noviembre-21 diciembre	16 diciembre-19 enero
Capricornio	22 diciembre-19 enero	20 enero-16 febrero
Acuario	20 enero-18 febrero	17 febrero-11 marzo
Piscis	19 febrero-20 marzo	12 marzo-18 abril

Figura 51. Zodiacos.

A pesar de todo lo anterior, se han realizado estudios para ver si acaso hay algo. En 1985 se publicó en la revista *Nature*[4] el resultado de un estudio doblemente ciego sobre la tesis que la carta natal (o astral) describe rasgos de personalidad. El estudio concluye: «La conexión esperada entre las posiciones de los planetas y otros objetos astronómicos en el momento de nacimiento y las personalidades de sujetos no existe. El experimento claramente refuta la hipótesis astrológica».

Otros estudios han comparado las lecturas realizadas por distintos astrólogos de una misma carta natal. En 14 estudios con 400 as-

[4] Shawn Carlson (1985). «A double-blind test of astrology». *Nature*, 318, Dec 5: 419-425.

trólogos participantes la correspondencia fue de tan solo del 11%, un resultado poco halagador.

Todas las estrellas son la misma cosa: gigantescas esferas de gas (mayormente hidrógeno y helio). Difieren unas de las otras en la cantidad de gas –su masa– que determina la luminosidad, y en las distancias a las cuales se encuentran de nosotros (cuatro años luz para la estrella más cercana al Sol). Si las estrellas tuvieran un «efecto astrológico» entonces *todas lo tienen*, aunque podríamos esperar, dadas las diferencias mencionadas, que para unas fuera más intenso que para otras.

La Vía Láctea es un gigantesco sistema compuesto de un millón de millones de estrellas, gas (mayormente hidrógeno) y polvo interestelar, en forma de un delgado disco cuyo diámetro es de unos 100.000 años luz. El Sol se encuentra a unos 30.000 años luz de su abultado centro, en la periferia, y le da una vuelta en unos 250 millones de años. Se estima que dentro de un radio de 2.000 años luz alrededor del Sol hay unos 100 millones de estrellas.

Por otro lado, si tuviéramos un millón de estrellas en un cierto sitio y un millón en otro sitio, estadísticamente no se diferenciarían en nada (del mismo modo que no hay diferencias estadísticas entre dos grupos de mil personas escogidas al azar de una misma población), por lo que el «efecto astrológico» de los dos grupos de un millón de estrellas debe ser idéntico.

Ahora bien, ¿cuál es la diferencia cuando el Sol (o un planeta) se encuentra frente a («en») Tauro o cuando se encuentra frente a Virgo? La única diferencia es que los millones de estrellas en la dirección de Tauro son otras que los millones en la dirección de Virgo, pero no hay otra diferencia, no difieren en su distribución espacial ni en sus propiedades globales o individuales. En cualquier relación de causa y efecto, si la causa no cambia, el efecto tiene que ser el mismo. Si no hay una diferencia, entonces tampoco pueden tener un «efecto astrológico» que afecte de forma diferente a los rasgos de personalidad o al destino de las personas que hayan nacido cuando el Sol se encontraba frente a Tauro o frente a Virgo. Por lo tanto, que alguien nazca cuando el Sol se encuentra en un particular signo del zodíaco no puede tener efecto distinguible alguno.

Debemos agregar además que, desde un punto de vista geométrico, en realidad cuando el Sol o un planeta «está» en Tauro, también lo está en las otras 11 constelaciones, ya que la distancia entre la Tierra, el Sol y los planetas es insignificante en relación con la distancia que media entre el Sol y las estrellas. Sería como pretender que hay una diferencia significativa con respecto a usted y la Luna en el horizonte, si usted se encuentra sentado a un lado de una mesa o a otro lado de la mesa.

El argumento de que a fulano le funcionó, que el astrólogo predijo algo que luego se cumplió, que le leyó su personalidad, se entiende como consecuencia del sesgo confirmatorio y la memoria selectiva y reconstructiva estudiado por psicólogos cognitivos (que los videntes aplican a todo tipo de predicciones), junto a la generalidad y puerilidad de los pronósticos (Forer).

Frente a la evidencia refutatoria, frente al hecho de que, por mencionar un ejemplo, las personalidades y destinos de hermanos gemelos son distintos, se puede responder con que «los astros inclinan, pero no determinan». Esta frase es simplemente un escape que permite mantener la creencia y la convierte en irrefutable. Sirve para atajar cualquier objeción y más que nada demuestra la invalidez de todo el asunto. Permite que el astrólogo se acredite los aciertos y excuse sus desaciertos sin poner a prueba la astrología.

Quedan un par de asuntos. El primero es entender cómo, a pesar de todo lo anterior, sobre un cuarto (algunas encuestas dan un porcentaje bastante más alto) de la población de los EE.UU. (y no dudo que es lo mismo en otras jurisdicciones) cree en la astrología y cree que la astrología es algo científico. Segundo, ¿si existen leyes para proteger al ciudadano del fraude (los astrólogos cobran), por qué no las hay para tipificar la astrología, la homeopatía y otras prácticas fraudulentas como lo que son?

Finalmente acudo a Shakespeare: «*The fault, dear Brutus, is not in our stars, but in ourselves*».

Concluyo con las siguientes opciones:

- Existen influencias astrológicas que contradicen la lógica y lo que conocemos del mundo, a pesar de la falta de datos y fundamento y las contradicciones internas a la astrología; o como alternativa:
- Los documentados sesgos cognitivos y errores de razonamiento, particularmente el sesgo confirmatorio y la memoria re-

constructiva, explican las creencias astrológicas y el hecho de que, según algunos, la astrología «funciona». Usted escoge.

Astrología con agujas

La acupuntura es parte integral de un sistema de diagnóstico y tratamiento de la medicina tradicional china. Es una práctica en la cual, por medio de la inserción de finas agujas en puntos *específicos* (localizados en meridianos) del cuerpo se tratan ciertas dolencias. Se suponía que existía una relación entre 12 meridianos del cuerpo (que van de la cabeza a los pies) y los 12 símbolos zodiacales de la astrología china.

Esta relación cósmica se describe en el *Canon de Medicina Interna del Emperador Amarillo* (libro fundamental de la medicina tradicional escrito inicialmente hacia el 200 a.C.) como: «El cielo está cubierto por constelaciones, la Tierra por ríos, y el hombre por canales», posiblemente inspirado por el conocimiento de la vascularización. Nos recuerda al «como es arriba es abajo» de Trismegisto. (Hermes Trismegisto, «tres veces grande», figura mítica supuestamente autor de un vasto cuerpo de literatura hermética.)

Este libro fundamental de la medicina china, que sienta la base de la acupuntura, se compara con otras dos obras clásicas: *El tratado hipocrático griego*, escrito en los siglos v y iv a.C. (en el cual aparece el juramento hipocrático), y la obra de Galeno de Pérgamo (~130-~200), quien habla de los humores y del *pneuma* (espíritu), similar al *pra¯na* hindú (la energía vital). Las ideas que subyacen a la acupuntura son similares a las ideas de salud y enfermedad que fundamentaban las prácticas medievales del sangrado y la medicina astrológica medieval islámica y europea. Las raíces de esta concepción de una enfermedad se encuentran en las antiguas creencias de que las causas de las enfermedades eran espíritus malignos que se podían controlar y eliminar del cuerpo por medio de ciertos rituales religiosos (idea que persiste con los exorcismos).

Para la acupuntura se propone que las enfermedades son causadas por un desequilibrio en el flujo de la energía vital que fluye por los meridianos, de modo que las agujas insertadas en puntos clave, al controlar el flujo, pueden restaurar el equilibrio. La idea de un desequilibrio en energía vital causante de enfermedades es similar a la idea griega de cuatro humores: sangre, bilis negra o melancolía, flema y bilis amarilla o cólera, en analogía con los cuatro elementos: aire, tierra, agua y fuego. Todos los males resultaban de un desequilibrio de humores y las curas consistían en purgas dolorosas, sangrados, inducción de vómitos o sudores, con el objetivo de restaurar el equilibrio. En ocasiones se conseguía una mejoría, ya que inducir vómitos, por ejemplo, aliviaba los efectos de un envenenamiento. Nuestro idioma aún recuerda esta época cuando hablamos de «mal humor» y de personas melancólicas o coléricas.

La acupuntura se practica siguiendo las siguientes ideas:

- Cada meridiano se asocia y conecta con uno de los órganos principales.
- Cada meridiano tiene un flujo interno y uno superficial que es accesible a las agujas.
- Para cada meridiano hay cientos de puntos posibles para las agujas.
- Según la condición, el acupunturista inserta las agujas en puntos específicos de meridianos particulares.
- Las agujas penetran de uno a diez centímetros y a menudo se rotan.
- Las agujas se dejan en posición durante algunos minutos hasta algunas horas.

Aparte de que no existe fundamento para pensar en que estas antiguas ideas sean correctas, (no hay meridianos y menos los hay relacionados con 12 símbolos astrológicos y el *ch'i* no se puede medir), los resultados de estudios en los cuales se controla por el efecto placebo (utilizando «agujas» telescópicas que no penetran, o pinchando en cualquier sitio) demuestran que la acupuntura no es efectiva y que los resultados son consecuencia del placebo[5] [6]. Que «funcione» la

[5] DC. Cherkin et. al. (2009). «A randomized trial comparing acupuncture, simulated acupuncture», *and usual care for chronic low back pain. Arch Intern Med,* 169(9) May 11: 858-66. Véase también el informe: http://www.csicop.org/uploads/files/Acupuncture_Paper.pdf.

[6] W. David Ramey and Wallace Sampson (2001). *Review of the evidence for the clinical efficacy of human acupuncture. The scientific review of alternative medicine,* Vol. 5, No. 4.

acupuntura sin importar dónde se pinche, o sin pinchar, da al traste con las ideas que la subyacen, y equivale a aceptar que una medicina es efectiva sin importar cuándo y cuánto se tome. No es coherente hablar de un campo de energía que no se puede detectar, y al mismo tiempo pretender que unas finas agujas lo pueden controlar.

En todos estos asuntos, no solo en la acupuntura, es necesario entender que a menos que se realicen *estudios aleatorizados doblemente ciegos con control de placebo* ningún resultado es fiable y que además es necesario ser muy cautelosos a la hora de *interpretar* resultados estadísticos. Al final de todo esto algunos lectores pensarán: «No me importa lo que diga, me hice acupuntura y me funcionó. No importa lo que diga, el astrólogo acertó». No dudo que le funcionó, pero no por lo que usted cree, no por las agujas. No hay diferencia, la acupuntura es astrología con agujas.

Moxibustión

¿No sabe lo que es? Yo tampoco lo sabía hasta que un amigo me alertó. Existe una revista publicada desde 1982 por la misma gente que publica el prestigioso *British Medical Journal* que se llama *Acupuncture in Medicine.* La misión editorial de la revista dice: «La meta de *Acupuncture in Medicine* es la de promover el entendimiento científico de la acupuntura y los tratamientos relacionados publicando investigaciones científicas de su efectividad y modos de acción y también artículos sobre su uso en servicios de salud y práctica clínica».

Los miembros de su junta editorial ostentan buenas credenciales y sus artículos son revisados por pares, de tal modo que solamente acepta (según la revista) un 12% de los artículos que se someten. Todo esto parece bastante respetable. Los editores también presentan para cada número los *editors choice,* los mejores artículos según ellos. Para marzo de 2013 escogieron: «*Using moxibustion in primary healthcare to correct non-vertex presentation: a multicentre randomised controlled trial*[7]».

La conclusión del artículo de siete páginas: «La moxibustión en el punto de acupuntura BL67 es efectiva y segura cuando se utiliza

[7] J. Vas, J. M. Aranda-Regules, M. Modesto, et al. (2013). «Acupuncture in Medicine». *Journal of the British Medical Acupuncture Society.* 31 (1): 31-38.

entre las 33 y 35 semanas de embarazo. Creemos que la moxibustión representa una opción de tratamiento que se debe considerar para lograr el giro de un feto en presentación no-vértice». Se refiere a cambiar de posición a «de cabeza» (cefálica) del feto que se encuentra «de nalgas» (podálica). El estudio fue apoyado con fondos del sistema público de salud de Andalucía.

La moxibustión utiliza la raíz de la artemisa a la que se le da forma de cigarro denominado moxa. Los practicantes lo queman cerca de la piel del paciente. Según los investigadores españoles: «La aplicación del calor de la combustión de la *Artemisia vulgaris* (moxibustión) con fines terapéuticos ha sido utilizada durante mucho tiempo en China. Entre otros efectos, se cree que contribuye a corregir la presentación no-vértice del feto cuando se aplica en un punto de acupuntura específico (BL67 Zhiyin) localizado en la esquina exterior del dedo pequeño del pie».

Se estudiaron mujeres embarazadas con el feto en posición no-cefálica que fueron asignadas aleatoriamente a tres grupos de 135 mujeres cada uno. Al primer grupo se le aplicó moxibustión, al segundo moxibustión pero en otro dedo (actuaría como placebo), y al tercero no se le aplicó nada (control). Los resultados: el 58% de los bebés en el grupo de moxibustión salieron bien y solamente el 43% y el 45% en los otros dos grupos. Un análisis estadístico concluye que el resultado es estadísticamente significativo, ante la hipótesis nula (H_0) de que no hay diferencia.

Pero como ya vimos, no dice que la H_0 es falsa y no implica que la moxibustión es efectiva. Si acepta los resultados, entonces acepta que quemar un cigarro de artemisa al lado del dedo pequeño del pie logra que el feto cambie de posición (o al menos contribuye a esto), algo que es bastante difícil de aceptar por buenas razones. En este como en muchos otros casos, el problema radica en que un resultado *estadísticamente* significativo no es por eso significativo.

Ilusión de dilución

En un artículo sobre homeopatía en una revista (*Herbs for Health*) que vi en un consultorio médico, leí lo siguiente: «Sylvia Chatroux, un médico de Ashland (Oregón), trató recientemente a un paciente que presentaba fiebre alta, escalofríos, náuseas y diarrea. Chatroux le dio al paciente arsénico homeopático, una forma altamente diluida de arsénico especialmente preparado. El paciente se recuperó rápidamente».

Nos encontramos con un típico ejemplo de la perniciosa falacia *post hoc*: se administró arsénico homeopático y *luego* el paciente se curó. Por lo tanto, el arsénico homeopático fue la causa de la cura.

Hay muchas enfermedades virales que causan estos síntomas, que después de unas cuarenta y ocho horas se sanan. Nada que ver con el tratamiento homeopático. El artículo también dice: «Aunque nada del ingrediente original queda en la solución, el agua "recuerda" la estructura del ingrediente». Así de fácil. Veamos de qué se trata todo esto, utilizado por más de un tercio de los españoles.

La homeopatía surgió en el siglo XVIII y disfruta ahora de renovados bríos. Se basa en dos principios generales inventados por el médico alemán Samuel Hahnemann (1755-1843). El primero es: «Igual cura igual» (*similia similibus curentur*). Esto significa que si quiero tratar la malaria –que causa fiebres intensas– debo usar una sustancia curativa cuyo efecto sea causar fiebre en una persona sana. La ley es un vestigio de las ideas mágicas del medievo, cuando se pensaba que la similitud o «simpatía» entre ciertos objetos permitía operar sobre uno para afectar al otro.

La segunda tesis, más enigmática aún, dice: «Cuanto más pequeña sea la dosis de la sustancia curativa, más poderoso será su efecto», o lo que se designa como la ley de infinitesimales. Para preparar sus medicinas Hahnemann utilizaba un proceso de diluciones sucesivas. Así, diluía una parte del extracto de alguna planta medicinal con 10 partes de agua. Después de mezclar bien, diluía nuevamente una parte con 10 de agua, lo que resultaba en una dilución de una parte en 100. Al repetir este paso una tercera vez la dilución es una en 1.000.

Por ejemplo, el café puede causar insomnio, por lo tanto, café homeopáticamente diluido puede utilizarse en vez de pastillas para dormir, en este caso: *coffea cruda*. (Si no me cree, puede comprarlo por Internet.) En Amazon cuesta un buen billete y dice: «Cero efectos secundarios, cero interacciones entre drogas, ninguna contraindicación o síntomas escondidos». Buena descripción de los efectos del agua pura. Tampoco existe el peligro de una sobredosis. Un montón de testimonios se pueden resumir con: ¡Funciona!

Veamos algunos numeritos. Es común que los homeópatas continúen con este proceso de dilución 30 veces. El resultado final es una parte de la medicina y 100.000.000.000.000.000.000.000.000.000 partes de agua. Recordará (y si no lo recuerda vuelva a leer el capítulo «Números») que el número de Avogadro ($N_A = 6{,}02 \cdot 10^{23}$ moléculas/mol) es el número de moléculas contenidas en un mol de una sustancia. Un mol de agua es una masa de 18 gramos de agua (una lata de refrescos tiene 333 g) y contiene $6{,}02 \cdot 10^{23}$ moléculas de agua. Veamos algunos numeritos. Es común que los homeópatas continúen con este proceso de dilución 60 veces (pero denominadas 30 CH, porque diluyen una en 100). El número de Avogadro ($N_A = 6{,}02 \cdot 10^{23}$ moléculas/mol) es el número de moléculas contenidas en un mol de una sustancia. Un mol de agua es una masa de 18 gramos de agua (una lata de refrescos tiene 333 g) y contiene $6{,}02 \cdot 10^{23}$ moléculas de agua.

Suponga que usted comienza con una mol de la sustancia para preparar el remedio. Con una dilución de 24 veces (24 X o 12 CH) quedarán 0,6 moléculas de la sustancia en el preparado final, ya menos de una molécula del ingrediente «activo» y si diluye más, como es usual, no quedará molécula alguna. La ausencia del ingrediente activo en los remedios homeopáticos permite caracterizar a la homeopatía como una forma de «medicina sin medicina» que pretende que *nada disuelto en agua es más eficaz que agua en la cual nada está disuelto.*

Esta carencia de ni siquiera una molécula del remedio administrada al paciente es admitida abiertamente por los homeópatas, ya que no les queda más remedio (nunca mejor dicho). Alegan ellos que las sustancias curativas dejan en la solución unas «esencias espirituales», que el agua «recuerda» al ingrediente activo. Cabe entonces preguntar si el agua también «recuerda» todas las otras moléculas con las cuales ha estado en contacto a lo largo de su historia; es decir[8]: «Curiosamente, el agua que se ofrece como tratamiento no recuerda las vejigas en las que se guardó, ni las sustancias químicas con cuyas moléculas estuvo en contacto, o los otros contenidos de las alcantarillas en las que estuvo, o la radiación cósmica cuyas ráfagas la atravesaron».

---

[8] S. Singh and E. Ernst (2008). *Trick or Treatment: The Undeniable Facts about Alternative Medicine.* W. W. Norton.

Una receta homeopática para tratar la irritación causada por el pañal del bebé señala que se trate con *rhus toxicodendron*, mejor conocida como *poison ivy* o hiedra venenosa, una aplicación del principio «igual cura igual». Por suerte para el bebé, el segundo principio de dilución garantiza que las nalgas del pequeño no sientan nada más que los efectos refrescantes de un poco de agua.

Oscillococcinum es un producto homeopático producido por la farmacéutica francesa Boiron que se vende para la prevención y alivio de los síntomas de resfriados y gripe, con ventas anuales que superan los 300 millones de euros. Su «ingrediente activo» es *Anas Barbariae Hepatis et Cordis Extractum* (extracto de hígado y corazón de pato de Berbería), HPUS 200CK (200 diluciones por el método del señor Korsakoff), aunque el método de dilución no tiene importancia, ya que lo que queda es agua. Los ingredientes inactivos son sacarosa y lactosa. El nombre viene del microbio *Oscillococcus*, que el médico francés Joseph Roy (1891-1978) pensó ver al examinar víctimas de la epidemia de gripe de 1918, y que oscilaba en el microscopio. La bacteria no existe, y menos se entiende qué tiene que ver el pobre pato con todo esto. El método de preparación consiste en los siguientes pasos:

- Llenar una botella estéril con un litro de agua y glucosa.
- Atrapar un pato silvestre, cortar su cabeza y extraer su hígado y su corazón.
- Añadir a la botella 35 g del hígado y 15 g del corazón.
- Dejar la botella en reposo durante cuarenta días; hígado y corazón se disolverán.
- Vaciar la botella sin enjuagar y llenar con agua pura.
- Sacudir con energía (agitación o sucesión, para la dinamización).
- Repetir los pasos anteriores (agitación, vaciado y rellenado) 200 veces.
- Usar el agua obtenida para impregnar pastillas de lactosa de 5 mg.

La cajita con las pastillitas se vende a buen precio y se indica un par de dosis al día. Para CYA[9], la cajita también dice: «Si los síntomas

[9] CYA: siglas del inglés para *Cover Your Ass.*

persisten más allá de los tres días consulte a su médico». No es solamente una tomadura de pelo, es una estafa multimillonaria y causa asombro que las autoridades (especialmente aquellas relacionadas con la salud pública) lo ignoren, y es una vergüenza que se venda en farmacias. En la página web de Boiron leo: «Estamos interesados en desarrollar beneficios específicos para nuestros empleados para enriquecer su bienestar. Para nosotros es esencial vincular el rendimiento económico global con los beneficios individuales». Como ve, da mucho que pensar.

Aceptar la homeopatía implica descartar los conocimientos médicos, biológicos, físicos, químicos y farmacológicos extensamente corroborados. También implica descartar el principio de contradicción (algo no puede ser X y no X al mismo tiempo). Si una medicina homeopática es agua pura, entonces es una contradicción decir que tiene propiedades curativas que el agua pura no tiene.

Con una visión tan diferente de la ciencia, se podría suponer que los practicantes de la homeopatía estarían ansiosos de hacer predicciones novedosas que pudiesen ser demostradas empíricamente. Ese sencillo requisito no se cumple[10, 11]. y suelen ser los escépticos los que han tomado la iniciativa de dirigir los estudios controlados que se han hecho, con resultados nada favorables para la homeopatía.

En la época de Hahnemann las prácticas médicas en muchos casos eran más dañinas y dolorosas que la alternativa de no hacer nada, que es exactamente lo que hacía un remedio homeopático, por lo cual dentro de ese contexto era mejor. En todos los casos en los cuales se ha examinado *por medio de estudios aleatorizados doblemente ciegos con control de placebo* (en este caso el placebo es agua) la efectividad de algún remedio homeopático, el resultado ha sido consistente con ninguna efectividad.

Varias organizaciones dedicadas a la salud han publicado trabajos que condenan la homeopatía. Recientemente, el *National Health and Medical Research Council* de Australia ha publicado los resultados

---

[10] A. Shang, K. Huwiler-Muntener, L. Nartey, P. Juni, S. Dorig, J. A. Sterne, D. Pewsner and M. Egger (2005). «Are the clinical effects of homoeopathy placebo effects? Comparative study of placebo-controlled trials of homoeopathy and allopathy». *Lancet*, 366 (9487): 726-732.

[11] E. Ernst, M. H. Pittler (1998). «Efficacy of homeopathic arnica: a systematic review of placebo-controlled clinical trials». *Archives of surgery* (Chicago, Ill.: 1960) 133 (11): 1187–1190.

de una investigación exhaustiva en la que se concluye[12]: «No existen condiciones de salud para las cuales exista evidencia fiable de que la homeopatía sea efectiva». Un amplio sector de la población testifica que funciona, pero lo que queda es un placebo bien empaquetado.

Algunos, para defender la homeopatía han recurrido a una analogía con las vacunas, argumentando que la vacuna también utiliza una pequeña dosis de un mal para combatir ese mismo mal. Refiero al lector a un libro sobre el tema para entender esta muy falsa analogía[13].

Es cierto que por su naturaleza los remedios homeopáticos no causarán efectos secundarios (ni primarios), pero pueden llevar a una persona a no tratarse con medicina adecuada con consecuencias lamentables, y ciertamente le habrá costado recursos (algo que se aplica a muchas otras medicinas y terapias alternativas).

Se me ocurre lo siguiente: ¿por qué no ayudar a todos los que padecen dolores de cabeza y potenciales infartos lanzando una aspirina en una represa de la compañía de aguas?

Benveniste y Montagnier

> *Cuando aparece en el mundo un genio verdadero, lo conocerá por esta señal: que todos los necios se confabulan en su contra.*
>
> Jonathan Swift

Al discurrir sobre la homeopatía es pertinente considerar brevemente a dos científicos: el inmunólogo Jacques Benveniste (1935-2004) y el virólogo Luc Montagnier (1932), que lamentablemente han caído en la pseudociencia.

Benveniste fue director de un laboratorio del Institut National de la Santé et de la Recherche Médicale (INSERM), que estudiaba la inmunología de inflamaciones y alergias. En 1988 realizó experimentos

[12] *Evidence on the effectiveness of homeopathy for treating health conditions.* http://www.nhmrc.gov.au/_files_nhmrc/publications/attachments/cam02a_information_paper.pdf

[13] ****Víctor-Javier Sanz (2010). *La homeopatía ¡vaya timo!* Laetoli.

diluyendo anticuerpos en agua a tal punto que al final no quedara ni una molécula del anticuerpo en la solución. Sin embargo, reportaron que los basófilos, un tipo de glóbulo blanco en la sangre responsable de la respuesta a alérgenos, respondían a la solución como si hubieran sido expuestos a los anticuerpos. Aunque insólito, el estudio llamó la atención, ya que se trataba de un científico reconocido que trabajaba en una institución reconocida.

El trabajo fue sometido para publicación en la prestigiosa revista *Nature*, y después de bastante controversia el editor decidió publicarlo[14], al no encontrar errores evidentes en el manuscrito, agregando, sin embargo, un insólito editorial crítico «When To Believe the Unbelievable», que decía: «Un artículo en la edición de esta semana describe observaciones para las cuales no existe, en el presente, una base física. Hay buenas y particulares razones por las cuales las personas prudentes deberían, por el momento, posponer sus opiniones». *Nature* **333**, 787 (30 junio 1988). (Uno se pregunta entonces por qué lo publicó.)

Así nació el término «memoria del agua», según el cual el agua puede recordar las características de alguna molécula que hubiera estado en el agua, también si el agua se diluye a tal punto que no queda molécula alguna (como en el proceso de dilución homeopática). Ese recuerdo, además, le confiere al agua actividad (terapéutica) como si fuera una solución de la molécula en cuestión. El trabajo causó sensación, ya que parecía validar los productos homeopáticos y el despliegue mediático sobre estos resultados fue extenso.

Luego de que las investigaciones realizadas para replicar los resultados reportados por Benveniste dieran negativo, y que una visita al laboratorio de Benveniste identificara importantes fallos en los procedimientos utilizados, *Nature* publicó[15] «*High-dilution' experiments a delusion*»: «Un equipo visitante de *Nature* ha determinado que no hay fundamento para las afirmaciones hechas en el ahora conocido informe del doctor Benveniste y sus colegas». También señala que la

[14] E. Davenas, F. Beauvais, J. Amara , M. Oberbaum, B. Robinzon, A. Miadonna, A. Tedeschit, B. Pomeranz, P. Fortner, P. Belon, J. Sainte-Laudy, B. Poitevin and J. Benveniste (1988). «Human basophil degranulation triggered by very dilute antiserum against IgE». *Nature* 333 (6176) 30 June: 816–818.

[15] John Maddox, James Randi and Walter W. Stewart (1988). «High-dilution' experiments a delusion». *Nature* 334 (6180) 28 July: 287-290.

hipótesis de que el agua tiene memoria de solutos pasados es innecesaria y fantasiosa. La nota también señala que dos de los investigadores en el laboratorio de Benveniste fueron pagados por Boiron, una multinacional que se dedica a la venta de productos homeopáticos. Tenga en cuenta que uno de los autores es James Randi[16].

No supuso una gran sorpresa, ya que los resultados iban en contra de lo que sabemos de física, bioquímica y microbiología. La refutación del trabajo de Benveniste no inquietó, sin embargo, a los adeptos a la homeopatía y el trabajo se sigue citando a pesar de todo (amnesia de la verdad).

Ante la fuerte crítica, Benveniste comenzó, como es típico en estos casos, a hablar de cacerías de brujas, sacerdocio científico y de Galileo perseguido (pero no siempre es como lo formuló Swift en el epígrafe). Benveniste continuó, y se desacreditó aún más al publicar un artículo con la tesis de que existía una señal molecular electromagnética, una onda de baja frecuencia por medio de la cual se comunican las biomoléculas, que detectaba en su laboratorio, aun en el agua sin la molécula, y que era capaz de transmitir la «señal antigénica digitalizada» por teléfono transatlántico y por Internet.[17] En adición, lograba efectos bioquímicos con estos sonidos grabados en su computadora. ¡El potencial médico de esta fraudulenta «biología digital» es enorme!

Luc Montagnier, del Instituto Pasteur, aisló el virus VIH y publicó los resultados en la revista *Science* en 1983[18]. Tras una larga y en ocasiones estridente controversia con Robert Gallo sobre quién aisló primero el virus, el Premio Nobel en Fisiología o Medicina del 2008 se le otorgó a Luc Montagnier (compartido con Françoise Barré-Sinoussi de su laboratorio y con Harald zur Hausen por aislar el virus que causa el cáncer cervical). Hubo asombro en la comunidad científica por la exclusión de Gallo, cuyo laboratorio había descubierto que el virus

---

[16] J. Randi (1989). «The case of the remembering water». *Skeptical Inquirer*, 13, 142-145.

[17] J. Benveniste; P. Jurgens, W. Hsueh and J. Aissa (1997). «Transatlantic Transfer of Digitized Antigen Signal by Telephone Link». *Journal of Allergy and Clinical Immunology* 21-26 February.

[18] F. Barré-Sinoussi, J. C. Chermann, F. Rey, M. T. Nugeyre, S. Chamaret, J. Gruest, C. Dauguet, C. Axler-Blin, F. Vézinet-Brun, C. Rouzioux, W. Rozenbaum and L. Montagnier (1983). «Isolation of a T-lymphotropic retrovirus from a patient at risk for acquired immune deficiency syndrome (AIDS)». *Science*, 220 (4599): 868-871.

es la causa del sida, pero el comité del premio indicó que el premio se otorgaba por el *descubrimiento* del virus.

En 2008, Montagnier llamó la atención al anunciar que asumía un cargo en la Universidad Jiao Tong de Shanghai, para estudiar ondas electromagnéticas emitidas por el ADN de varios patógenos altamente diluidos[19] (*Mycoplasma* y *E. Coli*), siguiendo los pasos de Benveniste. Los trabajos publicados y las técnicas de laboratorio utilizadas son de tan baja calidad que pocos lo toman en serio[20]. Los críticos señalan, con razón, que la revista en la cual fueron publicados los resultados, *Interdisciplinary Sciences – Computational Life Sciences*, es una revista fundada por Montagnier de la cual es editor. Las expresiones de Montagnier sugieren la siguiente pregunta: ¿con qué nota pasó su curso de física general, si es que realmente lo cursó?

Estos trabajos rechazados por la comunidad científica son mencionados por aquellos que quieren que la homeopatía sea cierta, con frases como: «Las nuevas investigaciones realizadas por el premio Nobel Luc Montagnier dan un apoyo importante a la homeopatía». Tener un Premio Nobel no es garantía de nada, como ya hemos visto en los casos de Mullis, Pauling y otros, lo único que cuenta es la evidencia empírica y la coherencia teórica, y en ambos aspectos la homeopatía falla de forma contundente.

Estamos frente a un caso de ciencia patológica similar o peor a los casos de los rayos-N de Blondot y la fusión fría de Fleischmann y Pons. Aun así, existen grupos de investigación que insisten en que «hay algo», generando toda una comunidad de investigadores con conferencias internacionales y la publicación de artículos en revistas como el *International Journal of High Dilution Research*, revista publicada por el Groupe International de Recherche sur l'Infinitésimal (GIRI), grupo que surgió de unos seminarios sobre medicina alternativa organizados por la princesa Antoinette de Mónaco en los años ochenta. Pero, como dice un refrán, es imposible arar en el agua.

Es lamentable que se hayan establecido cátedras de homeopatía y acupuntura (y otras prácticas cuestionables) en universidades (por ejemplo, la cátedra Boiron de investigación, la docencia y divulgación de la homeopatía de la Universidad de Zaragoza, o el máster en Medi-

---

[19] *Science* 24 December 2010: French Nobelist Escapes «Intellectual Terror» to Pursue Radical Ideas in China, Vol. 330, No. 6012, pág. 1732.

[20] http://www.sciencebasedmedicine.org/the-montagnier-homeopathy-study/

cina Naturista, Acupuntura y Homeopatía de la Universidad de Valencia), que con esto se desprestigian, y al mismo tiempo les brindan credibilidad a estas prácticas. Pasan a ser, en palabras del periodista Fernando de Felipe, centros de «imbestigación» [investigación imbécil].

Uno pensaría que la literatura especializada que demuestra la falsedad de todo el asunto[21] echaría por tierra la práctica de la acupuntura y otras hierbas producto de la medicina china, y la venta de remedios homeopáticos, y que las autoridades gubernamentales que se han establecido para proteger al ciudadano de varios timos actuarían de forma acorde con lo que es cierto y lo que es falso. Pero lamentablemente no es así. Y usted, querido lector, es el que paga.

[21] *****La colección de libros con este título de la editorial Laetoli es altamente recomendable.

19
Propagación del virus

Un hombre que tiene algo que decir y no encuentra oyentes, está en una mala situación. Pero todavía están peor los oyentes que no encuentran quien tenga algo que decirles.

BERTOLD BRECHT

El periodismo consiste esencialmente en decir «Lord Jones ha muerto» a gente que no sabía que Lord Jones estaba vivo.

GILBERT KEITH CHESTERTON

Internet constituye un poderoso mecanismo de comunicación, un medio inigualable de convocatoria, un foro en el cual se puede presentar y debatir todo tipo de cuestiones. Es un sitio de expresión para los que antes no tenían donde acudir, un nuevo y dinámico componente de lo que es el discurso público que democratiza el mundo globalizado; la «aldea global».

También apoya un mercado gigantesco, ejemplificado por Amazon y eBay. Para aquellos de nosotros que sabemos aprovechar este recurso es fenomenal. Pero como cualquier tecnología, es un arma de doble filo. Internet es accesible para cualquiera, también para los criminales o depredadores que proponen negocios fraudulentos y roban identidades.

Se describió como la *autopista de la información*, pero en realidad es todo un país: *Cibernecia*, con autopistas, ciudades, pueblos, urbanizaciones, carreteras, y caminos, algunos tan fangosos que puede quedarse atascado. Es un país de imparable crecimiento, de maravillas y disparates al cual cualquiera puede acceder sin necesidad de un pasaporte o un visado. Sobre la puerta de entrada se lee: «Proteja su mente quien entre aquí». No hay mapas ni guías turísticos, y puede fácilmente perderse por el camino que no es, sin tan siquiera saberlo.

Neil Postman lo expresó de la siguiente forma[1]: «El mundo en el que vivimos se ha vuelto incomprensible para la mayoría de nosotros. Casi ningún hecho, ya sea real o imaginario, nos sorprenderá durante mucho tiempo, ya que no tenemos un mapa del mundo que sea exhaustivo y coherente que haría que ese hecho fuera una contradicción inaceptable. Creemos porque no hay una razón para no creer». De ahí, lo ya mencionado: el que no sabe nada tiene que creerlo todo. El abrumador *tsunami* de información genera su propia dinámica, y significa un cambio posiblemente más revolucionario que la invención de la imprenta por Gutenberg, que impulsó el Renacimiento europeo.

Lo que era hasta entonces el reducto de unos pocos pasó a ser accesible a todos, con la importante salvedad de que era necesario saber leer y tener los medios para adquirir un libro. A pesar de los nuevos medios, sigo pensando que los libros (también si son electrónicos) son especiales, y aunque esto pudiera ser síntoma de haber llegado a una cierta edad en la cual comenzamos a añorar «los buenos tiempos aquellos» creo que en este caso no lo es. La diferencia estriba en que mientras los otros medios nos brindan gran cantidad de información, un libro (un buen libro) nos brinda conocimiento. Aunque lamentablemente son pocos los que leen libros (buenos libros), estos son los portadores de la cultura, y si hay algo sagrado en una sociedad entonces lo son las bibliotecas. El libro permite el estudio y la reflexión, permite volver atrás para considerar y pensar acerca de lo leído, y por su naturaleza brinda una comunicación profunda entre el autor y el lector. Pero ¡ay!, los libros tampoco están exentos de las presiones del mercado y el filtro de editores que controlan el tipo de libro que se publica y que por lo tanto tienen un gran impacto sobre la cultura.

Basta acudir a una librería y constatar que una buena fracción de sus anaqueles está ocupada por libros pseudocientíficos (junto a gran cantidad de libros en la zona gris de la «autoayuda»), testigos del negocio de la insolencia. Sus autores demuestran poco conocimiento, falta de seriedad y coherencia en lo que escriben. Es pura basura, pero se vende bien.

Por otro lado, sepa que anualmente se publican millones de libros y se estima que en toda la historia se han publicado unos 130 millo-

[1] Neil Postman (1992). *Technopoly. The Surrender of Culture to Technology*. Knopf. pág. 58. (*Tecnopolis la rendición de la cultura a la tecnología*. Galaxia Gutenberg, 1994).

nes. La mayoría son ficciones, trabajo creativo que produce la más amplia variedad. En menor medida, ensayos acerca de algún tema de interés, y libros sobre temas científicos. Aun así son cuantiosos, y muchos repiten lo mismo de una forma u otra. Cada año aprendemos algo nuevo, pero no da para tanto. Si usted leyera un libro por semana (mucho pedir), no podría superar los 5.000 en toda su vida, así que ¡escoja con cuidado! (Y me alegro de que este libro que tiene entre manos esté entre los escogidos.)

El discurso público es aquello que «está en el aire», producto de lo que preocupa y ocupa a la gran mayoría de las personas en una sociedad en determinado momento. Es un discurso que todos escuchamos, ya que está en la televisión, la radio, las revistas, los periódicos, Internet y los libros. Es la «conversación» política, religiosa y comercial: el intercambio de información e ideas. Este discurso adquiere su propia dinámica, como una onda en el agua que una vez iniciada se propaga por su cuenta.

Se construye por su medio una «pseudorrealidad», como lo observa Alejandro Agostinelli[2], «en la cual cientos de miles de personas que alimentan con sus observaciones, experiencias e historias una casi teatral galería de fenómenos extraordinarios que –vistos de cerca– nos enseñan más sobre nosotros mismos que sobre una realidad alterna».

Muchos medios alimentan el pseudoconocimiento, ya que, si ocurre un accidente en el Triángulo de las Bermudas, la noticia no dejará de mencionar este hecho, por más irrelevante que sea, y si un médico de dudosa trayectoria afirma que los cuarzos alivian los dolores musculares, se le entrevistará. Y aunque otro médico afirme que todo eso no sirve (el 99,999% de los médicos), el público saldrá con la impresión de que la opinión científica está dividida. Es noticia si un grupo de ciudadanos jura que vio un ovni y no es noticia si digo que no dudo que vieran un ovni, pero seguramente no se trataba de alienígenas (me ha ocurrido que solo se cita la primera parte). En la mente del público esto refuerza la idea de que los videntes y otros charlatanes tienen algún conocimiento o poder especial y que los fenómenos paranormales son reales. Se presentan personas célebres,

[2] http://ar.noticias.yahoo.com/blogs/ciencia-bruja/sobre-tortugas-peces-y-ranas-que-caen-del-202119590.html

pero con poco cerebro, que dan testimonio de la eficacia de algún tratamiento dudoso y que harían una gran labor pública si no se expresaran acerca de lo que no saben.

En el pasado, el discurso público era limitado geográficamente por el radio de acción y velocidad del medio, que en esas épocas era la velocidad de un caballo o de un tren. Recordemos que hace tan solo cien años no existía la radio ni la televisión, ni los teléfonos móviles ni los ordenadores (¡qué primitivos!), y el discurso público se propagaba por medio del discurso oral directo y por la tipografía, es decir, los libros, los panfletos y la prensa. Esto cambió cuando Samuel Morse inventó el telégrafo, y el 24 de mayo de 1844 transmitió el primer mensaje desde Washington a Baltimore. El mensaje era una pregunta: «*What hath God wrought?*» ('¿Qué ha engendrado Dios?'). Con el tiempo, las nuevas tecnologías nos han facilitado el acceso instantáneo a las noticias de todo el mundo.

Según Neil Postman[3], el desplazamiento del medio tipográfico por el medio visual de la televisión (y más recientemente Internet) –regido por la ideología del entretenimiento– ha afectado la seriedad, la calidad, la estructura y el valor del discurso público. Ya en 1854 escribía Ralph Waldo Emerson refiriéndose al telégrafo: «Estamos ávidos por hacer un túnel bajo el Atlántico y acercar el Viejo Mundo al Nuevo durante unas semanas, pero quizá la primera noticia que pasará a la amplia oreja americana será que la princesa Adelaide tiene tos convulsa»[4].

Bourdieu[5] señala que la competencia entre los medios por obtener el índice de audiencia más alto genera una dinámica que se nutre de la influencia mutua de los medios, buscando cubrir las mismas historias consideradas «importantes» emulando los formatos de éxito, todo lo cual conduce a una homogeneización del contenido. Buscar atraer y complacer a una mayoría termina en lo banal, en un conformismo institucionalizado y al mismo tiempo en la dramatización de lo que no es dramático. Según Bourdieu: «Los peligros políticos

[3] Neil Postman (1985). *Amusing Ourselves to Death – Public Discourse in the Age of Show Business*. New York, Penguin. *Divertirse hasta morir: El discurso público en la era de show business*. Barcelona, Ediciones de la Tempestad.

[4] Ralph Waldo Emerson (2000). *Walden* (1854). *The Modern Library*. Random House.

[5] Pierre Bourdieu (1997). *Sobre la televisión*. Barcelona, Anagrama.

inherentes a la utilización cotidiana de la televisión resultan de que la imagen posee la particularidad de producir lo que los críticos literarios llaman el efecto de realidad, puede mostrar y hacer creer en lo que muestra».

La situación empeora con la creciente concentración de los medios en pocas manos, con un puñado de corporaciones que dominan el mercado. Es mucho más efectivo que un sistema de adoctrinamiento y censura impuesto por la fuerza por un régimen totalitario, ya que tiene toda la apariencia de ser un sistema abierto. La marginal disidencia que se acepta, siempre y cuando no represente una real o percibida amenaza, solo contribuye a mantener la apariencia de tolerancia y libertad, sin ser en sí una amenaza a las estructuras de poder. El periodista se encuentra entre la espada y la pared, en muchos casos relegado a ser un simple portavoz de la oficialidad divulgando información generada por comunicados y conferencias de prensa y reportajes que sirven al entrevistado, y en otros casos cómplice ingenuo de las intrigas de palacio.

En el caso de que algún periodista se pase de la raya, siempre está el recurso de agresiones, intimidaciones y amenazas por parte de individuos sin identificar o por miembros de las fuerzas del orden, como ha ocurrido en muchos países. Una llamada a la esposa de un periodista con la amenaza de que si su marido no deja de entrometerse matarán a su hijo[6] puede ser muy persuasiva.

La ciencia brilla por su ausencia o se distorsiona para amoldarla al contexto de noticia o entretenimiento en el discurso público. La ciencia sufre por el desconocimiento que, con raras excepciones, tienen de ella periodistas y editores. Escribo esto habiendo presenciado un hermoso eclipse lunar, y en la prensa, el día anterior, encontré el siguiente titular: «La Luna se pondrá roja en la madrugada», que cito completo[7]. El breve artículo comienza así:

> En la madrugada del 15 de abril, curiosamente la fecha límite en que se radica la Planilla de Contribución sobre Ingreso, la Luna se tornará color sangre.

[6] Amnistía Internacional, Argentina - http://www.amnesty.org.ar/periodistas.pdf Periodistas, Acreditación de prensa - ¿Las credenciales equivocadas? Amenazas, agresiones e intimidación contra miembros de la prensa.

[7] http://www.primerahora.com/noticias/ciencia-ambiente/nota/lalunaseponpondrarojael15deabril-1001322/

> No, no será como resultado del coraje que muchos experimentarán ese día al pagar los impuestos o conocer que su reintegro es menor de lo esperado, es que ocurrirá un eclipse lunar total, que será visible desde la Isla.
>
> «Cuando ocurre un eclipse total de la Luna, es que la Luna está pasando por la sombra que la Tierra ocasiona. Cuando pasa por allí, con relación al Sol, se obstruye la luz que usualmente ilumina la Luna», explicó Eddie Irizarry Roble, de la Sociedad de Astronomía del Caribe, sobre cómo es que ocurre este evento astronómico.
>
> «Cuando está pasando de forma perfecta, por la sombra, se le conoce que está pasando por la umbra que es esa sombra que obstruye total la luz solar de la Luna», añadió el aficionado a la astronomía.

Lamentablemente el artículo continúa:

> Para la astróloga de *Primera Hora*, Rukmini, los eclipses lunares siempre están relacionados con un aumento en la criminalidad, la violencia y eventos naturales peligrosos.
>
> «Este eclipse no se presenta como un buen augurio y tú lo ves, porque están pasando muchas cosas raras», dijo la estudiosa de los astros.
>
> «Además de que ahora mismo está ocurriendo una oposición de la Tierra con Marte», alertó sobre lo que también ocurrirá para el mismo tiempo.
>
> «Siempre que hay un eclipse, hay que vigilar y tener mucho cuidado», señaló quien detalló que Marte es considerado un planeta de violencia y guerra, y al unirse con el eclipse, en el que la Luna se tornará roja, añade a un ambiente «peligroso».
>
> «Hay que evitar las discusiones y las peleas», recomendó.
>
> Este eclipse es el primero de cuatro que ocurrirán con una diferencia de seis meses, lo que abre un tiempo de malos augurios.
>
> «A mí no me gusta alarmar, ni meter miedo, pero esto aumenta los crímenes. Eso lo sabe todo el mundo», dijo.
>
> «Los locos se ponen más locos, porque los líquidos del

cuerpo afluyen y no tienen por dónde salir y eso hace que el comportamiento del ser humano se dañe», explicó.

«Estos eventos pueden traer algo un poco peligroso, más violencia de la necesaria», aseguró Rukmini.

¿Cómo hace el lector para distinguir entre lo que dice el «aficionado a la astronomía» de las estupideces que dice la «estudiosa de los astros»?

El discurso público no solo se caracteriza por lo que incluye, sino aún más por lo que excluye. Con loables excepciones, no se escucha un discurso en el cual se plantee seriamente el desarme o la injusticia global, y menos aún el papel de las religiones entre otras cosas que afectan el futuro de la humanidad y que son infinitamente más importantes que las elucubraciones de una Rukmini.

Cuando se discute un problema social, participan representantes de distintas religiones para contribuir con sus trilladas posturas dogmáticas citadas en algún texto antiguo obsoleto. Estos señores no contribuyen a la solución de los problemas, no porque no tengan en muchos casos buenas intenciones, sino porque nuestros verdaderos problemas no se resuelven con frases hechas y que Dios nos ayude. Si fuera tan fácil, ya no tendríamos problemas.

Cuestionar estas cuestionables premisas religiosas se considera una falta de respeto, aunque una postura basada en premisas cuestionables no merece respeto, *per saecula saeculorum*. En muchas esferas se ha popularizado el concepto del discurso «políticamente correcto», lo cual no es otra cosa que instituir la hipocresía, desviar la atención de los temas más importantes por más incómodos que sean.

Cuestionamos a los extraterrestres, las curaciones milagrosas (pero no los milagros), y los cultos indígenas. Cuestionamos a los psíquicos que se comunican con los difuntos, pero no al religioso que se comunica con Dios. ¿Y cuál es la diferencia? Como dijo H. L. Mencken[8]: «Existe el sentir generalizado de que la religión es una cosa altamente compleja y enigmática, con funciones tan diversas y siniestras que los hombres comunes mejor evitan pensar sobre ellas, de igual modo que evitan pensar acerca de las piernas de la reina o la muerte del rey».

---

8 ***H. L. Mencken (1930, 1973). *Treatise on the Gods.* Maryland Paperback Bookshelf, pág. 4.

Mencken continúa: «Sin embargo, en el fondo, es bastante sencillo. No hay nada realmente secreto o complejo en relación con ella, sin importar lo que digan los que la profesan. Ya sea que se presente en la palabrería de un indio winnebago o en los ritos elaboradamente refinados y metafísicos de un arzobispo cristiano, su única función es la de dar al hombre acceso a los poderes que parecen controlar su destino, y su único propósito es la de provocar que esos poderes sean amistosos con él. Esa función y ese propósito son comunes a todas las religiones, antiguas o modernas, salvajes o civilizadas, y son la única característica común entre todas ellas. Nada más es esencial».

Cuando aquellos en el poder lo consideran necesario, elevan ciertos temas al mismo plano religioso para así no tener que responder. Entonces se aducen razones de «seguridad nacional» o se invoca al patriotismo (otra vaca sagrada de dudoso valor). Y si no, siempre se puede recurrir a la mentira pública o personal (en ocasiones implementada como omisión), un recurso milenario aceptado con la idea de que puede ser necesario en situaciones en las cuales la verdad se percibe como causa de mayor daño. Claro que los que deciden acerca del uso de este recurso son justo aquellos que conocen la verdad, y el daño al cual generalmente se refieren es daño a sus propios intereses, públicos o personales.

A lo largo de la historia ha habido gobiernos que han hecho de esto un principio de gobierno, negando rotundamente lo que es obvio, invocando todo tipo de evasivas (es común escuchar a un portavoz decir: no confirmamos ni negamos la noticia) incluido un bien ulterior y superior. En muchos casos, la seguridad nacional ha sido esgrimida para causar una total inseguridad personal.

Si miro a través de todo este discurso político o religioso, lo único que veo es una estructura de poder cuyos miembros tratan de justificarse y perpetuarse por todos los medios. Y cuando tropiezan, como ocurre a menudo, reaccionan ofendidos y con cara de lata declaran que se les acusa maliciosamente y que sus conciencias están tranquilas, muchas veces agregando a Dios como testigo, quien debe de estar bastante harto de ser mencionado bajo estas circunstancias.

La televisión anestesia nuestras sensibilidades hasta que las atrocidades y desgracias que nos presentan a diario se confunden como si fueran parte de la vida, aunque son parte de la muerte, y ya no nos importan (a menos que representen una amenaza, como lo hemos constatado tristemente con la reciente epidemia del ébola en algunos países africanos).

La homogeneización de la cultura anula las diferencias que dan sabor a la vida y destruye la diversidad cultural e intelectual que necesitamos para enfrentarnos a nuestros problemas. Actúa, en última instancia, en contra de una cierta tensión que es necesaria para la creatividad, cuna del progreso social.

El lavado de cerebro incluye una propaganda comercial, preparada con el asesoramiento de expertos en tergiversación, conocedores de psicología cognitiva, que nos bombardea sin piedad –consuma y consuma lo mío que es mejor– en una espiral sin fin que estimula el deseo por bienes materiales. Saben que el público no responde a datos y razones, pero sí a la experta manipulación de las emociones. Se nos pega a la mente como moscas a una bosta en un húmedo día de verano. Se estudia cuidadosamente todo lo referente al envase de un producto, forma, color, y símbolos que conectan con el subconsciente del consumidor para que se sienta atraído. El envase es más importante que lo que contiene, una idea que se puede generalizar a las personas con sus vestimentas, joyas y maquillajes. Los psicólogos que asesoran a la industria tienen en sus miras a los chicos para así llegar a los bolsillos de los padres. Por eso se colocan las golosinas a una altura accesible a los niños a la salida del supermercado.

Muchos (¿algunos?, ¿todos?) sentimos la necesidad de salir del anonimato y del dominio de las sociedades anónimas, de ser más que uno más entre 7.000 millones. De alguna forma, ser célebres y quizá también celebrados, de ser famosos o tal vez infames. Hay algunos, según el Crencha de Rosencof[9], «que si van a un entierro quieren ser el muerto». La televisión ofrece la oportunidad de notoriedad inmediata, aunque fugaz, sin gran esfuerzo. Ser reconocido por millones, aunque sea por una estupidez, es seductor. Solo así me explico cómo es que hay gente que esté dispuesta a hacer el ridículo públicamente o a aceptar lo que para muchos es un trato denigrante.

Ante la avalancha informática hay cada vez menos tiempo para reflexionar sobre el pasado o inquietarse por el futuro. Leer un im-

---

[9] Mauricio Rosencof (1999). *Cajón de Sastre*. Cal y Canto, Montevideo, Uruguay. (El Crencha es un personaje de las historias de Rosencof.)

portante libro sobre un tema lleva tiempo, tiempo que cada vez más se pierde en el consumo y la producción de información. El horizonte de tiempo que percibe una persona se hace cada vez más corto con el vasto presente global dominante. Este **presentismo** conlleva que la memoria del pasado se pierda, y que para muchos *Hiroshima* y *Auschwitz* sean términos cuyo verdadero significado no se aprecia. De ahí la importancia de leer algo como el ya mencionado diario de Chaim Kaplan, de vivirlo para que no le cuenten.

El problema es que sin mapa nos extraviamos en Cibernecia, sin guía nos perdemos en la librería. El mapa es producto del conocimiento adquirido por medio de la educación formal, los guías son los maestros y profesores que deben concebir este papel como el más importante junto a la enseñanza de las destrezas básicas, ya que lo otro, la información, es fácil de conseguir. La revolución cibernética no ha sido acompañada de una necesaria revolución en la educación, un enfoque que tenga en cuenta que el problema es la distinción entre información y conocimiento.

No solo se reduce el horizonte temporal, sino que las cada vez más penetrantes herramientas de análisis permiten generar para cada viajero una burbuja cibernética dentro de la cual viaja por alguna ruta. Las huellas que dejamos en Cibernecia son analizadas por sabuesos que estudian nuestros gustos y costumbres para personalizar nuestra visita. ¿O acaso piensa que es casualidad que se abran ventanas que contienen anuncios de algo que hace unos días usted buscó en Google?

Cada vez más, las personas pasan horas explorando Cibernecia, pero solo pueden rascar la superficie, al igual que esos turistas que visitan ocho países en dos semanas, sin tiempo ni medios para profundizar. Navegamos dentro de una burbuja en la cual buscamos aquello que nos interesa, aquello que va de acuerdo con lo que ya creemos, en un círculo vicioso alimentado por el sesgo confirmatorio que nos aleja del conocimiento, generando una comunidad de *igualpensantes*. Forman una burbuja virtual similar a las que ya tenemos con nuestras iglesias, mezquitas, templos y diversos clubes sociales. Si somos homofóbicos entraremos en burbujas homofóbicas; si creemos en los ovnis, entraremos en esa burbuja; y si nos interesan las conspiraciones, encontraremos cientos de sitios que nos las presenten. El fanático o extremista, en vez de encontrarse solo en su locura, encuentra ahora una red de apoyo. El resultado final del viaje es un aumento de la polarización. A pocos les gusta estar entre gente que no piense como uno, pero es una buena experiencia y puede ser muy positiva.

Para adquirir conocimiento es necesario analizar un tema con profundidad para no quedarse en la superficie, que es lo que se consigue con cortos artículos cibernéticos. El libro –el buen libro– nos permite salir del *presentismo*, nos permite profundizar, analizar y comprender asuntos que de otra manera no se entienden.

20
¿Qué es lo que pasa?

La humanidad difícilmente podría sobrevivir sin creencias que son incoherentes, improbables, desconectadas y tontas.

Martin Hollis[1]

Al analizar el fundamento de muchas de nuestras creencias nos encontramos frente a un montón de vidrios rotos y uno se pregunta cómo es que a pesar de esto perduran. Detrás de todo se encuentra el ya mencionado imperativo paranormal y nuestra herencia cognitiva. Creer en agentes cuyas habilidades van algo más allá de las humanas es nuestra condición por defecto, nuestra mente viene así de fábrica y es muy difícil cambiarla[2]. La disonancia cognitiva surge con el despertar de nuestra conciencia, que ha permitido la supremacía del ser humano. Pero también surgió el conocimiento de nuestra finitud, que junto a la imaginación nos permitió inventar una ficción para escapar del horror metafísico.

Ya hemos visto a lo largo de todo lo anterior que el sesgo confirmatorio, la falacia *post hoc*, la memoria selectiva y la confusión entre correlación y causación, contribuyen a llegar a todo tipo de conclusiones sin fundamento. El conformismo, la adhesión a la tribu y la manipulación institucional afianzan las creencias. Las personas mantienen sus creencias a pesar de la variada gama de incoherencias. La explicación no se encuentra ni en la ignorancia ni en la falta de razón. Muchas personas muy educadas y sin problema alguno en ser críticos en muchas áreas son creyentes (de muchas cosas) a pesar de

[1] Martin Hollis (1983). *Rationality and Relativism*. Edited by Martin Hollis and Steven Lukes. Blackwell.

[2] *****Diego Golombek (2014). *Las neuronas de Dios*. Siglo XXI.

todo. Por otro lado, recordemos la máxima da Hitchens: «Aquello que se propone sin evidencia se puede rechazar sin evidencia».

El ser humano es capaz de distorsionar la realidad y creer lo increíble (en casos extremos, terminando en el manicomio). Lo sobrenatural funciona como anestésico psicológico, junto a la idea de un más allá en el cual la vida sigue después de la muerte.

Siguiendo a Michael Shermer[3] apunto algunas razones por las cuales las personas creen en cosas que no tienen fundamento.

Amimefuncionismo

Una reacción común a los argumentos opuestos a alguna creencia dudosa sería: «A mí no me importa lo que diga, funciona» (en palabras de Javier Armentia es el «amimefuncionismo») o, alternativamente, «a mí no me importa lo que diga, tengo fe». La segunda reacción es inapelable, eso es lo que quiere decir tener fe y el creyente encontrará varios sofismas y racionalizaciones que le ayudarán a mantenerla. Llegado a ese punto se acabó el argumento: *Contra principia negantem disputari non potest.*

En la Edad Media se creía que era posible mediante maleficios causar daño. De este modo se acusaba a las brujas: la acusada (generalmente una mujer de edad, viuda, fea y desagradable) hizo tal cosa (me preparó un té, se cruzó conmigo en el camino, pasó mucho tiempo con los pies en el río), y luego me ocurrió una desgracia (se murió una vaca, se enfermó un pariente, una tormenta destruyó la cosecha). Operaba *post hoc* y el sesgo confirmatorio, que también contribuía, en algunos casos, a que la acusada realmente creyera que tenía poderes.

Es común que alguien diga que la astrología (o una terapia o un vidente) funciona porque «el astrólogo me predijo en detalle lo que luego me ocurrió», a menudo agregando algo como que «no había forma de que lo supiera», sin considerar que no es que lo sabía, sino que se trató de un acierto, y que además en muchos casos de personas

[3] *****Michael Shermer (2002). *Why people believe weird things. Pseudoscience, Superstition, and Other Confusions of Our Time.* Owl Books. Holt. *Por qué creemos en cosas raras.* Alba.

muy hábiles, sí había forma de que lo supiera (en algunos casos notorios recurriendo a todo tipo de subterfugios incluyendo el espionaje electrónico). Los sesgos cognitivos y errores estadísticos nos tienden la trampa sin nosotros darnos cuenta, y así *funciona* la astrología, *funciona* el vidente y *funcionan* muchas de las medicinas y terapias alternativas. Pero no funcionan por lo que dicen o creen sus practicantes, no funcionan por las extrañas teorías que se inventan para explicar por qué funcionan. Funcionan por las razones que son el tema de este libro.

Consuelo

Uno se siente bien si cree *en* la vida después de la muerte por más que no haya razón ni evidencia alguna para creer *que* esto sea cierto. Las últimas palabras de Eichmann en el cadalso fueron: «Larga vida a Alemania, larga vida a Argentina, larga vida a Austria [...]. *No los olvidaré*».[4]

La ficción de la vida después de la muerte es además un buen negocio, ya que nadie regresa a reclamar su dinero cuando no se cumple. Creer en un Dios bondadoso que nos protege y nos ayuda cuando lo necesitamos como si fuera un padre («Padre nuestro que estás en los cielos...») es un apoyo psicológico importante para enfrentar las realidades de la vida con su final de amnesia total. Las creencias religiosas ofrecen un poderoso manto de seguridad y consuelo, un placebo espiritual.

Ante una tragedia Darwin no nos brinda gran consuelo. Tal vez Laplace no necesitaba «esa hipótesis», pero parece que la mayoría de las personas sí la necesitan. El gran Bertrand Russell no la necesitaba y escribió[5]: «Creo que cuando muera me pudriré, y nada de mi ego sobrevivirá. No soy joven y amo la vida. Pero me estremezco de terror ante el pensamiento de la aniquilación. La felicidad no es menos verdadera felicidad porque deba llegar a un final, ni tampoco pierden su significado los pensamientos y el amor porque no sean

---

[4] Hannah Arendt (1994). *Eichmann in Jerusalem: A report on the banality of evil.* Penguin. *Eichmann en Jerusalén.* De Bolsillo (2006).

[5] Bertrand Russell (1925). *What I Believe.* Routledge Classics, pág. 7.

imperecederos. Más de un hombre se ha parado con orgullo sobre el cadalso, ciertamente el mismo orgullo debería enseñarnos a pensar de verdad sobre el lugar del hombre en el universo. Aun cuando las ventanas abiertas de la ciencia nos hacen temblar al principio, luego del confortable calor de los mitos humanizantes tradicionales, al final el aire fresco trae vigor y los grandes espacios tienen su propio esplendor».

Gratificación inmediata y simplicidad

El psíquico (vidente, curandero, astrólogo) ofrece soluciones inmediatas a nuestros problemas y promete certeza de cara a la incertidumbre. ¿Quién no quisiera respuestas rápidas y atractivas? Todos quisiéramos saber qué va a ser de nosotros o de nuestros seres queridos. Aquellos que acuden al psíquico buscan respuestas a preguntas relacionadas con el amor, la salud y el trabajo. En ocasiones, algunas almas solitarias (escribo en sentido metafórico) solo quieren a alguien que les escuche y les diga algo positivo.

La superstición y las creencias en el destino y lo sobrenatural nos ofrecen una manera fácil para transitar por los complejos caminos de la vida, y nos quitan el peso de la responsabilidad, como lo implica el tan repetido «que sea lo que Dios quiera». También llenan el vacío existencial, el terror metafísico generado por la asimetría trágica, al cual ya me he referido, bien expresado por Blaise Pascal[6]: «Cuando considero la breve duración de mi vida, absorbida en la eternidad que la precede y la que la sigue, el pequeño espacio que lleno y cuando, por lo demás, me veo abismado en la infinita inmensidad de los espacios que ignoro y que me ignoran, me aterro y me asombro de verme aquí antes que allá, ya que no hay razón porque esté aquí antes que allá, porque exista ahora más que entonces. ¿Quién me ha puesto aquí? ¿Por orden de quién me han sido destinados este lugar y este tiempo? El silencio eterno de los espacios infinitos me aterra». Las creencias, por más infundadas que sean, permiten que el creyente se explique el mundo y se explique a sí mismo en relación con el mundo con un relato simple que nos permite dormir en paz.

---

[6] Blaise Pascal (1669-2007). *Pensamientos*. Ediciones Cátedra.

El pseudoconocimiento es fácil de entender, ya que hay poco que entender. El pensamiento mágico-religioso no necesita de las destrezas que son necesarias para implementar un temperamento científico que muchas veces va en contra del sentido común (en palabras de Bertrand Russell «la metafísica de la edad de piedra»), y en contra de nuestros deseos. Las explicaciones científicas (cuando las hay) son complejas y solo se comprenden después de un difícil proceso de aprendizaje. Aunque nos gusta pensar que hemos progresado a grandes pasos, el pensamiento mágico-religioso persiste y es la forma en la cual el individuo se siente cómodo para manejarse en este mundo que aparenta ser enigmático y misterioso.

La pseudociencia y pseudomedicina echa mano al tecnobalbuceo para aparentar validez, utilizando terminología científica indiscriminadamente. El refugio en lo cuántico (palabra muy utilizada por el gurú de la nueva era Deepack Chopra) es una estrategia para erigir una cortina de humo entre lo que se entiende y el disparate. Es cierto que la mecánica cuántica es difícil de entender hasta para los estudiosos de la física, y no sorprende que para el lego sea desconcertante. Richard Feynman, uno de los físicos más brillantes de la historia, dice[7]: «... la dificultad es realmente psicológica y existe en el tormento perpetuo que es el resultado de uno decirse «pero ¿cómo es posible que sea así?», lo cual es una reflexión del deseo incontrolado, pero totalmente vano de ver en términos de algo familiar. No lo voy a describir en términos de algo familiar; voy simplemente a describirlo... Creo que puedo decir sin peligro que nadie entiende la mecánica cuántica... No siga diciéndose, si lo puede evitar, «pero ¿cómo es posible que sea así?», porque se va a agotar cayendo a un callejón sin salida del cual nadie ha escapado aún. Nadie sabe cómo es posible que sea así».

Ante esta situación, el lego acepta que lo que propone el estafador es incomprensible *por ser científico*, sin entender la diferencia. Pocos entienden en realidad cómo funciona una aspirina: quita el dolor como por arte de magia. ¿Por qué no creer que lo mismo puede hacer un imán o un cuarzo?

---

[7] Richard Phillips Feynman (1967). *The Character of Physical Law*. MIT Press.

Identidad

Ante rápidos cambios políticos, económicos y sociales, muchos han perdido su sentido de pertenencia al grupo tradicional y buscan una identidad que dé sentido a sus vidas, sumergidas en el anonimato. Somos tribales y necesitamos pertenecer a un grupo que nos dé apoyo y nos guíe. Algunos lo logran con la adhesión a un club deportivo, pero para una gran masa de la humanidad la tribu moderna se define por la identidad religiosa, que es en muchos casos la única disponible.

Esperanza

Anhelamos vivir en un mundo cónsono con nuestras necesidades materiales y emocionales. La realidad es mucho más dura que la ficción y los problemas que se ciernen en el horizonte de la humanidad no auguran un final feliz. Entonces en un perverso trastoque se piensa que el oscuro horizonte es el anuncio del tan ansiado futuro. Es una cuestión de esperanza y no de lógica y evidencia. Es más atractivo y natural creer en fuerzas más allá de lo evidente, fuerzas que tienen el poder de resolver nuestros problemas. En el caso de alternativas pseudocientíficas a ciertos medicamentos o tratamientos, lo que seduce es que lo que se propone es más atractivo que la realidad. Es más atractivo creer que, aunque infectado con VIH no desarrollaré sida y es más atractivo creer que mi hijo, que tiene un problema de déficit de atención, es en realidad un «niño índigo» superior.

Alguien dijo: «Un hombre puede sobrevivir unos cuarenta días sin alimento, unos tres días sin agua, unos ocho minutos sin aire, pero solo un segundo sin esperanza». Atribuido por algunos a André Gide y otros a Hal Lindsey (evangelista estadounidense). Como sea, alguien lo dijo. Por eso Dante dice al entrar al infierno: *Lasciate ogne speranza, voi ch'entrate.* Tener esperanza en un mundo mejor es deseable y puede llevar a la acción, pero la esperanza de una vida mejor después de la muerte es absurda y conduce a la acción equivocada (como estrellar aviones llenos de gente en edificios llenos de gente). Sería saludable descartar las ilusiones, sin por eso desilusionarnos, pero como es algo que traemos de fábrica será muy difícil; algunos piensan que imposible.

Concluyo con otra cita de Homer W. Smith[8]: «Toda la historia humana nos revela que la metafísica trascendental no es solamente fútil, sino también peligrosa. Aquellos que han emitido, frecuentemente por medios deshonestos, sus especulaciones infundadas como si fueran la verdad sobre los ingenuos y crédulos, han servido para retrasar la autorrealización del ser humano más que cualquier otro infortunio que le haya ocurrido. La historia también nos revela que el ser humano no necesita alguna clase de metafísica trascendental; sus satisfacciones y logros los ha encontrado enteramente dentro del marco de referencia que toma las cosas como son en el aquí y ahora. Ningún patrón de vida está escrito en las estrellas; cada uno debe ser probado y estimado de acuerdo al individuo. Ningún principio de justicia es predestinado, la justicia debe efectuarse entre individuos como un compromiso razonado. Ningún valor puede ser capitalizado; todos los valores son flujos en la dinámica vital. Ningún poder sobrenatural le puede ayudar; debe encontrar dentro de su ser la visión creativa, el valor y la voluntad para su realización».

Amén.

[8] ***Homer W. Smith (1952). *Man and his Gods*. Little, Brown and Company, pág. 443.

21
El más allá a modo de resumen

Cualquiera que sea tan estúpido como para preocuparse de cómo lo recordarán, merece ser olvidado.

GORE VIDAL

Millones de personas que suspiran por ser inmortales no saben qué hacer una tarde lluviosa de domingo.

SUSAN ERTZ[1]

No deje que lo siguiente lo saque de su felicidad, de su complacencia, de seguir por el camino que se ha trazado. No se me ponga triste o ansioso, no se preocupe por ello (que de nada le servirá), ya que en realidad no es algo nuevo ni nada que usted no sepa ya. Quizá decida cambiar alguna que otra cosa en su comportamiento, pero no es mi deseo atormentarlo con este hecho. Sin embargo, el hecho es ineludible: usted se va a morir, y ocurrirá muy pronto en una escala histórica.

Ese es el problema fundamental de la vida: la muerte. Quizá le parezca algo duro, quizá no le guste pensarlo, pero esa es la realidad. Al final se lo comen los gusanos y en general y en poco tiempo no somos ni memoria. Melvin Konner[2] escribe acerca de cumpleaños infelices: «Cada cumpleaños, un poco de muerte; cada rito de paso, otro paso hacia ella. En un sentido la vida consiste en un continuo camino de dolor y luto, durante el cual lamentamos nuestra pérdida. Piense en

[1] Susan Ertz (1943). *Anger in the sky*. Harper & Brothers.

[2] Melvin Konner (1982). *The Tangled Wing: Biological Constraints on the Human Spirit*. Harper, N. Y., pág. 354.

la rabia, piense en el trauma; piense en la pena... ¿Es para asombrarnos que las religiones del mundo, grandes y pequeñas, con sus ficciones venerables y mutuamente contradictorias, y su insaciable hambre de guerra santa, tengan tanto agarre sobre tantas mentes excelentes? Al menos ofrecen un bálsamo frente al gran dolor».

De hecho, esta triste realidad no es tan así si usted cree, como se creía en la Antigüedad y muchos aún creen, que hay vida después de esta en el «más allá». El origen de las religiones se encuentra en la tumba. Las tumbas de los neandertales sugieren que ya ellos creían que cuando enterraban a un ser querido había algo que perduraba en algún lugar: el alma en ese mítico más allá. O, como también se dice, «van al cielo». Y el cielo, ¿dónde queda?

Durante muchos años un número creciente de astrónomos ha estudiado todo el espacio accesible a nuestros instrumentos. Detectores de todo tipo, ubicados sobre la Tierra y en el espacio, han escudriñado los más recónditos lugares del universo y encontrado una gran cantidad de cosas interesantes. Con cada década que pasa, nuevas tecnologías han mejorado nuestros instrumentos y hemos logrado ver más allá, hasta que estamos observando el umbral de nuestro universo, que ocurrió hace unos inimaginables catorce mil millones de años (0,000000005 de lo que usted vive).

Pero luego de muchos años de exploración, siglos de razonamiento y milenios de curiosidad, por más que cada vez vemos más allá, no hemos encontrado *ese* más allá ni alguna evidencia de su existencia. Hace quinientos años, osados exploradores pretendían encontrar el jardín del edén. Nunca lo encontraron, tampoco hemos encontrado el cielo. Todo suena como un buen cuento, para que nos portemos bien, para que no pensemos que nos morimos y no hay más nada, para que no perdamos las esperanzas, para que no parezca todo tan trivial. Lo asombroso es que muchos creen un cuento que es ingenuo, como si fuera para niños. Platón, el pensador, lo dijo muy bien: «Podemos fácilmente perdonar a un niño que teme a la oscuridad; pero la verdadera tragedia de la vida ocurre cuando un adulto le tiene miedo a la luz».

Brutales batallas planificadas por los adultos para los jóvenes de este mundo, verdaderas carnicerías de dolor, atroces episodios para llegar más rápidamente a donde al fin llegamos todos. Además, querido lector, es muy corta la vida. Hay tanto por hacer, tanto por conocer y tantos libros por leer, y en cualquier momento nos apagan la luz. Peor aún, todas esas cosas suyas, las más preciadas memorias, aquel álbum de fotografías preparado con tanto amor, este libro escrito con tanto esmero, más temprano que tarde terminarán en el vertedero del olvido.

Cierto que tenemos hijos y amigos que nos quieren, nos aprecian, y esas cosas durarán un rato, pero dentro de nada más que cien años le aseguro que no quedará nada. ¿Acaso usted conoce a su bisabuelo? «Conoce», digo, más que una fotografía vieja y descolorida que puede ser que cuelgue en una pared de su hogar, «conoce» en el sentido de saber de él, de su vida, de sus sentimientos, de lo que era. Lo dudo.

La creencia de que el más allá se encuentra en algún lugar envuelve hasta al Observatorio de Arecibo, donde trabajé por un tiempo. Hace algunos años llegaron a mi despacho dos señores muy bien vestidos para solicitar mi ayuda para aclarar un asunto que les preocupaba. Tenían duda acerca de lo que predicaba uno de los hermanos de la Iglesia. Para su gran alivio les aseguré que no era cierto que desde Arecibo recibíamos los sonidos de las trompetas del juicio final, comenzando por el hecho de que, aunque se llama *radio*telescopio, el instrumento no recibe ondas de sonido de ningún tipo. Les expliqué además que si se emitieran sonidos desde algún lugar en Orión, como sostenía el hermano (aunque Orión ni tan siquiera es un lugar), tales sonidos no lograrían propagarse entre las estrellas, ya que el medio interestelar es casi un vacío, y los sonidos necesitan un medio (como el aire) para propagarse. Se fueron tranquilos. No sé lo que pasó con el hermano.

Ya vimos que hay personas que dicen ser capaces de comunicarse con los habitantes del más allá (con una tarifa de muy larga distancia, claro está). Seguro que tienen clientes; a quién no le gustaría ponerse al día con los viejos, decirles que los queremos y los recordamos y que estamos bien, que los nietos ya han tenido hijos. Podríamos indagar si ellos están bien, aunque pueda ser una pregunta inapropiada, y finalmente despedirnos con un inocente «nos vemos» o con un más adecuado «adiós». Sería fabuloso, sería increíble. Yo le pediría al médium que se comunicara con Aristarco de Samos, filósofo griego de la escuela pitagórica, quien casi dos mil años antes que Copérnico postulara que era la Tierra la que daba la vuelta al Sol. Sabemos de esto indirectamente, ya que por desgracia sus trabajos se han perdido. ¿Podría dictármelo? Y luego, ¿podría comunicarse con Franz Schubert y pedirle que nos complete su hermosa *Sinfonía número ocho*, «Inconclusa»? Sería fabuloso, verdaderamente increíble.

Hace no tanto se pensaba que la naturaleza estaba regida por voluntades divinas. Los planetas se movían junto con las estrellas alrededor de la Tierra porque eran empujados por ángeles, y los dioses del Olimpo causaban truenos y relámpagos o que estallara un volcán. Esto le daba al ser humano un cierto sentido de seguridad porque el mundo era comprensible en términos humanos. Éramos parte de ese mundo eterno, y en algunas religiones éramos la razón de ser del mundo, creado para nosotros. Con los dioses había posibilidad de extender nuestra efímera existencia en este mundo, ya que había otro mundo más allá. Había razón para tener esperanza, y creer en una vida mejor después de esta, la cual para la gran mayoría no era, y no es, muy buena que digamos.

En los últimos siglos la ciencia ha descubierto que no necesitamos ángeles para mover planetas. Así los dioses se desligaron del mundo, aunque muchos todavía creen en milagros. Esto nos deja desamparados, viviendo sobre este diminuto planeta en medio de esta inconcebiblemente grande galaxia, la Vía Láctea, la cual no deja de ser una pequeña parte de este inmenso universo.

El error es pensar que la ciencia, al quitar los ángeles para mover los planetas, también nos ha quitado valores espirituales. Esto no es así; en realidad todo lo contrario, pero solo si entendemos claramente lo que la ciencia nos dice acerca de nosotros y nuestra relación con el mundo. Estos descubrimientos nos llenan de sentimientos de belleza, de asombro y de humildad hacia la naturaleza, sentimientos de un alto contenido espiritual.

El problema es que la mayoría desconoce lo que dice la nueva biblia de la ciencia con su nueva versión del Génesis y de nuestra relación con el universo. Lo que dice (a grandes rasgos) es que habitamos un diminuto planeta en órbita alrededor de una estrella como tantas en nuestra galaxia. Somos producto de un largo y accidentado proceso de evolución comenzado hace unos cuatro mil millones de años. Aunque sabemos cómo ha evolucionado la vida sobre este planeta, nos falta saber cómo surge y contestar la pregunta milenaria de si este proceso también se ha dado en otro lugar del universo. A Giordano Bruno la Iglesia católica lo quemó vivo en el año 1600 por decir que sí (entre otras cosas). Hay mucho misterio y fascinación en esta nueva visión que dice que, aunque no somos especiales, en el sentido de ser los escogidos, somos producto de un proceso maravilloso, revelado por la ciencia.

A medida que el progreso científico nos ha permitido ver más allá, más precario se ha tornado el más allá. La concepción más común de un dios es la de un ente sobrenatural que creó el universo y ejerce cierta influencia sobre nosotros y el mundo. Es decir, que puede en ocasiones intervenir en los asuntos humanos del más acá, y esto porque le dio la gana o como respuesta a nuestras plegarias. Dependiendo del credo, este ser supremo va de algo concreto con una figura humana a algo metafísico y sin forma material, y su papel puede limitarse a nada más que la creación del universo o a entrometerse hasta en los asuntos más íntimos de las personas.

Reitero que si un ente sobrenatural (como quiera definirlo) puede tener una influencia sobre el mundo entonces se debe considerar como una hipótesis acerca del mundo sujeta a estudio científico, y al mismo tiempo dejaría de ser sobrenatural.

Lo más triste de todo es que con tanta preocupación por el más allá nos olvidamos del más acá. Con tanta preocupación de pasar a ese mítico otro mundo en el cual todo anda de maravillas (pocos consideran la alternativa de que les tocará el infierno), nos despreocupamos de este mundo en el cual las cosas andan mal y que es el único que tenemos. Algunos le piden a un dios que resuelva sus problemas en vez de hacerse responsables de ellos. Otros, tan convencidos de algo para lo cual no existe la más mínima evidencia, son capaces de cometer los más horrendos actos con la idea de que en el más allá, su dios los recompensará, lo cual no habla muy bien de él que digamos. ¡Que dios nos libre de esa gente!

22
Perdone los inconvenientes

Máxima: *Creer es fácil, saber es difícil y pensar es incómodo.*

El ser humano habrá sido algo único, monstruoso y maravilloso.

FRIEDRICH DÜRRENMATT

Contra la estupidez, los propios dioses luchan en vano.

JOHANN CHRISTOPH FRIEDRICH SCHILLER

Imagine there's no Heaven
It's easy if you try
And no hell below us
Above us only sky

Imagine all the people
Living for today
Imagine there's no country
It isn't hard to do

Nothing to kill or die for
And no religion too
Imagine all the people
Living life in peace...

JOHN LENNON

La paz, la justicia y la libertad figuran en la primera frase del preámbulo de la Declaración Universal de Derechos Humanos de las Naciones Unidas proclamada en 1948. El artículo primero dice: «Todos los seres humanos nacen libres e iguales en dignidad y derechos y, dotados como están de razón y conciencia, deben comportarse fraternalmente los unos con los otros». El artículo quinto dice: «Nadie será sometido a torturas ni a penas o tratos crueles, inhumanos o degradantes». Bastan estos dos de los 30 artículos, para darse cuenta de que falta mucho para que todos los humanos tengan estos derechos. Un mundo de paz y justicia, un mundo sin tortura y de comportamiento fraternal entre humanos sería sin duda un mundo deseable y muy distinto al presente, caracterizado en general por todo lo contrario.

No hay que ir muy lejos para toparse con la miseria, el hambre y la violencia, consecuencia de actos de egoísmo y crueldad (algunos los llaman *inhumanos,* pero no entiendo por qué), consecuencia de que hace tiempo la cosa se nos fue de las manos si es que alguna vez estuvo en las nuestras, y perdimos el control, si es que alguna vez lo tuvimos. Consecuencia de que los esquemas que hemos adoptado para ordenar nuestras sociedades no funcionan, que la mano invisible de Adam Smith no empuja en la dirección correcta (quien también dijo: «No puede haber una sociedad floreciente y feliz cuando la mayor parte de sus miembros son pobres y desdichados»). Consecuencia, también, de que las normas éticas que empleamos, muchas veces obtenidas de obsoletos libros, son obsoletas.

Mi preocupación surge por los muchos años en los cuales he oído y leído distintos argumentos, estudios y análisis con respecto a los problemas a los que nos enfrentamos, acompañados de una desesperante falta de progreso, mientras el planeta continúa a la deriva alrededor del Sol. Estoy convencido de que gran parte de los problemas a los que nos enfrentamos son consecuencia de nuestra falta de educación adecuada y sabiduría, nuestro tribalismo y trivialidad. Es necesario sacudir las mentes de los jóvenes, los gestores del futuro, despertar su conciencia dormida en el sueño de los justos en este mundo injusto. Mientras tanto, habitamos un mundo sujeto a nuestra insolencia ecológica. Un mundo ensombrecido por la violencia cotidiana que salpica de sangre las paredes con bombas inteligentes o con inteligencias-bomba. Un mundo entristecido por la miseria de aquellos que pasan hambre y frío y la de aquellos que teniéndolo todo son más miserables aún.

Se ha globalizado una ficción, una ilusión de bienestar, una ilusión de un futuro demostrablemente inalcanzable, no muy distinto del proverbial cofre de oro al final del arco iris. Hay leyes que lo impiden y no son divinas, sino que son reales: leyes de la termodinámica que impiden ese futuro con certeza matemática, basta saber sumar y restar. Los tiempos que vivimos son especiales por circunstancias objetivas relacionadas a los fenómenos de crecimiento exponencial. Ha comenzado una nueva era, el Antropoceno, nombre acuñado por Paul Crutzen[1] (premio Nobel por sus estudios relacionados con el ozono), que se caracteriza por el hecho de que hemos pasado a ser una fuerza geológica. Se torna urgente repensarnos, reinventarnos para sobrevivir. Es cuestión de vida o muerte. Cumplimos a cabalidad las órdenes dadas por el supremo en el Génesis (1:28): «Y los bendijo Dios y les dijo: "Sed fecundos y multiplicaos, y llenad la tierra y sojuzgadla; ejerced dominio sobre los peces del mar, sobre las aves del cielo y sobre todo ser viviente que se mueve sobre la tierra"».

Pero ya sabemos que cumplir órdenes no es excusa admisible para un crimen.

Todo lo que hemos considerado no es complicado ni muy difícil de entender (a excepción de probabilidades y estadística), y estaríamos mucho mejor si todo el mundo lo entendiera y lo observara, razón por la cual escribí este libro. Sin un temperamento científico como arma suprema no hay esperanza, no hay futuro. **El filtro del juicio crítico y de la razón fundamentada debe ser el primero por el cual decantamos nuestras ideas y analizamos nuestras creencias, para luego seguir con una destilación que considere la ética, la justicia y las lecciones de la historia.**

Ya hace más de cien años, el físico Ernst Mach (1838-1916) expresaba[2]: «... sin al menos una educación matemática y científica elemental, un hombre permanece como un total forastero en el mundo que habita, un forastero en la civilización de la época que habita. Sea lo que encuentre en la naturaleza, o en el mundo industrial, no le interesa, ya que no tiene ojos ni oídos para ello, o porque le habla en un lenguaje totalmente ininteligible».

---

[1] P. J. Crutzen and E. F. Stoermer (2000). The «Anthropocene». *Global Change Newsletter*, 41: 12-13.

[2] Ernst Mach (1898). *Popular Scientific Lectures*. Open Court Publishing, Chicago.

El que está dispuesto a creer sin fundamento, el que no adquiera un temperamento científico, será presa fácil de charlatanes y demagogos, presa fácil del próximo Goebbels, y por eso se debe tratar de educar la mente del ciudadano para que eso no pueda ocurrir. Inocularlo para que el virus del pseudoconocimiento y el cáncer de la superstición no le puedan atacar. Las dificultades asociadas al pensar numérico, junto a los sesgos cognitivos, las emociones, errores de razonamiento, e ignorancia de la ciencia, forman un caldo de cultivo del cual surgen, como los gusanos de la carne podrida, errores que llevan a horrores. *Creer es fácil, saber es difícil y pensar es incómodo.*

Contemple la posibilidad de que muchas verdades aceptadas como evidentes no sean verdad, ni mucho menos evidentes. Cuestione las razones por las cuales acepta algo como cierto y examine la evidencia con cuidado. Recuerde las palabras de Oliver Cromwell que cité al inicio: «Les suplico, por las entrañas de Cristo, que piensen en la posibilidad de que estén equivocados».

La cuestión es cómo vamos a sobrevivir en un mundo que estamos rápidamente haciendo inhabitable para nosotros. No podemos pretender que las cosas cambien si continuamos pensando y haciendo lo mismo. Si ha de haber un nuevo mundo, lo forjaremos mediante una nueva cultura que se deshaga de los fantasmas y los demonios. Si no forjamos ese ser humano del futuro, no habrá futuro para los humanos.

No debemos desatender lo que nos distingue (pero no nos hace mejores) de los otros habitantes de nuestro planeta: nuestra mente. Gracias a ella tenemos la capacidad de entender de qué se trata la vida (no su sentido), aunque parece que aún no lo hemos logrado. Nuestra única esperanza es a través de la evolución cultural, estableciendo nuevos valores y una nueva ética global que definan una muy distinta visión para el futuro.

La evolución cultural y la biológica se asemejan en su base informativa. La información genética se codifica en una secuencia lineal de cuatro bases del ADN que forman el abecedario genético que se transmite por herencia y se modifica, generando por selección natural la variedad de formas de vida que observamos. De forma análoga, la información cultural se codifica por medio de un pequeño número de fonemas o símbolos que constituyen el lenguaje oral o escrito. Pero mientras la evolución genética no es capaz de perpetuar características adquiridas y depende del proceso de selección natural, que requiere miles de generaciones para resultar en algún cambio sustancial que es de naturaleza fortuita, la evolución cultural no se rige por estas pautas, una diferencia notable. El único límite a la evolución cultural es la inercia de las sociedades y la falta de motivación, por demás comprensible, por parte de los que tienen el poder, precisamente porque tienen el poder.

Andrei Sájarov, bajo cuya sombra escribí todo esto, concluyó su discurso de aceptación del Premio Nobel de la Paz en 1975[3] con las siguientes palabras: «Apoyo la hipótesis cosmológica que expone que el desarrollo del universo se repite, en sus rasgos básicos, un número infinito de veces. De acuerdo con esto, deberían existir un número infinito de otras civilizaciones, incluyendo algunas "más exitosas" en las páginas "previas" y las "siguientes" del libro del universo. No obstante, esto no debería minimizar nuestras tareas sagradas en este mundo nuestro, en el cual, como tenues rayos de luz en la oscuridad, hemos emergido por un momento de la nada, propia de la oscura inconsciencia de la existencia material. Debemos cumplir las demandas de la razón y crear una vida digna de nosotros y de las metas que solamente divisamos borrosamente».

El ser humano obsoleto, al cual me he referido al principio, surge como consecuencia del aumento exponencial de nuestro conocimiento y poder que ha sobrepasado las normas éticas que deben regir ese poder. Necesitamos una ética renovada secular puesta al día que no olvide Hiroshima ni Auschwitz, que son mucho más que meros indicadores, pues son parte del lado oscuro del humano que deseamos esconder.

No perdamos de vista que todo lo anterior se refiere al estado de las cosas en la civilización occidental. En su importante libro, Samuel Huntington[4] nos alerta sobre el hecho de que el mundo multipolar se divide en varias civilizaciones definidas fundamentalmente por cultura y religión. Cada vez más las fronteras entre estas civilizaciones serán los frentes de batalla a escala global. Está por verse quién acaba con la humanidad, la batalla entre civilizaciones o la destrucción colectiva de nuestro hábitat planetario. Las 10.000 armas nucleares en

---

[3] http://nobelprize.org/nobel_prizes/peace/laureates/1975/sakharov-lecture.html

[4] Samuel P. Huntington (2015). *El choque de civilizaciones y la reconfiguración del orden mundial.* Paidós Ibérica.

manos de varios bandos junto a mentes que permiten que su propietario se despedace en mil sangrientos pedazos para acceder al paraíso no augura nada bueno para el futuro. Un loco es suficiente, y hay miles que quisieran el apocalipsis. Por otro lado, aunque se puede matar a un millón de personas con tan solo activar una bomba, igual resultado se obtiene con un millón de balazos. Hoy día, el arma de destrucción masiva de preferencia es el AK-47 (Avtomat Kaláshnikov, diseñado por el ruso Mijail Kaláshnikov en 1947), tan fácil de usar que hasta un niño puede hacerlo, y lo hacen.

Recuerde, también, que la duda sistemática, que mencioné como esencial para el pensamiento crítico, la podemos ejercer públicamente solo en algunas sociedades y que en grandes regiones del mundo cuestionar abiertamente las creencias dominantes le conducirán a la muerte, ya sea por la «justicia» oficial o por una sombra en la noche.

Espero que luego de la lectura se sienta mejor preparado para examinar los argumentos que se le presentan a diario y saque la tarjeta amarilla de la duda cuando sea apropiado y, en ocasiones, la tarjeta roja. Sabrá navegar con mayor seguridad por las traicioneras aguas del mar del pensar equívoco. Estará mejor preparado para evitar que corrientes subterráneas le transporten a una zona tórrida en la cual abundan espantosos huracanes de ofuscación y odio, y desde la cual la tierra firme de la razón apenas se vislumbre como si fuera una visión en la bruma.

Uno se pregunta por qué, en vez de preocuparnos tanto por quién creó el mundo, no nos preocupamos mejor por cómo lo estamos destruyendo.

Aunque algunos opinan que no es elegante citarse a uno mismo, aquí lo haré[5]: «Otros días me parece que esto no lo cambia nadie, que Discépolo tenía razón (véase el apéndice 1). Las fuerzas que operan contra el cambio son abrumadoras. Por eso estoy esperando el día en que una nave extraterrestre aterrice en el jardín de las rosas de la Casa Blanca, después de vanos intentos por parte de las fuerzas armadas más modernas del planeta por evitarlo. Veré con gran alivio cuando un ser pequeñito con voz monotónica declare a través de todas las emisoras del mundo en un inglés similar al de los juegos de Nintendo: "*Mr. president, this is ours now*". Irónico, ¿no?: una especie de Mesías».

---

[5] Daniel R. Altschuler (2006). *Mokita en blanco y negro.* Foca, Madrid.

Pobres los ángeles urgentes
que nunca llegan a salvarnos.
¿Será que son incompetentes
o que no hay forma de ayudarnos?
Para evitarles más dolores
y cuentas del sicoanalista,
seamos un tilín mejores
y mucho menos egoístas.

Silvio Rodríguez[6]

[6] De *Cita con ángeles.*

Apéndice 1: Máximas

Demasiada gente muere por fe y mata por dogma.
Nada es más horrible que una ignorancia activista.
Contra principia negantem disputari non potest.
Sin la duda no hay espacio para el progreso.
El mundo es como es y no como quisiéramos que fuera.
Las leyes naturales dicen cómo es el mundo, no cómo tiene que ser.
Hay una abismal diferencia entre podría ser y es.
Antes de buscar una causa es necesario establecer que hay un efecto.
El conocimiento es patrimonio de la humanidad.
El conocimiento es neutral, la tecnología no lo es.
La mente y el mundo juntos hacen la mente y el mundo.
Nuestras percepciones son falibles y limitadas.
No se puede ir de la experiencia de un unicornio azul a la existencia de un unicornio azul.
Nuestras memorias son falibles y maleables.
No se puede argumentar sobre lo indefinido.
Que tengamos una palabra para algo, no quiere decir que exista.
El curare y el virus del Ébola son naturales.
Es fácil mentir con estadísticas, como se repite a menudo, pero es difícil llegar a la verdad sin ellas.
Muestras pequeñas manifiestan resultados extremos con mayor frecuencia que muestras grandes.
$P(A|B)$ no es igual a $P(B|A)$.
Cuando no se considera la tasa base se cometen errores importantes.
¿De cuántos?

Si entra basura, sale basura.
La vida no tiene un propósito.
La historia de la Tierra es un millón de veces más larga que la nuestra.
En una población suficientemente grande ocurrirán eventos de muy baja probabilidad.
No confunda la verdad con su conocimiento de la verdad.
Entia non sunt multiplicanda praeter necessitatem.
Hay infinitas más formas de equivocarse que de estar en lo cierto.
Estamos vivos un tiempo corto, un instante cósmico. Estamos muertos un tiempo infinito.
El peso de la prueba recae sobre el que propone.
Aquello que se propone sin evidencia se puede rechazar sin evidencia.
Que algo sea irrefutable no lo hace cierto.
Recordamos los aciertos y olvidamos los desaciertos.
Confundimos correlación con causación.
Evite un juicio que se base en la información más fácilmente accesible.
Evite un juicio que se base en las primeras impresiones.
Coincidencias y patrones pueden ser producto del azar.
No bote buen dinero sobre el malo.
Si es demasiado bueno como para ser cierto, lo más probable es que no lo sea.
Somos sugestionables.
No confunda la situación con la disposición.
El que no sabe nada tiene que creerlo todo.
Creer es subjetivo, saber es objetivo.
Es indeseable creer una proposición cuando no hay fundamento alguno para suponer que sea cierta.
Puedo creer algo falso, pero no puedo saber algo falso.
Las razones para creer algo y las razones para que sea cierto no son lo mismo.
Creer por fe es pretender saber algo que no se sabe.
En ocasiones un idiota puede decir algo genial y un genio decir una idiotez.
Que tenga derecho a una opinión no la hace cierta.
Creer y propagar algo falso no es un derecho, es un fraude.
Nacemos sin nuestras creencias.
Preferimos historias a estadísticas y testimonios a observaciones controladas.

No hay nexo posible entre lo natural y lo sobrenatural.
Ante varias explicaciones, debemos favorecer la más probable.
No poder explicar un fenómeno de forma normal no implica que sea paranormal.
La ciencia no lo sabe todo, pero algo sabe.
No hay alternativa: o es medicina o no es medicina.
Cuando algo sirve para todo, lo más probable es que no sirva para nada.
Lo extraordinario requiere prueba extraordinaria.
Significancia estadística no es lo mismo que importancia.
Creer es fácil, saber es difícil y pensar es incómodo.

Apéndice 2: Guía para detectar pseudocientíficos y sus artificios

Basado en The Baloney Detection Kit *de John L. Cotton y Randall J. Scalise*[1]*, quienes, a su vez, dan crédito a escritores como Michael Shermer, Robert Park y Carl Sagan, que han escrito libros y artículos sobre estos temas. Todos ellos han generado listas de ideas que hay que tener presentes y preguntas que debemos hacer para detectar las afirmaciones falaces e incluso el fraude directo. Este apéndice fue traducido y ampliado por Mauricio José Schwarz* (véase: http://charlatanes.blogspot.com/) *y editado por el autor.*

Visitando Cibernecia encontramos numerosos sitios que tocan algunos de los muchísimos aspectos de la falsedad organizada que se cobija bajo palabras como *esotérico, místico, parapsicológico, alternativo, natural, holístico, tradicional* o, directamente, *mágico* (palabras que generalmente se traducen en una sola: *fraude*).

Ser exhaustivo sobre estos cuentistas no es tarea fácil. Constantemente aparecen nuevas variantes de sus embrollos, inventan «disciplinas», se les ocurren «explicaciones» extravagantes y, en general, presentan un blanco móvil difícil de definir. Para luchar contra esta serie de enredos y creencias elásticas y difusas ha sido incluso necesario establecer cátedras universitarias dedicadas al pensamiento crítico. La ley de Brandolini –según la cual, la cantidad de energía que se necesita para refutar una estupidez es de un orden de magnitud superior a la que se necesita para producirla– dificulta la tarea.

Ninguna lista de preguntas basta para detectar todas las afirmaciones absurdas, los dislates de chiflados y la diseminación del pen-

[1] http://www.physics.smu.edu/~pseudo

samiento poco riguroso. Pero, a partir de estas que aquí reunimos, el ciudadano tiene un asidero sólido cuando el canto de las sirenas lo atraiga a arrojarse por el precipicio del disparate organizado y la ignorancia optativa. Conviene entonces hacernos estas preguntas cada vez que estemos frente a un reclamo extraordinario o el supuesto descubrimiento de una «nueva ciencia» una nueva terapia o dieta infalible.

1. ¿Cómo se anuncia el alegato o descubrimiento?

Un descubrimiento científico no sale del laboratorio directo a los periódicos. Debe presentarse en artículos en la literatura profesional o técnica que explican con todo detalle cómo se llegó a determinada conclusión, cómo se hizo el experimento o se realizaron las observaciones, qué controles hubo, etc. Estos artículos se revisan por expertos en la materia antes de ser aceptados en una revista científica. Todo ello tiene por objeto evitar al máximo que se hagan afirmaciones insostenibles y pseudocientíficas. El interés principal del científico es convencer a *otros científicos expertos en su campo* y no ganar la adhesión de legos o desconocedores de su materia. A través del tiempo, en esas revistas se han publicado grandes descubrimientos como la teoría de la relatividad de Einstein, la mecánica cuántica de Planck, la vacuna contra la poliomielitis, los principios de la energía solar y eólica, los primeros intentos de trasplante de órganos, la determinación de la forma y composición del ADN y, prácticamente, todos los resultados que *sirven, funcionan, son reales y en general permiten mejorar nuestras vidas*. Si el anuncio del «descubrimiento» se hace en una conferencia de prensa, en una revista de dudosa seriedad o en un programa de televisión, vale la pena ser *muy escéptico y cauteloso*. Probablemente *nadie* ha verificado la validez de la afirmación, es decir, que no ha sido corroborada por investigadores independientes (no por los amigos del proponente, ojo). En la ciencia, a nada se le confiere gran peso hasta que ha sido corroborado por expertos independientes. Luego, si le piden dinero para suscribirse a un boletín, revista, página web, lista de correos, curso o club iniciático, afiance su billetera con las dos manos y salga corriendo. Ningún investigador serio informa de sus resultados, especialmente si son verdaderamente novedosos, yendo primero a los periódicos, revistas de interés general, revistas de la farándula, revistas de esoterismo o a folletos *publicados por el autor mismo*.

2. ¿Suele la persona o grupo en cuestión hacer alegatos de ese tipo con frecuencia?
Si la fuente del sorprendente «descubrimiento» o afirmación hace con frecuencia alegatos que no se apoyan o son inconsistentes con el cuerpo de conocimiento científico validado del que disponemos en la actualidad, tenga mucho cuidado. El mejor ejemplo es el de los que anuncian cada tanto el fin del mundo, esperando algún día atinar (como ya mencioné, es la predicción más estúpida posible). Otro ejemplo es el de aquellos que empiezan jurando que graban las voces de los muertos y acaban ofreciendo cursos sobre chacras, historias de duendes o cuentos de platillos voladores.

3. ¿Es evidencia anecdótica lo que se cita como prueba?
Las anécdotas o relatos personales carecen de utilidad científica y son, a lo mucho, indicios para sugerir avenidas de investigación. Recoger anécdotas o testimonios *no es investigación*. Las anécdotas solo dicen lo que una persona vivió y *cree* (suponiendo que no esté, además, mintiendo). No se puede inferir ningún principio generalizado a partir de una anécdota (ni de varias). Es bien conocida la enorme variedad de modos en que los individuos cometemos errores o la manera en que los sentidos nos proveen información equivocada o alterada. Las afirmaciones, inventos, descubrimientos o relatos que citan grandes cantidades de anécdotas o testimonios y nada de pruebas sólidas son sospechosos por demás. Cien testimonios falsos, dudosos o inverificables, no suman uno cierto.

4. ¿Alega la fuente (persona, grupo) que «la ciencia establecida trata de reprimir este descubrimiento»?
Alerta roja. Esta afirmación suele hacerse sin ninguna prueba de que la «ciencia establecida» (sea lo que sea que eso signifique) esté haciendo tal cosa. Lo hacen buscando la simpatía que el noble espíritu humano destina a los David que luchan contra los poderosos Goliat. Se aprovechan además de que la gente en general no sabe cómo funciona la investigación científica ni qué es «la ciencia». Pero, además, esa acusación malintencionada no es prueba de que su afirmación sea cierta.

5. ¿Encaja el alegato en lo que sabemos del universo?
Sabemos mucho sobre nuestro universo, mucho más de lo que ima-

ginan los embaucadores. En el proceso hemos descubierto el asombroso hecho de que todos esos conocimientos son coherentes, encajan unos con los otros y conforman un contexto amplio exento de contradicciones. Es en la ciencia de frontera donde encontramos interpretaciones diversas y discusiones sobre lo que todavía ignoramos. Esas discusiones e intercambios hacen que la ciencia avance todo el tiempo, a diferencia de las pseudociencias que viven permanentemente estancadas. Con el tiempo, la ciencia de frontera madura y se integra al cuerpo básico de conocimientos científicos. Debemos preguntarnos, ¿encaja la afirmación que se ofrece para nuestro consumo en ese contexto de conocimientos científicos ya adquirido? Michael Shermer usa como ejemplo la afirmación fundamentalista de que la Tierra solo tiene seis mil años de antigüedad. Sin embargo, pocos se percatan de que admitir esa creencia exige que descartemos también que *todo* lo que se sabe acerca de la Tierra y el sistema solar mediante la astronomía, la física, la geología, la biología, la paleontología y otras ciencias sea completamente falso. Muchas de estas afirmaciones de «descubrimientos novedosos» implican que repudiemos múltiples hallazgos científicos precisamente confirmados por millares de experimentos y con una asombrosa coherencia entre sí.

6. ¿Se realizó el descubrimiento en una situación de aislamiento? Hace años, personas brillantes sin educación científica previa podían hacer descubrimientos científicos relevantes trabajando en su taller casero. Hoy eso es prácticamente imposible. Las cosas fáciles de descubrir ya las descubrimos, incluso varias veces. Es mucho más probable que la persona sin formación científica que anuncie tan gran «descubrimiento» esté malinterpretando un efecto natural ya conocido. Sin embargo, incluso cuando se les muestra su error, conservan la creencia de su grandeza.

Los que hemos sido profesores universitarios o efectuado consultorías para agencias gubernamentales nos encontramos con personas que se nos acercan para corroborar o dar validez a sus «inventos novedosos» como por ejemplo: máquinas que extraen energía de la nada, o sea, máquinas de movimiento perpetuo. En gran parte de los casos, los proponentes ni siquiera se han percatado de que su máquina es precisamente eso. Tal descubrimiento, de ser legítimo, conduciría a un Premio Nobel y a la fortuna instantánea. Invariablemente, estos inventores han hecho sus «descubrimientos» mientras trabajan en sus pequeños talleres. Hacen su trabajo completamente aislados de los expertos, ignorando la literatura y el cuerpo de conocimientos científicos. De haber consultado a expertos en la materia o leído algunos tratados elementales de termodinámica se habrían dado cuenta de que su máquina no puede existir, ya que viola las leyes de la termodinámica, leyes con una asombrosa confirmación teórica y experimental demostrada a través de incontables experimentos. En algunas ocasiones, cuando se asocian con otros, no es con expertos en la materia, sino con individuos igualmente aislados del cuerpo general de la ciencia. Ocurre así porque no buscan realmente la evaluación objetiva de su «descubrimiento», sino la confirmación de otros con modo similar de pensamiento.

Lo curioso de todo este asunto es que todavía no hemos visto uno de ellos que se haya desconectado de la red eléctrica. Si tienen una máquina que genera energía de la nada, ¿por qué permanecen ligados a la red de servicio eléctrico y no procuran el sustancial ahorro que su máquina les ofrecería?

7. ¿Ha tratado alguien de refutar el alegato?

Es muy importante determinar si otros investigadores (*independientes*, insistimos, no cómplices) han tratado de duplicar el trabajo en cuestión. Es para esto que los científicos de verdad publican sus detallados artículos en las revistas serias: para que otros investigadores competentes puedan intentar reproducir los experimentos. Esos otros investigadores repiten los procedimientos y publican sus resultados y, si coinciden con los originales, se puede aceptar que posiblemente son reales, no antes.

Fue precisamente así como la comunidad científica detectó el fraude en un investigador coreano que había publicado importantes descubrimientos en el campo de las células madre de los humanos. Cuando otros expertos a través del mundo intentaron replicar los experimentos publicados no obtuvieron los resultados esperados. Así se descubrió el fraude y comenzó el principio del fin de este investigador. Lo mismo ocurrió con la fusión fría.

8. ¿Ofrece la fuente (persona o grupo) una nueva explicación para fenómenos observados o simplemente está atacando la explicación ya existente?

Como ocurre con las afirmaciones de que «la ciencia» los reprime, esta afirmación no ofrece ninguna prueba real de que el descubrimiento es válido. Cualquier persona que ataque las explicaciones ya existentes tiene dos tareas: *a*) debe probar que la explicación existente es incorrecta, y *b*) que su explicación alternativa (de tenerla) es más sólida que la anterior. No habiendo evidencia de que su explicación tiene mayor solidez que la que ataca, lo único que sabemos es que no le gusta la explicación existente. La ciencia no abandona una explicación existente a menos que se provea otra explicación con mejor apoyo en los datos.

Sabemos, por ejemplo, que los objetos que se ven en el cielo son estrellas, cometas, meteoritos, satélites artificiales, naves espaciales humanas, aviones, helicópteros, globos aerostáticos, paracaidistas, relámpagos, pájaros diversos y cosas así de vulgares. Si alguien pretende cambiar esas explicaciones por una en la cual un objeto más o menos difuso fotografiado por alguien incapaz de enfocar una cámara es «una nave extraterrestre», necesita pruebas bastante más sólidas que la foto que vende por las televisiones. Necesita, por lo menos, a los extraterrestres en persona y con su correspondiente prueba de ADN (si es que tienen algo así). El salto lógico inmenso que va de un manchón en una foto a una civilización completa que puede violar las leyes del universo no se justifica en modo alguno. De igual forma, no basta con encontrar alguna dificultad o controversia en la evolución biológica para rechazar este hecho comprobado en cientos de estudios, a favor del «diseño inteligente», propulsado sin base alguna por algunos grupos religiosos. Si no le gusta la evolución de las especies, con criticar y mostrar su disgusto logrará muy poco (a menos que sea en los círculos religiosos). Más logrará si puede ofrecer una alternativa que explique *todo lo anterior y algunos hechos nuevos* con mayor precisión. De lo contrario, pierde su tiempo, pues a la ciencia no le importa lo bonita que una explicación luce o cómo nos emociona, sino cuán firmemente está anclada en los datos.

9. ¿Alega la fuente que «este conocimiento ha sobrevivido tanto tiempo que debe ser bueno»?

Hay muchas cosas que se «descubrieron» en el pasado, joyas de la sabiduría ancestral como «la Tierra es plana», «los demonios causan las enfermedades», «los aristócratas tienen la sangre azul», «si uno se momifica luego vuelve a la vida», «hay cuatro elementos: agua, aire, tierra y fuego» y otras que el tiempo ha demostrado que no tienen base en la realidad. La antigüedad o concordancia con la tradición de una afirmación no le da ningún nivel de verdad. Lo que importa son las pruebas, no lo antiguo de la afirmación. Los sabios antiguos eran sabios en su época, pero no en la nuestra.

Junto a aquellos que atribuyen toda suerte de conocimiento esotérico a los antiguos –la longitud de la Gran Pirámide de Giza es un múltiplo del diámetro de la Tierra– encontramos otros –y a veces son hasta los mismos– que le achacan una enorme estupidez. Dicen, por ejemplo: «Es imposible que pudiesen construir la pirámide» o «jamás pudieron hacer y transportar las estatuas de la isla de Pascua». Es ahí donde traen a los extraterrestres para dirigirlos en esas magníficas obras de construcción. ¡Ni una cosa, ni la otra! Los antiguos eran muy listos e ingeniosos, pero también cometieron errores garrafales. Cada alegato debe ser estudiado minuciosamente y sin recurrir a explicaciones extraordinarias o innecesarias.

10. ¿El efecto observado es demasiado pequeño o es inobservable en la presencia de escépticos?

Los adeptos de la parapsicología siempre empiezan con una afirmación audaz: «Hay gente que puede mover objetos con la mente» y, cuando pueden, se apoyan en los trucos de escenario de «gurús» extractores de dinero como Rosa Kuleshkova, Nina Kulagina o Uri Geller, que trabajaron siempre sin control científico. Pero cuando estas afirmaciones maravillosas van al laboratorio, la falta de resultados los lleva a hacer estudios estadísticos enormes buscando que alguien mueva a distancia objetos de apenas unos microgramos (millonésimas de gramo) de peso ubicados en una balanza de precisión. Y, aun en esos casos, los resultados no se apartan de lo esperado por el azar. Es la historia de todas las «investigaciones en percepción extrasensorial» que desarrolló el tan citado J. B. Rhine en la Universidad de Duke.

Las investigaciones estadísticas nos dicen, para empezar, que no hay prodigio tal que haga las maravillas que primero afirmaron los adeptos (esto vale igual para la astrología, la telepatía y otras supercherías que han intentado conseguir en la estadística un asidero a sus alucinaciones). Y, por lo que sabemos de estadística, sobre todo en muestras enormemente grandes, las variaciones de la media pueden deberse más a un pequeño sesgo sistémico en el diseño experimental que a un efecto verdadero. Tenga presente que la estadística tiene su valor, pero *si no está apoyada en otras pruebas, resulta insuficiente.*

Se debe tener especial cautela ante cualquier alegato o excusa de que el efecto que se alega no puede medirse por alguna razón. Por ejemplo, está el cuento de que «la presencia de un no creyente contamina el efecto». En realidad, el efecto desaparece cuando el que alega *se entera* de que hay un escéptico presente. Hemos estado en exhibiciones de variadas patrañas, lanzando cuantas malas vibraciones se nos ocurrían, y de todos modos las maravillas seguían ocurriendo, hasta que el cirquero de turno se enteraba de que un escéptico quería someterlo a una investigación seria, entonces y solo entonces sacaban esta flaca excusa. Otro alegato es que «medir el efecto lo destruye». En pocas palabras, si no se puede medir un efecto, lo más probable es que no exista y que lo demás sean coartadas para seguir una labor de engaño.

11. ¿Mejoran con el tiempo las pruebas del descubrimiento?

Esta se relaciona estrechamente con la pregunta anterior. Si el efecto observado es en realidad un pequeño sesgo del protocolo experimental, nada que haga el investigador podrá aumentar el efecto. Para la comprobación vale la pena estar atentos a los resultados de experimentos posteriores. Si resulta que el efecto observado se hace de hecho más pequeño conforme mejoran los métodos experimentales, lo más probable es que un experimento «perfecto» demuestre que no existe el efecto que se afirma.

En la ciencia, lo que le costó mucho trabajo a los pioneros se vuelve trivial para sus legatarios al mejorar las técnicas experimentales para obtener mediciones más precisas y útiles. En las pseudociencias, los conocimientos quedan inmóviles, con frecuencia durante siglos. De hecho, es típico de la pseudociencia que el progreso en las técnicas experimentales lo que hace es reducir o eliminar los «efectos extraordinarios» propuestos.

12. ¿Qué tipo de razonamiento se usó?

No, no vamos a decir que la charlatanería se distingue por no usar razonamientos. Lo que sí podemos decir es que sus razonamientos se hacen sin el rigor mínimo de la más elemental lógica.

A lo que nos referimos aquí es a la falacia *Post hoc, ergo propter hoc*. Esto implica una confusión sobre las causas de un acontecimiento. El que A ocurra después de B no significa necesariamente que A sea «causado» por B.

Hay un error que ilustra este pensamiento. Muchas personas se deben someter a tratamientos médicos prolongados que pueden ser desesperantes. Estos tratamientos, en ocasiones, no ofrecen ninguna sensación de mejoría en las etapas iniciales, lo que puede impacientar al paciente (perdone el juego de palabras). Si el paciente acude entonces a algún médico brujo o curandero (ahora les gusta que los llamen «sanadores») y poco después empieza a experimentar una mejoría, es común que lo atribuya al sanador (*Post hoc, ergo propter hoc*) y no al tratamiento médico, aunque realmente el médico brujo no haya tenido ningún efecto.

Las supersticiones también son ejemplo de este pensamiento. Si un día aprobamos un examen difícil y resulta que ese día no nos cambiamos de ropa interior, un pensamiento acientífico nos hará suponer que «no cambiarse de ropa interior» es el elemento que «causa» que aprobemos el examen, por lo cual podemos incurrir en la práctica supersticiosa de no cambiarnos de ropa interior cuando vayamos a realizar un examen.

Vale la pena tener también cautela con lo que Scalise y Cotton llaman «técnicas cuestionables» como la regresión hipnótica, la evidencia anecdótica (véase la pregunta 3), las pruebas de mala calidad (como las fotos borrosas), las teorías de la conspiración (como los grandes encubrimientos gubernamentales) y los sencillos errores de percepción.

13. ¿Se han ignorado o echado a un lado otras pruebas?

Para tener una explicación de las cosas se deben tener en cuenta todas las pruebas, no solo las partes que nos convienen. El proceso científico está diseñado para conseguir precisamente esto.

Pregúntese si el que origina la «explicación» se está concentrando en un detalle muy pequeño e ignorando una base enorme de pruebas acumuladas que indican que la explicación es otra. Es decir, tenga presente el contexto del conocimiento actual al analizar las pruebas del alegato. Es común, por ejemplo, en los argumentos de los creacionistas buscar algún detalle controvertido en la ciencia de la evolución (que siempre se encuentran) e ignorar todo el aval investigativo que apoya la idea fundamental de evolución biológica.

14. ¿Es posible refutar la afirmación mediante observaciones?
Las explicaciones que no hacen predicciones que se puedan contrastar con la experiencia no son útiles y no añaden nada al conocimiento. Si se afirma, por ejemplo, que las posiciones de algunas estrellas y planetas cuidadosamente seleccionados afectan de manera clara los acontecimientos sobre este planeta, tanto que hay gente dispuesta a cobrar por descifrar tales influencias, deben poder hacer predicciones que se puedan probar. Pero cuando se llega aquí, los astrólogos dicen vaguedades por conveniencia como «las estrellas no determinan, solo influyen», o cosas así, con lo cual *hacen imposible que sus afirmaciones se puedan contrastar empíricamente.* ¿Cómo determinar empíricamente que las estrellas tuvieron un efecto si al fallar en lo predicho siempre decimos que el principio no se violó, ya que en ese caso hubo solamente «influencia» y no «determinación»? Salga o no salga lo predicho, ese enunciado nunca puede ser falsado. Igualmente, afirmaciones como «Dios lo hizo» tampoco se pueden refutar.

Una aseveración científica no se puede *probar* absolutamente (aunque la corroboración aumenta su credibilidad), ya que no es posible saber si algún experimento futuro la refutará. En realidad, los enunciados científicos solamente se pueden *refutar.* La aseveración «todos los cisnes son blancos» no queda probada, aunque observe gran cantidad de cisnes blancos, y basta observar uno negro para demostrar su falsedad. La falsabilidad es lo que distingue una aseveración científica de una que no lo es. Es una condición necesaria, aunque no suficiente. El progreso científico es una historia de refutación, no una historia de confirmación. El conocimiento científico aceptado en un momento dado consiste pues de las explicaciones que han superado airosamente los intentos de refutación a que son sometidos continuamente los enunciados en la ciencia. Los enunciados de la pseudociencia caen en dos categorías: *a*) aquellos que son falsables, o pueden hacerse falsables, y ya han sido falsados; y *b*) los peores, aquellos que bajo ninguna circunstancia pueden ser falsados.

15. ¿Se ofrece una cadena de pruebas?

Si la fuente presenta una cadena de eslabones probatorios de un alegato, *todos* los eslabones deben ser sólidos. Una cadena probatoria es inútil si falla tan solo uno de sus eslabones. Si alguien alega que A causa B, que B causa C, que C causa D y que D causa E (cuya conclusión lógica es que A causa en última instancia a E), más vale que esté listo para demostrar *todos* los eslabones. Si, por ejemplo, se prueban todos los eslabones excepto que C causa D, que no se puede probar, entonces no se puede decir que A cause E.

16. ¿El invento que se alega, violaría las leyes de la termodinámica?

Siempre hay que tener presentes las leyes de la termodinámica. El universo, quiéranlo o no los pseudocientíficos, funciona de acuerdo con un conjunto de leyes físicas. Esas leyes rigen *todo* lo que pasa en nuestro universo, describiendo con precisión lo que se puede hacer y lo que no se puede hacer. No hay inteligencia tal, por extraterrestre que fuera, que pueda violar dichas leyes.

La *primera ley de la termodinámica* dice, simplemente, que «no se puede ganar». La energía se conserva, no se crea mágicamente. El latinajo correspondiente es *Non gratuitum prandium*, es decir, que no hay almuerzos gratis.

La *segunda ley de la termodinámica* dice «ni se puede empatar». Todo proceso de conversión de la energía tiene pérdidas, es decir, la cantidad de energía que se extraiga de él será menor que la energía que se había invertido en él. La diferencia es calor perdido, y se manifiesta con la creciente entropía del universo. Nadie nunca ha descubierto una forma de impedir esto. Por supuesto, si algún contactado u ovnílatra dice que «los extraterrestres sí pueden hacerlo», tiene que demostrar cómo, con una explicación clara y detallada, no solo hacer la afirmación en el vacío. No habría mejor prueba de su alegato que lograr la violación de la segunda ley de la termodinámica usando el método descrito por los extraterrestres.

17. ¿Se presentan pruebas conmensurables con la espectacularidad del alegato?

En palabras sencillas, «las afirmaciones extraordinarias demandan pruebas extraordinarias». Ni más ni menos. Si una afirmación niega el conocimiento existente o abre avenidas totalmente nuevas, debe ofrecer pruebas sólidas. Si se alega que se ha descubierto vida en Marte o que alguien ha conseguido detener el proceso de envejecimiento, se requieren pruebas verdaderamente extraordinarias para demostrarlo. Una observación vaga, unas anécdotas de un monje tibetano que comía unas hierbas y no envejeció, o un acierto al azar no bastan. Si bastaran, nos creeríamos cualquier estupidez simplemente al escucharla.

18. Si el efecto se mide en una muestra, ¿cómo se obtuvo esa muestra?

La medición estadística demanda que se tenga una muestra verdaderamente aleatoria. La obtención de tal muestra es toda una especialidad, y es algo mucho más difícil de lo que muchos creen. Si el muestreo es incorrecto por alguna de muchas causas, habrá problemas que pueden sesgar gravemente los resultados.

Por ejemplo, si para una encuesta deseamos una muestra al azar, ¿qué habría que hacer? No vale tomar el directorio telefónico al azar, pues dejaríamos fuera de la muestra a quienes no tienen teléfono o no aparecen en el directorio. Ir al centro a elegir peatones al azar excluirá a todas las personas que no suelen ir al centro. Obtener una muestra verdaderamente aleatoria y, por tanto, representativa, no es fácil. Y, claro, especialmente sospechoso resulta cuando la «muestra» está compuesta únicamente de discípulos, creyentes, seguidores, aficionados, colegas o compañeros de los que hacen el alegato en primer lugar.

19. Si el efecto es el resultado de una comparación entre dos muestras, ¿se ha considerado si hay fundamento para rechazar la hipótesis nula de que no hay diferencia más allá del azar?

Ocurre a menudo que se reporta un efecto con cierto grado de significancia (la efectividad de un tratamiento, los poderes paranormales), sin considerar lo que implica aceptarlo, y sin considerar otras pruebas que no han dado positivo (y que en muchos casos no se publican justo por eso). Si realizamos 20 pruebas con una significancia de 0,05, entonces una dará un resultado significativo, aunque no sea real. El análisis estadístico de significancia es solamente un primer paso para seguir investigando y no lleva a una conclusión fiable. Menos aún si no se ha recurrido a un protocolo de investigación estricto (como estudios aleatorizados doblemente ciegos con control de placebo).

20. Cuidado con el pensamiento del tipo «no puede ser, así que no es».

En el incidente de las Hadas de Cottingley, en 1917, dos niñas que eran primas tomaron fotografías que supuestamente mostraban hadas jugueteando con ellas en el bosque. La gente consideró que las dos niñas eran incapaces de realizar tamaño fraude, y por tanto concluyeron que no lo habían hecho, después de lo cual se presentaron las fotos como «fotos genuinas de hadas» (el caso llegó hasta Arthur Conan Doyle, que pese a haber creado a Sherlock Holmes, un personaje científico y escéptico, como persona se tragaba cualquier cuento). Finalmente, mucho después, se demostró que las niñas habían recortado las supuestas hadas de algunas revistas y las habían fotografiado para gastar una broma que se les fue de las manos cuando las vieron otras personas. Eso sin contar con que nadie tuvo en cuenta que el padre y tío de las niñas era un avezado fotógrafo.

21. ¿Acude el alegato a alguna forma de la magia?

Es poco fiable cualquier alegato que afirma que hay una relación funcional entre dos cosas por el hecho de parecerse o ser representativas. Por ejemplo, el remedio chino de comer pene de ciervo para la impotencia, o cuerno de rinoceronte en África, o el *ginseng* coreano, se basan en la simbología fálica que implica que algo que parece un pene «ayuda al pene». La relación entre ambas cosas se basa en una creencia mágica que no puede demostrarse con hechos. Lo mismo pasa con la astrología y la frase constantemente repetida de «como es arriba es abajo», sin que nunca se hayan detenido a demostrar esta afirmación.

Otro caso es la homeopatía, que afirma que las enfermedades se curan con sustancias que provoquen los mismos síntomas. La idea de que una quemadura se debe tratar con algo que arda o que una fiebre gripal se cure contaminándonos con malaria (que también provoca fiebre) es patentemente infundada, como hemos visto.

Si estas preguntas y advertencias no le bastan, eche mano del pensar crítico. Al ejercitarlo se minimiza el riesgo de perder dinero, salud, dignidad y hasta la vida, o de ser pasto y manutención de quienes hacen de la pseudociencia un modo de vida.